JN185954

戦略的 SCM

新しい日本型グローバルサプライチェーンマネジメントに向けて

圓川隆夫 編著

日科技連

まえがき

今世界では，IoT でも知られるドイツの Industrie 4.0 や米国のインダストリアル・インターネットなど，第 4 の産業革命といった用語が出現し，取組みが始まっている．それはサプライチェーンの見える化を越えて，バリューチェーンネットワーク全体をつないで見える化し，その情報から仮想現実空間で変化への即座の対応，最適化やビジネスの新しい価値創造を目指す，まさに企業群，国単位でのメガ SCM の構築である．

かたや世界の工場，現場での合言葉は，“リーン＆6 シグマ”である．それぞれ JIT や TQM といった日本発祥の現場力の強みを目指したものである．その意味では日本企業の現場力や改善の強みは依然としてあり，世界の尊敬を集めている．しかしながら，それだけで企業の収益や競争力につながったのは 1990 年頃までである．製造拠点も市場もグローバル化が進行した 21 世紀になると，現場力を生かすサプライチェーン全体の見える化とそれにもとづくマネジメント力，すなわち SCM 力こそが世界の競争のリーディング・エッジとなった．

現場での見える化や改善には圧倒的に強いのに，サプライチェーン全体のパフォーマンスを決めるサプライチェーンの見える化，それにもとづく最適化やリスクマネジメントに日本企業はなぜ弱い(無頓着な)のか？　そしてこれを克服し，現場の強みを活かした日本型 SCM はどうあるべきか？　そのために世界を牽引するグローバル企業では今や常識となっている SCM を，経営の柱とするような方向に組織改革を進めるにはどうしたらよいか？　特に海外では当たり前のマーケティング部門や製品開発と一体化した SCM が，なぜ日本では SCM 部門が単なるスタッフ部門であったり，物流の延長としか捉えられないのか？

このような問いに，本書の執筆者のなかの有志が糾合し半年をかけて本書でも紹介する CRT(現状問題構造ツリー)を用いながら議論したのが，今から 7

年前のことである．問題解決のために手始めにできることは何か，その解として僅かでもできることとして始めたのが，2010年に発足させた東京工業大学ストラテジックSCMスクールである．SCM改革を担う“志士”の育成を目指した社会人を対象とした大学院レベルの約4カ月の講座である．

幸いにも募集と同時に定員を超えるという盛況が続き，当初年1回の予定がすぐに年2回開講になり，現在10回目を終えようとしている．その間にSCMを取り巻く世界経済の環境変化や，ITに代表される技術の変化に応じて，1期15回の講義から(加えて演習・グループ討議・最終発表)から19回に内容を拡充してきた．そして現在は，SCMは単なるオペレーションのマネジメントではなく，企業収益の鍵を握る戦略的経営の柱という位置づけの内容に進化させてきた．

一方，SCMに関する出版状況を見ると，2000年頃にはともすれば断片的な切り口から多くの本が出版された．しかしながら，この10年はその重要性はますます高まりスコープも拡大しているにもかかわらず少ない．それよりも残念ながらSCMの全貌を体系的に網羅した専門書は日本ではなかった．本書は，このような要請に応えるべきストラテジックSCMの講義内容も踏まえながら，必ずしもそれにこだわらない，先端の技術や議論も盛り込んだ専門書を目指したものである．同時に，企業経営の柱としての日本型グローバルSCMを実践するための実用書として，知識体系だけでなく，チェンジマネジメントのための方法論や簡易ベンチマークツールも盛り込んだものであり，6部構成の全28章よりなる．

「第I部　SCM総論と理論的枠組み」では，経営の柱としてのSCMに至るオペレーションズマネジメントの歴史を踏まえたうえで，現在のSCMのあるべき姿の理論的枠組みを明示した．そのうえで情報の流れ，ものの流れのそれぞれの観点からのSCMを構成する個別の理論・ツールを紹介している．そして現在の経営目標としてのROAとSCMの関係について，現状の管理会計の限界とそれを補完する方法について解説している．

「第II部　サプライチェーン計画と実行」では，SCMの計画・実行系を構成する需要予測についての理論から，生産スケジューリングとその基礎となる

BOM，そして現在の計画系 SCM の中核となる S&OP について解説している．加えて，従来の日本企業の弱点ともいえる戦略的調達マネジメント，そして単なる物流から今，情報コーディネーターの役割が期待される戦略的ロジスティクスマネジメントについて述べている．

「第Ⅲ部　販売・マーケティング戦略と SCM」では，前述したようにマーケティングと SCM の一体化が本来の SCM という立場からこの部を構成している．まず市場の価値創造という立場からのマーケティングや設計・開発のあり方，チャネル戦略とそのイノベーション，そしてわが国特有の商習慣とその革新を取り上げ，世界の SCM のベストプラクティスとしてのセブンイレブンのサービスイノベーション，そして最後にコンプライアンスや BCM の観点からの SCM のリスクマネジメントを事例を通じて紹介している．

「第Ⅳ部　SCM と最適化」では，戦略的 SCM の発想やツール面から不可欠な OR について取り上げている．SCM における数理モデルの役割と課題について述べた後，ネットワーク・拠点最適化など具体的な方法論，AHP などの最適選択・意思決定法，続いて安全在庫の最適化やそのためのシミュレーションを取り上げている．最後に JIT と Factory Physics とを対峙させたうえで日本的な強みと弱みそしてその源泉を日本文化に求めたうえで，次の時代に求められる対応について述べている．

「第Ⅴ章　グローバルサプライチェーン戦略」では，日本企業のグローバル展開の状況を紹介した後，サプライチェーンの見える化の必要性，IT 活用を前提とした実現手段，そしてそのための日本を含む世界の標準化の動きについて紹介している．続いてグローバル SCM を実行していくうえでのマネジメント戦略の理論的枠組み，グローバルロジスティクスネットワークの方策・手段としてのロジスティクス・ミックス，事業システムとしての価値創造モデル，そして求められる人材像について述べている．

「第Ⅵ部　SCM におけるチェンジマネジメント」では，SCM 改革という立場からチェンジマネジメントについて考え方と具体的ツールについて述べている．改革に向けて論理的フレームワークから，世界的な SCM 改革のプロセス参照モデルである SCOR，改革のための中核問題(制約条件)を見つける手法としての CRT，そして簡易ベンチマーキング手法として広く使われている LSC

とそのデータベースを解説している．

「付録」には，LSCの本体，そしてそのグローバルSCMに向けた拡張版であるGSCの本体部分を掲げてある．両者はそれぞれのデータベースにもとづくベンチマーク情報を提供する自動診断システムが用意されている．この無料診断についてはホームページ(http://www.me.titech.ac.jp/suzukilab/lsc.html)の情報も参照のうえ，次のメールアドレス(lsc@ie.me.titech.ac.jp)までコンタクトしご活用いただきたい．そして本書で用いているキーワードを集約し，独立して使用できることを意図した用語集を索引の代わりに巻末に掲げた．

さまざまな市場の価値実現を含めたグローバルサプライチェーンの一貫した経営といった観点では，この20年間で日本企業は大きく遅れをとったと言っても過言ではないであろう．冒頭に述べたIoTやインダストリアル・インターネットといったSCMの新たな時代に，追いつき追い越すためには，何よりそのようなスコープと知識をもち活用できる人材の育成が喫緊の課題である．本書がこれまでの遅れを取り戻し，新たな時代に向けての人材育成や独学のための専門書，実用書として，広く活用されることを切望してやまない．

最後に，本書の出版をご提案いただいた日科技連出版社の田中健社長，取締役戸羽節文氏，鈴木兄宏氏，特に鈴木氏には，24人にものぼる執筆者からの原稿を取りまとめ，実質10カ月と短リードタイムで出版できた熱意とご努力に，深く謝意を表する．また執筆者の方々には，短期間での執筆にお礼を申し上げるとともに，全体の頁数を抑えるために校正段階で大幅な分量削減をお願いしたことを深くお詫び申し上げたい．加えて，ストラテジックSCMスクールの講師・修了生からなるSSFJ(Strategic SCM Forum Japan)の皆様方のご支援にも，この場をお借りして深く謝意を述べさせていただきたい．本書を土台として，時代の変化を先取りした，さらに内容をステップアップさせた進化・活動をSSFJの皆様とともに共有していきたい．

2015年2月吉日

著者代表　圓　川　隆　夫

著者一覧(五十音順)

市川　隆一　㈱サプライチェーン経営研究所　代表取締役社長
第 11 章，第 12 章

上原　　修　(特非)日本サプライマネジメント協会™　代表理事
第 8 章(分担執筆)

碓井　　誠　京都大学経営管理大学院　特別教授
㈱オピニオン　代表取締役
第 13 章

圓川　隆夫　東京工業大学　大学院社会理工学研究科　教授
編纂，第 1 章，第 2 章，第 3 章，第 10 章，第 19 章，付録 1～3

太田　裕文　㈱ニコンビジョン　総務部
第 4 章(分担執筆)

荻野　芳則　サッポロ不動産開発㈱　北海道事業本部経営管理部　部長
第 4 章(分担執筆)

貝原　雅美　KAI コンサルティング　代表取締役社長
第 7 章

川島　孝夫　元 東京海洋大学大学院　教授
第 14 章

黒川　久幸　東京海洋大学　大学院海洋科学技術研究科　教授
第 5 章

三枝　利彰　㈱日本ビジネスクリエイト　取締役シニアディレクター
コンサルタント
第 26 章

佐藤　修司　(公益)日本ロジスティクスシステム協会　JILS 総合研究所　所長
第 9 章(分担執筆)

杉崎　純一　東京工業大学大学院(現在，ソニー㈱)
第 4 章(分担執筆)

鈴木　定省　東京工業大学　大学院社会理工学研究科　准教授
第 27 章，第 28 章

高井　英造　㈱フレームワークス　特別技術顧問
第 15 章，第 17 章

武田　啓史　㈱日本能率協会コンサルティング　サプライチェーン革新センター
第 4 章(分担執筆)

中川　義之　キヤノン㈱　情報通信システム本部
第 16 章

中ノ森清訓　㈱戦略調達　代表取締役社長
第 8 章(分担執筆)

中山　　健　㈱日立ソリューションズ東日本　ビジネスソリューション本部　チーフコンサルタント
第 6 章

野本　真輔　㈱構造計画研究所　製造ビジネスソリューション部　技術担当部長
第 18 章

橋本　雅隆　目白大学　経営学部　教授(2015 年 4 月より，明治大学専門職大学院　グローバル・ビジネス研究科　教授)
第 22 章，第 23 章，第 24 章

樋口　恵一　川崎陸送㈱　代表取締役社長
第 9 章(分担執筆)

藤野　直明　㈱野村総合研究所　主席研究員
第 25 章

森川　　健　㈱野村総合研究所　公共経営コンサルティング部　上級コンサルタント
第 20 章，第 21 章

渡辺　重光　㈱フレームワークス　代表取締役会長
㈱日本ビジネスクリエイト　代表取締役会長
第 4 章(分担執筆)

戦略的 SCM　目次

第 I 部　SCM 総論と理論的枠組み

第Ⅵ部　SCMにおけるチェンジマネジメント

付 録

第I部

SCM 総論と理論的枠組み

第1章 SCM は事業収益を最大化する経営の柱

1.1 SCM とそのスコープ

1990 年後半，米国において SCM(Supply Chain Management)という用語が登場した．これに関連して，CPR，VMI，3PL，ECR などの 3 文字語や QR などの略語が日本でも喧伝され，多くの書籍が出版されるなど一大ブームとなった．それから 20 年，当時とは比べものにならないほどグローバルな多産多消，すなわちグローバルな市場，そのためのグローバルな供給拠点の連鎖によって経営の柱としての SCM の重要性が高まっている．2011 年 3 月 11 日の東日本大震災のとき，サプライチェーンの途絶が毎日のように報道され，サプライチェーンという言葉は広く知られるようになったにもかかわらず，本書のまえがきで述べたように，経営の柱としての SCM の議論や実践がわが国では相変わらず低調である．

原材料から部品製造，調達，製造，輸配送，販売までの供給連鎖と訳される SCM のサプライチェーンという言葉の由来は，もともとは 1980 年代米国が日本の自動車産業を徹底的にベンチマーキングしたことにあるといえる．米国へ自動車の輸出の急増に伴う日米貿易摩擦と米国部品メーカーの日本進出を阻害する要因としての系列批判，その一方で系列の部品メーカーと情報共有の下で，部品製造のアウトソーシングや開発までも同時進行的に行うやり方がベンチマーキングされたのである．その成果がリーンであり(ウォマック他，1990)，そのなかでサプライチェーンという言葉，そしてコンカレントエンジニアリングが登場する．当然，IT革命と呼ばれたように，このサプライチェーンという概念と，そのための武器，イネーブラー(enabler)としてのITを結びつけたのがSCMの誕生であり，米国産業の戦略でもあった．

最新のSCMのいくつかの定義を紹介しておこう．代表的なものとしてAPICS(American Production and Inventory Control Society)では，「(顧客の)正味価値を創造し，競争力のあるインフラを構築し，世界視野でのロジスティクスを駆使し，需要と供給を同期させ，それらのパフォーマンスを測定する目的で，サプライチェーンの活動を設計・計画・実行・統制・測定すること」(APICS, 2013)．より簡潔なものとして，SCC(Supply Chain Council)(2014)のなかのコンテンツでは，「サプライチェーンを可能な限り効率的かつ効果的に運営して，最高レベルの顧客満足を低コストで実現させる，ビジネスの根幹となる業務」とある．

なお，サプライチェーンという言葉に対してデマンドチェーン(demand chain)という言葉が使われることがあるが，APICSではこれを「競合する製品やサービスのなかから選択しコントロールする主体，すなわち顧客の立場から見たサプライチェーン」と定義している．

これらの定義は，かつての日本における物流や在庫管理の延長のような論調とは異なり，顧客満足や価値創生を目的とする事業そのものの視点が述べられている．すなわち，**図1.1**に示すように，現在のSCMとは，広義には事業収益を決める顧客価値創生を最大限に高めるために，そこに結びつくサプライチェーンオペレーションのQCDES，すなわち品質(Quality)，コスト(Cost)，納期あるいはスピード(Delivery)，そして環境(Environment)，安全(Safety)の効果的，効率的なマネジメントに帰着させることができる．図には，調達から販売，顧客サービスまでの(狭義の)サプライチェーンオペレーションに加えて，顧客価値創生に大きくかかわる新商品開発オペレーションも加えたバリューチェーン(価値連鎖)も広義のサプライチェーンとして加えてある．

図1.1の下にはサプライチェーンに対応した営業循環サイクルの立場から事業収益構造を簡単に示してある．獲得した資金からMan, Machine, Material(人，設備，材料)といった3M資源を投入し，原材料・部品，そして仕掛品，そして製品在庫，販売，そして売掛金を経て最終的にキャッシュとなり資金が

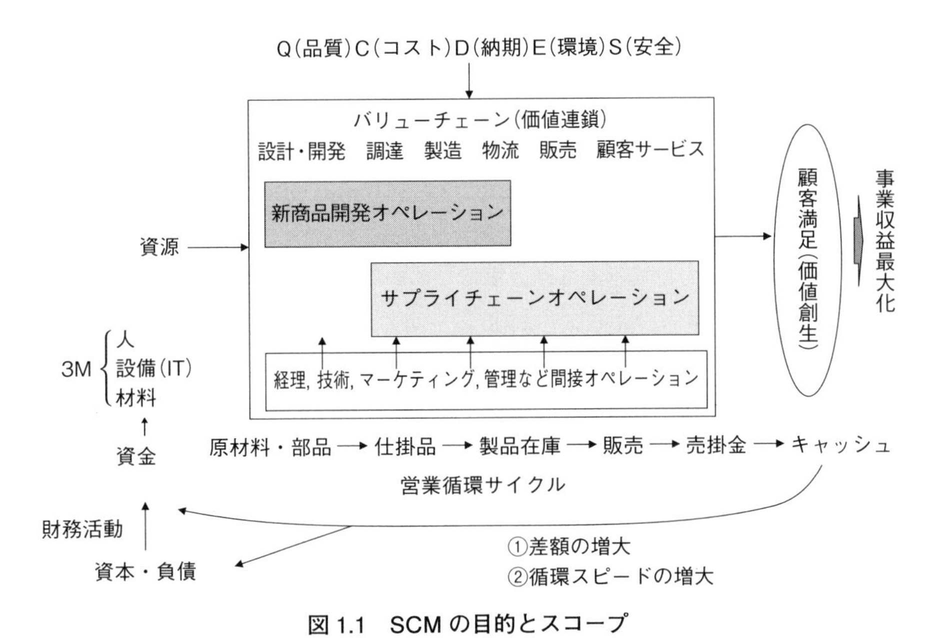

図1.1　SCMの目的とスコープ

回収される．その際，事業収益はキャッシュインと資源投入に伴うキャッシュアウトの差額であり，かつこの営業循環サイクルのスピードで決まる．すなわち，事業におけるこの差額と循環スピードを高めることこそ，経営の柱としてのSCMの役割である．

それではこの営業循環サイクルの差額の最大化，およびスピードを向上するためのインフラとして求められるのは何であろうか．その第一歩がITを駆使した“見える化(visibility)”である．なぜなら顧客価値創生やサプライチェーンオペレーションは，それを阻害するQCDESに関連したさまざまなリスク(risk)あるいは変動(variability)に晒されているからである．それらをなるべく避け，効果的・効率的対応を可能にするには，まずそれらをできるだけ“見える化”することが求められる．そのようなインフラの下で経営上の戦略策定や意思決定，そしてコンティンジェンシー計画を実行することで，顧客価値の実現を通じて事業収益を最大化することがSCMの使命といえよう．

1.2　SCM はあらゆるリスクとの戦い

(1)　内なる変動と外からの変動

図 1.2 に示すように，グローバル SCM に至る企業経営の中核となる製品・サービスを，効果的・効率的に創生するための生産システムのマネジメントであるオペレーションズマネジメント(圓川，2009a)は，時代とともにその対象の範囲を拡大するとともに，戦うべきリスクの内容・範囲も拡大することになる．

ここでのリスクは広義に捉えたものであり，大きく，内なる変動と外からの変動の 2 種類がある．内なる変動とは，サプライチェーンや事業所の内部に起因するものであり，本来リスク，すなわち変動の源泉がコントロール可能なものを指す．それに対して外からの変動とは，市場の需要変動に代表されるように直接はコントロールが困難なリスクを意味する．

(2)　標準化による内なる変動の制圧

オペレーションズマネジメントの始まりは，作業に伴う内なる変動およびリ

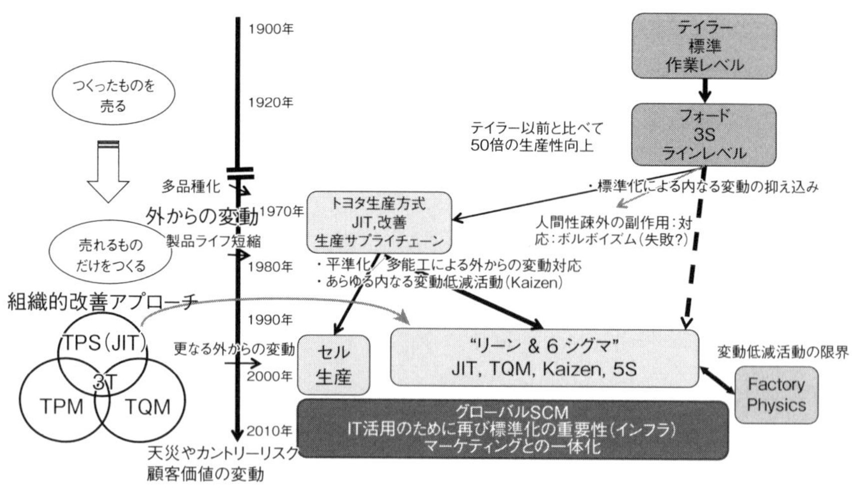

内なる変動(作業のばらつき，故障，不良，段取替えに起因する変動)
外からの変動(需要変動，ニーズの変動，天災，カントリーリスクなど)

図 1.2　グローバル SCM に至るオペレーションズマネジメントの範囲とリスク

スクをコントロールすることであった．それは今から120年前，経営学の始祖とも呼ばれるF. W. テイラーによって作業をする際に標準(standard)という概念を持ち込むことによって実現する．標準に従ってオペレーターの作業遂行を統制することによって，時間や品質のばらつき，変動を抑え込み生産性の向上が図られた．同時に標準時間という予測可能な工数を把握できるようになったことにより，企業側による生産計画や管理を可能にした．

次に作業からラインに範囲を拡大したのが，1920年代ベルトコンベアラインによる大量生産の基礎を築いたH. フォードである．作業の変動とともに故障や不良，そして遅れというラインの変動要素を克服するために，作業だけでなく設計の標準化(standardization)，単純化(simplification)，そしてオペレーターの担当作業を細分化することによる習熟を早める専門化(specialization)の3Sが持ち込まれる．一説によれば，テイラー以前とフォード以後では，生産性は50倍向上したといわれる．しかしながら，これは「(同じものを繰り返し)つくったものを売る」というパラダイムの下で，「外からの変動」がない需要が供給を上回るという時代に通用したものであり，また短いサイクルで同じ作業を繰り返す専門化は，人間性疎外の問題を引き起こした．

なお，これまで変動やリスクという言葉を用いたが，これらの工程の変動が起きると，次節，そして数理的論証を**第19章**で示すように，補充リードタイムが大きく延長し，在庫，特に仕掛りの増大とともに生産性を大きく毀損するのである．

(3)　外からの変動の出現とその対応・改善アプローチ

1960年以降になり，世界的に供給力が需要を上回るようになると，急速に多品種化や商品ライフの短縮が始まる．そうすると需要変動という外からの変動への対応とともに，小ロット化に伴う段取替えの増加，あるいはラインの変更による故障や不良といった内なる変動も同時に増幅させることになる．そこで登場するのが，TPS(トヨタ生産方式)あるいはJIT，TQC(全社的品質管理，現在のTQM)，TPM(トータル・プロダクティブ・メンテナンス)といった日本的アプローチである(それぞれの頭文字をとって3Tとも呼ばれる)．これらに共通するのは，標準をベースにその上にQCDにかかわる内なる変動の源泉を取り除く組織的改善であり，また外からの変動にも対応するための多能工に代表される人材育成である．

(4) 生産サプライチェーンとしてのTPS

現在のリーンにつながるTPSについては，「つくったものを売る」から「売れるもの(売れたもの)だけをつくる」，すなわちプッシュからプルという発想が根底にあり，それがサプライチェーンにつながることになる．

まず外からの変動，需要変動に対しては，次の3つの方策がとられる．

① 生産という場で変動をいったん凍結し，平準化というロジックで最終製品の製造順序が決められる．例えば，月20日という稼働日数で品種A，B，Cをそれぞれ2000，1000，1000の計画の場合，まず毎日100，50，50つくる(日割平準化)，そしてラインに流す場合，ABACのサイクルをつくる1個流し，混流生産の計画がつくられる．実際に，この順序で各工程で品種に対応した部品が取り付けられると，かんばんが外れ前工程に行く．その情報が前工程からの部品の運搬情報になる一方で，前工程のかんばんが外れそれが前工程の生産指示情報となるというように，いわゆるかんばん方式が運用されサプライチェーンの上流に向けて消費された分だけ生産・運搬されるというJIT(ジャスト・イン・タイム)が成立する．また月のなかで需要の変動があった場合には，日割の個数を調整することによって変動を吸収することができる．

② 多能工の育成により，あるラインを4人で担当していたものが，生産量が3/4に減った場合，ラインのスピードを3/4にして一人の守備範囲を広げ3人でカバーすれば，一人当たりの生産性を維持できる．ラインの形状もU字型に曲げることで守備範囲が増えても移動を少なくする対策がとられる．

③ さらに自社での内製率を下げ，緊密な情報共有の下で系列の部品メーカーにアウトソーシングすることで，外からの変動にフレキシブルな対応を可能にした．最終製品の生産を起点とする生産サプライチェーンの成立である．さらに同じ部品を複数のメーカーにつくらせ競争の原理(同時にサプライチェーンの途絶への対応の意味もある)とともに，良い

成果を上げれば製造だけでなく，与えられた仕様の下での設計，さらに開発まで任されるというように成長・学習機会も与えられた．

一方，1個流しやかんばん方式が成立するためには，リードタイム短縮のためにもさらなる内なる変動の封じ込めが要求されるようになり，次のような方策がとられた．

① 小ロット化や1個流しのための段取替えの増加は，故障とともに変動を増幅する．これを防ぐためには1回当たりの段取時間を極力短くする必要があり，とにかく10分以内に制限するシングル段取(海外ではSMED(Single-Minute Exchange of Die)と呼ばれる)の取組みが恒常化した(**3.2節**を参照)．

② 工場内における変動の源泉である故障や不良，遅れ，あるいはその予兆や状況を見える化する“目で見る管理”が生まれる．そのために5Sから始まるさまざまな仕掛けが考案された．工場内の状況を一目で把握できるボードである“アンドン”はその代表例である．この“目で見る管理”が，現在のSCMにおける見える化の源泉といっても過言ではない．

③ さらに強制的にボトルネックや弱点を見つけ，故障ゼロ，不良ゼロ，遅れゼロの体質強化を図る異常の顕在化である．後述する**図19.3**に示すような最初に在庫を削ることで出現した弱点を強化し，さらに在庫を減らし次の弱点を見つけるというようなアプローチである．

1990年頃までにTPSの考え方は，リーン生産というネーミングで世界に急速に広まる．**図1.2**に示したように，品質面の組織的改善活動であるTQCがTQMとなり，米国流にカスタマイズされた6シグマとともに，現在でも“リーン&6シグマ”として，5Sから始まる現場レベルでの改善の合言葉として全世界に広まっている．

(5) IT(あるいはICT)活用に伴うSCMの誕生

TPSにおけるプルは最終製品の生産を起点とする．サプライチェーンのあらゆる補充活動は，最終的に需要があって初めて喚起される．したがって，プルの起点は最終需要にあるべきであるというのは，ごく自然な発想である．加えて，外からの変動である需要情報を共有し，その変化に迅速に対応すべきというのは，系列だけでなくサプライチェーンを構成するどの組織でも同様である．これを可能にしたのがITの進化であり，またデータ交換のための標準化の推進である．このような理念にもとづくSCMが米国で生まれる．その先陣を切ったのが，業界レベルの加工食品のECR(Efficient Consumers Response)やアパレル業界でのQR(Quick Response)である．

まさにこれから2000年に向けてさまざまなSCMに関連したビジネスモデルが出現しブームとなり，日本にもこのブームが押し寄せてくる．あらかじめ契約した小売の在庫水準の下で，POS情報などを介してベンダー側と情報共有したうえでベンダー側が在庫補充を担うCRP(Continuous Replenishment Program)，さらに在庫水準もベンダー側が責任をもつVMI(Vender Managed Inventory)，売り手でもない買い手でもない第三者がサプライチェーンの情報コーディネーターの役割を果たす3PL(Third Party Logistics)などである．

さらにこれらは現在の外からの変動，需要情報の共有であるが，2000年以降には未来情報まで共有しようという動きが出てくる．CPFR(Collaborate Planning Forecasting & Replenishment)である．将来の販売促進などの小売側からはどのように売りたいか，そしてメーカー，ベンダー側からはどのようにつくりたいか，それらを連携して共有し，利害を調整することで変動に備え，売上を伸ばそうというものである．現在のコンビニ業界でのPB(Private Brand)の急激な伸長はこのCPFRのメリットを引き出したものといえよう．

(6)　グローバルサプライチェーンに伴う新たな変動・リスク

そして，2000年前半からは，新興国市場のボリュームゾーンの出現とそれに伴う海外生産の急速な展開に伴うグローバルSCMの重要性が高まる．需要や在庫といったグローバルサプライチェーンの見える化とともに，新たな変動，リスクが浮かび上がってくる．最も重要でかつ企業におけるSCMのあり方を変えたものが，文化や制度の異なる市場において提供する製品・サービスの顧客価値の違いによる変動への対応である．この対応を誤れば売上そのものを失うという経営の根幹にかかわる．日本企業はこの面で特に新興国市場への対応という点で遅れをとった．まさにマーケティングや新商品開発と一体となった

SCMが要求されるようになってきた．冒頭に述べた顧客満足や価値を出発点としたSCMへの進化である．

加えてサプライチェーンが多くの国・地域にわたるため，カントリーリスクや天災などによるサプライチェーンの途絶のリスクも問題になってきた．そのためのBCP（Business Continuity Plan）などの事業継続や影響緩和（レジリエンシー：resiliency）などのコンティンジェンシー計画が求められるようになる．その基本は，リスクの予測とともに，バーチャルリソース（例えば，製品や部品，そしてシステムなどの代替性を確保するための共通化や標準化）の活用を図ることである（**3.6節**を参照）．

さらに為替変動や，タックス・サプライチェーンという用語があるようにFTA/EPA（経済連携協定）に伴う関税率の変化も常に監視しておく必要がある．以上に加えて，最近では，サプライチェーンの社会的責任に関するISO 26000（ISO，2010）のガイドラインの制定に伴い，人権，労働慣行，カルテルやFCPA（贈賄等の海外腐敗防止法）などの法令遵守，環境などの問題について，自社でなくても関連会社やその取引会社等の組織の影響力が及ぶ範囲で，これらの問題を起こすと訴えられる事例があり，そのための国際的な枠組みが整備されている．したがって，知らなかったでは済まされず，そこで求められるのはデューデリジェンス（due diligence）であり，リスクの存在と生じる影響を明確にしそれを回避する努力が重要である（**8.6節**を参照）．

図1.3は，これまで述べた変動・リスクを，リスクの頻度と影響の大きさのマトリックスとの対応で位置づけたものである（Hopp（2008）を参考に作成）．マトリックスの中には，対応策が示してある．詳しい説明は割愛するが従来日本企業が強かったのは，内なる変動に対して故障ゼロ，不良ゼロといったリスクそのものをなくそうという改善努力（格闘）と，実際に東日本大震災といった大きなリスクが起こったときの一致団結した危機管理能力である．反対に変動を認めたバッファリングによる最適化や，あらかじめリスクを予測して代替性を確保するための標準化を進めるコンティンジェンシー計画は，早急に強化する必要があろう．そして経営の柱としてマーケティングや顧客価値をトリガーとするSCMの機能・役割の強化が喫緊の課題であろう．

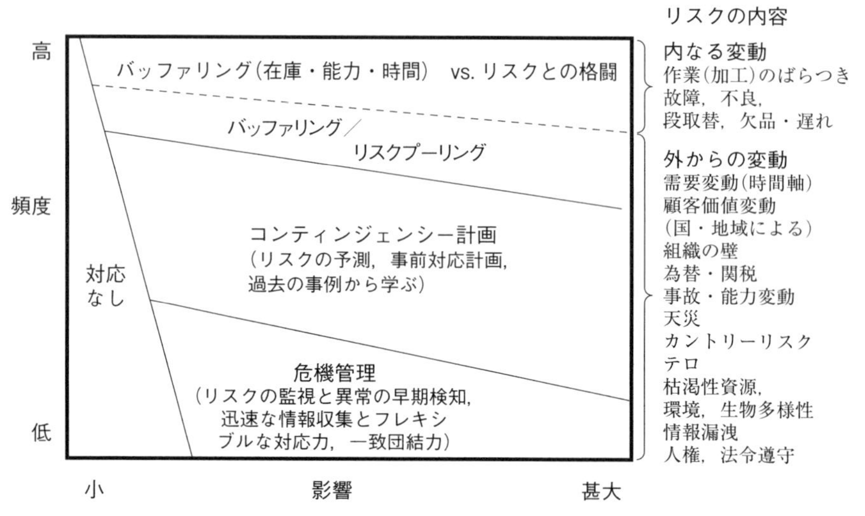

出典)　Hopp(2008)を参考に作成.

図1.3　サプライチェーンにかかわるリスク(変動)とその対応策

1.3　SCMの事業収益への結びつきとあるべき姿

それでは，これまで述べてきたようなリスク・変動は，企業の収益にどのように関係するのであろうか．これまで日本のSCMはともすればこれらの変動に対するコストや在庫面のみが強調され，機会損失に代表される売上増や利益増をあまり意識してこなかったのではなかろうか．これがSCMが経営の柱になり難い要因ではなかっただろうか．現行の企業会計の立場からの問題点とSCMとの関係は**第4章**で述べるが，**図1.3**の右側に示してあるリスク・変動が事業収益に与える影響を考えてみよう．

まず，顧客価値の変動については，冒頭に述べたSCMの目的でグローバルに多様化した顧客価値を的確に捉え顧客満足を勝ち取ることによって，直接的に売上増に結びつくし，その上乗せ分は変動費分を除いて固定費的な売上原価に対してそのまま売上総利益に結びつく．同時に潜在ニーズを掘り起こすことによって機会損失を減じることで同じ効果が得られる．

前述したように内なる変動はそれ自体で補充リードタイムを延長させるが，

より大きな影響としては**第2章**で示すように，外部からの需要変動と組み合わせた効果を考える必要がある．サプライチェーン内で組織の壁がある場合にはその数だけ需要変動は増幅され，さらにものの流れである補充リードタイムの大きさにも比例して，その増幅は川上に向かってそれぞれの補充量の変動として加速される．いわゆるブルウィップ効果である（**2.2節**を参照）．

このような増幅された変動はその大きさに比例して機会損失を生む一方で，過剰在庫を生み出す．機会損失は前述の売上，売上総利益減に直結し，過剰在庫はその管理のための販売費を膨らませ営業利益を減じる．さらに在庫は価値を生まない一方，そこに投資した資金の少なくとも支払金利分の営業外費用を発生させ，それ以上に変化の時代には過剰在庫は陳腐化に晒され，時価会計の下では棚卸評価損を発生させ，大きく経常利益を減じてしまう．その他，例えば，故障や不良などの内なる変動は材料費や労務費，そして製造間接費を増加させ売上総利益を減じるといったように，個々の変動やその源泉も余分な費用を発生させる．

ちなみにインタフェースコストという言葉がある．これは生産，販売，物流のサプライチェーンを経て顧客に渡るまで，運賃などの物流費に加えて在庫管理や受発注などの情報処理のコストを加えたものであり，現状ではマージンを除いた売価の25％，輸入品では35％を占めるといわれる．なぜこのように大きな割合を占めるかは，組織や部門間でサプライチェーンにかかわる情報の共有化や一元化ができていないために，さまざまなオペレーションや情報処理のダブルハンドリングを生じさせていることによる．このように販売費や一般管理費には，目に見えないさまざまな不効率のコストが含まれており，適正なSCMを構築することで利益増大のための“宝の山”が隠されている．

以上のように，SCMは売上を最大限に増やす一方，変動の発生や増幅を情報共有，見える化やリードタイム短縮で最小限に抑えることによって費用を最小限に抑え，事業収益を最大化するものである．

この目的を達成するためには，**図1.4**に示すように，SCMはサプライチェーンにかかわる調達・生産・物流だけでなく，市場に起点をおき顧客価値創造のための調査や企画するためのデマンドチェーン，そしてそれを製品・サービスとしてその効果的・効率的提供プロセスまでの設計や開発を行うエンジニア

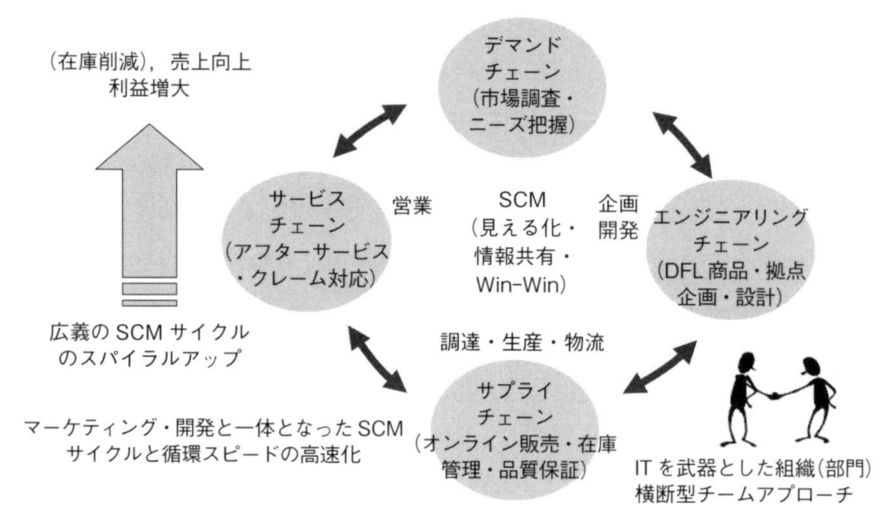

図1.4 SCMのあるべき姿

リングチェーン，そして製品・サービスを提供した後の対応やデマンドチェーンに結びつけるサービスチェーンを，それぞれが同期しながら迅速にサイクルを回し，売上向上や利益増大を図ることが，あるべき姿といえる．ここで4つそれぞれにチェーン，すなわち連鎖という言葉を使っているように，それぞれが部門横断的なCFT(クロスファンクショナルチーム)，そしてサプライチェーンを構成するパートナーとして組織との連携した活動が不可欠である．

SCMの世界ランキングがガートナー(http://www.gartner.com/technology/supply-chain/top25.jsp)から公表されている．直近では日本メーカーは上位25社から消えた(上位50社以内でもトヨタの36位のみ)．代わってアジアの企業では，2000年頃からGMO(Global Marketing Office)を指令塔にグローバルサプライチェーンの見える化とそれを迅速に経営に結びつけるS&OP的なシステムでSCMを展開している6位のサムスンと，16位のレノボがランクインしている．

その理由として，**図1.5**に示すように日本企業の場合，左側の設計・調達・生産・物流のなかの特に設計・生産の強みはあっても，販売やマーケティングとの連携や，一体となったSCMになっていないからである．言い換えれば，SCMが経営の柱になっていないからである(圓川他，2015)．高度成長時代に

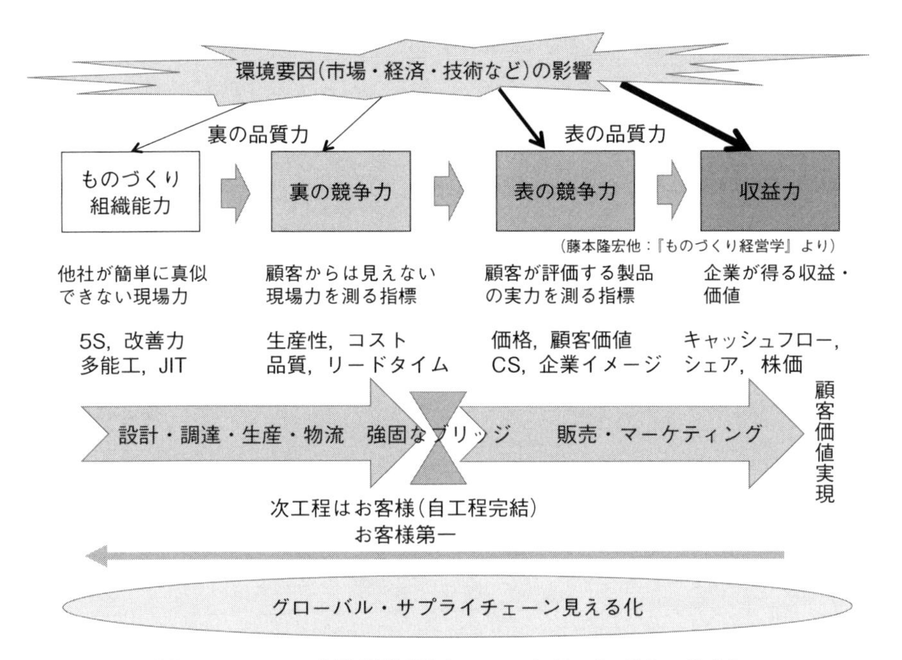

図 1.5　SCM＝事業経営(販売・マーケティングの一体化)

は，ものづくりの組織能力や裏の競争力を支える現場力が強ければ，そのまま表の競争力，収益力に結びついた(藤本他，2007)．しかしながら，今やその環境要因の図式は大きく異なり，図の上方に示すように，直接，表の競争力や収益力を図るマネジメント力が求められている．

特にグローバルサプライチェーンの下では，目標である収益の源泉である売上に結びつく顧客価値やニーズもグローバルに大きく異なる．まずはそれを察知し顧客価値実現を図るには，まさに販売やマーケティングと一体となった組織革新が前提条件となる．そしてサプライチェーン全体を見える化したうえで，変化や変動を先読みし，いつでも利益や収益をシミュレーションできるようなSCMの整備であり，それはまさに経営そのものである．これこそ今，日本企業に求められているものである．幸いトヨタは最近，組織全体を機能軸から市場軸に替える改編を行った．このような流れを是非，広く拡げ強化してほしいものである．

第 2 章
SCM の理論的枠組み 1：情報の流れ

2.1　SCM を阻害する全体メカニズム

第 1 章で述べたように，SCM は外からの変動および内なる変動との戦いである．SCM を構成する理論は，これらの変動の存在を前提としたうえでそれらの影響を緩和する，あるいは変動そのものを削減することにもとづいている．**図 2.1** は，その全体フレームワークを示したものである．左辺の「サプライチェーンの困難度」とは，右側の変動の存在とその増幅メカニズムに比例して大きくなること，例えば，サプライチェーン全体の機会損失を一定にしたとき必要となる在庫は，右辺の大きさに比例して増大することを意味する．

そして右辺は，最終需要の変動(「変動」)，サプイチェーンを構成する情報共有や連携関係のない組織の数(「組織の壁の数」)，そしてサプライチェーンを構成するボトルネックの内なる変動によるリードタイム(「ボトルネック」)の 3 つの要素からなり，概念的にはそれらの掛け算によって困難度は決まる．このうち「変動」と「組織の壁の数」の組合せは情報の流れに相当し，デマンドチェーンと呼ばれるものである．また「組織の壁の数」と「ボトルネック」の組合せは，ものの流れで狭義のサプライチェーンに相当するものである．

図にはそれぞれの立場から，困難度を軽減する解決策を記載しているが，本章では，情報の流れ，**第 3 章**でものの流れに相当する困難度を軽減するための方策と関連した SCM の理論を紹介する．なお，**図 2.1** の左には斜めの矢印と点線で囲みが描いてあるが，これは同様の構造が製品グループ，品種ごとに存

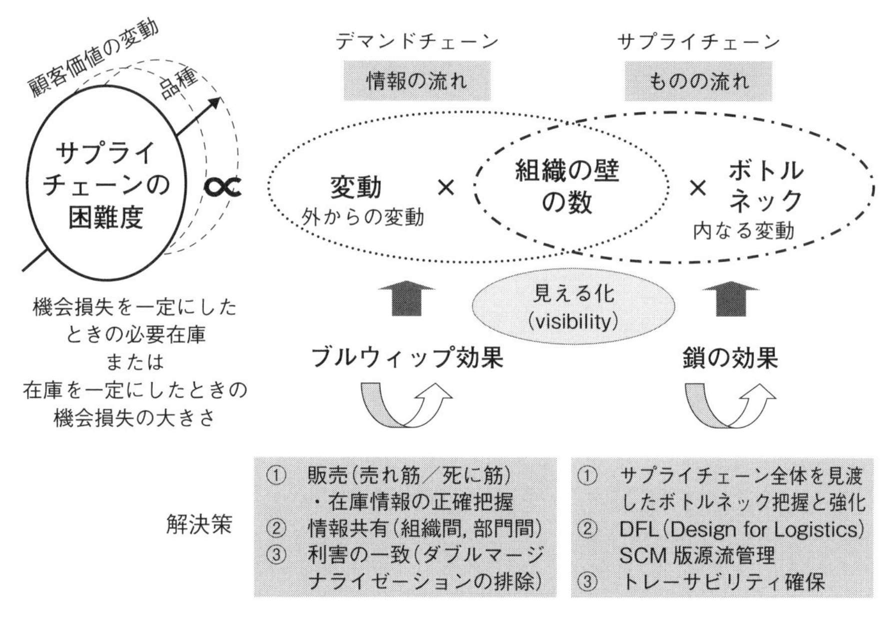

図 2.1　SCM を困難にするメカニズムとそのための方策の体系

在することを示したものである．この次元に沿って，マーケティングや設計開発と連携したうえで，セブン-イレブンの実践をとおして今や，世界共通語ともなっている単品管理という言葉があるように，品種ごとそして市場ごとの顧客価値は何かという視点とその創造活動が，事業収益に大きな影響を与えることは，**第 1 章**で述べたとおりである(**第 10 章**を参照)．

2.2　ブルウィップ効果とその解消

図 2.1 の(変動)×(組織の壁の数)における情報の流れでよく知られている現象がブルウィップ(Bullwhip：牛追い鞭)効果である(例えば，Simichi-Levi 他(2000))．**図 2.2** の下に示すようなメーカー，販社，小売店からなるサプライチェーンを考えよう．最終需要(実需)に変動が起こると品切れと過剰在庫のリスク回避のために小売店は変動を加速するような量を販社に発注する．例えば，品切れを防ぐために日々の需要の 2 倍の在庫をもつポリシーをとったとき，需

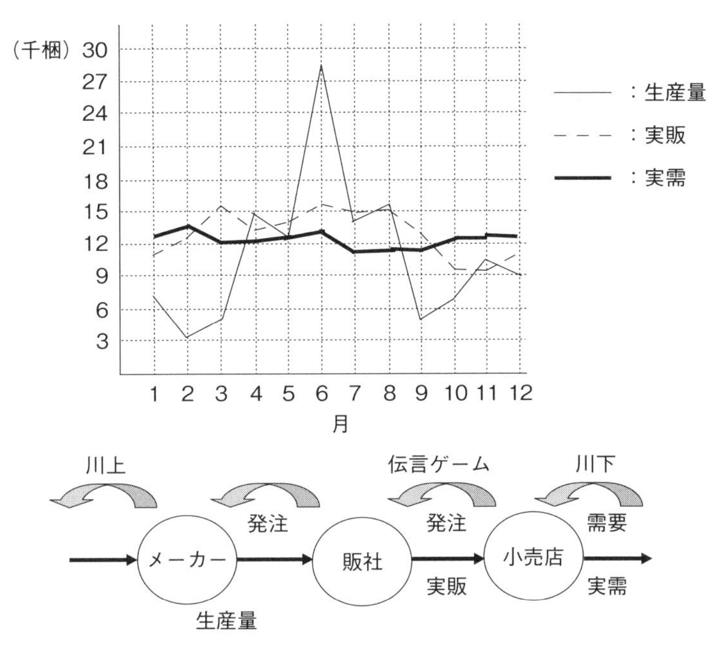

図 2.2　ブルウィップ効果とその実例

要が10個で在庫20個をもつように毎日10個の発注をしていたとき，需要が12個に変化するとその日の終わりの在庫は8個となる一方で，需要の2倍，すなわち24個の在庫をもつためにその日の発注量は(24－8)＝16個となり，10個から16個へと，その後の反動も含めて大きく発注量は増幅する．

一方，川上の販社にとって実需が見えない状況で(組織の壁)，小売店からの発注情報，すなわち販社への増幅された需要変動は，同じメカニズムでメーカーへの発注情報としてさらに増幅されてメーカーに伝播される．このように真の源泉の実需の変動が，伝言ゲームのように川上に伝播して行くと，小さな実需の変動から川上に行くに従って大きく増幅された発注情報となる．これがブルウィップ効果である．すなわち，牛追い鞭のように手元(川下)では小さな変動が，鞭の先のほう(川上)に行くに従って大きく増幅することに対応している．

図 2.2 の上のグラフは，ある日用品の実際の例を示したものである．太線で示す実需の変動は少ないにもかかわらず小売からの発注に対応する点線で示す販社の実販は，かなり大きく変動し，販社からの発注情報にもとづくメーカー

の生産量(細線)はさらに大きく増幅している．このような大きな変動は，あるときは過剰在庫，またあるときは在庫不足で品切れやムダな横持ち輸送などを生じさせるなど，サプライチェーン全体で大きな不効率を生み出している．この例は極端な例と思われがちであるが，見えないだけであらゆるところで起こっている現象である．

これを防ぐには組織の壁を越えて，まず第一に実需情報の共有を図ることである．この点については現在では小売の POS 情報が公開されるケースが多いにもかかわらず，メーカーあるいはベンダー側がそれを活用するためのデータの標準化などの問題によりうまく活用できていない状況がある．

さらに，もう一つ変動の増幅を加速している要因として，**図 2.1** のものの流れのなかのボトルネック，補充リードタイムの長さであり，その大きさに比例してさらに増幅を拡大させる．ここでリードタイムというのは，実際に補充に要している時間というよりも，そのサイクルの長さが問題になる．例えば，ある品目について生産は 1 日でできてもその生産のサイクルが 1 週間に 1 回であれば，顧客から見ればリードタイムは 1 週間となる．その意味では，例えば，1 週間に 1 回の生産から毎日生産するような多サイクル化(1 週間分から 1 日分の生産といった立場からは小ロット化に対応)がブルウィップ低減の方策となる(**3.2 節**を参照)．

以上の現象を定量的に示すと次のように定式化される．

$$\frac{V(Q_k)}{V(D)} \geq C_b \prod_{i=1}^{k} \left[1 + 2\frac{C_i + L_i - 1}{p} + 2\left(\frac{C_i + L_i - 1}{p}\right)^2 \right] \tag{2.1}$$

ここに $V(D)$ は実需の変動を表す分散であり，$V(Q_k)$ は実需から k 番目の川上の段階の補充量の変動を表す分散である．両者の比は，段階 i の補充サイクルを C_i，補充リードタイムを L_i の両者で決まる括弧内の式(p は各段階で需要予測する際の移動平均をとる日数)の積和に，ボトルネックのサイクル C_b を掛けたもの以上になることを示す(鈴木他，2005)．

なお，このようなブルウィップ効果は，同一組織内でも起こる．品目ごとよりも販売合計を気にして欠品を恐れる販売，大ロットでなるべく原価低減，生産効率を優先させたい生産，その間で物流費削減と消化量を重視する物流，それぞれの思惑が交錯すると，実際の店頭での消化量と生産量を比べると，**図2.2**の実需と生産量の関係と同じように，大きく変動が増幅している場合が多い．これを防ぐには，販売，生産，物流の各部門が，需給計画や製販会議で，生産や在庫，そしてできれば実需の推移が見られる，例えばダッシュボードと呼ばれるような画面を介して，その情報を共有し共通認識を醸成することが一つの方策である．

2.3　必要在庫の観点からの情報共有の効果

前節では外からの変動の増幅という観点からブルウィップ効果というサプライチェーンに困難をもたらす現象を紹介したが，今度はそれに対する補償，あるいはバッファリングの観点から必要在庫を考えてみよう．

図2.3に示すような小売店とメーカーからなる3種類のサプライチェーンを想定しよう．図の左に示してある小売店における実需Dの平均$\mu=10$個/日，その変動の大きさ標準偏差$\sigma=5$個，小売店からメーカーへの発注ロットは

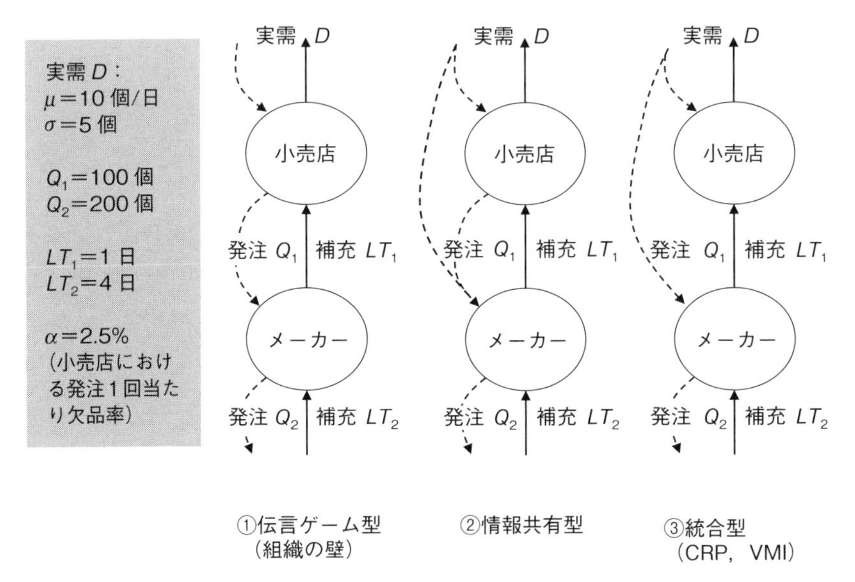

図2.3　情報共有，意思決定の異なる3種類のサプライチェーン

$Q_1=100$ 個，補充リードタイム $LT_1=1$ 日，メーカーにおける発注量，すなわち生産ロット $Q_2=200$ 個，補充リードタイム $LT_2=4$ 日は，すべて共通である．

3つのサプライチェーンの違いは，①伝言ゲーム型ではメーカーは小売店からの発注情報のみ，②情報共有型では加えて小売店での実需情報(在庫情報も)を共有するところが異なる．さらに，③統合型ではメーカー(ベンダー)側が小売店の実需，在庫情報もわかることから，補充の意思決定をメーカー側が肩代わりする場合である．また，発注の意思決定は，それぞれ在庫水準があらかじめ定められた発注点を下回ったとき Q 個だけ発注する発注点方式を用いるとする(**18.3 節**を参照)．ただし，情報共有型，統合型のメーカーでは，小売店の在庫も見える化できていることから，在庫水準および発注点はエシェロン在庫(自分の手持ち在庫にそこを通過し移動中を含むまだシステム(この場合は小売店)にある在庫の総計)を用いて行うものとする．

さて，以上のような前提条件の下で，小売店での許容欠品率 α が 2.5％(小売店の 40 回の発注期間中に 1 回の欠品を許す)としたとき，各サプライチェーンで必要となる必要在庫を計算してみよう(圓川，1995)．**表 2.1** はその結果である．伝言ゲーム型では 280 個必要な在庫が，情報共有型では 140 個，統合型は 133 個と半減できている．この結果を**図 2.1** の掛け算の式と対応させると，変動は σ に相当し，「組織の壁の数」を意思決定を行う組織の数に読み替えると，伝言ゲーム型，情報共有型では 2 で，統合型では 1 である．すなわち，情報共有することで組織の壁を 2 から実質的に 1 に，必要在庫を半減できるのである．

それでは**図 2.1** の第 3 項「ボトルネック」は，この場合どれに相当するのであろうか．前述したように顧客リードタイムは，サイクルで決まる場合も多い．

表 2.1　3 種類のサプライチェーンの必要在庫

種類	現状	サイクル半減
①　伝言ゲーム型	280	130
②　情報共有型	140	90
③　統合型	133	82

この場合もメーカーの補充リードタイムは4日であるが，生産サイクルは200個の生産ロットに対して，日当たりの需要は平均10個で20日というサイクルになっている．したがって，ボトルネックはこの生産サイクルで，これを20日から10日に半減した結果が，**表2.1**の右欄に示されている．情報共有しない伝言ゲーム型であっても，必要在庫は130と半減以上になり，情報共有型よりも小さくなっている．

このように**図2.1**のフレームワークで情報共有，あるいは見える化と多サイクル化などの体質強化のどちらを優先させるか，商品によって異なることを，この例は示唆しているのである．ただし，メーカーの生産ロットがボトルネックになっているという認識は，**図2.3**に示すようにサプライチェーンが俯瞰して見えているからこそできるのであり，通常組織の壁の障害により，どこがボトルネックになっているかも，やはりサプライチェーン全体の“見える化”ができて初めて認識できるのである．

なお，ここでは小売店，メーカーという2段階のサプライチェーンを取り上げたが，1段階だけの場合によく知られているものとして，平方根の法則と呼ばれる安全在庫の式がある．例えば，小売店だけの安全在庫は，$k\sqrt{LT_1}\,\sigma$となる．ここでkは安全係数で許容欠品率に応じて決まるものである．この式からわかるように変動$\sigma \times 1$(組織の壁の数)$\times$リードタイム(ボトルネック)の平方根というように，**図2.1**の図式に対応していることがわかる．また，このとき発注点方式の発注点sは，安全在庫にリードタイム中の平均需要を加えた$s = LT_1\mu + k\sqrt{LT_1}\,\sigma$で与えられる．

2.4　ダブルマージナライゼーションと利害の一致

サプライチェーンの困難度を低減するために情報の流れからは，情報共有すれば十分か，というとそうではない．いくら情報共有しても，実際の発注量や補充量を決める際，それぞれの組織が自分の利益を最大化するような行動をとったときその総和は，サプライチェーン全体で利益を最大化したときに比べて，大きく利益を損じるような現象，ダブルマージナライゼーション(double-marginalization)を引き起こすからである．このロジックを論理的に説明するために，応用範囲の広い新聞売り子問題(newsboy problem)について，まず説明しておこう．

ある製品の需要がiの確率f_iが与えられ，sを補充量，原価h円/個，粗利p円/個としたとき，期待利益$R(s)$は，

$$R(s)=\sum_{i=0}^{s}\{pi-h(s-i)\}f_i+\sum_{i=s+1}^{\infty}psf_i \tag{2.2}$$

で与えられる．右辺の第1項は補充量sまでの需要で，i個分の粗利と$(s-i)$だけの売れ残り分の原価を差し引いた期待利益であり，第2項は需要が$(s+1)$以上になったときの期待利益(需要が$(s+1)$以上であっても補充量s分だけの粗利)である．これを最大にするsを求めるために式(2.2)から，$R(s)-R(s+1)$をつくり変形すると，次の式が得られる．

$$R(s)-R(s+1)=\sum_{i=s+1}^{\infty}pf_i-\sum_{i=0}^{s}hf_i=p-(p+h)F(s) \tag{2.3}$$

ここで$F(s)$は，f_iをiが小さいほうからsまで累積した確率(あるいは分布関数)である．式(2.3)において，右辺はsに関する単調減少関数でsが小さいときには右辺はプラスの値をとり，それは$R(s+1)>R(s)$を意味する．それがマイナスに転じたところで$R(s+1)<R(s)$となる．

したがって，

$$F(s)\geq\frac{p}{p+h} \tag{2.4}$$

を満足する最小のsが$R(s)$を最大にするsとなる．言い換えれば，需要の100 $p/(p+h)$%を満たす補充量が最適であるということとなる．なお，今，利益の面から定式化したが，これはhを売れ残り費用，pを品切れ費用とすれば，両者の和の費用を最小化するsと一致する．

簡単な例題を考えよう．ある製品の過去200日間の需要の分布を調査し，そのヒストグラムを描くと**図2.4**の左に示すようであった．1個当たりの仕入原価は60円で，粗利は40円とするとき，利益を最大化する最適な補充量を求め

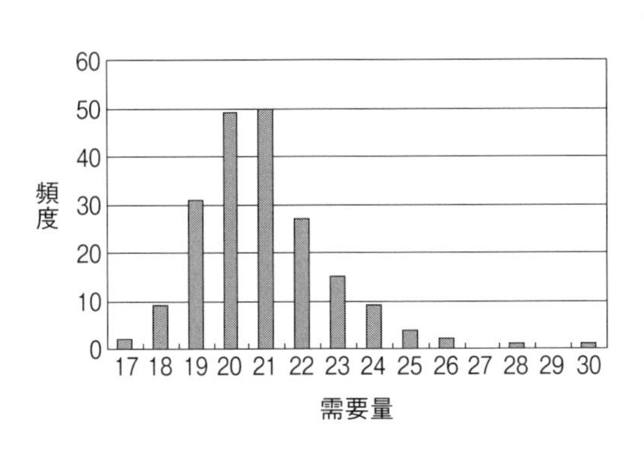

需要量	頻度	f_i	$F(i)$
17	2	0.010	0.010
18	9	0.045	0.055
19	31	0.155	0.210
20	49	0.245	0.455
21	50	0.250	0.705
22	27	0.135	0.840
23	15	0.075	0.915
24	9	0.045	0.960
25	4	0.020	0.980
26	2	0.010	0.990
27	0	0.000	0.990
28	1	0.005	0.995
29	0	0.000	0.995
30	1	0.005	1.000

図2.4　例題のヒストグラムと分布関数（累積確率）の計算表

てみよう．

この場合，$h=60$，$p=40$ で，$p/(p+h)=0.4$ であり，累積確率が0.4を超える最小の i を求めればよい．**図2.4**の右の表がそのための計算であり，まずヒストグラムの頻度を全体のデータ数200で割り，得られた f_i から $i=17$ から i までの f_i を足していくことによってその右の $F(i)$ が求まる．したがって，0.4を超えるのは $i=20$ であり，これが求める最適な補充量 s ということになる．

以上のような準備の下で，**図2.3**の②情報共有型を想定し，実需の実績は小売店は無論のこと，メーカー側も共有しているものとしよう．ある商品について次のような状況で，それぞれが利益を最大化するような意思決定をしたと想定しよう．

- 小売店：売価100円，仕入原価60円，粗利40円
- メーカー：小売店への卸価格60円，製造原価10円，粗利50円

新聞売り子問題に則ったとき，小売店の仕入れ量は上記の例題と同じで，$s=20$ である．一方，メーカーからすれば，$h=10$，$p=50$ で $p/(p+h)=0.83$ であり，**図2.4**の右の表から $s=22$ となる．

このとき $R(s)$ の式から，小売店の期待利益は772.5，メーカーは1013.9と計算されるが，メーカーの22は実際には小売店の s すなわち20しか引き取られない．したがって，2個分の卸価格の損失が発生し，メーカーの期待利益は

893.9 に減じられる．このときの小売店，メーカーの期待利益は 772.5＋893.9＝1666.4 となる．

一方，ダブルマージナライゼーションを伴わないサプライチェーン全体で利益が最大化するように意思決定したらどのようになるであろうか．売価は 100 円，小売店，メーカーの粗利を除いた原価は 10 円，すなわち $h=10$，$p=90$ として新聞売り子問題を適用すればよい．$p/(p+h)=0.9$ であり，**図 2.4** の表から期待利益を最大化する $s=23$ が求まる．このときの $R(23)$ を求めると，1842.5 となり，個々に最大化したときの 1666.4 に比べて，176.1 の利益の増加が期待される．

このような追加的利益をサプライチェーン全体で享受するためには，組織間での利害を一致させ，広い意味でのゲインシェアリング(効果の分配制度)の仕組みを構築する必要がある．要するに，情報共有に加えて利害の一致といった意識合わせが不可欠となってくるのである．なお，以上の例題では，需要が補充量を上回ったときの売り損じは，粗利分の機会損失 p が発生するだけであるが，もし信用損失が著しく大きければ，p を品切れ損失，h を売れ残り損失(卸価格)としたうえで p を十分大きくとり，コスト最小モデルの下で式(2.4)を適用するほうが妥当と思われる．そのとき最適な s は当然大きくなる．

2.5　ダブルマージナライゼーション解消の手立てと未来情報の共有

それではダブルマージナライゼーションを解消し利害の一致を図る手立てとしては具体的にはどのようなものがあるだろうか．

(1)　返品制度，リベートとその副作用

一番安易な方法が小売店側の売れ残りのリスクをなくすためにメーカーへの返品を許す返品制度や，リベートという報償金をつけることで小売店の仕入量を増やす手立てである．**第 12 章**で述べるように戦後，百貨店から始まった返品制度は，小売店側の甘えや商品管理能力の低下を招き，商品の陳腐化や余分な在庫をもつことで本来売れる商品のスペースを奪ってしまうといった副作用

を伴う．このような理由から，小売店自ら返品制度を採用しないという動きや，業界全体でリベート制度を廃止するという方向に向かっている．返品制度は，返品のための余分な処理や配送といったダブルハンドリングを伴うため，結局は消費者側が支払うコスト増や，廃棄といった環境保全にも悪い影響を与える．

(2)　製造小売という業態

製造小売とは，一般的に同一事業所で商品製造および個人への商品販売を行う，菓子屋，パン屋などの形態を指すが，ここではGAPに始まるユニクロやザラなどで知られるいわゆるSPA(Specialty store retailer of Private label Apparel)と呼ばれる業態である．独自のブランドをもち，それに特化した専門店を営む衣料品販売業という意味である．自社の店舗での売れ筋，死に筋情報や消費者行動から，開発から製販の計画を一体化することで，ダブルマージナライゼーションを回避することができる．

(3)　PB(プライベートブランド)

PBとは，メーカーが自社ブランドを全国規模で販売するNB(ナショナルブランド)に対して，小売店が独自のブランドでメーカーに生産委託して販売する商品を指す．かつて低価格が売り物であったものが，セブン-イレブンのセブンプレミアムや，イオンのトップバリューなど，特別な顧客価値をつけたものが，近年商品によってはNBを凌ぐ勢いで大きく売上を伸ばしている．**図1.4**に示したように商品企画段階からリーダーシップをとりながらメーカーと連携し数量や価格も計画され，すべて買い取りの形で実行される．

(4)　CPFRと未来情報の共有

第1章で述べたようにCPFRとは，将来の販売促進など小売側からはどのように売りたいか，そしてメーカー，ベンダー側からはどのようにつくりたいか，それらを連携して共有し，利害を調整することで変動に備え，ダブルマージナライゼーションを回避し売上を伸ばそうというものである．このように将来の特売情報などを共有することは，機会損失を防ぐだけでなく，それだけ予測できない需要変動を減じることにもつながり，普段の安全在庫も大きく削減できるというメリットもある．

以上，情報の流れの立場からSCMを困難にする要因について述べてきた．要するにサプライチェーンを構成する組織で外からの変動の増幅，ブルウィップ効果を情報共有によって抑え，そのうえで利害の一致を図り連携の下で未来情報も共有することで収益を最大化することが，SCMの使命といえる．特にITの能力を駆使できる現在の状況では，実需や在庫などサプライチェーン全体を見える化したうえで，**第7章**で詳しく述べる変化を察知しそれを迅速に計画に反映させることを可能にするS&OP(Sales & Operations Planning)なシステムを活用することできるような体制，ならびにそこに向けたチェンジマネジメントが競争優位の鍵となる．

第 3 章
SCM の理論的枠組み 2：ものの流れ

3.1 見える化とトレーサビリティ

ものの流れの立場からの SCM の困難度の解消には，ものの流れのスピード向上，あるいはリードタイムの短縮を図ることが原則である．ものの流れを観測すると，実際に加工や移動といった付加価値を生んでいる時間はごくわずかである．大部分は，

① 待っている時間
② 止まっている時間
③ そして場合によっては迷子になっている時間

である(圓川，1995)．

これに対する普遍的な対応が“見える化”である．広域にわたるサプライチェーンにおいて，「どこで」，「何が」，「どのようになっているか」，これらを見える化することが，ボトルネックの発見，付加価値を生んでいない時間，そしてサプライチェーン途絶などの不測の事態が起きたときに迅速な対応を可能にする．

特に最終商品に近い付加価値の高い状況での動きについては，リアルタイムベースの IT を活用したトレーサビリティ(traceability)を確保することで，特に止まっている時間，迷子になっている時間の削減によるリードタイム短縮につながる．さらに顧客からの問合せに対する迅速でフレキシブルな対応や，エシェロン在庫の把握，引いては売れ筋情報の把握など，ビッグデータを活用したさまざまな高付加価値のサービスや意思決定ができるようになる．

そのための手段は，バーコードやRFID(Radio-Frequency IDentification)を商品やコンテナ容器などに付与することで認識するAIDC技術や，車両にGPS端末を搭載する方法などを組み合わせて用いることが必要である．その際留意が必要なことは運用するコードなどになるべくオープンな国際標準を用いることである．多くのステークホルダーやプレーヤーがかかわるサプライチェーンにおいて，共通して読み書きできなければ，付け替えなどの著しくインタフェースコストを上昇させるダブルハンドリングを発生させてしまう．

3.2　ボトルネックと多サイクル化

サプライチェーンの見える化ができると，どこがボトルネックかもわかるようになる．既に述べたように全体のスピードを決めるのは，ボトルネックの補充サイクルになっている場合が多い．補充サイクルまでや，大ロット生産が完了するまで製品や材料に待っている時間が生じる．これを短縮しボトルネック解消のための多サイクル化のアプローチを生産と輸配送の場合に分けて説明しよう．

(1)　生産におけるアプローチ

図2.3の数値例におけるボトルネックは，メーカーの生産ロット200個，平均20日という補充サイクルであった．これを半分にするのは話としては簡単であるが，実際には生産に伴う段取時間や段取コストを削減できない限りコストアップにつながる．例えば，この製品の日当たり需要Dは10個/日，生産の段取に5人で1時間を要し1人当たり2,000円とすれば1回当たり段取コストは$A=10{,}000$円となる．さらに製品の在庫コストは$h=5$円/個・日とする．このとき日当たり段取コストと在庫コストのトータルコスト$T=AD/Q+Qh/2$を最小にするEOQ(経済発注量：Economic Order Quantity)は，$\mathrm{EOQ}=\sqrt{2AD/h}$で与えられることが知られている(例えば，圓川(2009a))．

すなわち$\mathrm{EOQ}=\sqrt{2\times 10000\times 10/5}=200$となり，現状はメーカーからすればコスト最小のロットサイズになっていたことがわかる．しかしながら，メーカーから見れば最適であってもサプライチェーン全体からはボトルネックになっていたのであり，部分最適の好例であろう．ところで，この例の場合，現状のEOQでのメーカーのトータルコスト $T=1000$ であるが，単に段取コストはそのままでロットサイズを100と半減すると $T=1250$ となる．このようなコストアップを招かないためには，多サイクル化に向けた段取コストあるいは段取時間の短縮が喫緊の課題となる．

通常，多サイクル化のための段取時間の短縮の目標としてシングル段取という用語がものづくりの世界ではよく知られている．シングルとは10分以内という意味であり，トヨタ生産方式(TPS)とともに世界に広がり，海外ではSMED(Single-Minute Exchange of Die)という用語で広まっている．

図3.1はシングル段取のためのアプローチを図解したものである．製品Aから製品Bに生産を切り替えるための段取時間について，前の製品Aを生産している間に準備できるものはしておくことでまず短縮し(外段取化と呼ぶ)，残った内段取部分について段取作業を，IE(インダストリアル・エンジニアリング)と呼ばれる視点から要素作業に分解し，作業改善を繰り返すことによってシングル段取を目指す．その際の着眼点として，

- なくせる要素はないか(Elimination)
- 一緒にできるものはないか(Combination)
- 他の方法でできないか(Replacement)
- もっと単純化できないか(Simplification)

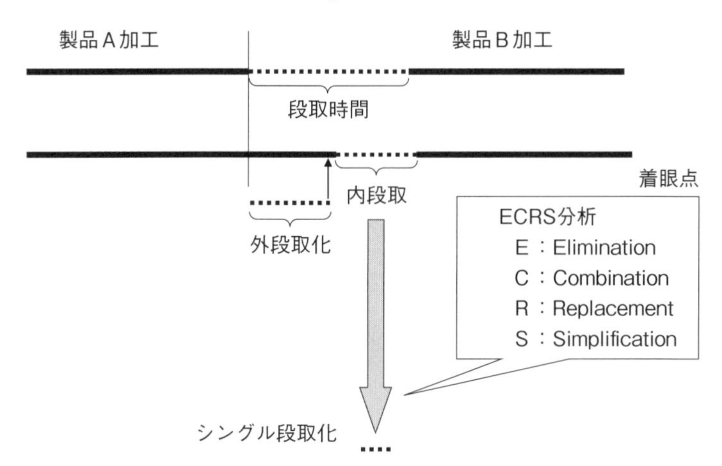

図3.1　シングル段取に向けたアプローチの概念図

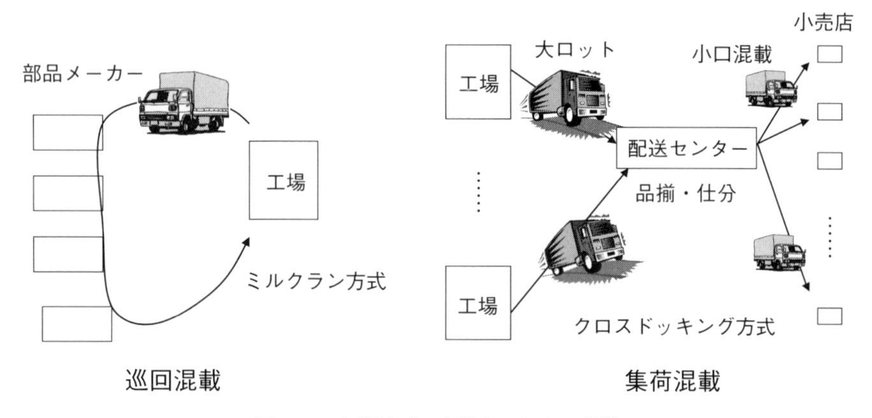

図3.2　高頻度小口配送のための対策

ということの頭文字をとってECRS分析と呼ばれるものがある.

(2)　輸配送におけるアプローチ

一方, 輸配送の場面での多サイクル化に相当するのが, 高頻度小口化であり, 積載効率を落とさないための方策である. **図3.2**の左に示すように距離が短い場合には, 1台の車両に少量の品目を混載しながら部品メーカーや拠点を巡回して満載にして集荷する巡回混載がある. これはミルクラン方式とも呼ばれる. 一方, **図3.2**の右に示すように距離が長い場合には, 途中に中継拠点や配送センターを配置し, 中継拠点までは各工場から大ロットで輸送し, そこで最終的な配送先(例えば小売店)ごとに仕分け, 品揃えを行い, 小口混載の小型車両で満載して配送する方式がある. これは集荷混載あるいはクロスドッキング方式と呼ばれる.

3.3　変動を源泉とするリードタイム延長

もう一つの加工時間などの付加価値を生んでいる時間以外で, 待っている時間, 止まっている時間を発生させている源泉が, **第1章**で述べた「内なる変動」である. 理論的な説明は**第19章**で述べることにして, ここでは数値例だけを示して, その重要性を示しておこう.

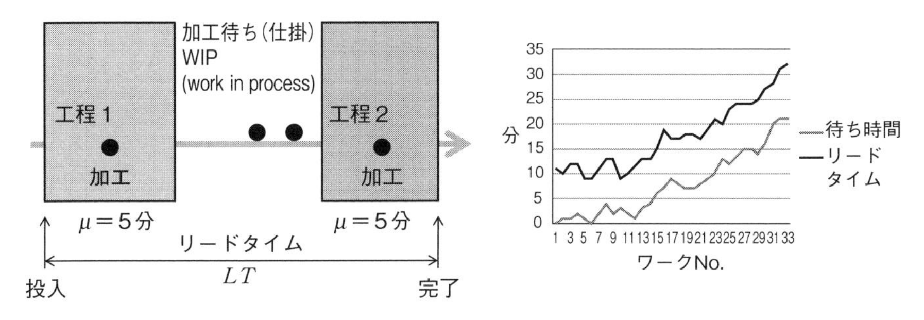

図3.3　いずれも加工時間がμ＝5分，σ＝1分の2工程の投入から完成までのリードタイム

図3.3に示すような2つの工程からなるラインを考えよう．いずれの工程の平均加工時間はμ＝5分であり，バランスのとれた理想的なラインに見える．ところがいずれも加工時間に変動を伴い大きくはないがσ＝1分とする．このとき材料を投入から完成までのリードタイムLTはどのようになるであろうか．5+5＝10分とはならず，図の右に示すシミュレーションのように，リードタイムは段々と増えて行く．つまり正解は無限大である．その原因は工程1と工程2の間に溜まる仕掛在庫による待ち時間の増加にある．このような例は案外多く，これを防ぐには，工程1を一時的に止める必要があり，その分だけ時間当たり生産量は低下する．

このようにリードタイム短縮には，平均時間だけでなくその変動にも着眼する必要があり，このことへの対処は**第19章**で述べる．

3.4　DFLと全体最適化

ものの流れの観点からリードタイム短縮や効率化を図ろうとしたとき，既存の商品設計やビジネスモデルを前提とした場合には，これまで述べてきたような特にボトルネックに着眼した改善策が中心となる．DFL（Design for Logistics）とは，ロジスティクスのスピード向上や効率化の方策を商品開発時に，商品設計に取り入れるアプローチのことである．新商品開発で知られるDfX（例えばXをM，manufacturabilityとするとDFMとなり，つくりやすさを考慮した製造容易性設計）の一つである．ここでは商品設計に加えて，拠点やビジネスモデルの設計まで含めて考えることにする.

(1)　“運ぶ”ことを考慮した商品設計

パレット上になるべく多く効率的に積み付けできるような形状やサイズの標準化，コンパクト化，また IKEA の事例で知られているように海上輸送コンテナに何個詰めるかを設計要件とするなどである．また工場の段階での標準に則った商品コードのソースマーキングとそのサプライチェーンでの活用も，ダブルハンドリングを排除する観点から重要である.

(2)　差別化遅延戦略

差別化遅延戦略(postponement strategy)とは，製造プロセスにおいて最終製品にするのを遅らせる(延期化)，すなわち実際の需要に引き付けるような製造技術や商品設計をいう．前者の例として，アパレル商品において，染色してから縫製するのではなく，縫製して流行を見ながら染色することを可能にした生産技術が挙げられる．このようなカスタマイズの後工程化で，不良在庫，そして機会損失を極力少なくすることを可能にした.

そして商品設計の立場から一番わかりやすい例が，部品の共通化や，モジュール化である．共通部品やモジュールで在庫をもち，実際の需要に合わせて短かいリードタイムでそれらを組み合わせることで最終製品に仕上げることを可能にする．同時に後述の最終製品のみならずリスクプーリングの効果によって部品・モジュールも少ない在庫で済み，そして短リードタイムにより最終製品の需要予測の精度を上げることができる.

(3)　補充プロセスや拠点の最適化

補充サイクルの立場からは，サプライチェーンを構成する部品製造などを並行化・同時化することでリードタイム短縮が可能になる．また拠点の再設計という立場からは，**3.5 節**で述べるリスクプーリング戦略の代表例である在庫拠点の集約化による安全在庫の削減策が挙げられる．またその積載効率を上げる運用法という意味では，ミルクラン方式やクロスドッキング方式，そして帰り便(backhauling)の有効活用などが挙げられる.

どこに配送拠点を配置し，どこから，どこへ，どれだけ輸送するか，そしてそのときの輸送コストなどがモデルとして定式化できれば，**第Ⅳ部**で紹介するような混合整数計画法などの数理計画法によって最適解を求めることができる．また，それが困難であってもモデル化さえできれば，シミュレーションによる解を求めることができる．このようなモデル上の解とモデルに取り込めない現実との乖離を把握しながら，モデル化やOR(オペレーションズリサーチ)という科学的方法論をうまく使うことも重要なことである．

また，配送の効率化という立場からは，部品の共通化に対応してWin-Winのロジックにもとづく新しい形態での物流共同化も重要である．例えば，スーパーの業界大手の関東圏の関連6社で各々の物流センターをエリア別共同物流センターに再編すると，配送距離を約半分に短縮できるという．これは環境負荷低減の立場からも重要な施策である．同様に，トラックから，より環境にやさしい船舶や鉄道へのモーダルシフト(modal shift)も，コスト削減，効率向上を同時に実現する施策として喫緊の課題である．

(4)　デカップリングポイントの適切な設定

デカップリングポイント(decoupling point)とは，外からの変動がサプライチェーンの上流に向かって伝播することを，在庫をもつことで吸収・切り離すポイントをいう．例えば，JITの平準化生産では最終製品在庫，前述の差別化遅延戦略では共通部品やモジュールで，SCMの一形態とされてきた情報共有の下にベンダー側が在庫の責任を負うVMI(Vender Managed Inventory)の運用では，ベンダー側がデカップリングポイントとなる．ブルウィップ効果を防ぐために情報共有やリードタイム短縮を図り体質強化を目指すことの重要性の一方で，サプライチェーンのどこかでバッファとしてのデカップリングポイントを設定することも重要な施策である．

(5)　グローバル視点からのタックスサプライチェーン

国際水平分業や地産地消から多産多消へといったようにグローバルサプライチェーンを取り巻く環境は常に変化している．一方，輸出入に課せられる関税は，2国間，多国間の自由貿易協定(Free Trade Agreement：FTA)や経済連携協定(Economic Partner Agreement：EPA)の締結に伴い，関税率も常に変化している．そこでタックスサプライチェーンという用語があるように，なるべく関税率の低いサプライチェーンを再構築する視点があるか否かで大きくコストが異なっている．特に日本企業はこの点についての認識が低いといわれ，強化する必要があろう．

またバイヤーズコンソリデーション(**23.2 節**を参照)の一形態で，そこに運び込むことで増値税が還付される中国における物流園区の活用など，国の制度についても常に敏感であることが求められる．

3.5　リスクプーリング戦略

リスクプーリングのリスクとは，「外からの変動」のうち需要変動を意味し，その変動に対峙する際それぞれが独立的に対応するよりも，プーリング，すなわちいくつか一緒になって対峙することによってリスクを低減できるというメリットを享受しようというものである．SCM 以外の代表例として金融ポートフォリオがある．例えば，株式にある金額を投資するとき株価変動というリスクをなるべく回避するために，多くの銘柄に分散投資することによってリスクを軽減できることが知られている．これは個々の株式の変動がプールされることによって，後述の分散の加法性という効果を享受することに対応している．

SCM におけるリスクプーリング戦略を 3 つ示しておこう．

(1)　在庫拠点の集中効果

第 2 章で示したように，ある拠点が直面する需要変動，すなわち標準偏差を σ とし，補充リードタイムを LT としたとき，欠品を防ぐための安全在庫は，$k\sqrt{LT}\,\sigma$ で与えられる(**18.3 節**を参照)．今，**図 3.4** に示すような m 箇所の BW(地方倉庫)と 1 箇所の CW(中央倉庫)があり，CW までの補充リードタイムは LT で，CW から BW への配送時間は LT に比べて無視できるものとする．また各 BW への需要の変動は σ で等しいとしよう．このとき図の左に示す各 BW に安全在庫を分散してもつ場合と，右に示すように 1 箇所(例えば CW)に集中してもつ場合の必要在庫を比較してみよう．

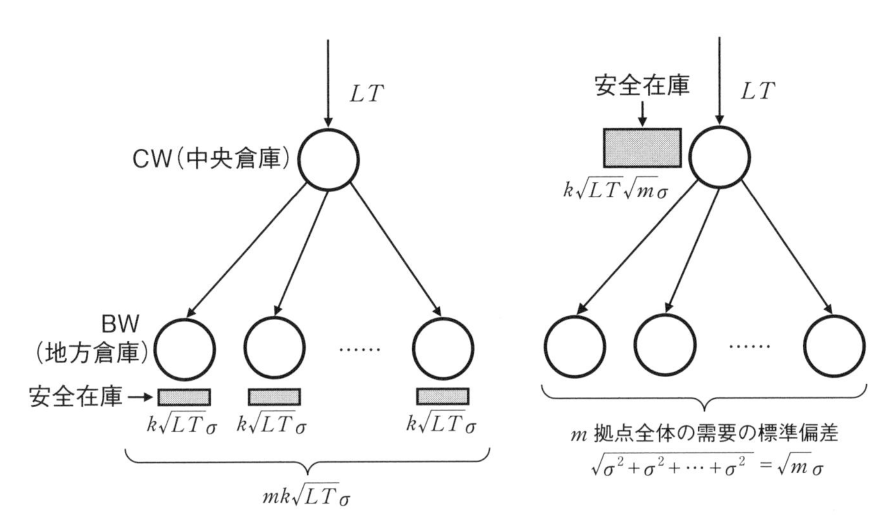

図 3.4　分散配置(左)と集中配置(右)による必要安全在庫

まず分散配置の場合は1つのBWの必要安全在庫は$k\sqrt{LT}\sigma$であり，m箇所の合計は$mk\sqrt{LT}\sigma$となる．一方，集中してもつ場合は1箇所，この場合にはCWが全体の需要の変動に対応することからそのときの標準偏差の2乗である分散は，分散の加法性と呼ばれる足し算となるので$m\sigma^2$となる．したがって，CWの需要の標準偏差は$\sqrt{m}\sigma$となり，結局必要安全在庫は$k\sqrt{LT}\sqrt{m}\sigma$となり，分散配置の場合と比べると$1/\sqrt{m}$だけ少なくて済む．

このように在庫という観点からは，同じ欠品率に対してなるべく集約してもつほうが大幅に少なくて済むというメリットを引き出すことができる．ただし，BWの必要がないという意味ではない．配送という立場の役割をもち，この場合CWからBWへの頻繁な配送が必要となる．要するに，拠点を設計する場合，在庫と配送という機能を分けて考える必要があり，在庫という観点からはなるべく集中してもつことが効率的であり，現実の世界でも集中化が進められている．ただし，BCP(事業継続計画)の観点からは一極集中させることは別な意味でリスクを伴うが，必ずしも物理的に在庫を集中する必要はなく，どこに何が，何個あるかという情報を見える化できていれば同じ効果が期待できる．このことをバーチャルプーリングと呼ぶ．

(2)　部品・モジュールの共通化

部品・モジュールの共通化は前節の差別化遅延戦略の一方策でもある．例えば m 種類の最終製品があり，それぞれの最終製品で在庫をもつ代わりにその共通部品やモジュールで在庫をもてば，m 個の最終製品の需要変動がプールされ，やはり少ない安全在庫で済む．もし最終製品の変動が独立で等しければ $1/\sqrt{m}$，もし負の相関をもつ場合にはそれ以上の効果がある．加えて，個々の最終製品で需要予測するよりも，精度を高めることができる．

(3)　フォーク型待ち行列

もう一つ日常生活でも多く見られるリスクプーリングの例を紹介しておこう．**図 3.5** に示すような複数のサービス窓口(例えば POS レジ)があり，そのサービスを待つ行列を想定しよう．そのとき，個々の窓口に並ぶよりも，図の下のように 1 箇所に並び先頭が点線に示すような一番最初に空いた窓口に行くほうが(人の動きの形状がフォークに似ていることからフォーク型待ち行列と呼ばれる)，待ち時間のばらつきを大幅に低減できるし，同時にアイドルの窓口をなくすことができることから，その平均待ち時間も減らすことができる．これは窓口のサービス時間の変動をプーリングする効果であり，サプライチェーンのリードタイム短縮にも役立つ．

その他，次節で述べる多能工化，多専門化，そしてプロセスのフレキシビリティも，需要の変動に対してアイドルをつくらないことから，広義にはリスクプーリングの例として挙げられる．

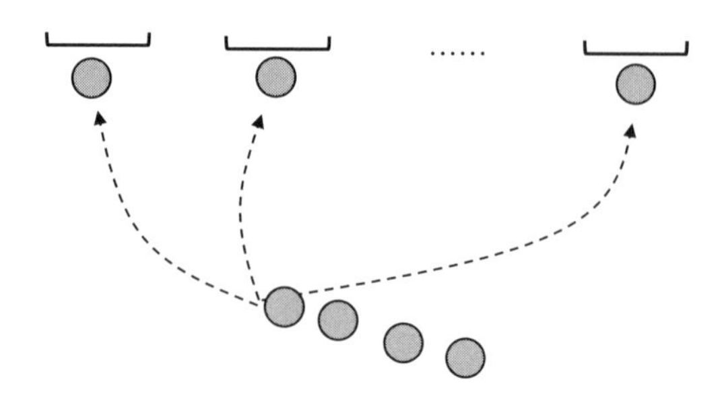

図 3.5　フォーク型待ち行列

3.6　サプライチェーン途絶とレジリエンシー

ものの流れの最後は，**図1.3**における東日本大震災のように頻度は低いがサプライチェーンの途絶を引き起こすような変動，リスクへの対応である．レジリエンシー(resiliency)あるいはレジリエンスとは，そのような事態に陥ったとき，その影響を最小限に止め，通常の状況に迅速に戻す復元力をいう．そのためには，拠点ごとのBCPに加えて，サプライチェーン全体を見渡しリスクをあらかじめ特定し，それぞれの発生頻度や影響度を分析，優先順位をつけたうえでコンティンジェンシー計画(contingency plan)を立案，そして実際に起きたときの危機管理体制を構築することが求められる．

コンティンジェンシー計画とは，リスクを予測し過去の事例も参照しながら，事前に対応・対策を計画・実施しておくことである．その対策の基本は，代替的な資源の活用を可能にする以下に示すようなバーチャルリソースの活用である(Hopp, 2008)．

①　部品の設計，コード，名称の標準化，共通化

例えば，東日本大震災のときに特定の品種のペットボトルに欠品が起こった．その原因はキャップの仕様がそれぞれ異なるために，被災したキャップの生産拠点を代替できなかったことによる．顧客価値とは直接関係しない部品などでは，なるべく共通化や汎用化することによって，代替性を高めることができ，平時でもリスクプーリングの効果を享受できる．また，同じメーカー内でも工場により部品のコードや名称までも異なる場合があり，緊急の手配の場合の障害になるか，あるいはシステム上の運用を困難にするということを引き起こす．

②　見える化とバーチャルプーリング

どこに，何が，何個あるか，これを見える化できていれば，初動対応が迅速にできる．加えて在庫拠点の物理的統合をしなくても，リスクプーリング効果を享受できる．

③　補充プロセスの複線化と多産多消

代替が利かないものについては，2社発注で知られているように補充プロセスを複線化しておく視点も重要である．その延長として，グローバル化したサプライチェーンも地産地消から，さらにいろいろな所でつくり，いろいろな所の需要に対応する多産多消にまでになってきている．多産多消は，需要変動への対応に加えて，コンティンジェンシー計画の観点からも，重要な意味をもつ．

④ **バーチャルチェインニング**

チェインニング(chaining)とは複数の工場間で代替性を確保し，一つの工場が停止しても全品目を生産できる仕組みを意味する．極端な例として，インテルのまったく同じ仕様の生産拠点を世界各地に分散させる"Copy Exactly"戦略がある．バーチャルチェイニングとは各拠点にフレキシビリティをもたせ，いざというときに代替生産を可能する体制をいう．そのときに重要なのは代替生産を可能にする設備などのハードに加えて，生産管理やCADなどのシステムの一元化や共通化である．特に日本では物理的には代替生産は可能であっても，それを動かすシステムが工場ごとにカスタマイズされ過ぎて結局はできないという例が多い．

⑤ **多能工化，多専門化による人材のフレキシビリティ**

最後に代替的な仕事や補充を担う人材である．急遽異なる製品をつくる，システムを動かすにはそれができる人材が必要になる．その際，単能的な仕事しかできないのであれば，それだけ多くの人員を抱えておく必要性に迫られ，またフレキシブルな対応は望めない．

以上のような観点に加えて，**第1章**で述べたデューデリジェンス(due diligence)といった態度の下でリスクを常に監視し，危機管理の立場からは，異常の早期検知が何より重要なことである．それが遅れると初動にも支障を来し事態を悪化させ，被害を増幅させ復旧をさらに大きく遅らせることになる．同時に起こった危機に関する迅速な情報収集とそれにもとづくフレキシブルな対応を可能にするために，役割分担と責任権限の明確化をしておく必要がある．そして最後に組織一丸となった団結力を発揮するために，コンティンジェンシー計画の情報共有と訓練も必要なことである．

第 4 章
ROA と SCM 性能

4.1　現状の一般的管理会計と SCM 概念の対立

企業などで，SCM 改革が行われる際によく問題になるのが，「結果として何が良くなるのか？」ということである．製造現場で行われる生産性向上活動では，コストダウンによる製造原価低減という目に見えやすい成果が得られ，結果として経営者もその成果を認識しやすい．

一方で，SCM の重要な施策であるリードタイム短縮や，小ロット生産，JIT などは，現状の一般的管理会計では，変化があったはずの実需に対して経済的な利益があったのか明確に説明できない．そのため，経営者も SCM 改革による成果を認識できず，その重要性が理解されないということに陥っているのである．

では，現状の一般的管理会計において，SCM 改革によってどのようなことが認識でき，どこが認識されないのか具体的に考察していく．以下がその主な内容である．

① 仕掛品，製品および商品在庫の棚卸資産の削減

② その結果生じるキャッシュフローの創出および B/S(バランスシート)の改善

③ 金利コスト削減による P/L(損益計算書)の改善

④ ①～③による総資産利益率(ROA)の改善

しかしながら，棚卸資産減によるキャッシュフロー創出効果は一時的であり，

構造的な効果を謳う SCM の考え方とは相容れない．また，現在の低金利下における金利コストの縮減効果も限定的である．一般的に，大量生産，まとめ生産を始めとした現場での生産性向上活動における施策と，必要なときに必要なものを必要な数だけ生産するという SCM や JIT の施策は，トレードオフの関係になり，どちらを優先するか評価する場面が数多く見られる．その際に原価のみを考慮すると，SCM の施策が大量生産による原価削減に優る経済的合理性を示せることは少なく，結果的に大量生産が優先されることが多い．

しかし，SCM 改革による成果は，本当に前述しているものだけであろうか．そのようなことは決してない．**第 1 章**においても述べたように，リードタイムの短縮が図られれば，納期競争力が高まり，欠品により売り逃していた需要や，これまで獲得できていなかった潜在的な需要を喚起させることで売上を増大させることにつながるはずである．また，SCM 改革により情報共有レベルの向上や見える化を行うことで，生産，販売，物流のサプライチェーンを経て顧客に渡るまで，運賃や在庫ハンドリングにかかわる物流費に加えて，在庫管理や受発注などの情報処理のコストを加えたインタフェースコストを削減することも可能である（**1.3 節**を参照）．

しかし，以上のような売上拡大や物流費削減，インタフェースコストの削減効果は，さまざまな要因によって複雑に絡み合った結果として表れるものであり，SCM 改革の成果として認識されにくい面がある．例えば，リードタイム短縮により顧客の潜在需要を喚起したにもかかわらず，市場の縮小により結果的に売上金額が変わらない，もしくは減ってしまうというようなことが簡単に起きてしまうのである．これが，現状の一般的管理会計において SCM 概念が対立する一つ目の課題である．

一方，在庫面においても SCM 概念が一般的管理会計上認識されにくい事例が存在する．通常，原価計算において，製造原価は期末棚卸資産の評価額を残して売上原価に押し出される．一般的管理会計では，販売が見込まれない生産を行ったとしても，製造費用は棚卸資産に「価値」として温存されることから，売上原価として認識されない．このことが大量生産による固定費の希釈という，見かけ上のコストダウンの誘因となってきた．

しかし，現代のように環境変化が激しい時代においては，在庫を過剰にもつことで在庫の陳腐化リスクに晒され，売れ残りなどによる棚卸評価損を発生させることにもなりかねない．これが現状の一般的管理会計において SCM 概念が対立する二つ目の課題である．

なお，この問題は財務会計においても，長年議論されてきている問題であり，日本独自の会計基準が問題視され，国際会計基準に近づけていくなかで是正されてきた．具体的には，企業会計基準第 9 号「棚卸資産の評価に関する会計基準」が 2008(平成 20)年 4 月 1 日以後に開始する事業年度から適用され，その後，2008 年 9 月に改正されている．ここでは，これまでの原価(棚卸資産を取得時の原価で評価)法と低価法(取得時原価と時価の低いほうで評価)の選択適用を見直し，棚卸資産を「通常の販売目的で保有する棚卸資産」と「トレーディング目的で保有する棚卸資産」に区分して，前者については，収益性の低下によって帳簿価額を切り下げること，後者については，市場価格にもとづいて評価することを定めている．

しかし，この考え方が管理会計上にもきっちりと反映できている企業は少ないのではないだろうか．

以上のように，現状の一般的管理会計では評価しきれていない SCM 改革による経営成果への影響を，定量的に評価できる仕組みとして「SCM 管理会計」の考え方を次節以降に提示する．

4.2　時価評価による SCM の効果

これまで挙げてきた一般的管理会計における課題をもとに，「SCM 管理会計」においては，以下の内容を反映したものにする必要がある．

- リードタイムや小ロット化など，スピードの概念と収益との関連性を示すこと．
- SCM ステークホルダーの連携による成果を反映させること．
- 発生主義から，在庫リスク(機会損失の発生＋陳腐化コスト)を認識させること．

以上を反映させた SCM 管理会計を考えるうえで，この節では，その全体像と棚卸資産時価評価について述べる．

SCM 管理会計における経営成果は，ROA(Return on Asset：総資産利益率)を最上位に置く．ROA は，売上高当期利益率×総資産回転率と分解することができ，それらをさらに分解していき，**図 4.1** のような構造を作成することができる．

そのうえで，売上原価の算出方法に対して，棚卸資産時価評価概念を適用する．棚卸資産時価評価とは，期末在庫の簿価に対して将来の売れ残りによる陳腐化コストを加味して棚卸資産評価額を低下させるという考え方である．

粗利益の算出方法比較

一般的管理会計：売上高－製造原価＋棚卸資産**簿価**

SCM 管理会計：売上高－製造原価＋棚卸資産**時価**

時価の算出方法，つまり陳腐化コストの算出方法は，各業種の事業特性によって変わってくるものと考えられるが，一般的にいくつかの方法が考えられる．

前述した改正された棚卸資産会計基準においては，以下の方法が認められている．

① 期末における正味売却価額(売価から見積追加製造原価および見積販

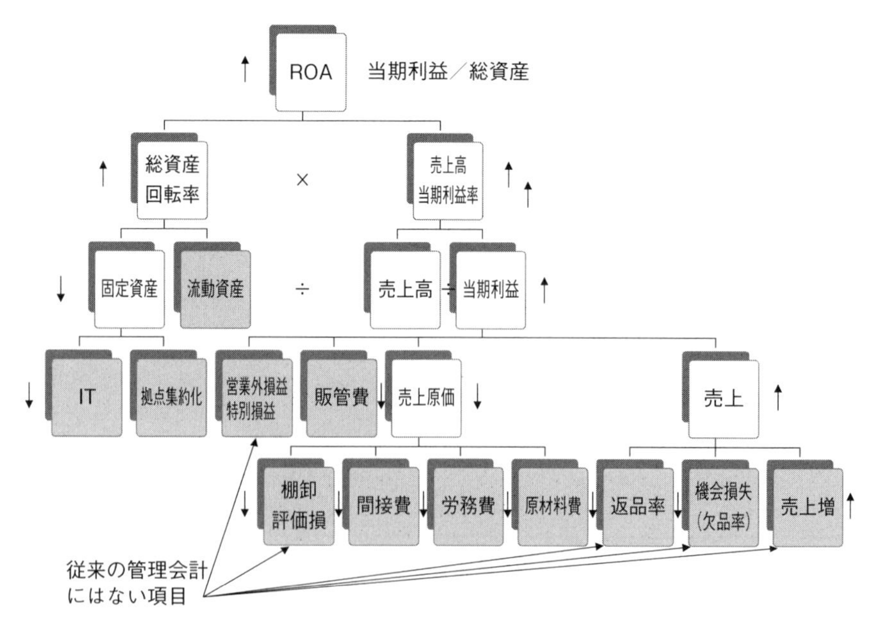

図 4.1　ROA の分解構造

売直接経費を控除したもの)を見積もって算出する場合.

② ①の見積りが難しい場合には,期末前後での販売実績にもとづく価額を用いることや,契約により取り決められた一定の売価を用いる場合.

③ 営業循環過程から外れた滞留または処分見込等の棚卸資産について,ゼロ単価や一定の回転期間を超える場合,規則的に帳簿価額を切り下げる方法.

④ 原材料など再調達原価のほうが把握しやすい際に,再調達原価を元にした場合.

SCM管理会計においても上記の方法を用いることも可能であるが,管理会計という特性上,さらに各部門に対して在庫保有による負のインパクトを示す方法を選択する方法も考えられる.

例えば,流動在庫と安全在庫からなる理論適正在庫に対して過剰にもっている在庫に対して,評価減を行うといった方法や,減価償却の定率法と同様の割合で評価減を行うといった方法,現在価値法を活用した評価減といった方法である(梶田,2005).

このように,棚卸資産の時価評価を実施することで,大量生産による製造コスト削減の論理は否定される一方,小ロット,JIT化による適正在庫への微調整が支持されることとなる.

4.3　ROAに与えるSCM性能の効果の定量化の方法と例

では,**図4.1**で展開した棚卸資産時価評価も加味したROAの構造に対して,SCM概念にもとづく各施策の成果を示すためにはどのようにしたらよいのだろうか.前述したように,ROAを構成する各指標は,さまざまな要因によって複雑に絡み合って結果として表れるものであり,SCM改革の成果として認識されにくい面がある.本来であれば,売上高を目的変数として,その売上高が決まる要因を説明変数として洗い出し,そのなかでリードタイム短縮による影響度合いを定義して説明するのが正しいと思われるが,説明変数の洗い出しを行うことや,各要因の交互作用(プラス面とマイナス面)なども加味するとそう単純にはいかない.

そこで，SCM管理会計では，SCM概念にもとづく各施策がROAにどのような影響を及ぼすのかを統計的に説明し，そのうえでROAに影響を及ぼす重要な施策に対して，その達成レベルを定義し，SCM部門はその達成レベルを高めていくことに注力していくというマネジメントサイクルを実現していきたいと考える．つまり，経営者に対しては大局的な観点でROAとSCMの各施策との関連性を示すことで，SCMの重要性を認識してもらい，各施策のレベルアップ度合いを評価していくという考え方である．

具体的には，SCM性能を測定するとして，「グローバルSCMスコアカード」(以下，GSC)をベンチマークツールとして活用し，その達成度レベルを高めることを目的とさせる．GSCの本体は巻末の**付録2**に示す．

GSCは**28.5節**でも触れるが，2000年代より収集されてきたLSC(SCMロジスティクススコアカード)を元に，グローバルSCMの観点やSCMステークホルダーの観点，時間概念(スピード)の関連項目などを追加して作成したものである．全30項目に対してそれぞれ5段階の達成度レベルを設定し，それぞれの性能を評価するスコアカードである．

ここでは，まずGSCの各項目を活用して，ROAとの関係から各項目がどのようにROA向上にどのくらいのウェイトをもつか，AHP(階層化意思決定法)と呼ばれる手法を用いて定量化する方法を紹介しよう．AHPについては**17.1節**で詳しく説明する．

まず**図4.1**のROAの網をかけてある最下層の，さらにその下に**図4.2**に示すようなGSCの項目に相当する関連するKPI(業績評価指標)まで分解した階層図を用意する．なお，このときGSCの1項目，例えば，3-⑥「トータル在庫の把握と機会損失」は，機会損失だけでなく，棚卸評価損，販管費といった複数のROAのKPIに跨っている．この関係についても，各社の状況によって異なると思われ，実情に合わせた設定が必要である．

このような階層を準備したうえで関係者が集まり，まず最上位のROAとその下の売上高利益率と総資産回転率を対象にして，上の項目に対して下の項目を一対比較して，どちらがどの程度重要か，**図4.3**のようなスケールを用いて一対比較する．この場合，売上当期利益率のほうが総資産回転率に比べて若干重要であると判定された例である．その結果，その上にある重要度として3が

KPI		グローバル SCM スコアカード関連項目
売上	売上増	1-① 企業戦略の明確さと SCM の位置付け(経営トップまたは戦略・企画部門との連携)
		1-③ 納入先(顧客)との取引条件の明確さと情報共有の程度
		1-④ 販売・マーケティング部門との連携
		1-⑥ 顧客ニーズ・満足度の測定とその活用に関する社内体制
		3-① 品質保証のレベルと顧客価値の創造
		3-⑦ 環境対応と環境を含めた CSR の体制とレベル
	機会損失(欠品率)	1-③ 納入先(顧客)との取引条件の明確さと情報共有の程度
		2-④ 市場動向の把握と需要予測の精度
		2-⑤ SCM の計画(顧客起点の生産・販売・物流全工程)精度と調整能力
		3-③ 顧客(受注から納入まで)リードタイムと積載効率
		3-⑤ パーフェクトオーダーの実現
		3-⑥ トータル在庫の把握と機会損失
		4-③ 業務・意思決定支援ソフト(ERP，SCM ソフト，S&OP 等)の有効活用
		4-④ データ・ウェアハウジング(DWH)と情報活用
	返品率	1-③ 納入先(顧客)との取引条件の明確さと情報共有の程度
		1-④ 販売・マーケティング部門との連携
		1-⑥ 顧客ニーズ・満足度の測定とその活用に関する社内体制
		1-⑧ 商習慣革新への取組
売上原価	原材料費	1-② 取引先(サプライヤー)との取引条件の明確さと情報共有の程度
		1-⑧ 商習慣革新への取組
		2-③ 戦略的調達力
		4-① EDI カバー率
	労務費	1-⑤ 生産・開発部門との連携
		1-⑦ 人財育成とナレッジマネジメントの質
		2-⑦ プロセスの標準化・見える化の程度と改善・改革力
		3-④ ジャストインタイムの実践と補充サイクルタイムの短縮
		4-② 自動認識技術(AIDC)の活用度
	間接費	4-① EDI カバー率
		4-② 自動認識技術(AIDC)の活用度
		4-③ 業務・意思決定支援ソフト(ERP，SCM ソフト，S&OP 等)の有効活用
		4-④ データ・ウェアハウジング(DWH)と情報活用
		4-⑤ 商品ライフサイクルマネジメントと構成管理
		4-⑥ オープン標準・ワンナンバー化への対応
		4-⑦ 取引先や顧客への意思決定支援の程度
	棚卸評価損	2-③ 戦略的調達力
		3-① 品質保証のレベルと顧客価値の創造
		3-③ 顧客(受注から納入まで)リードタイムと積載効率
		3-④ ジャストインタイムの実践と補充サイクルタイムの短縮
		3-⑥ トータル在庫の把握と機会損失
		4-⑤ 商品ライフサイクルマネジメントと構成管理
販管費(物流費)		2-② 輸配送計画・管理力
		2-⑥ 在庫・進捗情報管理(トラッキング情報)精度とその情報の共有
		3-③ 顧客(受注から納入まで)リードタイムと積載効率
		3-⑤ パーフェクトオーダーの実現
		3-⑥ トータル在庫の把握と機会損失
		3-⑦ 環境対応と環境を含めた CSR の体制とレベル
営業外損益 特別損益		2-⑧ サプライチェーンリスクの見える化と対応
		3-② サプライチェーン総コスト(特にトータル物流コスト)の把握について
		3-⑦ 環境対応と環境を含めた CSR の体制とレベル
流動資産		1-⑤ 生産・開発部門との連携
		2-② 輸配送計画・管理力
		2-④ 市場動向の把握と需要予測の精度
		3-② サプライチェーン総コスト(特にトータル物流コスト)の把握について
		3-③ 顧客(受注から納入まで)リードタイムと積載効率
		3-⑤ パーフェクトオーダーの実現
		4-⑤ 商品ライフサイクルマネジメントと構成管理
固定資産	拠点集約化	1-① 企業戦略の明確さと SCM の位置付け(経営トップまたは戦略・企画部門との連携)
		1-② 取引先(サプライヤー)との取引条件の明確さと情報共有の程度
		2-① 資源や在庫・拠点の最適化戦略
	IT 資産	1-① 企業戦略の明確さと SCM の位置付け(経営トップまたは戦略・企画部門との連携)
		2-⑦ プロセスの標準化・見える化の程度と改善・改革力
		4-⑥ オープン標準・ワンナンバー化への対応
		4-⑦ 取引先や顧客への意思決定支援の程度

図 4.2　ROA の最下位項目と GSC の項目との関係階層図

重要度	9	8	7	6	5	4	3	2	1	1/2	1/3	1/4	1/5	1/6	1/7	1/8	1/9	
ROA の一対比較																	CI	0.0000000
	左の項目が絶対的に重要である	(中間)	左の項目が非常に重要である	(中間)	左の項目が重要である	(中間)	左の項目が若干重要である	(中間)	左右同じくらい重要である	(中間)	右の項目が若干重要である	(中間)	右の項目が重要である	(中間)	右の項目が非常に重要である	(中間)	右の項目が絶対的に重要である	
売上高当期利益率							1											総資産回転率

	売上高当期利益率	総資産回転率		ウェイト
売上高当期利益率	1	3		0.7500
総資産回転率	1/3	1		0.2500
			CI	0.0000

図 4.3 ROA に関する一対比較とウェイト算出の例

得られ，その下の図にある行に対する列の重要度を示した行列が得られ，その行列の固有ベクトルから上位項目に対する下位項目のウェイトが求まる．この場合，ROA に対して売上高当期利益率が 0.75 で，総資産回転率が 0.25 となる．

なお，もし下位項目が 3 個以上ある場合にはその組合せの数だけの一対比較が必要となり，その場合には一対比較の評価に重要性の順位の矛盾が生じる可能性もある．その場合の整合度を測る指標として CI(Consistency Index)があり，これが 0 から大きくなる(一貫性が疑われる)場合はもう一度評価をやり直す必要がある．

このようにして階層ごとに一対比較を行うことによって，得られた ROA に至る上位のウェイトを掛け合わせることによって(複数の枝がある場合はその総計)，最終的に ROA に対する各項目のウェイトが求まる．

AHP の実施事例

参考までに，上記の ROA の分解構造の下に，本書の執筆者の有志 9 名で，各自がイメージする企業事例の下で ROA との関係性の重み付けをしてもらい，その平均を用いることで得られた結果を示そう．その結果は，**図 4.4** であり，一般論としての GSC の 30 項目に対して ROA に影響を与える最重要項目は，以下の 6 つと考えることができる．

GSC の 30 項目

SCM スコアカード 30 項目	ウェイト
1-① 企業戦略の明確さと SCM の位置付け	0.1407
1-② 取引先(サプライヤー)との取引条件の明確さと情報共有の程度	0.0367
1-③ 納入先(顧客)との取引条件の明確さと情報共有の程度	0.0588
1-④ 販売・マーケティング部門とロジスティクス部門(機能)との連携	0.0377
1-⑤ 生産・開発部門とロジスティクス部門(機能)との連携	0.0366
1-⑥ 顧客ニーズ・満足度の測定とその活用に関する社内制度	0.0146
1-⑦ 人財育成とナレッジマネジメントの質	0.0038
1-⑧ 商習慣革新への取組	0.0228
2-① 資源や在庫・拠点の最適化戦略	0.0340
2-② 輸配送計画・管理力	0.0364
2-③ 戦略的調達力	0.0391
2-④ 市場動向の把握と需要予測の精度	0.0755
2-⑤ SCM の計画(顧客起点の生産・販売・物流全工場)精度と調整能力	0.0162
2-⑥ 在庫・進捗情報管理(トラッキング情報)精度とその情報の共有	0.0089
2-⑦ プロセスの標準化・見える化の程度と改善・改革力	0.0186
2-⑧ サプライチェーンリスクの見える化と対応	0.0176
3-① 品質保証のレベルと顧客価値の創造	0.0259
3-② サプライチェーン総コスト(特にトータル物流コスト)の把握と削減	0.0242
3-③ 顧客(受注から納品まで)リードタイムの短縮	0.1128
3-④ ジャストインタイムの実践と補充サイクルタイムの短縮	0.0095
3-⑤ パーフェクトオーダーの実現	0.0311
3-⑥ トータル在庫の把握と機会損失の低減	0.0357
3-⑦ 環境対応と環境を含めた CSR の体制とレベル	0.0128
4-① EDI の活用とカバー率	0.0061
4-② 自動認識技術(AIDC 技術)の活用	0.0054
4-③ 業務・意思決定支援ソフト(ERP, SCM ソフト, S&OP 等)の有効活用	0.0252
4-④ データ・ウェアハウジング(DWH)と情報活用	0.0080
4-⑤ 商品ライフサイクルマネジメントと構成管理	0.0922
4-⑥ オープン標準・ワンナンバー化への対応	0.0054
4-⑦ 取引先や顧客への意思決定支援の程度	0.0077

図 4.4　ROA を高めるための SCM の項目の重要性を示すウェイト

①	企業戦略の明確さと SCM の位置付け	0.1407
②	顧客(受注から納品まで)リードタイムの短縮	0.1128
③	商品ライフサイクルマネジメントと構成管理	0.0922
④	市場動向の把握と需要予測の精度	0.0755
⑤	納入先(顧客)との取引条件の明確さと情報共有の程度	0.0588
⑥	戦略的調達力	0.0391

この結果より，SCM を企業戦略のなかで位置づけを明確にし，戦略と連動したオペレーションを行っていくことや，リードタイム短縮を図って短納期での受注などに対応することで，売上拡大や在庫の圧縮が図られ ROA に寄与するということが示されている．

GSC の測定結果と ROA の関連分析例

次に，約 40 社の大企業に協力いただき，各社の実際の SCM のパフォーマンスを GSC のそれぞれ 5 段階のレベルからなる 30 項目のデータを収集した．その GSC スコアと，調査企業の財務データから，SCM のパフォーマンスと経営成果としての ROA との関係を分析した例を紹介しておこう．財務データは日経 NEEDS のデータベースから利用可能な 9 社の直近のデータから ROA(売上高当期利益率×総資産回転率)を求め，それを目的変数として GSC スコアにより回帰分析を行った．まず GSC の総得点を説明変数として ROA を回帰すると総得点は ROA に対して正の関係であるが，相関係数は 0.31 とあまり高くない．

ところが，測定された GSC のスコアを因子分析すると 5 つの因子が得られ，そのなかで顧客指向 SCM 力と呼ばれる因子が抽出された．この因子は，1-⑥「顧客ニーズ・満足」との関連が最も高く，また 1-④「販売・マーケティング」，3-①「品質保証のレベルと顧客価値の創造」，3-④「JIT 実践と補充サイクル短縮」との関連が強く，また手段としての 4-④「DWH と情報活用」などの IT 関連項目との関連も高いものである．そこで総得点の代わりに顧客指向 SCM 力の因子スコアで回帰分析した結果が**図 4.5** である．

図中に示すように，顧客指向 SCM 力だけで ROA に対する説明力，すなわち寄与率(R^2 値)は 0.885 であり(ROA の大小の 88.5%，この因子の得点で説明

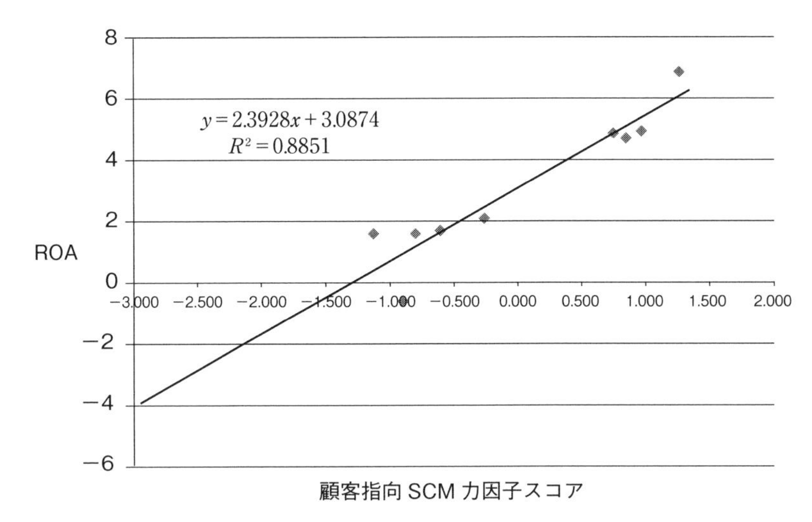

図 4.5　ROA の顧客指向 SCM 力因子スコアによる回帰分析の結果

できる)，(重)相関係数でいえば，0.941 という非常に高い値で統計的にも高度に有意になっている．

言い換えれば，経営成果に結びつけるためには，総得点，すなわちスコアカードのすべての項目のレベルを上げるよりも，特に顧客指向 SCM 力を高める方向で改革を進めるべきということが，この分析結果からいえる．

この結果は，本書で掲げるマーケティングと一体となった SCM の重要性を支持するものである．今後，調査対象を増やして検証を継続する必要はあるものの財務的な経営目標に直結する SCM として次の点がポイントとなることが示唆される．

① 顧客視点で顧客満足向上，価値提供のための社内体制を整備し，そのために販売・マーケティングとの連携を強化する．

② 開発・生産における品質保証のレベルを上げ，かつ生産ではその補充サイクルの短縮(小ロット化)や JIT の実践といったリーンな体制を強化する．

③ そしてオープン標準を活用しながら取引先や顧客との連携を強化し，加えて DWH を整備し，付加価値を高めるための IT の活用を推進する．

4.4　SCM 管理会計

最後に，これまでの結果および先行研究の内容を踏まえ，まとめとしてSCM管理会計によるマネジメントシステムについて提案しておこう．

皆川(2008)によると，サプライチェーンを構成する各プレーヤーが，サプライチェーン全体としての業績を向上させるという共通の目標に向かって進むためには，「サプライチェーンBSC(バランススコアカード)」による管理が重要であるという．サプライチェーンBSCにおいては，「財務の視点」，「顧客の視点」，「サプライチェーンシステムの視点」，「学習と成長の視点」，および「パートナー間の協働の視点」の5つの観点で戦略目標および業績評価指標を設定し，管理していくことを推奨している．

また，視点ごとの業績評価指標は，**第26章**で取り上げるSCORモデルによる業務プロセスの定義をしたうえで，各業務プロセスをABC(Activity Based Costing：活動基準原価計算)により，対象となるサプライチェーンにかかったコストを切り分けて，業績評価指標として設定・管理していくことを推奨している．例えば，どんぶり勘定的な建値制度から，運び方やつくり方，売り方によってコストが異なることを考慮した欧米流のロジスティクスサービスで用いられているメニュープライシング方式を採用するには，客観的なコスト差を把握するためのABCの適用が不可欠となる．

BSCによる管理で重要なのは，「財務の視点」で設定されるROAなど経営成果指標とその他の視点で設定される各業績評価指標の間に因果関係がきっちりと成り立っていることである．

一方，GSCにも，サプライチェーンBSCと類似した大項目が設定されている．それは，「1. 企業戦略と組織間連携」という戦略レベルの項目から始まり，「2. 計画・実行力」で具体的SCM施策を挙げ，「3. SC(サプライチェーン)パフォーマンス」でSCMのパフォーマンス状況，「4. 情報技術の活用」でITの活用度合いを評価するというものである．

また，GSCに含まれる30項目に対しては，レベル1～レベル5までのスコアが定義されているが，合わせてこれらの項目と合致する，定量的な業績評価指標を別途設定することが可能と考えられる．例えば，「3-③　顧客(受注から納品まで)リードタイムの短縮」には，具体的なリードタイム短縮目標を設定することができる.

以上のことを踏まえ，「SCM管理会計」では，BSCの考え方を活用し，経営成果指標をROAと置いたうえで，GSCの各項目または各社で適切と思われるKPIに対して，企業およびサプライチェーンの特性を踏まえて，可能な範囲で定量的指標を設定することが求められる.

そのうえで，設定した期間での各指標の目標達成度を評価するとともに，経営成果としての目標が達成できたかをモニタリングする．各指標が目標達成していても経営成果に反映されない場合には，その因果関係が崩れている可能性があるので，重点化する取組み項目の見直しや，指標の見直しを行い，経営成果とリンクする目標を改めて設定し直していくことが推奨される.

第Ⅱ部
サプライチェーン計画と実行

第 5 章
需要予測と需給マネジメント

5.1　需要予測の必要性とその導入効果

なぜ需要予測は必要なのか

サプライチェーン上の生産計画や販売計画と需要予測の関係を考える前に，身近な例から需要予測の必要性を考えてみよう．例えば，昼食にコンビニエンスストアで弁当を購入することを考える．もし，棚に希望する弁当が売切れでなければ，弁当を購入できない．他の商品で代用するか，あるいは近くの別のコンビニエンスストアで弁当を購入することになる．消費者にとっては不便であり，店舗にとっても，他店で購入となれば販売の機会損失となり，望ましくない．かといって，大量に弁当を発注し，大量に売れ残ったのでは店舗にとっては損失となる．そのため，店舗ではこの消費者の要求に応え，かつ過剰な在庫を抱えないように，あらかじめ必要と思われる弁当の数を予測し，発注して在庫しておく必要がある．メーカーであれば，卸売業や小売業からの発注量を予測して，見込み生産を行っておくことを意味する．

では，次に飲食店でメニューから料理を注文する場合について考えてみよう．弁当のときと異なり，消費者は注文してから料理が届くまで待ってくれるだろう．メーカーであれば，パソコンの販売に見られるように消費者が CPU やメモリ，モニターなどのパーツを選ぶ場合で，消費者からの注文を受けてから生産を開始する受注生産である．ただし，先の飲食店では，昼食時の時間がないときに 30 分も待たされればイライラして我慢できずに，途中で店を出て行ってしまう消費者もいるかもしれない．

このように需要予測は，消費者(需要側)の待てる時間と店側(供給側)の供給に要する時間の関係からその必要性が決まる．需要側の待てる時間が，供給側の供給に要する時間よりも短ければ，供給側は需要側の要求に応えるために需要量を予測し，商品を在庫しておかなければならない．

そして，この需要予測は商品だけでなく，いろいろなものと関係する．先の飲食店であれば，料理をつくるための食材や料理を入れるお皿など，さらにはスタッフの人数などもあらかじめ需要を予測して用意(購入や雇用)しておかなければならない．受注生産を行う工場においても部品や原材料の調達を急に行うことは難しく，同様に従業員を急に雇用することはできないため需要予測にもとづいて在庫や雇用をしておくことになる．このように考えていくと，サービス業においても需要予測が必要だということがわかる．例えば，小売店舗における会計の窓口や旅行代理店の相談窓口の数なども需要側の待てる時間と供給側の供給に要する時間の関係から決まってくる．需要側の待てる時間よりも供給側の供給に要する時間が長くなり，長く待たせてしまうと消費者は購入や相談を諦めて帰ったり，他店に行ってしまったりする．

以上のように需要予測は，需給のバランスをとる在庫量の決定だけでなく，**表 5.1** に示すように生産計画や従業員の配置計画など，多くのサプライチェー

表 5.1　需要予測と関連するサプライチェーン上の計画項目

	計画項目の例
メーカー	原材料・部品の調達，製品の生産 機器・設備の仕様・台数 包装資材の調達 従業員の配置・雇用
物流業	輸送・配送 車両の仕様・台数 修繕備品の調達 従業員の配置・雇用
卸売業 小売業	商品の調達(発注) 保管設備・容器の仕様・台数 包装資材の調達 従業員の配置・雇用

ン上の計画の基となるデータを提供していることがわかる.

需要の予測なくしてサプライチェーンのマネジメントは行えない

次に，この需要予測の導入効果について考えてみよう．ここまで見てきたように販売の機会損失や過剰在庫による損失を削減するために需要予測は有効であるが，必ずしも導入すればよいというわけではない．その予測精度によって，大きく3つの場合に分けられる．

表5.2 に示すように予測値が実需とほぼ等しければ，売上の向上および在庫コストの削減が可能で，利益の向上が期待できる．しかし，過大に予測した場合は，売上の向上以上に保管費やさらには原材料を調達するための借入金の増加など，資金面での支出も増大し，利益はマイナスとなる．逆に，過小に予測した場合は，売上の向上は期待できず，欠品による取引停止などのリスクを負うことになる．仮に売切れでも問題ないとしても従業員の給与などの固定費に相当する支出をまかなうことができなければ，結果として利益はマイナスとなる．また，実需に対応することを考えた場合の他の計画への影響では，当然のことながら過大と過小の場合は，影響が大きく望ましくない．特に予測結果が過小となった場合は，緊急の生産や輸配送が発生し，支出面でも悪影響が出る．

表5.2　需要予測の導入効果

予測結果	効果			計画への影響
	収入	支出	利益	
過大	(増加) 販売の機会損失の減少	(増加) 在庫の保管費等の増大 原材料等の調達資金の増加→ 借入金の増大→支払利息の増加	減少	大
適切	(増加) 販売の機会損失の減少	(減少) 在庫の保管費等の減少 廃棄ロスの減少	増加	小
過小	(減少) 販売の機会損失の増大 →欠品の増加→(取引停止)	(減少) 在庫の保管費等の減少 (増加) 緊急対応の生産や輸送費の増大	減少	大

こうしてみると，需要予測は不用と思われるかもしれないが，先に見てきたように需要予測は多くの計画を立てるための前提となるデータを得るために必要であり，必要不可欠な業務である．後の**5.4節**で述べる予測精度を向上させるためのPDCAを実施できる体制を構築することにより，予測精度を向上させ，販売機会損失の削減，在庫の削減，廃棄ロスの削減，生産計画などの多くの計画の見直しを抑制することにより，企業の収益に貢献することができる．予測なくして計画の立案はできず，サプライチェーンのマネジメントは行えないことを肝に銘じておく必要がある．

5.2　需要と予測モデル

需要を予測する際のモデルは，**図5.1**に示すように大きく2つに分かれる．一つは過去の自分自身の実績値から将来を予測する時系列データにもとづく予測モデルで，もう一つは需要量に影響を与える他の要因間との因果関係から将来を予測する多変量解析にもとづく予測モデルである．後者の予測モデルでは，始めに要因の将来予測を行い，その後に将来の要因から需要量を予測することになる．

前者の時系列データにもとづく予測モデルには，移動平均法，指数平滑法，ARIMAなどのモデルがある．ここではこれらのモデルの考え方を説明するために，まず，需要を構成する成分について説明する．

特売や運動会といったイベントによる影響を除くと，**図5.2**に示すように需

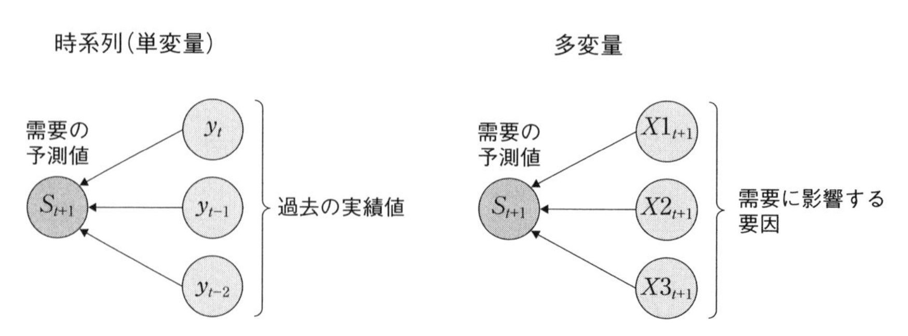

図5.1　需要予測モデルの分類

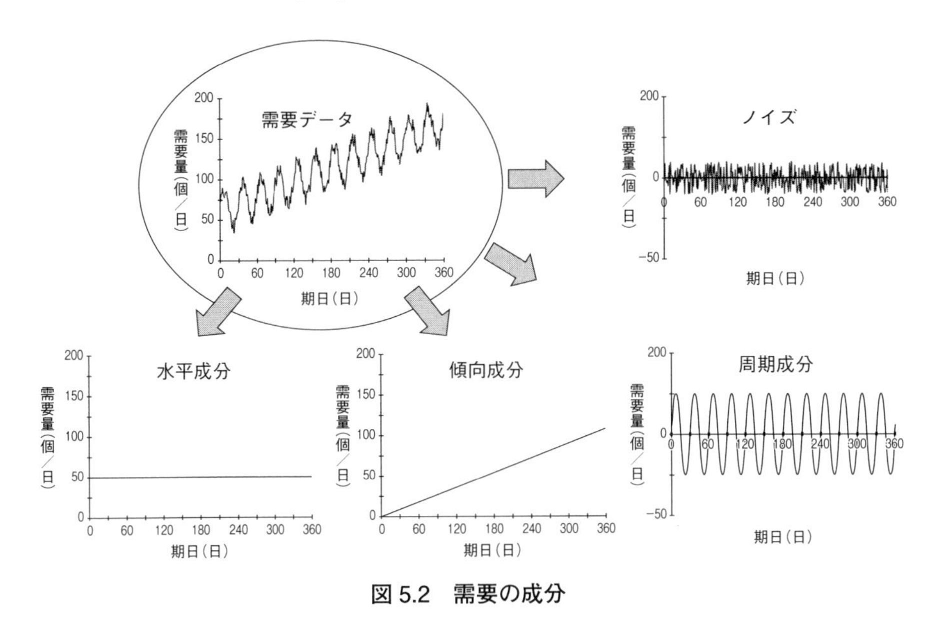

図 5.2　需要の成分

要を構成する成分は，基準となる水平成分と需要の増減傾向を示す傾向成分，そして，季節的な変動を示す周期成分，最後に偶然性に起因する変動を示すノイズとなる．したがって，各予測モデルは需要を構成する成分のうち，ノイズを除くいくつかの成分から将来を予測するモデルとなっている．

(1)　移動平均法

移動平均法(moving average method)は，次の式に示すように過去の一定の期間(次数)の実績値の平均から次期の予測を行うモデルである．このモデルは水平成分しか考慮していないが，その大きな特徴は次数を変えることにより，需要の傾向成分や周期成分を見つけることができる点にある．例えば，増加傾向をもつ需要であれば，次数を大きくする(過去の平均をとる期間を長くする)ことにより，ノイズや周期成分による需要の増減を相殺し，傾向成分のみを抽出することができる．また，周期的な変動をもつ需要であれば，次数を周期と合わせることにより，周期的な変動を消すことができ，次数と同じ周期をもつ周期成分があることがわかる．このように移動平均法は，需要の成分を把握するためのツールとしても活用可能である．

$$S_{t+1}=\frac{\sum_{m=0}^{n-1} y_{t-m}}{n} \tag{5.1}$$

S：予測値，y：実績値，n：次数

(2)　指数平滑法

指数平滑法(exponential smoothing method)は，実績値と旧予測値から各成分を予測するモデルで，水平成分のみを考慮した(1次)指数平滑法，水平成分と傾向成分の2つを考慮したホルト法，水平成分と傾向成分，そして周期成分の3つを考慮したホルト・ウインターズ法がある．基本となる(1次)指数平滑法は，次の式に示すようなモデルで，過去の実績値の加重平均から予測するモデルである．先の移動平均法と(1次)指数平滑法は，Excelの分析ツールでも予測でき，荒木(2000)にその解説がある．

$$S_{t+1}=\alpha\cdot y_t+(1-\alpha)\cdot S_t \tag{5.2}$$

S：予測値，y：実績値，α：平滑化定数

なお，ホルト法は(1次)指数平滑法に傾向成分の増減量を加えた予測モデルで，水平成分(平均)＋増減となっている．そして，ホルト・ウインターズ法は，これに周期成分を考慮したモデルで，加法型と乗法型の2つがある．乗法型のモデルは，(平均＋増減)×変動率となっており，変動率は需要の平均に対する当期の比率である．

(3)　ARIMA

ARIMA(Auto-Regressive Integrated Moving Average)モデルは，ARモデルとMAモデルを組み合わせたARMAモデルを拡張したモデルで，需要の3つの成分を考慮できるモデルである．ARモデルは，過去の実績値との自己相関関係をモデル化したもので，曜日によって需要の傾向が似ているといった周期的な変動(周期成分)を考慮できるモデルとなっている．そして，MAモデルは，過去の予測誤差から予測するモデルで，この意味としては通常より

も余分に発注してしまったために，次回の発注は少なくなるといった現象を表現できるモデルとなっている．このARIMAモデルは先のホルト・ウインターズ法と同様に，フリーの統計解析ソフトウェアであるRのなかに関数があり，予測を行うことができる(田中，2008)．

一方，多変量解析にもとづく予測モデルとして，重回帰分析や数量化I類による予測モデルがある．これらの予測モデルは，時系列データにもとづく予測モデルと異なり，需要に影響を与える要因との関係から需要予測を行う．つまり，時系列データにもとづくARIMAモデルなどでは考慮できなかった特売などのイベントの有無による需要変動を考慮できるモデルである．このため将来の需要予測だけでなく，販促活動の方針を検討するための分析ツールとしても活用が可能となっている．また，製品と修理部品の関係のように強い相関がある場合は，この関係を用いて製品の予測結果から修理部品の予測を行うモデルを構築することも可能である．

(4)　重回帰分析

重回帰分析(multiple regression analysis)は，需要の予測値(目的変数)と需要に影響を与える要因(説明変数)との関係から予測する次の式に示すようなモデルである．特売などのイベントは，{0, 1} の説明変数として表され，回帰係数の値から需要に与える影響を把握することができる．ちなみに，過去の実績値をそれぞれ説明変数とすれば，最小二乗法によりパラメータを推計したARモデルとなる．

$$S_{t+1}=a_0+a_1\cdot X1_{t+1}+a_2\cdot X2_{t+1}+\cdots+a_n\cdot Xn_{t+1} \tag{5.3}$$

S：予測値(目的変数)，$X1$～Xn：説明変数，a_0～a_n：回帰係数

最後に，予測モデルが複数あることからもわかるように需要予測は難しい．そもそも予測モデルは過去の傾向や因果関係が将来も変わらないと仮定(不変性の仮定)し，予測を行っている．したがって，消費者の嗜好の変化や海外の競合企業の新規参入，新技術による新商品の発売など，市場環境が変化すれば，

当然のことながら予測は外れる．このことを踏まえ，予測モデルを適切に用いた需給マネジメントが必要である．

5.3　需要予測にもとづく在庫管理および生産計画

需要予測の第一義の目的は，在庫量を適正に保つために，予測結果から必要在庫量を把握し，適切な量を発注することにある．そこで，卸売業や小売業を対象に需要予測にもとづく在庫管理について説明する．

図 5.3 は，定期発注方式など需要予測から毎回の発注量を算出している小売店を例として，発注時点や入荷時点，調達期間（補充リードタイム）や販売期間の関係を記したものである．図中の現在時点（A）において，商品の発注を行うとする．この時点において発注された商品は，調達期間を経た後に店舗に入荷（B）され，次回の発注から入荷までの時点（D）まで，店頭で販売されることになる．したがって，現在考慮すべき販売期間（B–D 間）に対応した需要量を発注する必要がある．また，現在時点（A）では発注から入荷までの調達期間（A–B 間）の販売にも対応しなければならない．これより，現在時点（A）における考慮すべき予測期間は，現在時点（A）から次回の発注から入荷までの時点（D），A–D 間となる．言い換えれば，次回までの発注間隔（A–C 間）と次回の調達期間（C–D 間）を足し合わせた期間となる．まとめると考慮すべき予測期間（A–D 間）は，次の 2 つの式から求めることができる．

①　現在の調達期間（A–B 間）＋現在考慮すべき販売期間（B–D 間）

②　現在から次回までの発注間隔（A–C 間）＋次回の調達期間（C–D 間）

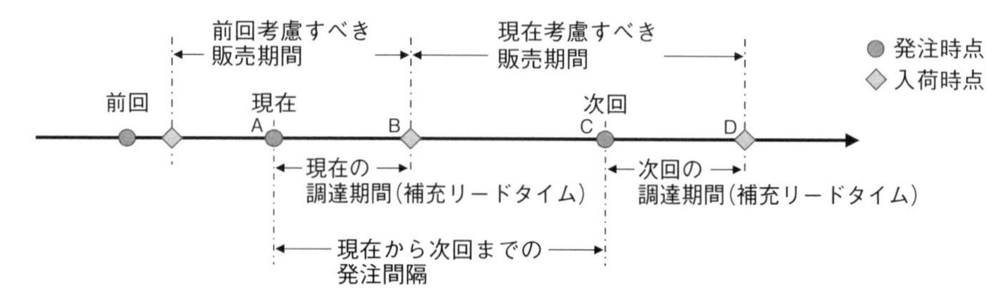

図 5.3　発注・入荷時点と調達・販売期間の関係

したがって，**5.2 節**で述べた予測モデルを用いて，考慮すべき予測期間(A–D 間)における需要量を予測する必要がある．しかし，予測値が実際の需要量と一致することは少なく，多くの場合は誤差を生じる．このため予測結果から求める予測需要量の計算では，誤差を考慮した安全在庫量を加える必要がある．通常，予測モデルが適切に構築されていれば，その予測誤差は平均０の正規分布に従う．これより，安全在庫量は，誤差の分散から求められる標準偏差と欠品率から決まる安全係数によって求めることができる．ちなみに，安全係数は平均0，分散１の標準正規分布の正規分布表(上側確率)から求めることができる．

以上のことをまとめると，考慮すべき予測期間中の予測需要量(Z)は，次のように求めることができる．

$$Z=S+A=S+k\cdot\sqrt{T}\cdot\sigma \tag{5.4}$$

Z：予測需要量，S：T 期間中の予測値，A：安全在庫量

k：安全係数，T：考慮すべき予測期間(A–D 間)

σ：誤差の１期間中の標準偏差

そして，在庫量を適切に保つために必要な発注量は，現在時点で保有している在庫量(発注残を含む)を予測需要量から差し引いた不足分となり，次のように求めることができる．

$$Q=Z-I \tag{5.5}$$

Q：必要発注量，Z：予測需要量，I：保有在庫量

この場合の考慮すべき予測期間(T 期間：A–D 間，発注間隔＋調達期間)を一定とした発注方式が定期発注方式で，代表的な発注方式である．ちなみに，この定期発注方式は商品ごとに予測モデルを構築する手間がかかることから売上高の多い重要な商品に用いられ，他の商品にはより簡便な発注点法や二棚法が用いられることが多い．

在庫管理能力として需要の変化への対応力が求められている

次に，メーカーにおける生産について考える．小売業や卸売業からの日々の発注に対応した生産ができれば望ましいが，通常は生産に必要な原材料や部品の調達，機器の段取替えや作業員の勤務について検討する必要があり，3カ月や1カ月といった期間での需要予測にもとづく販売計画に従った生産計画となる．ここで需要予測の結果を直接，生産計画に用いないのは，商品の売上が落ちているからといって何も手を打たなければ，業績の向上は望めないからである．販促に向けた対策を練り，この改善効果を予測値に加えた値にもとづいた生産とする必要がある．

また，2008年のリーマンショックの影響による急激な需要の落ち込みのように，急激な需要の変化に対応するためには，生産計画の見直し期間が重要となる．3カ月間まったく生産計画を見直さないのと，1カ月ごとに生産計画の見直しを行うのとでは，需要量の変化に対する対応が大きく異なる．

図 5.4 は，リーマンショックが2008年度の自動車メーカーの在庫に与えた

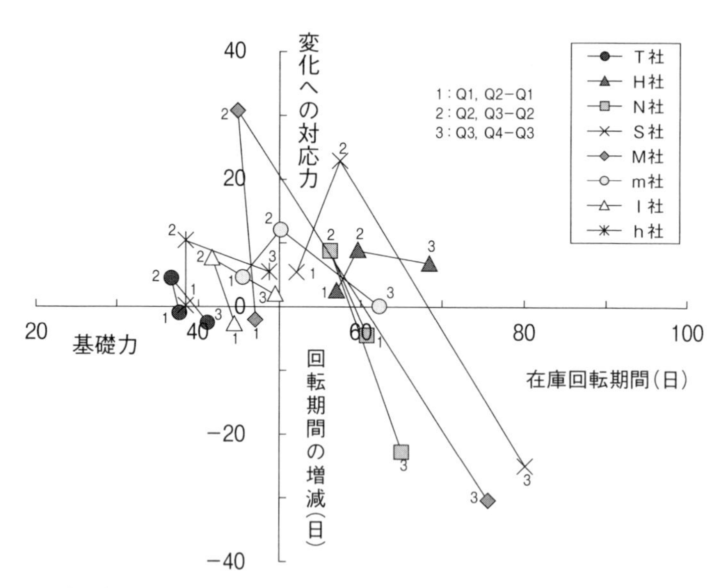

注）　各社の財務データから筆者が作成．

図 5.4　リーマンショックが自動車メーカーの在庫に与えた影響

影響を調べたものである．図中の横軸は四半期ごとの在庫回転期間を示し，縦軸は次の四半期との在庫回転期間の差を示す．そして，シンボルの隣にある数値は該当する四半期を示す．１が第１四半期で，２が第２四半期，そして３が第３四半期を示す．

図からＴ社は，在庫管理の基礎力が高く，在庫回転期間が他社より短い．そして，リーマンショックの影響により急激に需要が減少した際も生産量をただちに調整し，過剰な在庫を大量に抱えなかったことがわかる．このことから，需要の変化への対応力も高く，適切な在庫管理能力を有していることがわかる．これに対して，Ｍ社やＳ社は，Ｔ社よりも在庫回転期間が長く，特に，在庫の変動が大きい．つまり，需要の変化への対応力が低いことがわかる．

現在，Twitter や LINE など SNS の利用促進により，情報の伝達が従来よりも速くなっている．したがって，特に消費財では需要の変化が激しくなっており，需要予測の精度を向上させるとともに，生産計画の見直し期間を短くし，需要の変化への対応力を高めることが重要となっている．

なお，この生産計画の見直しを短期間に実施できるようにするためには，計画の修正に伴う部品調達や作業員のシフトなどの迅速な変更が行える体制を構築しなければならない．これにより，生産量を需要量に合わせて柔軟に調整することが可能となり，収益性を高めることが可能となる．

5.4　需給マネジメント

需要予測を適切に実施し，販売機会損失の削減や在庫の削減，廃棄ロスの削減，さらには生産計画などの見直しの抑制を図っていくためには，継続的な需要予測業務の改善が必要である．そのために，PDCA サイクルを実践する仕組みづくりが重要であり，淺田(2010)は次の３つの PDCA があるとしている．

① 予測精度改善の PDCA
② 予測の外れを前提とした PDCA
③ 緊急対応の PDCA

以下に，これら３つの PDCA について説明する．

(1)　予測精度改善の PDCA

需要予測業務において，予測精度の改善は重要である．そのため，その予測精度を継続的に向上させるための**図 5.5** に示す PDCA サイクルを回していかなければならない．

まず，Plan では熟練者の経験と直感に頼っていた予測から，**5.2 節**に示したような予測モデルを用いた予測業務に変更する必要がある．継続的な改善のためには属人化を排除し，業務の標準化を図る必要がある．これにより，Check において問題が発見されれば，具体的に何を改善すればよいか Act をとることが可能となる．例えば，量販店における特売が考慮されず欠品となっていたのであれば，特売情報を予測に反映させる仕組みづくりを検討すればよい．また，Check における予測誤差の評価では，何千，何万もの商品を一つずつ確認し，問題の有無を判断するのは難しい．あらかじめ異常を警告するルールを作成しておく必要がある．また，販売の実績データには欠品の情報は含まれておらず，真の需要量は厳密にはわからない．予測モデルを構築するために使用する実績データ自体にも注意を払う必要がある．営業終了時刻よりもかなり前に欠品が発生しているのであれば，予測値を上方修正して真の需要に近づける

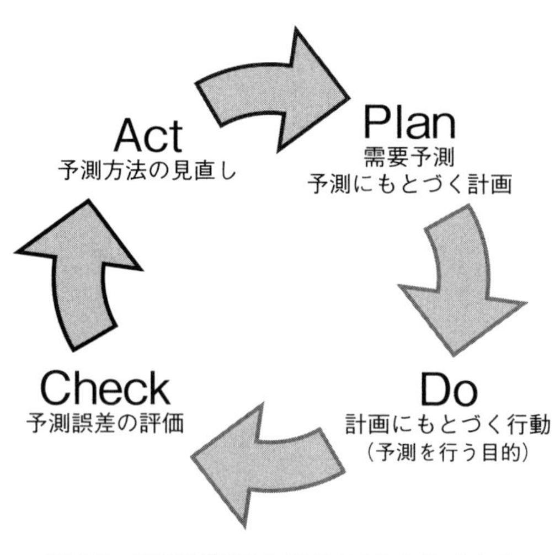

図 5.5　需要予測における PDCA サイクル

必要がある.

(2) 予測の外れを前提としたPDCA

予測の外れを前提としたPDCAは，あらかじめ予測が外れても問題が生じないように対策を実施しておくことである．安全在庫による欠品への対応がその代表的な対策で，**5.3節**に示したように予測誤差から安全在庫量を算出すればよい．なお，安全在庫量の見直しは，Checkにおける予測誤差の変化から判断することになる．そして，そもそも予測値が過大，あるいは過小に偏るのであれば，予測モデル自体の見直しが必要となる．

また，不動在庫となっている製品の生産や販売の中止を検討することも大切な活動である．小売店舗を例にとれば，限られた棚に売れない商品を適切に在庫管理して陳列していてもまったく無意味で，売れる可能性のある新商品と入れ替えていくことが望ましい．常に見直しを図り，より良い品揃えとし，収益性を高めていく必要がある．

(3) 緊急対応のPDCA

テレビ番組や人気俳優のブログで製品が紹介されることにより，急激に需要量が増大することがある．この場合は，需要予測の精度を向上し，安全在庫を準備していても欠品を防ぐことは難しい．事前に欠品を起こした場合の対応策を検討しておく必要がある．対応策として，緊急発注，緊急生産，拠点間在庫移動などがあるが，事前に緊急業務マニュアルを作成しておくことで，迅速な緊急対応が可能となる．

また，近年はタイの洪水や東日本大震災などの自然災害，さらにはテロなどのリスクに対する事業継続の検討も必要となっている．このため，あらかじめサプライチェーン上の工場の操業停止や輸送経路の寸断が，自社のビジネスに及ぼす影響やその代替手段の検討を行っておくことも重要となっている．

最後に需要予測やそれにもとづく需給計画を立案するには，品種ごとに生産や在庫，そして実需の状況を時系列的に表示したダッシュボードと呼ばれる画面上で，関連部門が集まりそれらの情報を共有したうえでの意思決定が重要である．またその前提として，実需をどのくらいの時間間隔と精度で捉えるか，そのための見える化がどこまでできているかが重要である．それにより需給マネジメントの精度だけでなく，**第2章**で述べたブルウィップ効果を防ぐことにもつながる．

第 6 章
生産スケジューリングとサプライチェーンBOM

6.1　SCMの実務(オペレーション)を司る計画系業務

第26章で取り上げるSCORによれば，サプライチェーンの実務は，実行系業務と計画系業務に分けられる．原料・資材を調達，加工・組立，納入するという実行系業務と，各々に対応する調達計画，製造計画，納入計画，そしてこれらを司るサプライチェーン計画である．手に触れるものや，直接顧客に提供するサービスを生み出す実行系業務と異なり，計画系業務は目に見えづらいがゆえに属人化を招きやすく，個々の計画業務が連携されずばらばらに遂行され，結果的に実行系業務に問題が表出するという事態を招いてしまう．実行系業務と計画系業務を一体として捉えた業務設計が肝要である．

サプライチェーン計画とは，従来のPSI(Production, Sales, Inventry)会議で行われる生販在調整と何が異なるのか．その違いは，PSI会議が部門間の(利害)調整を図るボトムアップの活動であるのに対し，サプライチェーン計画では初めにSCM上の目標があり，その実現のために調達計画，製造計画，納入計画の指示が出されるトップダウンの動きとなる．もちろん，サプライチェーン計画においても部門間(計画間)の調整は発生するが，その際は全社(または事業部)レベルの目標達成のために明確な調整メカニズムが働き，決して声が大きい部門に従うわけではない．日本の企業において，サプライチェーン計画を業務プロセスとして日々実行しているところは少ない．組織名にSCMという言葉が見てとれても，全社レベルの計画業務遂行に必要な権限と責任をもつ

SCM組織は少ないと考えられる．

計画系業務とは，どのような業務プロセスで構成されるのであろうか．もう一度，SCORを参照して考えてみよう．**図6.1**は，サプライチェーン計画(Plan Supply Chain これをP1という)のSCORによる定義内容である．P1は4つの業務プロセスで構成される．要件を明確化するP1.1，リソースを明確化するP1.2，要件とリソースのバランス度合いを把握するP1.3，そして計画として確立し通知するP1.4である．調達計画(P2)，製造計画(P3)，納入計画(P4)においても，要件やリソースの対象が異なるだけで，業務プロセスの構造自体は同一であり概念レベルのモデルとして理解しやすい．SCM以前の生産管理においては，大・中・小日程計画という言い方をしていた．計画対象リソースの詳細度と，計画立案期間の組合せで，計画業務を階層化していた．

実務レベルで計画系業務を考える際，忘れてならないのが生産形態と在庫ポ

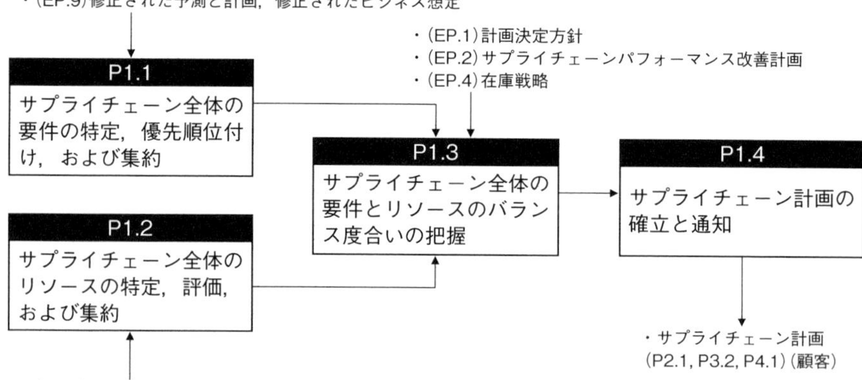

出典)　SCOR(Supply Chain Operations Reference Model)Ver. 7.

図6.1　SCORにおけるサプライチェーン計画(P1)プロセス定義

イントである．生産形態の代表的なものとして見込生産(MTS：Make to Stock)，受注生産(MTO：Make to Order)，受注設計生産(ETO：Engineer to Order)がある．在庫リスクと納入リードタイムの間にはトレードオフ関係が成立し，自社のビジネス目標に適した生産形態を選択する必要がある．顧客の実オーダーを在庫に紐づける点は，見込(プッシュ型)と受注(プル型)の接合点となり，最大の在庫ポイントとなる．このポイントを基点に，計画業務を考えていく必要がある(光國，2005)．

さて，ここまで業務プロセスの視点で計画系業務を述べてきたが，実務上はこの業務をITシステムで支援することにより，業務遂行における確実性，効率性，即効性の向上を図り属人化を排除している．以降ITシステムを，業務を高いレベルで実現するための仕組みの一部と捉え直して述べていく．

6.2　生産スケジューリングの方法

生産業務の実行可能性を保証すると同時に，設備稼働率を上げ低コストを実現することが生産計画の役割であることは既に述べた．また，計画系業務が階層構造をもつことも前述のとおりである．では生産の分野において，計画業務はどのような形となるのであろうか．一例として，次の三階層構造を提示する(西岡(2006)に一部筆者補足)．

①　プランニング(計画)
- 特定の期間において生産すべき品目と数量を決める．
- スケジューリングすべき作業内容をアウトプットする．

②　スケジューリング
- 個々の作業を実行する資源群と，作業の順番または実施時刻を決める．
- 要求を実現可能な将来の具体的な行動としてアウトプットする．

③　ディスパッチング
- 個々の資源においてこれから実行する作業を決める(資源に作業を割り付ける)．
- スケジューリング内容を最終確定する(実行系に対する指示の最小単位)．

要件(生産品目，数量)とリソース(資源)を段階的に詳細化し，各段階で実行可能性を確認することで，現実的な作業指示を生成するものである．この「プランニング」，「スケジューリング」，「ディスパッチング」の3つの言葉は，個々の企業内においては，ある一つの言葉が他の2つの言葉の概念を含んで使用される場合も多いので注意が必要である．例えば，「スケジューリングする」とした場合，品目と数量をも決め，併せて個々の資源に作業を割り付けているケースがある．

図 6.2 は，ある製品の生産スケジューリングを示したものである．基幹システムでMRP(Material Requirements Planning：資材所要量計画)展開し生産ロット数を生成，その情報を元にスケジューラーが工程展開と設備割付を行っている．割り付ける際，スケジューラーは割付ルール(ディスパッチングルール)と設備選択ルールを参照し，与えられたビジネス要件(納期，優先順位，生

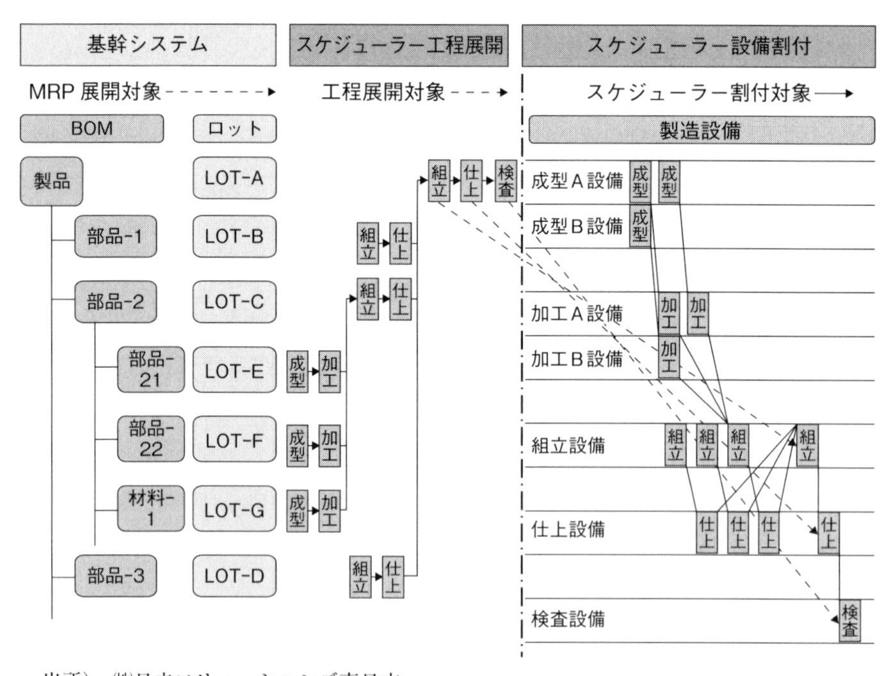

出所）㈱日立ソリューションズ東日本.

図 6.2　生産スケジューラーの役割

産性目標，在庫目標など)を満たすべく，実装済みの計算ロジックで計算を繰り返す．スケジューラーにより，従来プランナー(計画担当者)が人手で行っていた業務は半自動化され，計画サイクルの短縮化や計画業務の作業効率向上に大きな効果を発揮した．何より，立案された計画結果が，納期遵守率の向上や仕掛在庫の削減に著しく貢献した．

スケジューラーが単独では仕組みとして機能しない(前述の例では，MRP展開の結果を入力としていた)ことを述べたが，製造業の生産活動を考えた場合，必要な仕組みは計画段階だけでも他にもある．**図6.3**は生産計画において必要な仕組みを，コンポーネント(計画業務構成単位)として表したものである．それぞれのコンポーネントが，計画対象とするもの・リソースの粒度・範囲，計画立案の期間が異なり，スケジューラーの段階で最小単位となる．

これらのコンポーネントは，仕組み的にはどのように発展してきたのだろうか．MRPの概念が登場したのは1960年代であり，出現当時はMaterial Requirements Planning(資材所要量計画)としていた．コンピュータの計算能力そのものが，計画期間や計画対象物(品目数，考慮できる製品構造・工程数)の制約となっていた時代である．コンピュータの計算能力向上も後ろ盾になり，MRPは1980年代にMRPII(Manufacturing Resource Planning)と計画対象の概念を広げ，そして1990年代にERP(Enterprise Resource Planning)として製造や物流などの管理に加えて，経理や人事管理などの機能を追加・統合したものとして発展していく(その実態と有効性の評価に関しては多くの議論があるがここでは割愛する)．MPS，CRP，(コンポーネントとしての)MRP，FCSは，MRPII，ERPのコンポーネントでもある．

コンポーネントの一つCRPのメイン機能は作業負荷の山積み・山崩しとなるが，ここにもスケジューラー同様，山積み・山崩しロジック，設備に対する負荷配分ルール，リソース割付ルールが存在し，目的関数と説明変数でモデル化した場合，パラメータの数は膨大となる．スケジューラー同様，CRPの領域でもOR手法が必要となる所以である．1980年代から1990年代にかけて，日本国内ではスケジューラー領域の技術は大きな進展を見せ，多くのITベンダーがスケジューラー(パッケージソフトウェア)製品を世に出し，2000年代後半には海外でも大きなシェアをもつ著名パッケージも存在している．

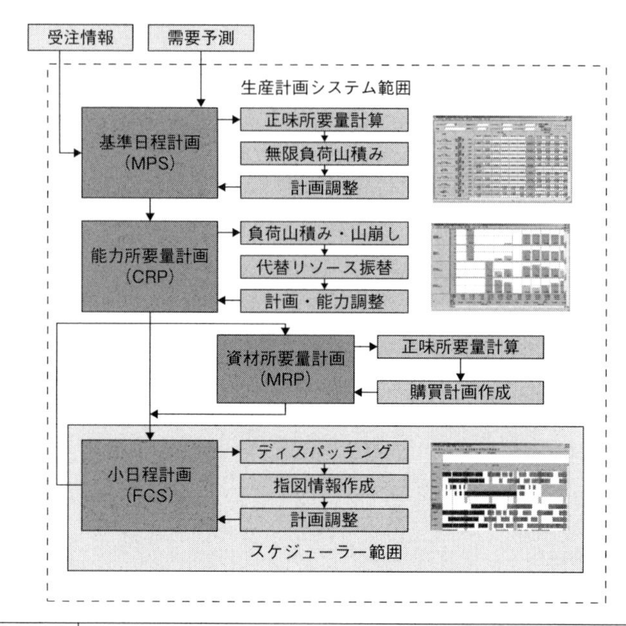

No.	コンポーネント	概要
1	MPS 基準日程計画	需要予測の情報をもとに安全在庫および生産丸めを考慮した正味所要量の計算を行う．また，結果表示による計画評価を人間系で行い，計画数量の変更など計画調整を行う．
2	CRP 能力所要量計画	MPS 情報および注文情報をもとに全工程に対するリソース単位での負荷山積み・山崩しを行う． 各種括りにより負荷状況を表示することで過負荷の部分に対するリソース間の負荷配分およびリソース能力を調整する．
3	MRP 資材所要量計画	MPS／CRP の結果をもとに必要資材の正味所要量および必要日数を計算する． また，購買計画作成では，複数社購買(比率・優先度)，発注方式(発注単位・期間まとめ・発注日)を考慮する．
4	FCS 小日程計画	MPS／CRP の結果をもとに計画期間に対する製造オーダーの着手順序をディスパッチングスケジューリングにより立案する． CRP より詳細な制約条件(工程間のオーバーラップ，工程間の段取りなど)を考慮して，時間軸ベースで製造オーダーを割り付ける． また，結果表示はガントチャートを中心に表示し，計画評価および調整(順序変更など)を行う．

MPS(Master Production Schedule)　：基準日程生産計画
CRP(Capacity Requirements Planning)：能力所要量計画
MRP(Material Requirements Planning)：資材所要量計画
FCS(Finite Capacity Planning)　：小日程計画(有限能力)

出所）㈱日立ソリューションズ東日本．

図 6.3　生産計画コンポーネント

6.3　スケジューラーから APS，SCP へ

著名な海外 IT ベンダーの ERP が国内に入り始めたのと時を同じくして，

1990年代後半に日本国内でもSCMブームに火がついた．企業全体のリソースを統合マネジメントするとしたERPが，全体最適を謳うSCMの実現ツールと見られていたような時代である．だが，当時のERPは，負荷は積めても無限負荷山積みであり，山崩しロジックは機能実装していないなど，スケジューラーで計画立案している企業にとっては物足りない面があり，スケジューラーをERPに外付けし，機能補完するケースが多く見られた．加えてSCMのブームにより，仕組みに求められる機能に納期回答が加わる．設備稼働率向上や仕掛在庫低減というものづくり系の指標向上を指向するアプローチから，顧客満足度という新たな価値提供の指標を指向する方向への転換である．この時代の要請に対して生まれたのが，APS(Advanced Planning and Scheduling)である(佐藤，2000)．APSは仕組みとして多機能なため，その実態が摑みづらい．いくつかの定義から見ていくこととする．APICS(American Production and Inventory Control Society) Dictionary Ver.11では，次のとおりである．

- 製造およびロジスティクスの計画や解析の技術．短期，中期，および長期をカバーする．
- APSでは，有限資源スケジューリング(FCS)，調達，資金計画，市場予測，需要管理，その他のためのシミュレーションや最適化を行うため，高度な数学的アルゴリズムや理論をベースとしたいくつかのコンピュータプログラムを記述する．これらの技術は，リアルタイムな計画とスケジューリング，意思決定，納期回答や納期確約に関する制約範囲やビジネスルールを，同時に考慮しているのが特徴である．
- APSは通常，複数のシナリオを提示し評価することができるので，マネジメント側はその中の一つを選択して正式なプランとする．
- APSの5つの構成要素として，受注計画，生産計画，生産スケジューリング，配送計画，そして輸送計画がある．

一方，日本国内のNPO法人ものづくりAPS推進機構では，ホワイトペーパー「APSの基本アーキテクチャーとシステム実装技術」(2004年12月)で，次のように定義している．

- APSとは，プランニングやスケジューリングなどの組織の意思決定の要素を統合させ，さらに各部門が組織間や企業間の枠を超えて同期をとりあいながら自律的に全体最適を志向するしくみのことである．

図 6.4 は，組織的意思決定の観点から，APS が担う計画範囲を示したものである（西岡，2006）．生産計画のいくつかのコンポーネントが APS でカバーされていることがわかる．これまでの仕組みの発展同様，コンピュータの計算能力の向上と同時計算対象の広がりが，実行可能性の高い納期回答のためのシミュレーションを可能にした．

なお，APS のカバー範囲と，**図 6.4** で APS がカバーしていない生販統合計画や，グローバルの在庫拠点における在庫補充計画までをカバー範囲とする SCP（Supply Chain Planning）も仕組みとしていくつかの IT ベンダーから提供されている．マネジメント領域的にはカバーしていても，標準で扱えるデータの粒度や，ある拠点が計画変更した際，他の拠点がリアルタイムで反映結果を確認できるか，グローバルレベルでいくつかのシナリオにもとづくシミュレーション結果を保持，比較評価できるかなど，仕組みのもつ基本機能や情報シス

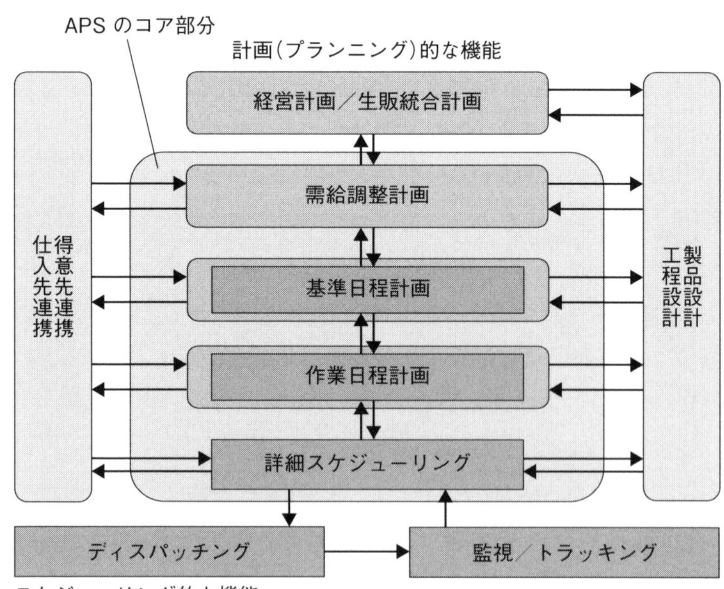

出典）　PSLX 技術仕様書 V2「エンタープライズモデル」．

図 6.4　APS の業務機能カバー範囲

テムとしてのアーキテクチャ(構造様式)は異なる．仕組みとして高機能な分，費用もスケジューラーやAPSと桁違いである．導入にあたっては，十分な事前評価が必要である．

6.4　サプライチェーンBOM

前節まで述べたスケジューラーやAPSは，仕組みとして機能するためにはBOM(Bills of Materials)が必須となる．BOMとは部品表(部品構成表)のことであり，スケジューラーやAPSは，BOMからある製品を製造する際の構成部品の数，加工・組立順序／リードタイム，加工・組立条件(使用設備)などの情報を参照し，生産オーダーごとのリードタイム計算や設備割付ルールの判断に使用する．

BOMが必要になるのは，上記のケースのみではない．製品設計，工程設計，購買，在庫管理，製造，物流，販売，アフターサービス，設備保全，原価管理の各段階，いわばサプライチェーンの全業務プロセス上で必要となる極めて重要な技術データである(佐藤，2005)．この技術データは，生産管理の初期の段階では縦割りの部門ごとにばらばらに管理されていた．設計部門(E-BOM：Engineering BOM)，製造部門(M-BOM：Manufacturing BOM)，調達部門(P-BOM：Purchase BOM)というように，各部門が管理したいデータが異なることが所以である．製品のライフサイクルが年単位であれば大きな問題とはならないが，新製品の開発期間が短縮化し，設計変更・改良が頻繁に行われる場合は，部門間で重複するデータの整合性が欠如し，変更内容反映の徹底も困難となり対応業務の煩雑さと負荷も見過ごせないレベルとなる．加えて，市場の嗜好多様性に対応するために多品種少量生産に向かった場合，技術データは爆発的に増大し，管理可能な状態からかけ離れる危険性がある．

この問題に対応するために，設計，試作(生産準備)，購買，生産，保守・アフターサービスの各段階で共有可能な統合化部品表が開発されている．また，多品種少量生産においては，「作業方法」の違いがバリエーションの源泉になっていることに着目した工程部品表(Bills of Manufacturing)というパラダイムシフトともいえる管理技術も開発されており，導入事例も増えてきている．

サプライチェーンBOMを謳ったパッケージソフト製品は筆者が知る限りでは世の中に出ていないが，統合化部品表や工程部品表の考え方がサプライチェーンの全プロセスをカバーし，APSやSCPと密に連携し活用される日は，そう遠くないと確信している．

6.5　現状と問題点

SCMの実行プロセス，特に計画系を支援する仕組み(パッケージソフト，ソリューション)の日本企業における活用の実態はどのような状況だろうか．ITの活用度合いは，SCMの成熟度判定と同様に，次のような5段階のレベル表現ができる(SCM以前・システム化以前は“0レベル”とする)．

- 第1レベル：部門間SCM～部門システムが乱立．データ連携はバッチ．
- 第2レベル：機能間SCM～複数の機能がプロセス連携．PSIのためのデータ連携．
- 第3レベル：企業間SCM～主要企業とプロセス連携．自動発注，納入，調達連携．
- 第4レベル：ノード間SCM～サプライヤーから顧客まで関係するノードを連携．エンドツーエンドのシステム連携．
- 第5レベル：グローバルSCM展開～製品開発から販売までのプロセスをグローバル協働．将来在庫の見える化も可能にするIT活用．

例えば，本章で述べた生産スケジューラー，自動車業界における最終セットメーカーやTier1(1次サプライヤー)企業では導入が進んでいてもTier2より下層の企業では，SCM以前(0レベル)というところも多く散見される．システム化が進まない理由はいくつかあるが，例えばEDIの受発注データと異なり計画系の情報は標準化されていないことが挙げられる．そもそも内示情報の精度が自動車メーカーにより大きく異なるという問題もあるが，Tier2企業にとっては複数の異なるフォーマットで示されるTier1からの情報を現場の計画立案担当者がデータ形式を変換しながら表計算ソフトを使って手作業で立案するというところも珍しくない．結果，業務負荷が高くなり，計画立案タイミングは月次となり，立案リードタイムも数日を要し，計画の修正変更も追いつかず，実績反映タイミングも間延びし実態から乖離していくという負のスパイラルに陥っていく．

一方，実行系のオペレーションではグローバル展開している企業でも，ITで第4レベルから第5レベルへレベルアップするのは容易ではない．販売拠点，製造拠点，物流拠点，それぞれで組織制約からシステム開発も拠点ごとに進めてきた企業は，データ連携で結果系の情報(財務会計に必須な情報)は統合できていても，将来在庫まで見える化できている企業は極めて少ない．販売拠点ごとの市場特性や生産現場・物流現場がもつリソース制約が異なるため，計画情報(シミュレーション結果としての未来在庫)をグローバルレベルで実現するには，**第Ⅵ部**で述べるチェンジマネジメントのガバナンスの下，業務改革とIT活用を表裏一体で進めていく必要がある．この改革を進める際に，サプライチェーン内でのBOM統合や部品コードなどの標準化の活動がスタート時点で必須となることはいうまでもない．

第 7 章
SCM と S&OP

7.1 SCM の現状と日本における課題

欧米における SCM の始まりには諸説あるが，欧米の各企業が本格的に SCM に取り組み出したのは 1990 年代初頭からといえる．当時の代表的な SCM への取組みの例では，流通業ではウォルマート，製造業ではデルが有名であり，また特に製造業においてはイスラエルの物理学者であるエリヤフ・ゴールドラット博士の提唱した制約理論(theory of constraint)を応用したスループットの最大化を図る取組みが，現在におけるサプライチェーン計画の原型ともなっている．

SCM の本来の目的は，サプライチェーンカウンシル(SCC)による定義によると「価値提供活動の初めから終わりまで，つまり原材料の供給者から最終需要者に至る全過程の個々の業務プロセスを，一つのビジネスプロセスとして捉え直し，企業や組織の壁を越えてプロセスの全体最適化を継続的に行い，製品・サービスの顧客付加価値を高め，企業に高収益をもたらす戦略的な経営管理手法」となっている．つまり，SCM とは「戦略的な経営管理手法」の一つであり，つまりは「企業に高収益をもたらす」ためのものである．

欧米におけるこのような SCM の取組みは，1990 年代の本格的なブームから，常に経営管理手法として取り組まれ，活用されてきているといえる．例えば，ウォルマートは顧客の購買分析による需要を起点として製品の補充計画を立案し，その計画をサプライヤーと共有することにより，必要なものを，必要なときに，必要なだけもつ，というプロセスを確立し，業界におけるトップを維持して企業に高収益をもたらしている．また，デルは，PC は将来コモディティ化することを予想し，その際の企業競争力はものの生産性のみではなく，製品価格にも影響するサプライチェーンコストの最小化であることを目指し，一躍当時の業界トップとなった．

日本における本格的な SCM の取組みが始まったのは，1990 年代後半，ほとんどの企業における取組みとしては，2000 年頃からこの「戦略的な経営管理手法」の取組みが始まったといえよう．当時は，多くの企業がトップダウンによる SCM への取組みが行われ，それはあたかも一つのブームのようでもあった．この時期を，日本における第 1 次サプライチェーンブームと呼ぶことにする．では，この日本における第 1 次サプライチェーンブームでの取組みは，どのようなものであっただろうか．

先のゴールドラット博士による制約理論を説明するために出版された *The Goal* の日本語版(ゴールドラット，2001)が，欧米に 10 年近くも遅れて日本に紹介されたこともあり，日本における SCM の取組みは，「戦略的な経営管理手法」から「先進的な生産管理手法」へと転換されてしまった感が否めない．

多くの製造企業の SCM への取組みは，「企業に高収益をもたらす」目的以上に，在庫削減やリードタイム短縮といった方向に本来の目的を変えて行われることになっていった．もちろん，在庫削減やリードタイム短縮による効果が収益に関係していないことはないが，「企業に高収益をもたらす」SCM を式で表すと，**図 7.1** のように表すことができる．

つまり，「企業に高収益をもたらす」ことを，ROA を向上させることに言い換えると，そのためには，売上を増加させ，費用を減少し，資産を減少させることになる．そして，この 3 つの重要な取組みは，どれか一つを実現すれば良いわけではないことは明白である．

しかしながら，日本における第 1 次サプライチェーンブームでのほとんどの企業の取組みは，在庫削減による資産の減少とリードタイム短縮による費用の削減に焦点が当てられる結果となってしまったと言っても過言ではないと思う．つまり，売上を増加させる，というもう一つの最も重要な目的，すなわち「戦略的な経営管理手法」が，在庫の減少とリードタイムの短縮，すなわち「先進

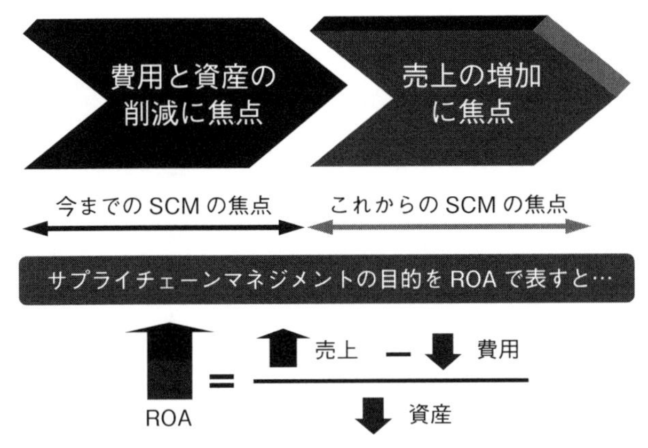

注）ROA(Return On Asset：資産収益率).

図7.1　ROAに見るサプライチェーンマネジメントの目的

的な生産管理手法」にすり替わってしまったのである.

日本における「先進的な生産管理手法」としての第1次サプライチェーンブームによる取組みが行われた2000年の頃，欧米，特に米国においては製造業のビジネスモデルに異変が起き始めていた．サプライチェーンのグローバル化によって生じた，製造業の本国における生産の空洞化である．つまり，当初は主に国内のサプライヤーから部品の供給を受け，主に国内の工場で製品を生産し，主に国内の顧客に製品を提供していたビジネスモデルが，グローバル化によってサプライヤーは中国に，自社の生産工場はアジアに，そして顧客は世界中にと変わり，本国の本社機能が製造業から流通業のビジネスモデルに変わらざるを得なくなっていった.

上記のような，日本におけるSCMの一義的な解釈によるコスト削減という取組みにより達成された効果はあるものの，多くの企業で**図7.2**のような新たな課題が残ることとなった.

2000年代後半から2010年代にかけて，日本においてもグローバル化の波はますます大きくなり，また国内の製造業においても当時の米国と同じような本国における生産の空洞化が顕著になってきている．そして，在庫を削減し，リードタイムの短縮を図ってきたが，「先進的な生産管理手法」としてのみのSCMでは解決できない課題が残り，今まさに「戦略的な経営管理手法」とし

業務視点	経営視点
• 予算，販売計画，生産計画間での個別調整が主で全体調整になっていない． • 根本原因を特定し，問題を解決するためのプロセスが標準化されていない． • 事後調整が主でプロアクティブ(先行打ち手)でない． • 出荷ギャップを満たすことは考えるが，収益ギャップを満たすことまでは考えない． • 供給能力に制限があるものの，販売側は地区や支店ごとに予測値を多めに積んでくる傾向がある． • 長い製造，調達リードタイムのために，曖昧な計画にもとづく確定となっている． • 流通在庫が見えにくく，流通在庫が増える傾向にある． • リソース計画と生産計画が同期していないため生産中断や欠品が発生する． • 新製品投入時期，製品の市場における寿命からの利益シミュレーションと現状とのギャップを埋めるシナリオが十分でない． • 市場動向を読む以上に競合他社や大手販売店の言い分に反応している． • 直近の販売計画および過去の実績にもとづく調達計画となっているため，最適な調達ができない．	事業運営の構造が多様化しているが，対応する仕組みが追いついていない． 想定外リスクへの対応ができない． 企業内での事業プロセス学習能力・スピードアップとノウハウの蓄積と継承に具体的施策が打てない． 需給計画担当部門のミッション(経営幹部からの期待)に対するビジョンと意識が低い． 部門横断の相互信頼感を生む評価システムをいかに設計・運用するか．

図 7.2 日本における SCM の新たな課題

ての SCM により，それら残された課題の解決が必要になってきているのである．

7.2 日本における SCM に残された課題の分析

図 7.2 に示した課題を見ると，それらが主に金額に関する課題と，サプライチェーンのプロセスに関する課題であることがわかる．**図 7.1** のサプライチェーンの目的を ROA で表した式に当てはめると，「売上」に関する課題であるということができる．

つまり，まさに「先進的な生産管理手法」では解決できない，「戦略的な経営管理手法」が必要な課題として残ってしまったといえるのではないだろうか．第 1 次サプライチェーンブームでの日本企業のさまざまな取組みにより，供給連鎖としての十分な効果はあったものの，「企業に高収益をもたらす」ための仕組み，すなわちSCMの中でものの数量のみでなく金額も管理し，そして企業の知識を蓄積して活用し，戦略的に経営の意思決定を行っていく仕組みとしてのプロセスが求められているのである．

また，**図7.2**の課題を別の観点から見ると，SCMの計画面における各種計画の同期化ができていないことによる課題や，さらに計画が同期化していないために，必要なWhat-ifシミュレーションを効果的に行えないことによる課題もあることがわかる．そして，これらの課題は生産のためのシミュレーションや計画間の同期化のみでなく，経営のための金額を伴ったシミュレーションや，そのための計画間の同期の必要性があることもわかる．

それでは，次に顧客が求めていることに対する企業の対応の面から，課題の本質を見ていく．顧客は，常に高い品質とそれに見合う適正な，またはそれ以下の価格，そして要求に応じた納期，さらには注文の変更，つまりは需要の変動に対する迅速で柔軟な対応を求めている．近年の熾烈なコスト競争のなかで，企業やそのサプライヤーの製品や部品のコスト削減努力は，既に限界に近いものがあるといえるが，SCMの観点から見ると，前述のデルの取組みのように，サプライチェーンコストの削減によるトータルなコスト削減の製品への反映が残されたコスト削減への近道でもあるといえる．また，先の読みづらい変動する需要に対応しながらも，欠品をなくし，顧客の要求納期や回答・確約納期の遵守率を上げる取組みも，顧客からのリピート受注のためには非常に重要な対応となってくる．

しかしながら，第1次サプライチェーンブーム時での取組みを行った企業でも，サプライチェーンにかかわるトータルなコスト削減を目指し，また需要をその発生起点で捉えて変動を把握し，顧客の要望に柔軟に対応できるような仕組みが十分ではない場合も多いのではないだろうか．

7.3　SCMの発展系としてのS&OPという考え方

1960年代，米国においてOliver W. Wight（オリバー・ワイト）たちによって，MRP（Material Requirements Planning：資材所要量計画）という生産計画手法が提唱され，その後MRPを普及するために，販売部門と生産部門で生販調整を行うべしとするS&OP(Sales & Operations Planning)という考え方が同氏たちにより提唱された．

当時は生販調整の推奨であったS&OPだが，その後欧米におけるS&OPの取組みは，米国における製造業の空洞化が始まった2000年頃より始まり，日本においては10年後の2010年代に入ってから，多くの企業の耳目を集めるようになってきた．

S&OPが提唱された当時は，Salesすなわち販売部門とOperationsすなわち生産と調達部門間で情報を共有して生販調整を行い，その結果でMRPを実行することが目的でもあった．しかし，現在企業が求めているS&OPは，その目的も変わってきており，特に日本においては，前述の従来のSCMの取組みで残された課題に対する解決の施策として，SCMの発展系としての位置づけが非常に強くなっている(**図7.3**)．

7.2節で述べた，従来のSCMへの取組みでも解決できずに残された課題は，数量のみでなく金額も管理し，そして企業の知識を蓄積して活用し，戦略的に経営の意思決定を行っていく仕組みとしてのプロセス，さらには生産のための

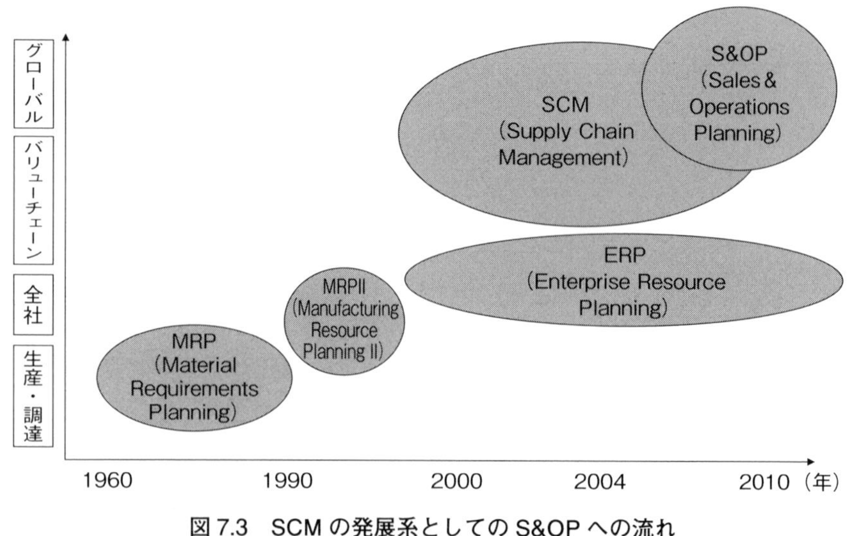

図7.3　SCMの発展系としてのS&OPへの流れ

シミュレーションや計画間の同期化のみでなく，経営のための金額を伴ったシミュレーションや，そのための計画間の同期の必要性であった．また，サプライチェーンにかかわるトータルなコスト削減を目指し，また需要をその発生起点で捉えて変動を把握し，顧客の要望に柔軟に対応できるような仕組みの必要性でもあった．

これらの課題を言い換えると，S&OPの目的は，**図7.4**に示すような以下の内容にまとめられる．

① SCMにおける数量と金額の一体化と，それを伴った計画間を同期したシミュレーションによる対応策(打ち手)．

② 戦略的な経営の意思決定を行うためのプロセスと，その過程における企業知識の蓄積と活用．

③ 需要の発生起点での補足と変動対応への柔軟性の仕組みと，サプライチェーンのトータルコストの削減．

SCCによるS&OPの定義は，「新規および既存の製品に関する顧客志向のマーケティング計画を，サプライチェーンマネジメントと統合することで，経営が戦略的に継続的競合優位性を達成するための実行計画を創出するプロセス

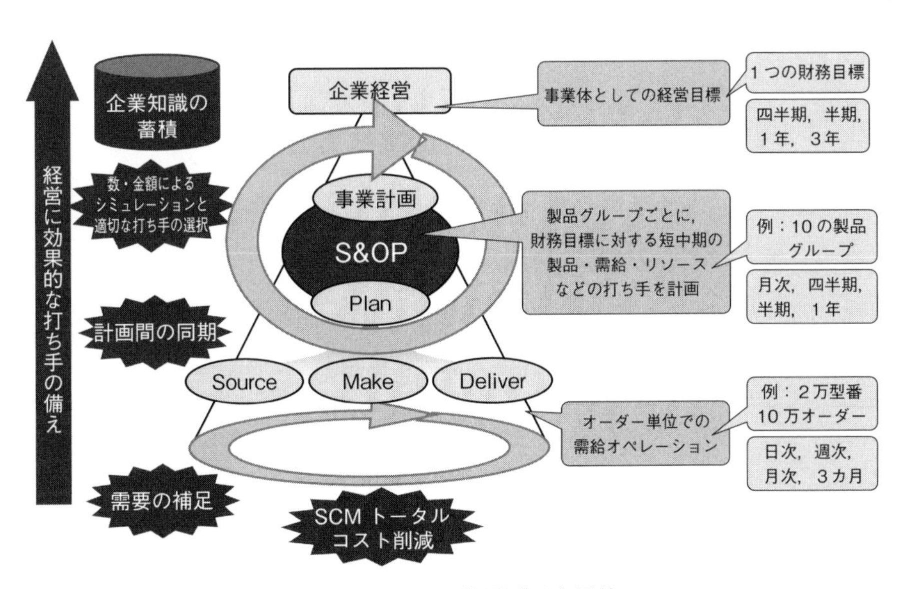

図7.4　S&OPの位置づけと目的

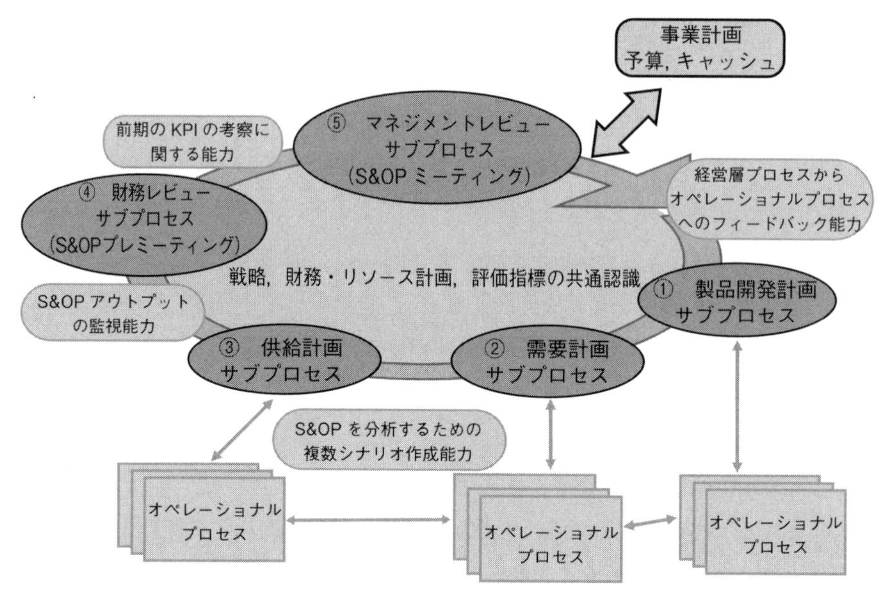

図 7.5 S&OP の全体プロセス

である.」とされている.

また，S&OP の全体プロセスを図で表すと，**図 7.5** のようになり，①製品開発計画，②需要計画，③供給計画，④財務レビュー，⑤マネジメントレビューの各サブプロセスからなる戦略にもとづく経営の実行計画の策定プロセスであることがわかる.

7.4 S&OP の期待と効果

S&OP の目的は前節で述べたが，従来の SCM における評価指標として一般的に定義される項目に加えて，新たな評価指標が定義・必要とされる.

① 従来の SCM における評価指標の例

- 各リードタイム(計画作成，受注引き合い時の納期回答，受注から出荷，製造)
- 在庫回転数，および回転期間
- 在庫削減率

- 納期遵守率(顧客要求納期，回答納期，確約納期)
- オーダー充足率

② S&OPにおける評価指標の例

- 販売計画精度
- 増産・減産までのリードタイム
- サプライチェーントータルコスト
- 製品単位の利益率
- 予算達成率
- 選択した施策(打ち手)の結果による利益率

上記の新たな評価指標からも，S&OPに求められる期待効果として，需要変動の迅速で的確な捕捉，経営判断のSCMへの即応性，サプライチェーントータルコストの削減と予算達成を含む利益向上，企業知識の蓄積，などが求められていることがわかる．

7.5　日本型S&OPの実践

ここまで，日本における現在までのSCMの取組みと，残された課題解決のためのその発展系としてのS&OPの考え方を述べてきた．冒頭でも述べたように，日本におけるSCMの取組みは，ROAに見る本来の3つの重要な目的のなかで，資産削減と経費削減というコスト削減に焦点を当てた2つの目的が中心となっていた．そして，第2次サプライチェーンブームとも呼べる，売上すなわち利益や予算達成に焦点を当てた目的のためのS&OPの取組みが始まっている．

ここで，S&OPに対する取組み方を，欧米型の組織体系と日本型の組織体系の違いから考えると，欧米の企業の場合はトップダウンによる組織やプロセスの編成であるのに対し，日本企業のそれは一般的にミドルアップ・トップダウンの場合が多い．また，S&OPへの取組みを行っている企業の実例を見ると，現在までに取り組んできた生産・調達・物流を対象とした従来までのSCMの仕組みに，いかに販売側を組み込むかといった取組みが多い．これは，サプライチェーンの起点が，需要にあることを改めて示すものであり，またそ

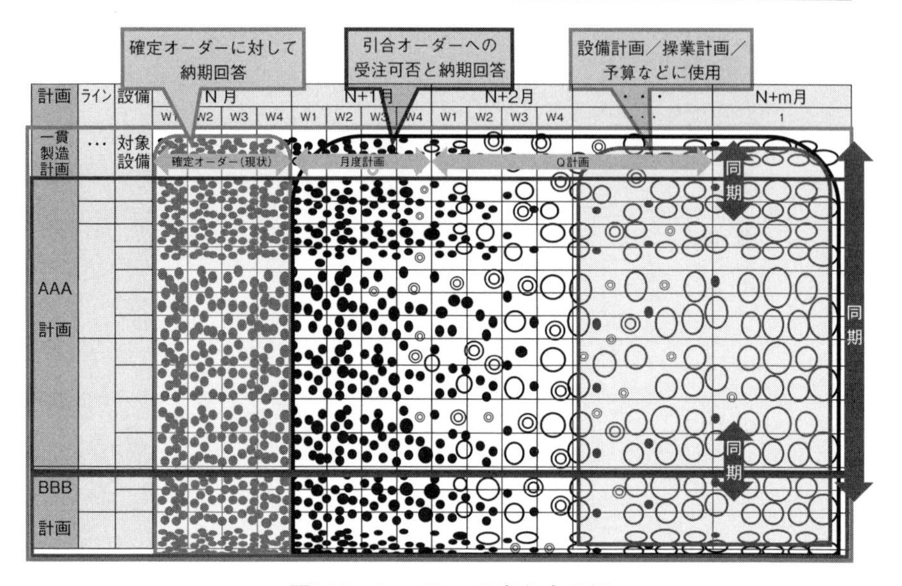

図 7.6　One Plan の考え方の例

の需要の精度が生産側に与える影響の大きさをも示しているということになる．

本来は発生起点で需要を捉え，そこから販売計画を作成して，それを起点として生産計画を含むサプライチェーンの計画を作成すべきものであるが，多くの企業の実例を聞くと，その販売計画が金額ベースで作成されており，生産のためには過去の実績などにもとづく数量への按分が必要であったり，また予算達成ノルマを意識した販売計画であったりする場合も少ない．これは，しかし，販売部門が企業の予算達成のミッションをもつ唯一の部署であり，言い換えれば経営目標を予算という形で実践する部隊であることを意味している．そのため，上記で述べたような経営と従来の SCM をつないで S&OP の目的を達成するためには，まずは販売部門(Sales)を生産・調達・物流を主対象とした従来の SCM の仕組み(Operations)と一体化した，**図 7.6** に示すような One Plan として計画の仕組み(Planning)が必要であり，それにより本来の SCM の目的が達成されるのである．

第 8 章
戦略的調達マネジメント

8.1　購買調達のプロフィットセンター化

今，日本企業の購買調達機能に一番求められていることは，グローバル展開を考えるとき日系企業の購買調達および物流部門は従来のコストセンターからプロフィットセンター，つまり利益創出機能になることである．いまだに一般の日本企業は多くの人的資源を購買調達部門に配置していない．相変わらず生産第一，販売第一が主流という感が否めない．戦後は売上増，市場占有率(マーケットシェア)拡大で猛烈に走ってきた日本企業だが，国内での競争の時代は終わり，これからはアジアを含めた新興国・途上国へとグローバルに視野を移すことを真剣に考える必要がある．

図 8.1 は，日本サプライマネジメント協会のカビナート教授が描いたもので，米国における購買調達機能の変化を示したものである(Cavinato, 2000)．これより購買調達機能の役割が事務作業という低付加価値の業務から戦略的調達という高付加価値のものに発展しているのがわかる．ただし，米国企業においても戦略的調達レベル，すなわち戦略的調達マネジメントにまで進化している企業は少なく，図内のほぼ真ん中(価値調達)から右方向に位置する会社が多い(上原，2008)．

日本企業の購買調達部門は事務作業レベルの業務で満足しているケースが多く，また会社も価値創造を期待していない現実がある．筆者は長らく海外で仕事をしてきたため国内とのこれらの差に疑問をもってきた．つまり，海外オペ

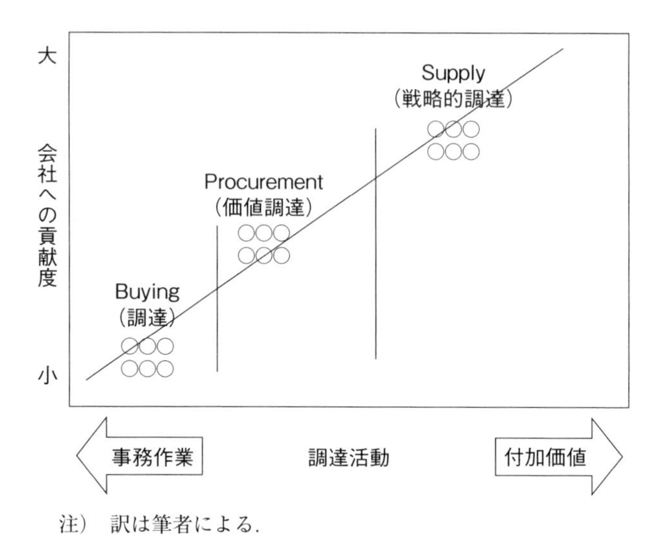

注）　訳は筆者による.

図 8.1　米国における購買調達機能の変化の状況（Cavinato, 2000）

レーションでは購買・調達を担う人材の価値がぐんと跳ね上がるからである.

8.2　戦略的調達マネジメントに向けた調達活動と求められるスキル

(1)　戦略的調達マネジメントとは

戦略的調達マネジメントに向けて，今求められている調達活動の方向は，旧来の「コストセンター」意識から「プロフィットセンター」への脱皮であるといえる．それは**図 8.1** における戦略的調達への移行である．そのためには，購買調達部門の部門目標は，企業の経営目標と整合性を保たなければならない．そのうえで，いかに日頃の調達活動が企業の目標とする収益性や社会性，企業価値・株主価値向上に結びついているかを測り，レビューし，フィードバックすることで，調達マネジメントのレベルアップを図ることが重要である（上原，2007）.

図 8.2 は，企業の経営戦略との整合性の観点から，調達における着眼点をま

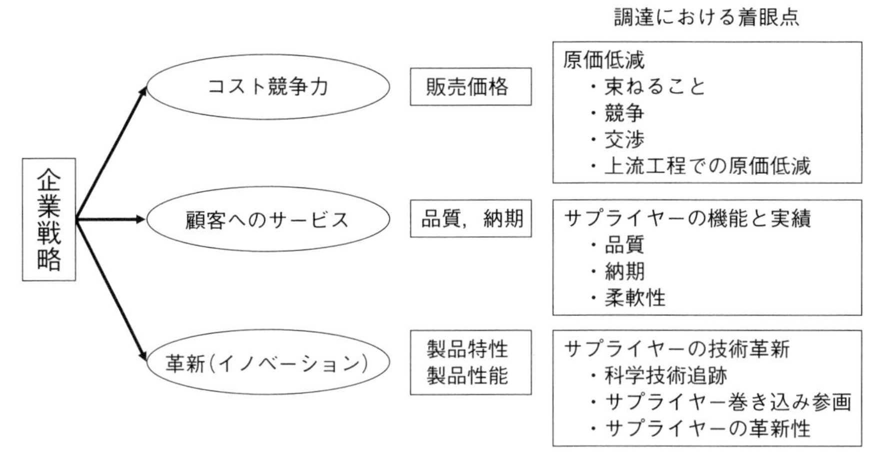

図8.2　企業の経営戦略との整合性をもった調達と着眼点

とめたものである．詳しい方法論や手法については**8.3節**以降で詳しく述べるが，なかでも重要なのは，購買調達部門から上流工程(設計・開発)に影響を及ぼし，コスト，品質，納期などに改善をもたらす取組み，すなわち，源流管理である．例を挙げると部品標準化，VA/VEによる仕様合理化，サプライヤーとの協業による改善などである．

例えば，スズキのチョイノリは，ちょっとそこまで乗るというコンセプトで，まさに調達部門と設計開発，製造部門との協業により，従来車との比較で4割の軽量化，部品点数の3割削減，締付け箇所の5割削減などにより，販売価格も従来車の15万円から6万円という革新を実現している．また，**第10章**で述べるものコトづくり発想から，GEヘルスケアはインドの顧客のコトを観察，3,000ドル以上するECG(心電計)市場に参入するために，調達を含むLGT(Local Growth Team)と呼ぶクロスファンクショナルチームを組織し，可搬式で電池で稼働する800ドルという価格を実現している．このモデルは逆に先進国のニッチな市場にも普及する「逆革新(reverse innovation)」を引き起こしたものとして知られている．

購買調達部門がそれなりに評価されてきた時代は終わり，自社の製品技術や品質を知り，他の機能部門とのクロスファンクショナルなチーム活動による調達が重要となってきた．また，これをリードする調達人材が求められ，社内と社外の関係者の協業やインタフェースを活用してこそ，創造的でイノベーティブな製品づくりを支えることになり，また安定調達をキーとした持続的な成長を生む源泉となる．

(2)　調達戦略に求められるスキル

次に現在，これからの戦略的調達マネジメントの調達戦略を行うにあたって，具体的にどのような人材，スキルが要求されてくるであろうか．**表8.1**は，米国アリゾナ州立大学戦略購買研究所CAPS Researchがまとめた調達者の資質調査結果である(上原，2010)．米国における調達者にはどのような資質が必要かという調査結果で，トップ10が挙げられている．

この調査によれば現在も今日も将来も「倫理観」が首位である．官製談合や防衛省の接待事件などに象徴されるように，売り手と買い手の双方に求められている資質である．これは独占禁止法にもとづく「不当に自由な事業活動を制約してはならない」条項につながる概念である．日本では，この資質は当然の道徳として扱われていて問題にされず，まずは調達の戦術，コスト削減技法を挙げる企業が多い．

また，表の左側の現在で第2位に挙げられている「交渉能力」と第3位の「意思決定能力」が，右側の将来では第2位の「対面意思疎通能力」と第3位

表8.1　調達者の必要スキルのトップ10(現在と将来)

重要スキル上位10(現在)		重要スキル上位10(将来)
倫理観	1	倫理観
交渉能力	2	対面意思疎通能力
意思決定能力	3	交渉能力
対面意思疎通能力	4	戦略的思考
常識	5	意思決定能力
倫理状況の査定力	6	影響力と説得力
影響力と説得力	7	クロスファンクショナルチーム
意思決定と問題解決能力	8	意思決定と問題解決能力
紛争解決能力	9	リーダーシップ
問題解決能力	10	チームで働く能力

の「交渉能力」へ変わっている．交渉能力は，育成すれば相当な程度まで発達可能だが，これからのネット社会の現実を考えると，対面意思疎通能力の開発・育成はより難しく，より個性に起因すると思われているからではないだろうか．

また現在にはなく，将来必要とされるスキルに，第4位「戦略的思考」，第7位「CFT（クロスファンクショナルチーム：部門横断型チーム）」，第9位「リーダーシップ」，第10位「チームで働く能力」があることが注目される．このことは，前述の戦略的調達マネジメントへの流れ，特にCFTの重要性と符号している．

米国ではこの調査結果を受けて，企業としてどう対処すべきか，調達者への教育をどう具体化すべきかを議論している．いわゆる「調達投資」の一環であるが，全社の人事部でなく，調達部門が中心になって調達人材の育成を考え投資するのが欧米のやり方である．真に調達人材の質を上げるのであれば，調達責任者が予算を確保し教育投資を行い，結果を測定して，反省する手法を定着させることが肝要であろう．

8.3　調達手法の深化

日本では調達・購買の機能を理解していない経営者が依然として多い．一方で，サプライチェーンのグローバル化が進むなか，戦略的調達マネジメントといった調達機能に対する要求の高度化に対応すべく，さまざまな手法の開発，洗練化が進んでいる．本節ではそのなかでも近年顕著な手法について述べる．

(1)　ストラテジックソーシング

ストラテジックソーシング（strategic sourcing）とは，場当たり的に既存サプライヤーにただお願いして安く購入するというものではなく，文字通り，調達目的の達成に向け，戦略的（strategic）に調達（sourcing）を行うものである．調達目的の明確化，その実現のための体系的アプローチ，目的に応じた仕様の適正化，サプライヤーをグローバルに競争させる環境の構築，取引・自社の魅力の最大限かつ効果的な伝達と交渉材料の活用が含まれる．

(2) 開発購買：調達・購買におけるコンカレントエンジニアリング

開発においてコンカレントエンジニアリング(concurrent engineering)が求められるように，調達・購買でも，購買よりも調達，調達においてもより上流の開発・設計段階からの関与が求められている．開発購買とは，要求元が調達材の仕様・要件を固める前に，調達担当が積極的にその検討にストラテジックソーシングの視点で関与し，調達目的と供給市場との兼ね合いを見ながら，適正な仕様・要件を定めていくものである．

(3) 調達単位の変化

調達単位とは，ものやサービスといった調達材，調達対象であり，どの単位で調達を行うかを示す．サプライヤーの選択肢が増えるなかで，一つの原材料・部品という単位でまとめて調達するよりも，より細かい一部の材料・部品，加工のみをそれぞれ得意とするサプライヤーに分けて調達するほうが，機能・品質・コストのいずれにおいてもメリットが生じる場合が増えている．反対に，電子機器業界における巨大 EMS(Electronics Manufacturing Service)，自動車業界におけるメガサプライヤーの登場に見られるように，単品の材料・部品を一つひとつ調達していては求められている開発スピードに間に合わず，部品をある程度組み合わせたユニット，ユニットを組み合わせたモジュールで調達する事例も増えている．機能・品質・価格・スピードといった調達目的に照らして，柔軟に調達単位を見定める必要があろう．

(4) カテゴリーソーシング

調達単位の見直しの一つにカテゴリーソーシング(category sourcing)がある．より多くの品目・種類をより少ない人員で効果的に調達すべく，個々の品目単位ではなく類似の品目をまとめてカテゴリー単位で調達する手法を，カテゴリーソーシングという．

(5) SRM(サプライヤーとの戦略的協働)

調達目的や供給市場の性格によって，調達対象そのものを重視する場合と，調達対象そのものよりもサプライヤーの中長期的な能力を重視する場合とに分けられる．自動車メーカーの部品開発パートナーの選定や，ロジスティクスの企画・マネジメントを任せる 3PL の選定などでは，後者のサプライヤーの中長期的な能力が重視される．このような場面において，中長期的な関係を前提とした戦略的協働により買い手企業がサプライヤーを組織的に育成していく活動は，サプライヤーリレーションシップマネジメント（Supplier Relationship Management：SRM）と呼ばれる．

(6)　グリーン調達

グリーン調達（green procurement）とは，原材料，部品，設備などの調達に際して，環境負荷の少ないものから優先的に選定・購買することである．グリーン調達は CSR（Corporate Social Responsibility）の大きな柱となっている．

8.4　グローバル経営における戦略的調達マネジメント

製造の補助機能としての購買から脱皮し，戦略的調達が実践されるようになるのは，グローバル先進企業でも 1990 年代になってからである．今やお客様が求める多様な価値や感動を届けるべくサプライチェーン全体の能力を結集しなければならない「サプライチェーンでの競争の時代」になった．こうした経営環境の下，グローバル経営が進む先進企業では，調達機能の位置づけそのものがより戦略的なものとなり，マネジメント方法もグローバルな企業規模拡大に合わせて進化している．本節ではそうしたグローバル経営における調達機能の位置づけおよび調達機能のマネジメントの方法の変化について述べる．

(1)　戦略的調達の対象材の拡大

価値が「ハードの品質」から「個客の感動」に移るなかで，企業の支出において，広告宣伝や店舗，Web，コールセンターなどの営業，マーケティング，ブランド育成のための間接材支出や，開発・設計にかける R&D 支出が，金額だけでなく，そこから得られる成果が事業の成否を決めるという意味で重要性においても大きくなっている．

それに伴い，グローバル外資企業を中心に，製造原価費目と同様に専任部署を設けて，そこに間接材調達を集約し，戦略的調達手法を原材料・部品といった製造原価費目のみならず，間接材やR&Dといった販売管理費目にも適用する動きが生じている．

(2)　製造支援機能から自律した横串経営機能としての調達

製造補助機能としての購買の位置づけが低下するとともに，戦略的調達の対象材の拡大と相まって，マーケティング，開発，設計，製造，物流，営業のバリューチェーンを，経営の視点からデザイン，継続改善する経営の横串機能としての調達の位置づけが飛躍的に高まっている．先に紹介したカテゴリーソーシングは，まさに経営の視点からその調達カテゴリーにおける最善のサプライチェーンを築くという戦略的調達手法であり，その集積が支出管理・スペンドマネジメント(spend management)，カテゴリーマネジメント(category management)という調達マネジメント手法である．

スペンドマネジメントは，製造原価および販売管理費を問わず，企業グループの支出を一元的に俯瞰し，その最適なありようを検討するものであり，企業のサプライチェーン，バリューチェーンを支出の面から理解するものである．そのためには製造原価と販売管理費という財務会計区分はあまり意味をなさない．それよりも，マーケティング，開発，設計，製造，物流，営業，アフターサービスという一連のバリューチェーンの各機能が正しく設計され，適切な投資がなされ，最善のサプライヤーや内製を含めた担い手を選定，マネジメントするのが重要である．

そのマネジメント，改善は，原材料カテゴリーや物流，広告宣伝，ITなどの支出カテゴリー単位のサプライヤー，担い手との取引品目の仕様，サービス内容，価格といった取引条件などの調整や，場合によっては，より適したサプライヤーや担い手への変更という形で行われる．こうしたカテゴリーごとの支出からリターンを最大化するためのサプライヤーや担い手との調整がカテゴリーマネジメントと呼ばれる手法である．

(3)　CPO(最高調達責任者)とグローバルソーシングチーム

サプライチェーンが多様化，専門化している現在，設計機能をサプライヤーに外注したり，3PL プロバイダーに物流の IT インフラを移管したり，組立などの一部製造機能や代金回収などの営業機能を物流委託先にもたせたりと，機能ごとの区分が必ずしもきれいに分かれなくなっている．したがって，スペンドマネジメント，カテゴリーマネジメントの実践には，機能ごとではなく，トータルに支出を把握する必要がある．

欧米の調達・購買の先進企業では，国・地域や製造原価・販売管理費の費目を問わず，その企業グループのあらゆる支出の管理，スペンドマネジメントに責任をもつ CPO(Chief Procurement Officer：最高調達責任者)を設ける企業が増えている．企業グループ全体の支出，調達活動を一人で管理することは当然できないので，そうした企業では，CPO の下，カテゴリーごとにグローバルに調達活動とそのマネジメントを行うグローバルソーシングチーム，グローバルカテゴリーマネジメントチームが組織され，グローバルに支出管理，カテゴリーマネジメント，ストラテジックソーシングや開発購買といった調達活動を行っている．

(4)　IT 活用によるグローバル調達マネジメント

調達・購買は情報戦である．調達であれば，まず，自社グループでどのような品目やサービスを，どの部門の誰が，どのような目的で購入，必要としているかを把握しなければならない．そして，どの企業とどういう取引・契約条件で取引しているかを把握しなければならない．また，取引先のみならず，世界の国・地域ごとにどのようなサプライヤーがいて，それぞれが提供する品目やサービス，その品質，価格，供給能力レベルを知っておく必要がある．環境，社会的責任の観点から購入品のトレーサビリティの要請が高まっており，必要な書面の取得，更新の管理や，児童労働や不当な資源利用などの反社会的行為を行っていないかの監査なども必要となってきている．

こうした情報は企業のあちこちに点在しているものだが，それが分析可能な形でしかるべき者が利用できるようになっていて，初めて価値を生む．それを可能にするのがITである．以下では，調達・購買領域での新しいITの活用方法を見ていく．

- **データクレンジング**：調達の第一ステップは自社が何をどれだけ必要としているかの把握であるが，現状，それができずに諦めている企業は少なくない．それを可能にする技術がデータクレンジングで，パターン認識や機械学習で迅速・効率的に膨大な支出データを分析可能な形に加工するものである．
- **コストモデリング**：コストモデリングは，調達対象の価格を原材料・工程ごとの工賃と歩留，減価償却，光熱費，副資材，包装，物流，営業費用，サプライヤーマージンといった価格構成要素に分解し，その価格，コストがどのように形成されているかをモデリング，数式化，推計可能とすることで，コスト低減機会の発掘に役立てるツールである．
- **サプライヤーパフォーマンスマネジメント**：サプライヤーマネジメントを支えるのが，取引を通じたパフォーマンスデータの収集，定義されたサプライヤーKPI（Key Performance Indicator：主要パフォーマンス指標）の集計，レポートを自動で行うサプライヤーパフォーマンスマネジメントツールである．REACH規則やRoHS指令，コンフリクトミネラル（紛争鉱物）などの法規制，児童労働の禁止などの社会的責任の要請から，サプライヤーのパフォーマンスのみならず，サプライヤーそのものの管理が重要になる場合も増えており，それに必要となる情報の効率的な情報収集・管理にもITが活用される．
- **大規模ソーシング最適化**：大規模なグローバル調達においては，Web技術を使い，世界各国のサプライヤーからグローバルに見積りや提案，品目・取引条件に関する情報を収集するのを容易にするとともに，それを分析・評価可能な形で集約，モデル化し，最適化を図るソーシングオプティマイゼーション（最適化）ツールが用いられるようになっている．
- **コントラクトマネジメント**：サプライヤーとの契約交渉，契約書案の作成をWeb上で協働できるようにし，煩雑なドラフトのやり取りを簡素化，併せて最新版の契約書の一元管理を行えるようにしたツールである．

(5)　グローバル調達オペレーションで進む調達・購買 BPO

自社の競争力につながらない価値の低い業務については，その機能，ビジネスプロセスを丸ごとアウトソーシングする BPO(Business Process Outsourcing：ビジネスプロセスアウトソーシング)と呼ばれる動きが進んでいる．オペレーション業務にそうしたものが多く，英語圏のみならず日本企業であっても，人件費の安い新興国のサービサーに業務委託するケースも増えている．

調達・購買機能においては，注文書の発行や請求書の受付といった購買業務がその対象となりやすい．グローバル調達を進めている欧米企業では，そのサプライヤーの多くが中国などの東アジアならびに東南アジアに集中しており，中国やシンガポールなどの現地企業に業務委託し，こうした購買 BPO センターを設けている．調達機能においても，協定サプライヤー制をとっている企業では，協定サプライヤーの選定は自社で行うものの，選定された協定サプライヤーからの個々の品目の見積取得は外部企業に任せるといったケースが出てきている．

8.5　調達スコアカード(PSC)と日本企業の実力

日本企業の調達のレベルを測定，可視化し，かつベンチマークツールとしての役割を期待し，試験的に著者の一人と東京工業大学で開発したのが**第 28 章**で説明する LSC に対応した調達スコアカード(Procurement Score Card：PSC)である．「調達戦略と組織」(5 項目)，「計画実行力」(6 項目)，「調達の質」(5 項目)，「IT・ツールの活用」(6 項目)の計 22 項目からなり，各項目に 5 段階のレベル表現が記述され(レベル 5 がベストプラクティス)，自己診断できるようになっている．

2010 年初めに，製造業 6 社，サービス業 7 社(うち 8 社が売上高 1,000 億円以上の大企業)に協力を仰ぎ，PSC Ver.1.0 による自社の調達能力の評価を行ってもらった．その結果から現状を垣間見ることにしよう．22 項目全体の平均レベルは，製造業 3.06，サービス業 3.01 で統計的な有意差は見られない．日本企業の性能の特徴を示すために回答企業が 2 以上の業種について，業種別の平均レベルのパターンを示したのが**図 8.3** である(圓川，2010).

この結果では，電力系が平均的にレベルが高かった．特に日本企業の共通的な弱点であった IT を活用した効率化や調達物流のレベルが高い．これは電力系の業界は，1990 年後半，CALS(Computer Aided Logistics Support が代表訳：米国の軍や政府が調達コスト削減のために進めた契約プロセスの標準化・電子化の取組み)に，真摯に取り組んできたという経緯があろう.

図 8.3 のレーダーチャートの太線で示した全体平均から，日本企業の弱点として，点線の丸で示した 3 項目が挙げられる.

- 電力系を除いてサプライヤーが主に担う調達物流が弱い.
- プロフィットセンター化に向けて不可欠かつ人材育成の観点からも重要な調達業務そのものの生産性評価や効果の測定がなされてない.
- 電子入札などの IT 活用やそれを通じた調達プロセスの標準化や効率化が遅れている.

また，戦略的調達マネジメントのための前提条件としての使用コードの一元化，調達プロセスの標準化をとおした“見える化”も弱く，これらが今後強化すべき日本企業の喫緊の課題であろう.

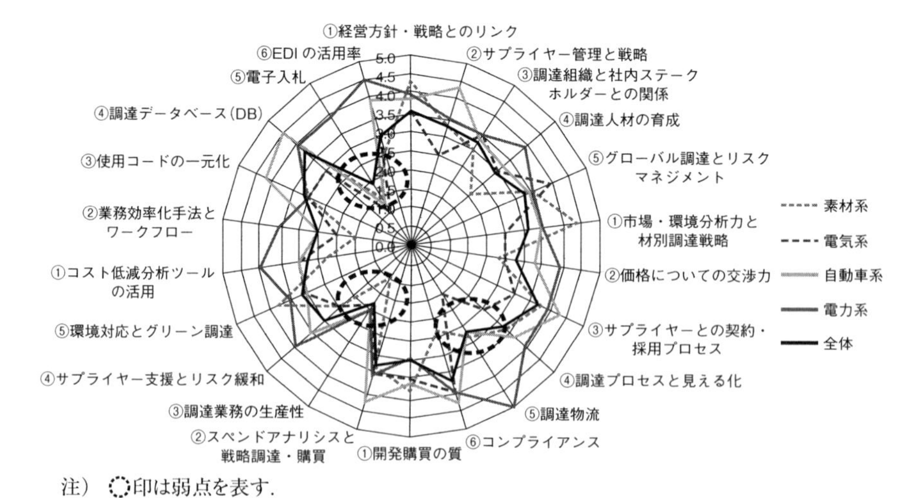

注）◌印は弱点を表す.

図 8.3　調達スコアカード(PSC)における 22 項目の日本企業の全体，業界別スコア

8.6　サプライチェーンリスク

グローバルサプラチェーンの展開において，調達にかかるリスクも著しく増大している．自然災害については東日本大震災で，直接取引のない2次，3次のサプライヤーの被災によりサプライチェーン全体が途絶するという大きな教訓を得た．サプライチェーンリスクとその具体的対応については，**第14章**を参照されたい．ここでは最後に，ISO 26000（社会的責任に関する手引）について紹介しておこう（ISO，2010）．

ISO 26000は，“組織”ならびに，組織の「影響力の範囲」（バリューチェーン，サプライチェーン）についてのSR（社会的責任）の世界標準（ガイドライン文書）であり，次のような7つのSRの中核主題が示されている．

① 組織統治（コーポレートガバナンス）
② 人権（差別および社会的弱者など）
③ 労働慣行（男女共同参画，ダイバーシティなど）
④ 環境（持続可能な資源の活用など）
⑤ 公正な事業慣行（汚職，カルテル，FCPA（公務員への贈賄等海外腐敗行為防止法））
⑥ 消費者に関する課題（消費者データ保護とプライバシーなど）
⑦ コミュニティへの参画およびコミュニティの展開

これらの責任は，サプライチェーンにおける影響力の及ぶ範囲に適用されるために，自社でなくてもサプライヤー，そしてサプライヤーのそのサプライヤーでも，例えば上記②の児童労働，④の森林破壊などで問題を起こすと，国境を越えて直接関係のない自社が訴えられる．そのための世界的なOECD WatchやNCP（National Contact Point）などの訴える場が存在している．特に途上国でこのような問題を起こすと資金力のない現地企業の代わりに日本企業が訴えられるというケースがよくある．調達は特に“影響力がある”ということにかかわることから，グリーン調達だけでなく，上記のような多面的な視野からサプライヤーに対するデューデリジェンスを怠らないことが重要である．

第 9 章
戦略的ロジスティクスマネジメント

9.1　SCM におけるロジスティクスの位置づけ

ものを動かすということは，エネルギーを使って物体を A 地点から B 地点に移動し，価値を生むことである．古くはシルクロードを使って中国の品物が欧州に届けられ，そこに大きな価値が生み出された．このように，当初はものを移動させるだけで価値が生まれていたので，輸送(transportation)そのものが大きなビジネスとして，大航海時代を招来したといえる．

しかし，産業革命を経て，世界中が工業化の時代に突入すると，単純に運ぶだけでは大きな価値創造が得られなくなってくる．そこで，原料調達(購買)→製造→保管→配送といった，企業内の一連のものの動きを効率的に管理し，スムーズに市場に流す手法が，1980 年代の米国を中心に普及するようになった．これがロジスティクス(logistics)である．

元は軍事用語の兵站(へいたん)がロジスティクスの訳語となっている．戦争では，前戦で戦う兵士に対し，後方から弾薬や食料などの必要な物資を効率的に供給し続けることが求められる．このことからビジネスにおいても，変化し続ける市場に対して売れる商品を効率的に，さらにタイムリーに投入するための後方支援策として，ロジスティクスが実践され，研究されるようになってきた．

1990 年代に入ると，企業内におけるものの動きの効率化からさらに一歩踏み出して，仕入れや販売面での企業間連携が模索され，それが現代の SCM に発展してきた．情報処理，通信の費用が大幅に下がってきたことを背景に，原材料から最終製品に加工されて店頭に並ぶまでが，一連のものの流れとして管理されるようになった．その間に，生産，原料調達のグローバル化も相まって，多くの原材料や部品が，数多くの国から集められて加工・組み立てられるようになってきている．最適な生産地で生産・製造したものを，最も高く売れる最適な場所にタイムリーに持って行って売る，すなわち，価値を最大限にする．これら一連の地球規模的にものを動かす仕組みが現代のSCMであり，そこには機動的にものを動かして，俊敏に市場に商品を投入できるようにする能力が求められるのである．

9.2　ロジスティクスに求められる役割

このように単純にものを移動させることから，グローバルにものを調達し，加工・製造し，さらにグローバルに販売すべく商品を動かしていくという一連の作業は，コンピュータの進化，情報コストの大幅な低下など，一連の情報革命なくしてはなし得なかった．しかしながら，地球上で物理的にものを動かすという作業そのものは，依然として輸送の5つのモード＝手段(航空，船舶，鉄道，トラック，パイプライン)のいずれかに頼らざるを得ない．その意味では，グローバルなSCMを可能にするための物理的な移動を，途中の保管などを含めて効率的に達成するためのサポート手段が，現代のロジスティクスといえよう．

いずれにしても前述したように，スムーズにものを動かすという意味で，ロジスティクスを単なるトータルコストアプローチで位置づけることは危険である．顧客価値が最大になるようにものを移動させるために，いかにしてトータルコストを最小にしていくかという，相反する課題を両立させるための活動と理解すべきだ．

9.3　輸送モードと長距離・グローバル化する輸送経路

輸送の5つのモードを例に挙げると，航空には「空港」，船舶には「港」，鉄道には「駅」，パイプラインには「ステーション」と，すべて結節点(ノード)

が必要になっている．唯一例外はトラックで，結節点がなくても，ドア・ツー・ドアでの輸送が可能で，トラックがその他4つのモードの結節点から，最終配達地への輸送を担っている．

特に，国土が狭い日本では，トラック輸送のシェア(輸送分担率)が，トンベースで90%，距離を掛け合わせたトン・キロベースでも60%と，圧倒的である(日本物流団体連合会，2013)．これは，米国のトンマイルシェアで，鉄道が29%，パイプラインが17%，内航海運が9%と，トラックの45%を合計で上回っているのと対照的である(USDOT，2014)．

このため，日本においてロジスティクスを検討する場合，効率面，環境面，すべてにおいて，最大のシェアを有するトラック抜きには語れない．

ロジスティクスの実務者，特にサードパーティー・ロジスティクス・プロバイダー(3PL プロバイダー)といわれる，物流関連業務の提供事業者にとって，これら5つの輸送モードを効率的に選択採用し，荷主企業に提供する業務は，複雑化してきている．輸送モードに加え，倉庫，通関，受発注など，多岐にわたる変数から，最も効率的な輸送方法を見出すことは，国内物流に限られていた時代には，ある程度可能なことであった(齊藤他，2005)．

後で述べる**第10章**において，マーケティングの4Pから価値の創造について触れられているが，この4Pとロジスティクス，とりわけ，3PL プロバイダーとの関連を示したのが**図9.1**である．

グローバル化が進展した1990年代以降，原料や部品の調達先が，世界中に広がり，最適調達先の選択が複雑になっていった．部品点数が多い製品にとって，中国で組立をするにしても，日本，韓国，ベトナム，米国，スイス，ベルギーなど，さまざまな国からの部品を中国に持ち込んでから組み立てないことには完成しない．

部品調達を1箇所だけに頼っていると，東日本大震災や，タイの洪水のように，天災によってたった一つの部品がないために，すべての製造が止まるリスクを負いかねない．このため，危機管理の点から一つの部品を複数箇所から調達し，同時に輸送モードや保管費用などが適正になり，最終的には在庫もミニマムになるような最適解を求めるには，数学モデルを使用したサプライチェーン計画ソフトが必要になってくる．

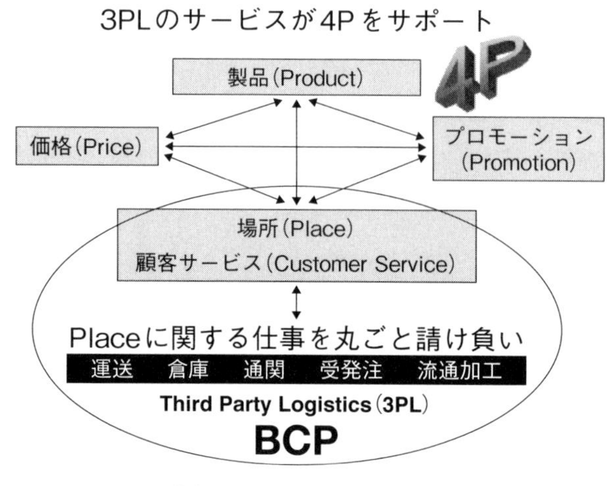

図 9.1　4P と 3PL の関係

しかし，計画系のソフトで一定の制約条件の下で最適解とされたソリューションも，実際に動かすのは生身の人間である．サプライチェーンが世界中に広がるにつれて，一つのものを動かすのに，多くの組織や人が関係する．お互いが言語や文化の背景を異にするという，現場レベルでの難しい管理を要求されるようになってきている．

国内で消費されるたこ焼きひとつをとっても，タコそのものがアフリカ西部のモロッコやコートジボアールなどから長距離輸送を経て輸入されている．それらが国産よりも低価格であるということから，タコを獲る人から始まって，現地での冷凍倉庫事業者，荷役事業者，輸出業者，船会社，そして国内に到着して携わる人々と，その関係する先の数は増える一方，多階層化することが必然となっている．

このように複雑化するサプライチェーンの出荷先と，代替え出荷先の候補選定などを，IT を活用して処理していこうという流れは，特に米国において盛んになってきている(キルドウ，2011)．しかし，現実問題として，ネット上での管理には限界があり，最終的には，人間の目で見ての管理がどうしても必要になってくる．

グローバル元請け→国別元請け→地域元請け運送(倉庫)会社→下請け運送

(倉庫)会社→二次下請け運送会社・荷役会社→派遣会社といった流れが，人間の目で見ての管理を難しくしている点は，十分に意識しておかなくてはならない．こういったことを一括管理して提供できる3PLプロバイダーが求められているが，その数は資金や人材といった面からも限られているのが現状である．

9.4　労働集約化する現場とこれからの課題

特に日本への輸入商品にいえることだが，日本の消費者が求める基準は，安心・安全という面で海外のそれと大きく異なっている．日本に到着後の検品，改装，小分け作業といった，日本市場に商品を合わせるための，流通加工作業も必要になってくる．これは中小の製造業が大手メーカーを追って海外に進出していったのと逆の現象である．海外から到着した商品の製造ロットが大きすぎて，日本市場に合わせた小回りがきいた作業を工場レベルでできないという問題に端を発している．もちろん，流通加工作業を中国などで行う取組みは行われているが，リードタイムという面で，まだまだ日本での作業が重要となっている．このため，到着した日本国内の営業倉庫などで，パートタイムの主婦などを大量に使った流通加工作業が確実に増える事態となっている．

アパレルにおける検針(縫製時に使用したミシンの針の破片が衣類に残っていないか検査すること)，サイズや縫製のチェック，食品への輸入ラベルシールの貼り付け，個人消費用にバルクから少量容器への小分け作業，おもちゃの電池投入稼働試験など，日本国内の消費者ニーズに合わせるための作業は枚挙に暇がないほど多い．海外から日本を訪れるメーカーの担当者が，これらの現場を訪問すると「なぜ，こんなに手間をかけるのか？　不良があったら交換すればいいだろう」という発言が相次ぎ，日本の“百点満点主義”に驚く．

経済学の用語では「限界効用逓減の法則」という，最後の数パーセントのミスや不良を防ぐためには，それまでに投入した費用の数倍，数十倍の費用がかかるというものがある．まさに日本の物流は100点に近いものを求めるので，あらゆる手段とコストをかけて行う前提があり，結果として割高になっていることは明らかである．単位当たりの物流費は安いというデータもある．しかし，先進国では流通チャネルが短く，輸送距離が長くなっていることから，メーカーから小売までの物流費は高く出てくる．日本の場合，メーカーから問屋，二次問屋，そして小売店と，各々の距離は短いので，企業ごとの物流費は安く見られてしまう．しかし，最終の小売，消費者に届くまでの費用を足し上げてみると，実際にはかなり高い物流費になってしまっている．

このように，わが国の物流，ロジスティクスには，その他にも厳格な時間指定や，多品種少量輸送など，ガラパゴス化しているといってよい手法がある．さりとて，これらを抜きにサプライチェーンを維持するためのロジスティクスを語ることはできない．よって，実務者に求められるのは，実際のオペレーションにおける矛盾に対して，いかに「計画系の仕事を現場に翻訳して伝えて実行するか」という能力である．

では，今後ロジスティクスの現場が抱える問題とはどのようなものがあるだろうか．以下に順を追って説明する．

(1) 非正規労働力を前提としたビジネスモデルの限界

宅配サービスなどに代表される「便利なサービス」のほとんどが，非正規労働の「若く安い労働力」を前提としている．しかし，景気が上向きになり，人手不足が叫ばれる状況で，今後どう対応するかは，特に通信販売，宅配などの分野で課題となる(松谷，2004)．

(2) 高齢化

高齢化によって宅配ビジネスが成長するといわれている．しかし，運ぶ側も高齢化するという問題を忘れてはならない．特にトラック運送事業において，ドライバーの高齢化は著しいものがあり，大都市間の長距離幹線輸送，あるいは農水産物の産地から消費地への長距離輸送はどうするのか？　高速道路網の発展で，遠隔地から商品が届くようになることが，逆に長時間長距離輸送を高齢化するドライバーに強いている現実が，あまり議論されていない．

また，65歳定年制が国家的に求められているなか，トラック運送事業者にとっては，事故を起こす可能性の高い高齢者ドライバーを雇用し続けなくてはならないという，大きなリスクが出てきている．保有車両台数20両未満の事業者が全体の90％近くを占めるトラック運送事業者にとって，ドライバーが

60歳になったからといって，残りの5年間を別の職場で働いてもらう「代替えの職場提供」はできるはずもない．今後高齢ドライバーによる「健康起因による交通事故」が大幅に増えるというリスクが予想されるのである．

(3)　脆弱な鉄道輸送と内航海運(モーダルシフトの限界)

日本の二酸化炭素(CO_2)排出量のうち，運輸部門からの排出量は17.7%，自動車全体では運輸部門の86.8%(日本全体の15.4%)，貨物自動車に限ると運輸部門の33.2%(日本全体の5.9%)を排出している(国土交通省，2014)．道路渋滞を少なくするといった目標と合わせ，**表9.1**に示すとおり，トラック輸送から環境負荷の少ない鉄道や船舶といった他の輸送モードに輸送方法を変えていく「モーダルシフト」が叫ばれて久しい．

しかし，鉄道貨物輸送については，JR貨物が実際には線路をもっていないという現実を認識する必要がある．

旅客鉄道会社から線路を借りているため，優先順位が低く「信頼性」において弱点がある．すなわち，災害時に貨物列車が復旧の優先順位で最下位であるという事実は(最優先は旅客の特急列車)，モーダルシフトへの大きな障壁の一つであろう．在庫削減が叫ばれるなかで当日輸送，翌日配送，厳しい時間指定など，近年は条件の厳しい輸送が求められているために，トラック輸送でないと間に合わないという，条件面での不利も，鉄道輸送が大きく増えない理由の一つとなっている．

また，内航海運は一杯船主(船を一隻しか保有していない船会社)といわれる零細の船会社が多く，経営基盤も脆弱であることから，輸送能力そのものにも

表9.1　輸送機関別二酸化炭素排出原単位(2011年度)

1トンの貨物を1km運ぶのに排出する CO_2 比較	
輸送機関	g-CO_2／トンキロ
自家用トラック	927
営業トラック	130
鉄道貨物	24
船舶	40

限界がある．これらによって，トラックへの依存度はなかなか下がらないのが現実である．

(4)　ますます労働集約化するラストワンマイル

大都市部での駐車禁止の問題，輸入検品などの流通加工需要，きめ細かな小口配送と時間指定など，最終消費に近い「ラストワンマイル」の部分では，細かい輸送＝人手のかかる作業がますます増えている．大手宅配便会社が主婦パートなどを大量採用して配達を完了させようとしているが，一人当たりの配達件数，ケース数などは当然少なくなる．短時間労働を前提とした非正規労働が前提とされているが，台風や大雪などの天候の影響を受ける現場で，どこまで女性が働き続ける職場を提供できるか，今後の大きな課題となる．

(5)　待たせて当然，稼働率が異常に低いトラック

約90％のシェアを占めるトラックも，実際には積込みや荷卸しの前に待機させられる時間が長く，ひどい場合には8時間どころか，翌日にならないと卸せないなどという場合がある．盆暮れ，年度末などの繁忙期に営業が受注した数量は，倉庫・配送センターの能力に関係なく，すべて配達しなくてはならないということに起因する．

待たせることが当たり前になっているのは，買い主が運賃を負担するのではなく，荷送人が運賃を負担，それも全国一律料金といった商慣行が影響している．荷物の受取人にとって，配達に来たトラックを何時間待たせても，ペナルティーを払わなくてもよいという現実がある．その結果，トラックは走っている時間よりも待機している時間のほうが圧倒的に長い．東京港の海上輸送用コンテナを運ぶトラックが長蛇の列をつくっていることなど，結果として諸外国に比べて割高なトラック運賃として跳ね返って，日本の輸出競争力にも影響を与える大きな問題となっている．

このように，ロジスティクスの現場を取り巻く環境は，計画系のITの進化とは反対に，労務管理という面で大きな問題を抱えている．これらを克服しながら，会社の目標を達成するために，ロジスティクス実務者が実施すべき対策

とは以下のようなことであろう.

① 過剰なサービスを緩和し，サービスに見合った料金を収受する，支払う(本当に必要なサービスとそうでないものの選別).

② 共同配送，共同作業，車両の大型化など，できる限り使用するトラックなどの使用機材の数を少なくする.

③ 高齢化に対応する現場に優しい機能の研究と実践.

④ 先進国に比べて非常に低い機材の稼働率をアップするための，配送センターにおけるレイバーマネジメントシステムの導入，車両留置料の徴収・支払い，予約システムなどの工夫と普及.

先進国では当たり前となっている，納品，積込みトラックに課せられる「予約」が日本にはない．待たせても待機料はほとんどの場合払われない．1台の車両には一人のドライバーしか指定されていないトラックがほとんどである．腰痛などの労働災害を防止するための腰痛防止ベルトの装着義務がない．集配車両に荷役の負担を軽減するパワーゲートの装着義務がない．機械荷役を推進するパレット化が遅れているなど，現場系での改善の余地は大量にある．そして，大切なことは，サービスが無料ではないということを，提供側も利用する側も理解していかないと，永遠に「安い労働力」を前提としたサービスとなってしまう.

オムニチャンネルなど，消費者の利便性を向上させるためのマーケティング手法はどんどん進化していくが，それをサポートするためのロジスティクス部門は，3PL プロバイダーの多くが，未だに派遣労働力や，下請け荷役業者に頼らざるを得ないといった矛盾をはらんでいる．高齢化が急速に進む日本において，今後「現実の品物を物理的にきちんと届ける」という作業は，ますます難しくなる．それを解決するための労務管理を中心としたサービスが，これからの 3PL プロバイダーに求められる必須能力となる(小野，2014)．同時に，高齢化社会のなかで労務管理を中心とした物流サービスが，どの企業にとっても利用したくなる重要なサービス・商品になることは間違いないであろう.

これらの視点をもちながら，サプライチェーンの計画系と現場オペレーションまでも含んだ総合的な視点とアプローチが必要とされる．このようななかで，3PL プロバイダー自身がグローバル展開を余儀なくされる状況になっている.

さらに，計画系と現場のギャップを埋めながら実践するうえで欠かせないのがロジスティクスの社会性である．グローバルのなかで戦いながら，社会の一員としての義務を果たすには，既に一企業ではできない状況にあることを次節以降で解説する．

9.5 日本の物流のグローバル展開と問題点

製造業や小売業の海外展開や日本国内の物量の減少に伴い，物流企業の海外進出が積極的に行われている．

日本の物流企業の各機能におけるサービスレベルや品質管理などは世界でトップクラスのレベルにあるが，海外で活躍するためには乗り越えなければならない課題が山積している．

(1) ASEAN における物流の課題

特に経済成長が著しい ASEAN においては，安価な労働力を求めた生産拠点の段階から魅力的な市場の段階に移行しており，物流が担う役割も大きく変化している．ASEAN の産業構造は，川上(原材料・部品)から組立などの生産，川下(流通構造)まで自国内で完結できる状況になく，各国が水平分業にて役割を分担していることが多くサプライチェーンにおけるものの流れが複雑化している．

ASEAN 域内のクロスボーダーの取引では，各国の通関制度や道路の左側通行と右側通行の交通規制の違い(国境で交通規制に対応するトラックへの貨物の積替えが発生)などに関する正しい知識が必要となる．また，港湾，空港，道路などの公共インフラの整備が遅れている国や，インドネシアやフィリピンなど多数の島で構成されている国が多く，効率的な物流システムを構築する際のさまざまな制約条件となっている．加えて，サプライチェーンの運営を効率化するために社会システムとして必要な，EDI，パレットやトレイの統一規格などソフトやハードの標準化ツールが未整備のために，全体最適を目指す SCM の大きな阻害要因となっている．

(2)　多様化・高度化するニーズと物流企業のグローバル化の課題

製造業や小売業の荷主企業は，欧米企業や中国・韓国などの新興企業との競争に打ち勝つためにグローバルSCM戦略を展開している．また，近年の中国やタイの人件費の上昇や政情不安，自然災害などのカントリーリスクを回避するために，チャイナプラスワン，タイプラスワンの戦略が注目され，労働集約的な機能をベトナムやカンボジア，ラオス，ミャンマーなどの国境周辺の経済特区に生産や物流拠点を移し始めている．

荷主企業ではグローバルSCM戦略のなかで，経営資源をコアコンピタンスに集中するために物流をアウトソーシングする動きが活発化している．物流アウトソーシングのレベルも物流センターの運営管理や通関手続や輸配送の業務運営のレベルから，サプライチェーンを構成する拠点計画などの物流企画を含む包括的なアウトソーシングを戦略レベルで実施する動きに変化している．

荷主企業の物流アウトソーシングのニーズの変化に伴い，欧米の物流企業やコンサルタント企業は，従来の3PLプロバイダーの枠組みを越えたサプライチェーンのトータルソリューションを提供するLLP(Lead Logistics Provider)や4PL(Fourth Party Logistics)のビジネスモデルを提案している．海外では物流企業も欧米系企業と競わなければならない．日本企業の強みである物流の現場改善力をベースに，全体最適なグローバルサプライチェーンの設計から運営管理を実施できる企業に変貌を遂げる必要がある．

そのためには，EPAやFTAなどの企業活動に影響を及ぼす国際情勢に精通し，ICTやKPIなどの情報技術や経営管理手法を駆使して荷主企業のニーズに対応できる人材が必要であり，その人材育成を高校，大学レベルから一貫して行う必要があるなど，大きな課題となってくる．

9.6　ロジスティクスの社会性

企業経営において，環境保全や安全対策，コンプライアンスの観点から社会性が重要視され，ロジスティクス活動においても重要な課題となっている．特に，ロジスティクスにおける物流の役割は経済や生活を支える重要な機能であるとともに，輸配送の活動は空港，港湾，道路などの公共インフラを活用する極めて社会性の高い企業活動システムである．

地球温暖化対策などの環境保全への関心が高まるなかで，トラックの燃料となる軽油などの化石エネルギーを使用する運輸分野においても環境負荷低減が重要な課題であり，産業界においてはグリーンロジスティクスの取組みが積極的に行われている．京都議定書が2006年4月に発効したことに伴い，エネルギー起源の二酸化炭素(CO_2)の排出をよりいっそう抑制することが求められ，2006年6月に省エネ法が改正され運輸部門も対象となった．

改正省エネ法における輸送にかかわる措置の法の対象者は，自ら所有する輸送機関を使用することで直接的にエネルギーを消費する輸送事業者，および自らの貨物の輸送を輸送事業者に委託する荷主企業が法の対象となっている．また，**表9.2**に示す一定基準以上の貨物輸送を委託する者，あるいは一定基準以上の輸送能力を有する者はそれぞれ「特定荷主」，「特定輸送事業者」として，経済産業大臣，国土交通大臣から指定を受け，省エネルギー計画の策定(計画書)およびエネルギー使用量の報告が義務づけられている．

荷主企業と運送事業者を対象とした改正省エネ法は世界に類を見ない法律であり，同法の施行で，CO_2の排出量がより少ない輸送モードに転換するモーダルシフトや物流共同化が促進されている．

物流における環境負荷低減を推進するグリーン物流の取組みには，発荷主と着荷主ならびに運送事業者の連携が必要不可欠である(北條，2014)．

表9.2　改正省エネ法における特定荷主および特定輸送事業者の判断基準

区分	判断基準		
特定荷主	年間貨物輸送量3,000万トンキロメートル以上		
特定輸送事業者	**輸送機関**	**指　標**	**基　準**
	貨物自動車	保有台数	200台以上
	鉄　道	車両数	300車両以上
	海　運	総船腹量	2万総トン以上
	航　空	総最大離陸重量	9,000トン以上

(1)　グリーン物流の推進

京都議定書発効の 1 年前の 2005 年 4 月には，産学官連携による「グリーン物流パートナーシップ会議」が組織された．本会議は物流分野の CO_2 排出削減に向けた自主的な取組みの拡大に向けて，業種業態の域を超えて互いに協働していこうとする高い目的意識の下，荷主企業と物流事業者が広く連携していくことを促進すべく運営されている．経済産業省，国土交通省は物流分野における地球温暖化対策に顕著な功績があった取組みに対し，本会議の場にて大臣表彰および局長級表彰を行っている．

また，(一社)東京都トラック協会では，2006 年に独自の CO_2 削減対策を盛り込んだグリーン・エコプロジェクトを立ち上げた．会員企業の車両ごとに収集した燃費からデータベースを構築し，継続的なエコドライブ活動を推進・支援，CO_2 排出量の削減や燃費向上に伴うコスト削減，事故防止などに向けた取組みである．

この取組みの目的は，経営者，管理者，ドライバーの従業員一人ひとりが環境意識の向上による社会貢献・社会責任を主軸とした環境 CSR(環境から進める経営改善)であり，この活動は各府県に拡大している．

(2)　循環型社会システムの構築

限りある天然資源を有効活用する仕組みとして循環型社会システムの構築が求められている．循環型社会を形成するためには，**図 9.2** に表すとおり，サプライチェーンにおける省資源ロジスティクスとリバースチェーンにおけるリバースロジスティクスをシームレスにつなぐロジスティクスシステムの構築が重要な課題となる．

循環型社会システムにおいては，3R(リデュース，リユース，リサイクル)の推進が不可欠となる．例えば，物流の包装・梱包においては，資材の削減，通い箱の活用，段ボール箱の回収，再生利用することである．また，その活動内容を環境パフォーマンス評価し，PDCA サイクルを回すことが重要な施策となる．

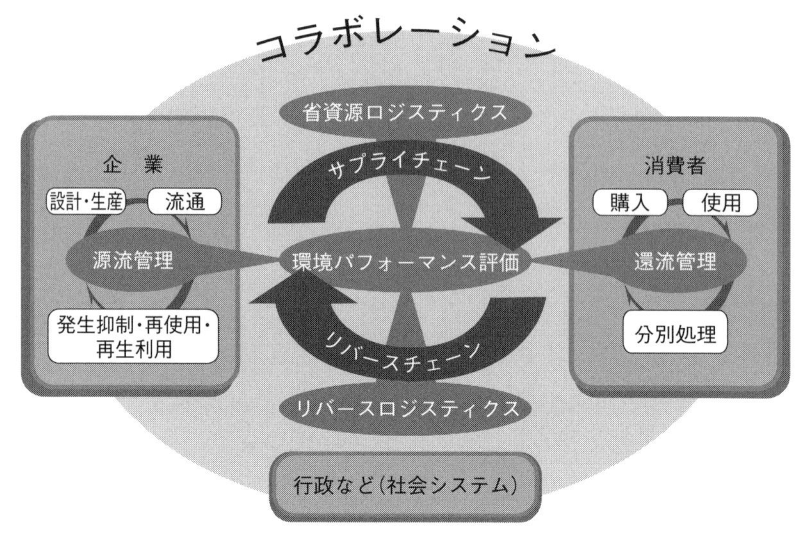

出所）JILS　ロジスティクス環境会議.

図 9.2　循環型社会を実現するロジスティクス・グランドデザイン図

(3)　ロジスティクスシステムの新たな展開

企業に環境問題対応や安全対策など社会性が求められ時代を迎え，サステナブルなサプライチェーンを構築するためには，最大の利益追求はもとより，製造，販売，物流の各プレイヤーが連携し，全体最適の視点から社会と融合を図る新たな活動価値を創出する必要がある．個別企業の物流の効率化や環境負荷削減の取組みには限界が見え始めており，今後は発着荷主企業間や物流事業者が連携を図り，取引条件や納入条件などの従来のビジネス慣行の大胆な見直しを含めた改善や改革に取り組む必要がある．

ロジスティクスを取り巻く環境は，前述のとおり一企業の取組みだけでは解決しきれない課題が山積している．まさに，産業界と政府が連携を図りながら国を挙げて，全体最適なロジスティクスシステムを検討すべき時代を迎えている．

第Ⅲ部

販売・マーケティング戦略とSCM

第 10 章
顧客価値創造のためのマネジメント

10.1　バリューチェーンとマーケティング機能

サプライチェーンを顧客価値創造(あるいは創生)に向けたポーター(1985)のいうバリューチェーン(価値連鎖)と捉えると，そこには当然，**図 10.1** に示すように，バリューチェーンの付加価値を生み出していく主活動(図中のサプライチェーンオペレーション)の要素として，顧客価値を創造，伝達する役割を

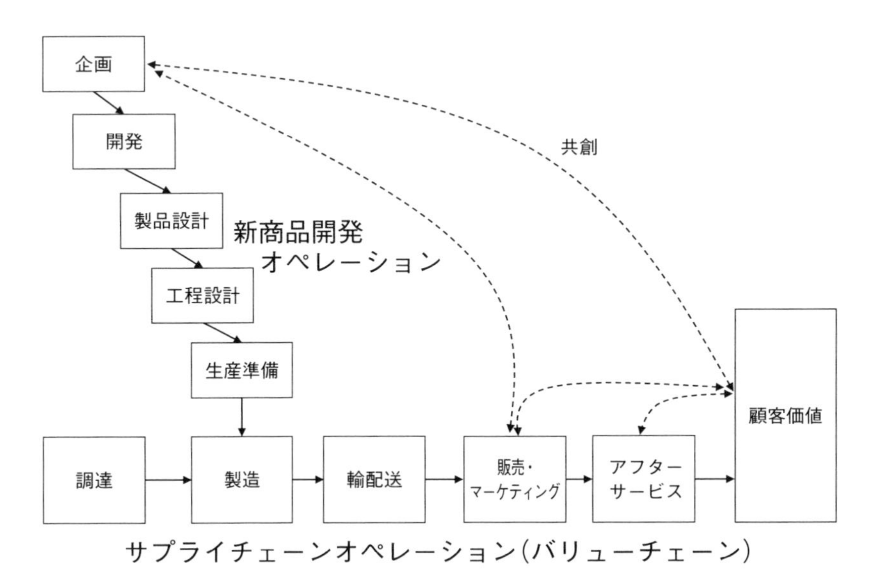

図 10.1　バリューチェーンの目標としての顧客価値創造

担う販売・マーケティングが入ってくる．このバリューチェーンは，最終的に顧客が製品・サービスを購入し価値を感じることで実現されることから，バリューチェーンの右端に顧客価値を配してある．

また，ポーターのバリューチェーンの枠組みでは支援活動に分類される技術開発，すなわち，新商品開発オペレーションも顧客価値創造の主体となる活動であり，点線で結んであるように顧客価値実現のためにマーケティングとともに顧客との共創こそ今日的な命題となっている．サプライチェーンオペレーションと異なり，コンカレントエンジニアリング(例えば，圓川他(1997))とも呼ばれるように，開発リードタイムをなるべく短縮する必要があることから，企画から生産準備の箱は互いにオーバーラップさせてある．

第1章で述べたように，SCMが経営成果に直接寄与する機能となるには，マーケティングや開発・設計部門と一体化した顧客価値創造を起点とした活動にするべきである．それは，いかに少ない在庫で機会損失を極小化できても，最終顧客からの売上，そして利益が伸びなければ経営における位置づけは限定的なものになる．サムスンに代表されるグローバルなSCM先進企業の事例では，既にマーケティング部門の司令塔の下で，顧客に魅力ある商品の供給を掲げ，顧客情報の見える化とそれにもとづくS&OP的なシステムが構築されている．

それでは，マーケティングの機能とは何であろうか．コントロール可能な4つの要素，あるいはそのミックスとして，マーケティングの4Pという言葉がある．すなわち，Product(製品)，Price(価格)，Place(場所すなわち流通)，そしてPromotion(販売促進)の4つの頭文字をとったものである．前述の顧客価値の立場から，Product(製品)はブランド戦略とともに顧客価値の創造，Place(流通)は顧客価値の伝達，そしてPrice(価格)とPromotion(販売促進)は顧客価値の説得に相当するものであろう．本章では，顧客価値創造に焦点を当てるが，伝達と説得は引き続く章で述べる．

ところで，**図10.1**には「マーケティング」ではなく，「販売・マーケティング」となっている．販売とは，商品を売る(所有権の移転)ことであるが，販売部門の仕事は実際には営業に近いと思われる．それでは日本企業の営業の役割・活動はマーケティングとどのように違うのであろうか．マーケティングという言葉や学問，そしてそこに含まれる戦略は米国で生まれたものである．それに対して，恩蔵(2004)によれば，わが国における営業は，販売促進や取引に伴う信頼関係など，人的取引の活動に重きが置かれ，科学的な分析や理論の枠組みが乏しかったといえる．その意味では，今こそ日本の営業，あるいは販売部門も，SCMと一体となったマーケティングの枠組みに拡大した機能を担うことが期待されているといえる．

10.2　顧客価値創造のためのメカニズムと難しさ

「顧客価値創造」とは，ビジネスの目的を，「利潤」ではなく「顧客創造」にこそ求められるべきという1950年代のドラッカー(1974)の発想に端を発する．1970年代からの「マーケットイン」，「顧客指向」，そして，日本企業でも特に2000年頃から，品質経営，CS経営を唱えている企業は著しく増加する．世界の主要国・地域の競争力の指標であるIMD(国際経営開発研究所)の国際競争力ランキングで，日本は高品質・高信頼性を武器に1991年まで世界No.1であった．バブル崩壊後，工業化社会から情報社会，そして新興国の生産と市場が台頭するにつれて順位を落とし，2000年代の前半から今日まで20位台に低迷している．

一方，IMDの競争力の評価指標の一つである「CS(顧客満足)重視の経営」は，その間，そして今でも日本は常にトップの位置にある．しかしながら，“ガラケイ”に象徴されるように，顧客価値を追求した商品提供になっていたのか疑問である．工業化社会での成功を引きずりCS＝高品質，高性能，高信頼性といった供給側の思い込みで，掛け声だけのCSになっていた，そしているのではなかろうか．経営に直結したSCMであるためには，何より，顧客価値を高め，高いCSを勝ち取り，再購買や新規購買につなげる好循環サイクルを，サプライチェーンおよびバリューチェーンのなかに組み込む必要がある．

図10.2に示すように，左に顧客価値創造を狙いとして商品を企画・開発，設計，製造し市場に供給する企業側の活動，そしてそれを購入・使用して感じる顧客価値形成のプロセス，そしてそれをとおして行われる再購買や口コミによる新規購買，さらにブランドイメージといった企業側からの経営成果が，配

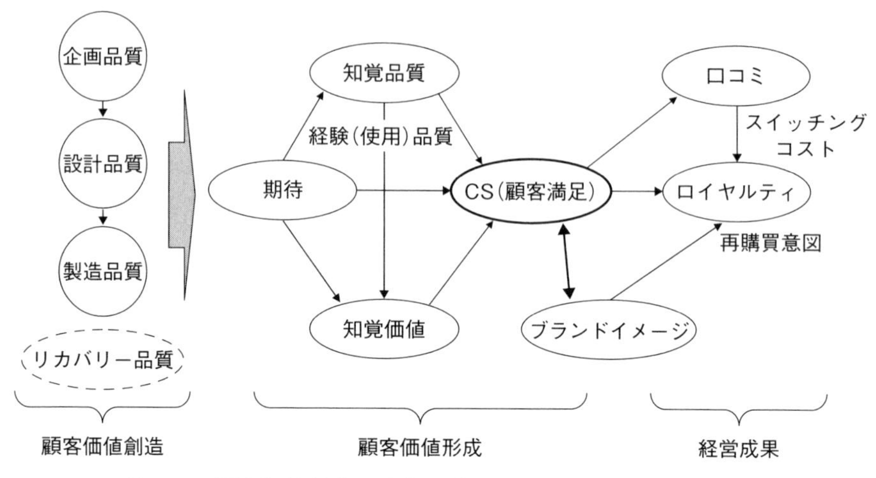

図 10.2　顧客価値創造，形成のプロセスメカニズムと経営成果

置されている．さらに顧客価値が決まるプロセスでは，顧客のなかで処理されるCSが形成されるまでのモデルが示されている．CSは，知覚品質，特にその商品を使った経験(後述のコト)によって決まる経験品質と，顧客があらかじめもっている(事前)期待の"差"(算術的な意味ではなく)，そして価格を含めた知覚価値，そして期待そのものによって決まる．

ここで複雑なのは，期待は知覚品質との差がCSにつながるという意味では，CSと負(高いほどCSは低い)の関係であるが，ブランドイメージとも関係して期待が大きいほどCSも高くなるという矯正メカニズムも同時に働く．したがって，4PのProductの立場から一番重要なのは，知覚品質，経験品質をいかに高めるか，ということになる．同時に最近の研究で，ブランドイメージがCSに大きく効く，すなわち同じ経験(使用)品質であってもブランドイメージが高いほどCSを高める効果があることがわかってきている(圓川他，2015)．そして高いCSは将来のブランドイメージを高める．その意味では，ブランド戦略の観点からの顧客価値創造にもマーケティング部門の役割は著しく大きく，図においてCSとブランドイメージは特に太い両矢印で表している．

企業側の顧客価値創造プロセスは，通常，設計・開発は無論のこと，マーケティングや生産技術，品質保証，製造などからなるCFT(クロスファンクショナルチーム)によって行われる．企画品質，設計品質，製造品質をつくり込んでいくプロセスで，特に企画の段階では，初期の商品コンセプトから市場を細分化(セングメンテーション)をしてターゲットとする顧客層が絞り込まれていく．そこで重要なのが，ターゲット市場の顧客価値であり，それを求めて顧客ニーズやVOC(Voice of the Customer)と呼ばれる顧客の声を集めたデータベース，場合によって市場調査を行いその情報が参考にされる．ところが，それが成功しヒット商品になることは極めて少ない．何が難しくしているのであろうか．いくつか挙げてみよう．

①　顧客・消費者自身が何が欲しいのかわからない

特に国内BtoC市場では，真の顧客ニーズがなかなか“見えない”．最近企業側で整備しているVOCからも捉えにくいものである．これは顧客自身が意識や認識していないためで，だからといって満足しているわけではなく，不満ではないけれど満足とはいえない“非満足”という状態である．では何が不足しているのかの問いには，顧客自身も答えられない．これに対応するには，次節で述べるものコトづくりの発想が求められる．

②　多機能疲労現象の罠

真の顧客ニーズが見えない状況の一方で供給側では激しい競争がある．高性能，多機能を競うなかで陥いる罠が，顧客側で起こる多機能疲労(feature fatigue)という現象である．多機能な製品であるのに，限られた機能しか使って(使えて)いない人に起こる心理的な葛藤，不満であり，CSを下げてしまうという現象である．多くの日本企業がこの罠に陥り市場を失った．

③　品質差の見える化の失敗

商品の性能を競うといっても，それを感じる顧客側からすれば，その知覚品質には無差別領域が存在し，期待より性能が優れていても特に認識されず，CSには影響を与えない．逆に性能に応じて価格を上げると知覚価値を毀損して不満につながる．機能の性能を争うなら圧倒的でなければ，ワクワク感を引き起こす高いCSは得られない．

④　**文化・制度による顧客価値の違い**

生産文化という言葉がある(伊東，1997)．これは世界の国や文化によって好みのデザインや機能のあり方，すなわち顧客価値が異なるというものである．先進国のモデルから単に機能を削ぐことによって価格を下げるという安易な戦略は通用しない．これに対する処置としてグローカリゼーションという戦略が知られているが，場合によっては顧客価値の観察をとおして，市場によって大きく品質やコストの差別化軸を変える必要がある．

⑤　**マーケティング理論への過度のこだわり**

最近長らくマーケティング分野の主題として，関係の経済性ということがいわれてきた．既存顧客のほうが販売コストがかからず，さまざまな方策で囲い込むことで利益増大を図ろうというものである．例えば，ポイント制度(**図 10.2** でいえば右側に示すスイッチングコストに相当)で囲い込んでも，短期的に再購買という行動的ロイヤルティに効果があっても，ブランドロイヤルティといった心理的ロイヤルティを得られなければ，他社の追随により再購買の動機も薄まり，少なくとも長期的な効果は得られない．

以上のような問題を克服する発想が，**図 10.2** の経験(使用)品質に対応した“コトづくり”，“エクスペリエンスデザイン”の考え方や発想である．

10.3　ものコトづくり発想とその実現

“コトづくり”とは，「顧客が本当に求めている商品は何か，その商品を使ってやってみたいことは何か」を，そのマーケットに生活基盤を置き現地の人とともに感性を働かせて考えることで，真に求められている顧客価値を提供することである．さらに顧客以上に考え抜くことで，顧客の思いもしないようなプラスアルファの喜びや感動をつくり上げること，と定義される(経済同友会，2011)．商品そのものではなく，顧客が認識していない，商品を使ってやってみたい，経験したいことを設計に盛り込むことにより，ワクワク感や感動といった高い顧客価値を提供することである．

コトとは経験であり，ユーザーエクスペリエンス(user experience)という用語もある．製品・サービスに対して，購入時の意思決定から購入後の使用，メンテナンス，そして買替えという一連の時間の流れのなかのさまざまな場面で，ユーザーが感じる「心地よい印象」，「見たことのない驚き」，「知的喜び」，「徹底的な安心感」といった，何物にも代えがたい「主観的な価値」がユーザーエクスペリエンスである．Activity Based Design とも呼ばれるデザイン法に対応するものである．

なお，これは**第13章**で述べるサービス・ドミナント・ロジック(Service-Dominant-Logic)という流れに符号するものである．すなわち，程度の差はあれ製品にもサービスの要素をもち，ものコトづくりの“コト”はサービス提供そのものとも考えることができる．

ユーザーエクスペリエンスを探り，商品として実現するためには，例えば，次のようなステップが手順化されている．その第一歩が，エスノグラフィー調査と呼ばれる社会科学的手法である(鹿志村他，2011)．**図10.3**に示すように時間フェーズで，顧客を徹底的に観察し，顧客が実際に行っていることの全体像，暗黙のうちに前提としている価値観，満たされないニーズや願望を発掘す

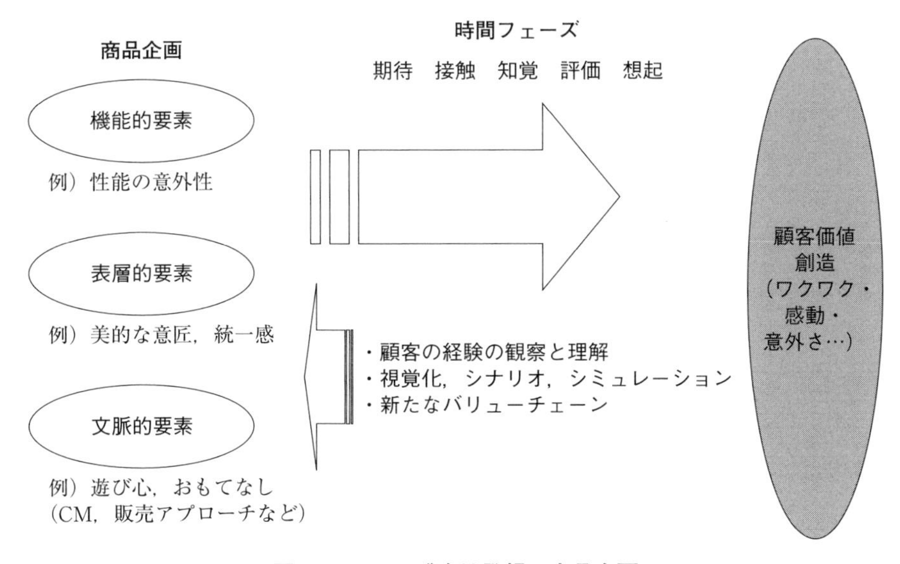

図10.3　コトづくり発想の商品企画

るのである．次にそこから得られたアイデアをもとに商品化に向けてさまざまな役割の開発メンバーを参画させ，機能だけでなく表層的，文脈的要素を盛り込んだTo-Be（理想）像のシナリオを，全体像を俯瞰できる表現で描く．そしてその実現に向けてのシミューションを実施することで，顧客を中心にした新たなバリューチェーンやエコシステムを再構築するなどの課題やアイデアが追加され，顧客価値創造に向けた商品が開発される．

同様に，世界的に知られるデザイン会社IDEOでは，さまざまな専門性をもつCFTにより，熱狂へのステップとして，①理解，②観察，③視覚化，④評価とブラッシュアップ，⑤実現，が挙げられている（ケリー他，2002）．①，②は顧客が実際に使っている人のところへ行き，それにもとづきブレインストーミングでアイデアの視覚化を行い，プロトタイプの作成と評価を繰り返すことで，ワクワクするような顧客価値実現に結びつけるというものである．

コトづくりの成功の代表例としては，iPod，iPhone，iPadが挙げられる．自然としかもワクワクしながら操作できる設計で多機能疲労を解消し，かつi-Tunesやe-Storeなどの顧客に新たなライフスタイルを喚起，定着させるようなエコシステムが形成・継承されている．

上記の例以外でも，最近のヒット商品を調べると，このような“コトづくり”発想によるものは枚挙に暇がない．例えば，サーフィンなどのアクション場面で使われるビデオカメラのゴープロ（GoPro）である．日本企業，特にソニーの牙城であった世界のビデオカメラ市場において，2013年にはソニーを抜き出荷台数世界No.1となった．このゴープロには新しい技術は何も使われていない．ただサーフィンなどの激しく動くシーンを撮りたい，顧客が諦めていたコトを徹底的に理解し，行動を分析することによって生まれたものである．そのためにむしろ撮影を確認する液晶モニターもなければ，手ブレ補正機能もついていない．その代わり広角のレンズと，腕やスポーツ器具に取り付けやすいデザインが取り入れられている．

以上は，BtoCを念頭に“コトづくり”について述べたが，BtoBの場合には，BtoCに比べて，顧客の“コト”を知ることは容易であり，かつSCMに直結する“コト”の見える化が，顧客価値をさらに増幅する．

10.4　顧客の“コト”の見える化：ビッグデータの活用

BtoBの場合，顧客の“コトづくり”は，顧客価値そのものが明確であることから，既にソリューションビジネスとして多くの事例がある．加えて，実際の顧客の“コト”や経験をリアルタイムで見える化することで，新たな付加価値を顧客に提供できる．

例えば，コマツのKOMTRAXは建機の稼働状況をセンシング，GPSにより状況を把握することにより，顧客の困りごとに迅速に対応できるだけでなく，故障などの予知も可能にする．また建機の稼働状況から景気判断や需要予測にも活用できる．現在では無人ダンプトラックの運行管理システムとも組み合わされることによって顧客価値をさらに高めるソリューションに進化させている．その他の例として，タイヤの状況やメンテナンスを見える化することによってダンプの可動率が顧客価値に直結するブリヂストンの鉱山ソリューション，顧客の安心を担保する警備ソリューションなど枚挙に暇がない．

考えてみれば，物流も顧客の“コト”を運んでいることに他ならない．その“コト”は顧客によって異なる．急いでいる貨物もあれば，ジャスト・イン・タイムでの到着が求められる場合，逆に極端な場合，保管代わりに運んでいる場合もあろう．そして3PLやLLP(Lead Logistics Provider)ともなれば，少ない在庫で機会損失を最小化したいという荷主の在庫管理という“コト”が顧客価値である．そうなれば，“どこに”，“何が”，“どれだけ”という見える化は，顧客価値実現に向けて必要不可欠なサービスということになる．

BtoCの状況で，最近話題になっているのが，リアルタイムベースで刻々と蓄積されるビッグデータを活用した顧客情報とその分析によるサービスである．コンビニにおけるPOS情報にもとづく，品揃え商品の週単位での追加と削減はよく知られている．ファーストフード，例えば回転寿司チェーンでも，来店の家族構成から予測される好みの商品を即座に予測，回転レーンに投入することで，売上を拡大し，廃棄率を大幅に削減している．さらに，店舗のカメラから顧客の顔や体の動きを監視することでサービス向上を図る取組みも始まっている．

10.5　求められる問題解決アプローチと人材像

顧客価値創造に向けて求められる人材像はどのようなものであろうか．上田(2008)によれば，問題解決や価値創生にかかわるアプローチとして，次の3つのクラスがあるという．

- **クラスⅠ**：目的および環境に関する情報が完全で，標準化やそれにもとづく最適解探索が中心課題となるアプローチ．
- **クラスⅡ**：目的情報は完全だが環境情報が未知あるいは変動する．そのための適応的解探索が中心課題となるアプローチ．継続的改善はその代表である．
- **クラスⅢ**：環境情報とともに目的情報も不完全で，そのため目的確定と解探索がカップリングで行われる共創的(オープン)解探索が中心課題となるアプローチ．

日本のものづくりが強いのは，組織的改善やJITで知られているように，クラスⅡのアプローチを得意としてきたことにある．バブル崩壊まで，高品質，高信頼性，あるいはJITいう明確な目的のために，いくつかの危機に遭遇しながらも改善を繰り返すことによって，工業化社会の覇者となる原動力となった．

しかしながら，その後，生産も市場もグローバル化に伴い，例えば，サプライチェーンの見える化のためには，ITという武器の能力を最大限にするためのクラスⅠのアプローチが不可欠になる．見える化のためのアイテムやコード，そしてグローバルなシステムの標準化の土台の上で，そこから得られる環境情報の下で，さまざまな最適解の探索ができるようになる．一方，日本企業の場合，クラスⅡのアプローチに頼ってきたことで，工場や拠点ごとにシステム，場合によっては部品名やコードもカスタマイズすることで，グローバルなサプライチェーンの見える化や最適化に齟齬を来している．さらに本来，クラスⅠのアプローチをとるべき課題であるのに，クラスⅡをとることで，非効率や余分な手間を要している場合も少なくない．

さて，顧客価値創造の目的は顧客側にあるものの，既に述べたように顧客自身が価値をあらかじめ認識していることはむしろ稀である．したがって，顧客価値創造こそ，クラスⅢのアプローチが要求される．顧客を徹底的に理解，観察するという，まさに共創的な解探索活動が求められる．**図10.1**の顧客価値と企画を結ぶ両矢印にこの共創という言葉を書き入れているのはそのためである．また**図10.3**においても右側の目的である顧客価値を探ると同時に，それを実現するための左側の技術や仕様などの環境情報も変動させながら，顧客価値を最大化するように収束させることが求められる．

これからの競争力を発揮する日本的SCMの実行には，クラスⅡの強みを生かすためにも，まずクラスⅠの強化が急務である．そして何より新たな価値創造のためには，クラスⅢの発想ができる人材が不可欠である．このようなクラスⅢの発想ができ，しかもそこから価値提供ストーリーを構築できる人材を，経済同友会(2012)ではプロデューサー的人材と呼んでいる．プロデューサー的人材とは，“コトづくり”概念を自ら浸透させ価値提供ストーリーを構築できる人材であり，クラスⅢ(共創的発想)の問題をこなせ，そのうえで場面によってクラスⅠ，そしてクラスⅡのアプローチを組み合わせて引き出せる人材ということができよう．

第 11 章
チャネル戦略とSCM

11.1　マーケティング活動におけるチャネル戦略

(1)　マーケティングチャネル

チャネルは，「マーケティングチャネル」や「流通チャネル」，単に「チャネル」といった言い方がある．

米国のマーケティング文献においては，古くから“marketing channel”，“channels of distribution（流通機構）”，“distribution channel（配給経路）”，“trade channel（取引経路）”といった多岐な用いられ方がされ，それぞれ，「マーケティング・チャネル」，「流通機構」，「配給経路」，「取引経路」と和訳された（風呂，1968）．

チャネルとは，総じて生産者が製品を顧客に販売するための経路や仲介機構を指す．特に，「マーケティングチャネル」とは，生産者によるマーケティング活動を通じた顧客に至る製品流通の継起的段階である．製品はもとより製品を製造・供給し，最終的に消費されるまでのプロセスにかかわるものすべてを駆使して顧客ニーズを満たそうという，経営の中核戦略であるマーケティング戦略に沿って統制された流通チャネルである．

企業活動におけるチャネル戦略は，顧客を起点とした広義のマーケティングと継続的なイノベーションによる，複数の企業間でつくる価値の連鎖をつなぐ役割である．

(2)　チャネルの類型とチャネルリーダーシップ

チャネルは，原材料供給者(以下，サプライヤー)から最終顧客を終点にした，完成品製造者(以下，メーカー)を主体者としたサプライチェーンの全プロセスが対象領域である．また，サプライヤーを主体者とし，メーカーを顧客とした生産段階のチャネル(生産財チャネル)と，メーカーを主体者にした最終消費者までの販売段階のチャネル(消費財チャネル)に区分できる．

わが国の伝統的な消費財チャネルは，メーカーから何段階かの卸業者を経て小売業者に辿り着くという，先進国では例を見ない多段階なチャネルが特徴である．その形成・発展経緯については次節で述べるが，加工食品や日用雑貨などの消費財流通においては減少しつつあるものの，現在でもメーカーから何層かの卸業者を経て小売業者へと流通されている．一方，近年，伸長著しいダイレクトマーケティングのプロセスは，メーカーと消費者とを結ぶ直接チャネルである．

流通機能は，所有権・貨幣の移動(商流)と財の移動(物流)，そして情報伝達(情報流)に区分される．チャネルのメンバーは，「製品」，「所有権」，「支払い」，「情報」，「プロモーション」の流れと段階によって存在する．メーカーと最終顧客以外のチャネルメンバーは，同一ではなく流通の役割によって変化する．

長らくマーケティングもSCMもメーカーがチャネルのリーダーシップを担うチャネルキャプテンであることを前提としてきた．定型化したサプライチェーンのチャネル図では，必ずメーカーを中心的主体者として描き，生産段階と販売段階双方のリーダーシップを担う構図になっている．

しかし，マーケティング活動により得た消費者の嗜好を，自社製品にしか反映できないメーカーの現実的限界も見えてきたなかで，消費者の購買行動に応じた調達力と購買力を背景に，小売業者はチャネルへ大きな影響力をもつようになってきた．特に，大規模な小売業者の購買支配力(buying power)が強いとき，メーカーは有効なパワー関係を形成することができず，小売業者を統制できない(高嶋，1994)．今やメーカーが独自にチャネルの統制を主導することは難しくなっている．

流通を担うチャネルメンバー間のパワーバランスの違いだけでなく，企業の歴史や文化によって認識の違いが生じ，さまざまな取引条件の制約を生じさせている．協調的な提携関係にあっても，ところどころにチャネルの衝突(チャネルコンフリクト)が生じる素地が潜んでいる．

11.2　わが国におけるチャネル形成経緯と変革

(1)　日本型流通システム

わが国の流通システムは，戦後経済の変遷とともに世界の歴史にも例のないほど飛躍的な変化を遂げてきた．1985年のプラザ合意を契機とする日本市場への関心と開放への要求の高まりは，日本的な取引制度や流通系列化に特徴づけられる日本の流通を外から揺さぶり，欧米先進諸国には見られない次の3点の特異性があると指摘を受けた(**図11.1**)．

その第一は，小売商業における零細性，過多性，生業性，および卸売段階の

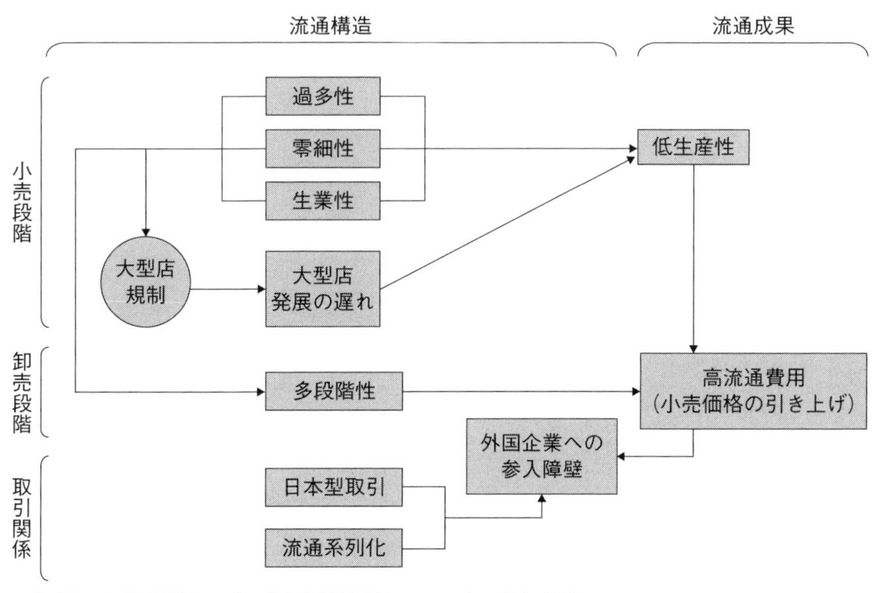

出典)　田村正紀(1986)：『日本型流通システム』，千倉書房，p.5.

図11.1　日本型流通システム

多段階性と日本独自の取引形態と取引条件による日本的商慣行である．第二に，寡占的製造企業による流通系列化である．第三に，これらが参入障壁として機能し，高い流通費用による小売価格引き上げ要因となっているというものである（田村，1986）．

(2)　わが国のチャネル形成の特徴

わが国の伝統的な消費財のチャネル構成は，完成品製造者〜多層階の卸〜小売〜消費者と多段階になっている．また，完成品化までの生産段階も，何層かの製造者によって構成される多段階構造である．また流通は，呉服商から発展した百貨店を除き，長らく工業も商業も家業的中小零細であったが，関東大震災や幾度かの戦争による国策的工業化により，生産段階が近代化した．

そしてチャネルの形成経緯は，加工食品，酒類，医薬品，化粧品，日用雑貨，衣料，自動車，家電，米の流通，それぞれによって異なる．しかし，衣料品流通における百貨店主導を除けば，前述のとおり，小売は長らく零細・生業で過多であったため，まず工業化の進んだメーカーが主導してチャネルが形成されていった．

加工食品を例に見ると，1910年代後半から味の素や森永製菓などが先行して独自のチャネルを形成していった．味の素では，全国の卸を組織化して独自の特約店制度を確立した．また，森永製菓は，自社製品を専売する販社を組織化した．いずれも，①他社類似品の取扱禁止，②卸売り段階の建値遵守，③販売地域の特定，④割戻金等の支払条件，⑤その他違反時の罰則などを取り決め，日本全国の中小小売への仲介機能である卸段階を主導的に組織化した．

特に，メーカーが取り決めるチャネル政策において，最も力点を置いたのが流通のすべての段階の価格を統制する建値制度である．建値制度とは，メーカーが一次卸組織に卸す価格から始まり，一次卸が二次卸（地域や規模）へ卸す価格，二次卸が小売業者へ卸す価格，小売が販売する小売価格のすべてを取り決め，守らせる仕組みである．

第一次世界大戦期の好況を背景にした量産化体制が進んだメーカーにとって，安定した販売チャネル，経営が安定した卸機能の組織化と販売価格の維持といったチャネル政策が経営の最重要戦略であった．次に第二次世界大戦下の戦時体制においては，若干の変更は余儀なくされたもののチャネルについては事実上持続され，流通統制が解けた1949年以降，再びチャネルの再構築がなされた．そして，小売が組織化・大規模化し始める1970年頃までは，メーカー主導によるチャネル戦略が行われていた．

一方，家電流通では，卸段階での乱売に苦しんだメーカーが卸段階から小売段階にまで関与した流通系列化を進めた．卸段階の代理店化を手始めに自社専売化・系列化へ進み，次いで小売段階も進め流通系列化を推し進めた．しかし，チェーン化した小売が購買力を強め台頭してきた段階から，メーカー主導チャネルが変化する．

まず，小売が組織化・大規模化される一方で中小の小売業者が衰退・減少し始め，チャネルメンバーの組織構成が変化し，メーカーは系列化したチャネルを維持するためのリベートなどの費用支出が増大した．さらに，大手小売が仕入先卸を集約・特定化する一方で，メーカーの卸組織が大手に偏り，累進性のリベートを導入していたことにより，総売上が増えずとも大手卸へのリベートが増大するという事態を招いた．また，中小の小売業者の衰退・減少により，二次卸の存在価値が薄れ，チャネルの維持費用だけがかさみ，メーカーが主導したチャネルは，大手小売の台頭とともに形骸化していった．

また，わが国の流通政策において，寡占化と系列化が進んだ製造段階に比して小売段階は中小零細な家業的小売業を長らく保護してきた．一方で大手小売業への規制と緩和を繰り返してきたことが，チャネル問題をいっそう複雑にし，流通段階の革新が進まない一因となっている．流通近代化政策をとりつつ，中小保護との均衡を図るために規制と緩和を繰り返したわが国流通政策は，バイパス通り沿いにチェーン化された画一的な小売や飲食店街道をつくり，再開発地に巨大なショッピングセンターの出店が進んだ一方，負の連鎖により旧来の駅前商店街のシャッター通り化を招き，単なる流通問題としてばかりでなく，街づくりや地域振興といった郊外都市が抱える社会問題となっている．

(3)　大手小売台頭によるチャネルの衝突と協調

長らくチャネルを構成するメーカーと流通業者の関係構図は，チャネルへの主導的なパワーを発揮するメーカーに対する流通業者との衝突であったが，

1980年代以降は，小売業の組織化による近代化とともに，メーカーによる一方的なチャネル統制から，メーカー，卸，小売の三層にわたる独立・対等な企業取引として，緩やかに協調関係へ進み，戦略的連携へと発展している．

わが国のチャネルメンバーの関係性の変遷は，以下の4段階である（渡辺，1997）．

- **第1段階**：メーカーがチャネルキャプテンとしてチャネルメンバーを統制し，発生した衝突を調整・緩和する役回りを引き受ける段階．
- **第2段階**：メーカーと小売の双方がチャネルコントロールのイニシアティブをもとうとして衝突する段階．
- **第3段階**：メーカー，卸，小売が新たに協調的関係を模索する段階への移行．
- **第4段階**：戦略的提携関係の構築．

一方，米国においては，メーカーと小売との提携（以下，製販提携）関係の形成契機は，以下の4つの契機があるという（渡辺，1997）．

- **第1の契機**：小売段階における急激な上位集中．その結果としての特定小売業への販売依存度の増大．

  これは，メーカーによる寡占的な供給体制と分散的な小売構造を前提にしたマーケティング，特に，メーカーのチャネル戦略が小売段階の寡占化による双方寡占の状況により，パラダイムシフトを迫られたことによる．メーカーにとってパワーリテーラーへの販売依存度が増大すると，取引を変更される脅威により機会主義的な行動を増幅しスイッチングコストを増大させることになった．
- **第2の契機**：同様にパワーリテーラーの登場によるメーカーのトレードプロモーション費用（流通業者向け販売促進費）の高騰．
- **第3の契機**：トレードプロモーション費用がメーカーにとって負担になっているのと同様に，小売企業にとってもオペレーションコストが上昇し，効率化を悪化させる要因となった．
- **第4の契機**：メーカーと小売の目標と利益の共有を前提にした安定的な取引関係の形成を求める機運が醸成され，双方によって選択された．

以上のように，米国もわが国も流通システムの主体的・主導的役割を担い，取引制度の設定者であったメーカーと，これに対抗しようとする小売との間での制度認識・解釈上の衝突問題を経て協調へと変化した．しかし，わが国では，米国のように小売段階において急激な上位集中が起こらなかったことから，メーカーから小売へのチャネルパワーの移行が緩やかであった．そのため，チャネルでのパワーバランスが小売側に変化しても，メーカーが取り決めてきた取引制度による小売自身の恩恵を残したまま，小売独自の考え方によるチャネル上流への金銭的支出要求を求めたという特異な衝突が起こったのである．

(4)　垂直的協働関係における品揃え形成位置の攻防

メーカー・卸・小売による垂直的協働関係の構築としての製配販の提携は，市場の変化に適応し，生産段階から消費までのサプライチェーンの効率性の向上を図るために，生産から消費の連鎖を同期させることにある．この同期化は，小売の購買支配力によって小売が主導する消費者(店頭)起点のSCMとして，生産・流通システムを投機型から延期型へと転換を促し，一方，品揃え形成を延期型から投機型へと転換した．

生産・流通システムの延期化とは，製品形態の確定や生産量，在庫水準の決定を流通の川下に延期し，できる限り消費者の購入時点に近いところで行うことを意味し，見込生産方式からより受注生産的要素を組み込むことであり，1回当たりのロットが小さくなり生産段階も流通段階もコストが上がる．一方，品揃え形成の投機化とは，従来，流通の川上から川下へと継起的に行われてきた品揃え形成過程を，共同配送や一括納品，仕入集約などによって上流の側へ投機化しようとする小売主導の行動である(矢作，1993)．

つまり，顕在的か潜在的かどうかは関係なく小売側のもつ購買支配力が発揮される環境下において，生産・流通システムの延期化との均衡を保つように品揃え形成が投機化され，本来は小売自らが負担すべき在庫準備コストを供給者に上位移転(負担)させることになった．

チェーン小売業が主導する品揃え形成位置の投機(上流待機)は，在庫投資の延期化ばかりでなく，店頭作業の一部を上流に機能代置させている(矢作，1996)．

小売は購買支配力を背景に限られた店頭環境や空間と人的資源を最大限に消

費者に集中投下するために，流通システムの延期化により商品鮮度を高め，品揃え形成位置の投機化によって上位に物流機能を移転した．これらの物流機能の上流移転は，SCMにもとづく製配販の協調的連携による成果である．しかし，この機能的正当性に反して費用を上流のメーカーや卸に不当な条件で負担を強いるという問題が生じている．

第12章にて詳述するが，品揃え形成位置の投機化を担う小売業の物流センター関連の費用を誰がどのように賄うかはチャネル戦略にかかわる重要な問題となっている．

(5)　小売主導チャネルへの変革

現在の一般的な消費財の流通システムにおいて，メーカーが自らの製品を供給するために限定した一方向からだけのチャネル形成は既に終焉し，組織化され購買支配力をもった小売の影響力が強まっている．その結果，良好な取引関係においても些細な場面で衝突と協調による緊張的均衡が保たれている．

小売の購買支配力は，時に多様化する消費者の嗜好を代弁する強力なパワーに変容し，チャネル支配へのイニシアティブはメーカーから小売へ移りつつある．現在，消費者の購買行動分析により小売店頭(売場)を起点とした物流システムへの機能要求が大きくなり，チャネルへの影響度は無視できないものになっている．

図11.2に示すように，小売の上流への要求には，大きく分けて2つの視点がある．

一つは，小売店舗における店頭機能への要求や制約的要因からの視点である．具体的には，「近隣環境への配慮」，「施設的制約として土地・建物条件，接道状況，駐車・着車可能台数，バックヤードの空間制約」，「営業時間の拡大」，「店内人件費の抑制」などである．もう一つは，売場起点のSCM(上流へのDCM)，ロジスティクスの視点である．その要因は，「顧客重視」，「売場重視」，「品揃え重視」，「適正在庫と補充管理，欠品撲滅」，「開店前着荷・補充，時間帯別着荷・補充」，「検品レス，納品書レス」，「鮮度重視」などである．

これらの背景となる要因は，小売店店舗の大型化に加えて営業時間の大幅な拡大である．コンビニエンスストア以外でも深夜営業や24時間営業をすると

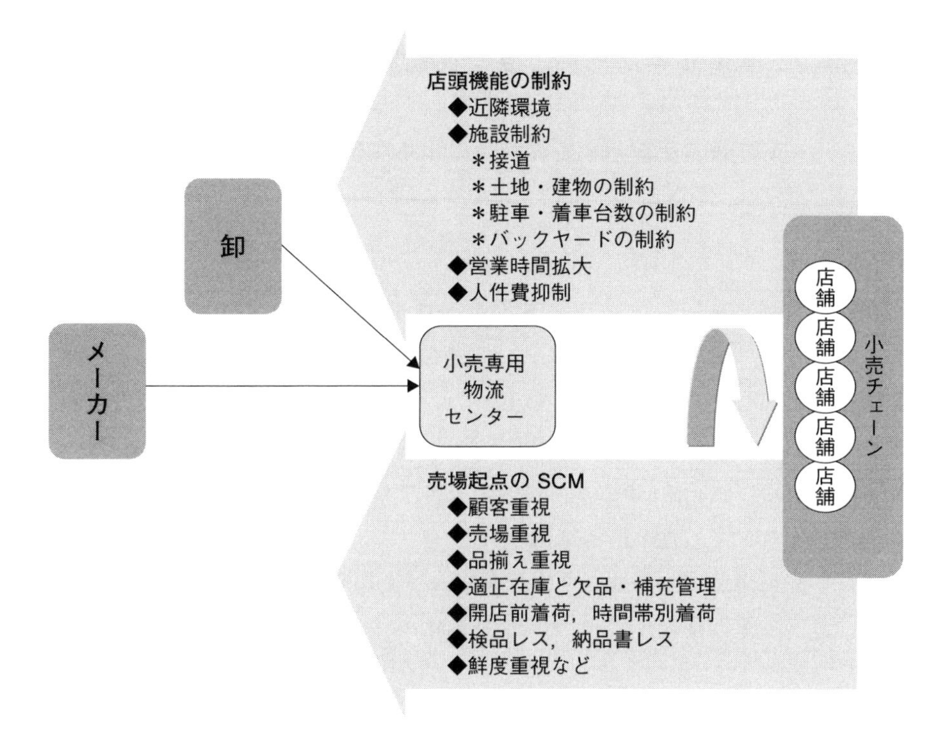

図 11.2　小売店頭を起点とする上流への要求要因（市川，2004）

ころも現れた．これらにより，従来以上に周辺地域との共生が求められることは言うまでもなく，地域環境への配慮を前提にした物流運用が求められている．そのなかで，営業時間中，いずれの時間帯でも商品を切らさない品揃えの充実化と均一化は，小売業にとって重要なロジスティクステーマとなっている．

このためには，店頭を絶えず監視し，連続的な商品補充体制が必要となる．店舗単位の基礎的制約条件を踏まえたうえで，バックヤードの補充在庫量，陳列までのリードタイムと導線，着荷予定ダイヤグラム，TC/DCから店舗へのリードタイム，TC/DCにおける仕分け・荷捌き運用，納品業者における在庫量・生産量などの個別管理はもちろんのこと，すべてを一元的に管理する必要が生じる．小売による商品企画・開発への積極的なかかわりとともに，売場を起点とする上流サプライチェーンへの影響度が増し，小売が主導するチャネルへと変革している．

11.3　チャネルイノベーションと課題

(1)　小売業態の変容と業態間競争による同質化

前節のとおり，チャネルを構成するメーカーと小売の関係構図は，メーカー・卸主導から小売主導へと変化した．

現在，わが国の小売業の売上規模は，2004年以降，135兆円前後で推移しており，その83%が店頭販売，次いで，通信販売5%，訪問販売4%，自販機1%，その他7%である．1991年を100とした2010年までの指数推移において，店頭販売100，訪問販売45，通信販売200，自販機130，その他90である．

最も成長している通信販売については次項で触れるが，小売業態としての枠組みを超えた企業と消費者を結ぶ，ダイレクトマーケティングの革新が起きている．小売の業態としては，コンビニエンスストアやドラッグストア，また，家電・カメラ系の小売チェーンやSPAと呼ばれるアパレル系製造小売も成長業態である．

さらに，わが国の中核小売業態へ成長したコンビニエンスストアの革新性については，小売主導による独自のSCM/DCM戦略としてサービスイノベーションを展開するセブン-イレブンの事例を通じて**第13章**で取り上げる．

一方，生き残りをかけた小売業態間での激しい競争により，店舗形態や取扱商品の差が薄れてきている．既に，スーパー，ドラッグストア，ホームセンターの取扱商品の多くが重複し，業態を示す名称と店舗実態がかけ離れている．

業態にかかわらず同質化した小売同士の競争は，消費者の購買嗜好や行動を刺激しようといっそう激しくなり，顧客獲得のための特売や販促イベントが非計画的に行われている．それにより，上流の卸段階やメーカー段階，原材料・資材段階へ連なるサプライチェーン全体に影響が波及し，調達，生産や在庫に大きな変動や偏りをもたらし，サプライチェーンの効率性を阻害する要因となっている．また，特売などのイベント費用に対して，上流のチャネルメンバーであるメーカーや卸によって一部費用の負担を分担する構図があり，チャネル全体の収益を圧迫する一因となっている．

また，消費者は，セールの広告や会員情報などによって，工場出荷価格を割り込むような異常な特売価格がインプットされてしまっている．わが国の消費者は，EDLP(Every Day Low Price)など受け入れできないほど小売の集客競争に慣れ親しんでしまった．私たち消費者の購買行動によって小売の競争をいっそう激化させ，サプライチェーン全体に波及する問題となっていることを認識する必要がある．

(2)　クロスメディア化時代のチャネル革新

インターネットの普及によって消費者の買い物行動に変革が起きている．

わが国の消費者向け電子商取引の市場規模は，2013年度に11兆円を超え小売販売総額の約8%を占め，2000年度比で13.6倍になった．

これは，2008年のiPhone 3登場以降，スマートフォンやタブレット端末(総じて「携帯ネット端末」)が全世代へ急速に普及し，高度な情報通信技術をまったく意識せずにさまざまな情報に接することのできる，最も身近なメディアへのアクセスツールとなったことによるものだ．かつて懸念された情報弱者への格差(デジタルデバイド)を生む懸念も払拭されてきた．

インターネットがテレビやラジオ，新聞や雑誌などのこれまでの主役だった伝統的メディアの仲介役となり，すべてを連結する中核のメディアとなりつつある．その大きな要因は，携帯ネット端末の常時携帯性に加え，メディア発信側とリアルタイムでの双方向通信が唯一可能なツールであるからだ．これまで，それぞれが独立して分断されていたメディアや通信機能を一元化し，企業と消費者の間で従来の枠組みを超えたコミュニケーション空間が実現した．

これによって，消費財流通システムにイノベーションが起きようとしている．あらゆるメディアを駆使した(クロスメディアによる)消費者向けのビジネス革新である(市川，2014)．

この新しい潮流が「オムニチャネル」である．すべてのメディアや通信手段による情報と，あらゆるチャネルをその時々で選択できるようになろうとしている(市川，2015)．「いつでも，どこででも買い物ができて，好きなときに好きな場所で受け取ったり，届けてもらったりできる」チャネルだ．いわば“いつでもどこでもチャネル”である．

しかし，既に私たち消費者の買い物行動は，それぞれの購買先がもっている制約条件を承知のうえで，さまざまなマーケットや小売業態を自ら探索・訪問しながら，その時々で選択できるすべての購買チャネルを，自分の労力と判断で利用している．したがって，消費者にとってその制約が低くなることが名実ともに「オムニチャネル社会」である(市川，2015)．

今後，「オムニチャネル」が描く購買スタイルが，消費者にとってごく日常化したときには，もはやチャネルの名称は必要なくなっているはずである．

重要なのは新しいキーワードではない．出ては消えるバズワード(buzzword)に踊らず，理にかなったチャネルを構築することが重要である．

(3)　オムニチャネル化に向けた課題

オムニチャネル化には，単に店舗と通信販売の連結ではなく，消費者にとって利用しやすい「複合チャネルプラットホーム」と，店舗や自宅・職場以外で商品を受け取れる「公共的な宅配プラットホーム」の構築が必要である．そのためには，あらゆるコミュニティやメディアと通信を介して，消費者へ商品を認知させてから実際に購買に至るまでのマーケティング空間と，消費者が商品を実際に購入し受け取るまでの販売オペレーション空間について，消費者にとって制約の少ない，企業の枠組みを超えた購買チャネルが理想型である．

一方，さまざまなメディアやチャネルに対応するコストは同一ではない．注視すべきことは，商品価格とチャネル利用料についてである．

オムニチャネル化において重要なことは，「多様なチャネルで生じるオペレーション費用を負担すべきはその利用者であるべきだ」ということの再認識と消費者への啓蒙である．

チャネル利用料を商品価格に内包するのは無理がある．顧客の自宅等への納品オペレーション費用が必要のない店頭価格も引き上げざるを得なくなり，店頭購入者にとって不合理だからである．いずれのチャネルを利用しても，商品価格を同一表示するためには(すなわち，チャネルごとに商品価格を変えられないのであれば)，チャネルそれぞれのサービス利用料を明示し収受すべきである(市川，2015)．チャネル利用料の無償化は，ビジネスとして成り立たない．

消費者に対してチャネル利用料を正確に告知し，サービスの受益者が費用を負担するビジネス環境をつくることが重要である．

第 12 章
日本的商慣行の制約と革新

12.1　日本的商慣行とは

(1)　欧米から指摘された特異な日本の流通システム

第 11 章でも述べたように，1980 年代に「海外から見た日本市場の特殊性と変化」についての米国からの視点として，日本市場の特殊性は，資本市場，労働市場，製品市場，そして流通機構であるとし，それぞれに参入の障壁があると指摘を受けた．そのなかの市場・業界構造や消費者行動に関して次のような 2 つのことを指摘している．

一つは，日本の構造的・制度的なものとして市場・業界構造，企業行動，長期的取引慣行や系列関係であり，もう一つは，心理的・精神的な障害・障壁として日本人の消費行動の特異性である．加えて，日本市場における競争の概念そのものが「管理された競争」であり，「競争力」の定義そのものが日米で認識差がある．一般的に米国の「競争力」に対する認識は，主に「製品の競争力」を指す．しかし，日本の場合はこの「製品要因」に加えて，「補助要因・補完要因」としてのものを売る前の買い手に対する説得や接待とか働きかけ，情報提供，あるいはものを売るときの納期や取付け条件，ものを売ってからのサービスやメンテナンスなどのあらゆる付帯サービスが加わる．さらに「関係要因」として，過去の双方の取引状況や株の持合いや系列，主力銀行，実績や評判，学閥といった，短期間では満たせないようなこれらの要因を含めたものを「競争力」と認識している．この競争力の定義認識としての「製品要因＋補助・補完要因＋関係要因」を最も重要視しているのは，先進諸国のなかで日本だけである(フクシマ，1997)．

1985年のプラザ合意を契機に1988年のOECD対日年次経済済審査報告では閉鎖的，非効率的，非合理的という主張にエスカレートし，その改善が消費者の厚生を高めるためには必須な要件との指摘を受けた．また，翌1989～1990年にかけての日米構造協議において，米国側から日本の流通システムを「閉鎖的」で「非効率」であると断定し，それが日本の輸入が進まない主因であるとの主張から，日本的な取引制度や流通系列化への解消を求められた．

流通システムは，その国独自の歴史と文化によって成す社会基盤や生活習慣に根差した社会システムであるから，わが国独自の流通システムが存在しても何ら不思議ではない(田村，1986)．しかし，海外から指摘される以前から，わが国自身もまったく認識がなかったわけではない．1971年の通商産業省企業局による調査「取引条件の実態―卸売業をめぐる取引慣行の実態―」では，物価高の元凶としてわが国の因襲的諸環境に根差した取引慣行により流通の合理化・近代化を阻害している商慣行として，「百貨店による返品」，「派遣店員要請」，「小口配送」，「曖昧な取引条件」，「曖昧な契約条件」などを列挙している．

加えて，1970年代以降，日本市場が閉鎖的で参入障壁があるとの海外からの指摘がたびたび挙がるようになり，ついに「日米構造協議」において，流通系列化や特約店制度，曖昧なリベート，長期的で排他的な取引関係などが日米の構造的障壁であるとして強く解消を求められるに至って，わが国の流通システムが欧米に比して特異であることについて，わが国自身も認識することになった．わが国の流通システムの特異性を主に海外から指摘されることによって認識したのである．仮に外的な指摘を受けなかったとすれば，その固有である仕組みについて“特異である”という認知ができなかったかもしれない．一方，極端な米国志向が，「わが国固有のものであること自体が特異である」という自虐的な認識が働き，多少過敏な行動を生じさせてしまった可能性も否定できない．

(2)　日本的商慣行とは何か

まず，時系列的整理をすると，戦後の生産の近代化・技術革新をベースとした大量生産に対応したメーカー主導型の流通システムにおける，独自のチャネル形成，卸段階・小売段階の価格を統制する三段階の建値制，特約店制度，卸段階や小売段階への定率リベート・累進性リベートなどである．いずれも大資本化したメーカーの流通統制によるマスマーケティング政策としての取引制度である．

取引制度の背景にあったのは，景気の好不況循環に伴う過剰生産・過剰在庫による小売段階での乱売が発生したためである．しかし，売上拡大促進のために累進的リベート制を採ったことにより乱売にいっそう拍車をかけ，乱売抑制のためいっそうの流通統制を実施するという試行錯誤を繰り返し，制度化したものである．次いで，1970年代から台頭し始めた百貨店規制が及ばない新しい小売業態をとった大規模小売業者による購買支配力を背景とした優越的地位の濫用問題である．

わが国における伝統的な大手小売業態である百貨店においては，かつてより優越的地位の濫用としての「買取品の返品」，「派遣店員の要請」などの問題があり，また中小小売商保護の観点から戦前戦後と二度にわたり規制が行われた．一方，新業態として台頭してきた新しい大規模小売業は，百貨店の商取引を模倣した「買取品の返品」，「派遣店員の要請」に加え，メーカーによる流通統制である三段階の建値制によって成り立っていた小売業への「リベートや割戻金・協賛金」の適用を求めた．また，建値制による店着価格制度を前提とした小売専用物流センターの費用負担要請(「センターフィー問題」)，「多頻度小口配送」，「専用在庫」といった小売販売リスクや費用のチャネル上流への負担・転嫁を求めたことによる問題である．

これらは，チャネルのコストと利益の分担をめぐる問題といえる．

長らくメーカーが差配していた商慣行・取引制度としては，①メーカー系列，②特約店制，③三段階建値制，④店着価格制，⑤リベート，⑥窓口問屋制などがある．

また，大規模小売企業が台頭するとともにチャネルのパワーシフトが生じ，組織化された小売業による上流チャネルへの費用負担要請の行為類型として，①買取品の返品要請，②従業員派遣要請，③協賛金負担要請，④センターフィー負担要請，⑤イベント向け低価格納品要請，⑥欠品（販売機会損失）ペナルティ，⑦押し付け販売などである．

(3)　日本的商慣行問題の「分析モデル」

取引に関する慣行は，歴史的に形成された固有の業務遂行パターンと受け取られがちだが，実際はそうではない．流通チャネル構造との関係で取引慣行は成立しているのであり，チャネル構造が変化すれば戦略遂行手段である取引慣行も変容する．しかし，その一方で，生産者と流通業者，および流通業者間の取引をめぐる商慣行は，長い社会的・歴史的な背景のなかで醸成された組織間文化や意識構造にもとづいて形成されたものであり，国によってあるいは業界によって固有の取引慣行が存在しているのも事実である（懸田，2003）．

わが国の取引制度は，メーカーによるチャネル戦略の一環として伝統的な商業構造下において競争構造の結果として形成された（矢作，1997）．そして，現在の商慣行におけるさまざまな問題や課題は，メーカーによる零細小売業向けを前提とした取引制度の恩恵を成長の糧として，その制度を持続したまま小売が近代化したために起きたものである．

しかし，すべての流通制度・取引慣行がわが国固有であるかといえば，まったくそうではない．高橋（2001）による日米欧における流通向け販売促進費の種類別比較によれば，販売促進的なリベートやイベントなどへの協賛金は欧米の商慣行に存在している．一方，わが国固有のものとして，商品価格の割引としての「価格調整リベート」や小売専用の物流センター費用を納品業者が負担する「センターフィー」は，わが国固有の流通販促費である．

また，**図 12.1** は，メーカーによる流通支配のための取引制度による製造（販売）支配力とでも呼ぶべきパワーと，小売の購買支配力によるパワーを前提にした費用負担要請行為との商慣行問題の分析枠組みを，筆者が図式化したものである．メーカーによる伝統的な取引制度による流通支配力に対して，1980年代から小売業が経営規模の拡大と近代化とともに，規制緩和による小売業の組織化・大資本化が進んだ．これによる強大な購買支配力によるメーカー取引

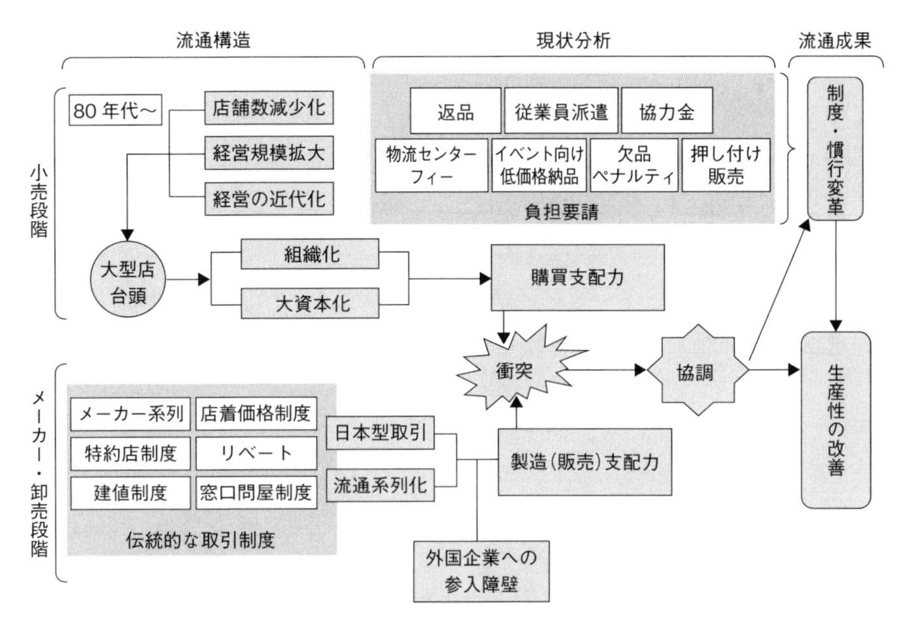

図 12.1　日本的商慣行問題の分析モデル(市川, 2004)

制度を前提とした，さまざまな小売側からメーカー・卸への費用負担要請を制度化したことによる衝突が起きた．そして，いくたびかの衝突を経て，従来の取引制度や慣行を個別に見直しながら協調行動へと向かい，流通チャネル全体の効率化が促進され生産性の改善効果を生む構図を示したものである．

12.2　サプライチェーン構築課題と商慣行の変容

(1)　SCM 推進とその阻害要因としての取引制度問題

2003年，経済産業省(2003)は，わが国での SCM 推進を阻害していると考えられる商取引慣行問題に対する初めての調査「SCM の推進のための商慣行改善調査研究」を実施した．

図 12.2 は，同調査結果をもとに筆者が SCM 推進を阻害している要因か否かについて図解したものである．商慣行の行為類型ごとにそれぞれの認識の違いを見てみる．

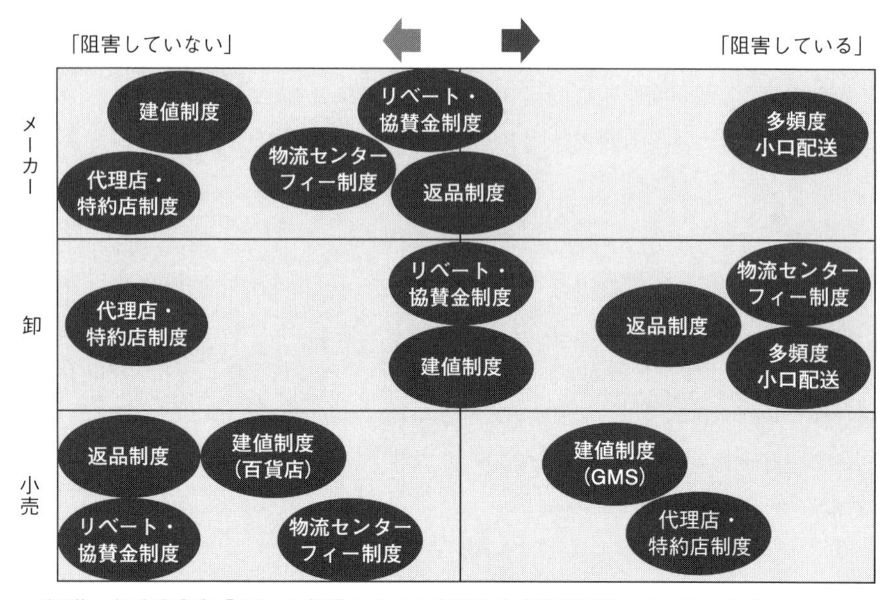

出所）　経済産業省「SCM の推進のための商慣行改善調査研究」をもとに作成.

図 12.2　日本的商慣行の SCM 阻害認識マップ（市川，2004）

まず，買取品を返品する「返品制度」について，一度買い取ったはずの商品を上流に返品する小売は，まったく阻害認識がない．一方，直接返品される当事者である卸は，阻害要因と認識し，大きな認識ギャップがある．しかし，さらに上流のメーカーは，どちらともいえないという立場だ．これは，メーカーには，返品を容認する代わりに意図的に特定商品を小売に仕入れてもらおうとする押し込みと呼ばれる商行為を併せ持っているからである．

次にメーカー段階は自らが制度化し確立した流通段階の取引価格を決定した「建値制度」では，卸段階ではどちらともいえないという見解であるが，小売段階においては，量販店は阻害要因として認識し，一方，同じ小売業でも百貨店は阻害要因としての認識が薄い．これは，既に形骸化しつつあるとの指摘があるものの，販売価格を自由に決めたい量販店と長らく定価販売を維持してきた百貨店との価格決定に関する主体性の違いである．

小売への「多頻度小口配送の要請」については，メーカー，卸ともに大きな阻害要因として認識している．一方，「物流センターフィー支払制度」については，**第11章**で述べたように小売の品揃え形成位置の投機化に伴う問題であるため，卸段階では，「多頻度小口配送の要請」，「返品制度」と併せて大きな阻害要因として認識している．流通の中間機能としてメーカーによる取引制度と小売の狭間にあっての苦悩ぶりが顕著に出た調査結果となっている．

しかし，「物流センターフィー支払制度」は，メーカーにも卸同様にかかわる問題であるにもかかわらず，あまり阻害認識が高くないのは，費用負担が卸段階で吸収されメーカーへ直接的費目で顕在化していないことによるものと推測される．一方，最近では，商取引は従来どおりのメーカー→卸→小売の構図ながら，実際の物流は，メーカー段階から直接，小売の物流センターへ納品される商物分離が進んでおり，メーカー自身も物流センター費用を直接負担することが増えている．

「物流センターフィー支払制度」は，小売(特に，量販店)が問題視する「建値制度」を前提とした店着価格保証による商品仕入代金に含まれる仕入物流費を，小売が解釈を拡大して上流に費用負担を要請するという，海外にも例がない商慣行である．

ついで，メーカーと卸の連携によって形成された「代理店・特約店制度」は，小売は阻害要因と捉え，購買先決定の自由度が阻害されメーカーによって拘束されているという認識があることを窺わせるものである．しかし，同じようにメーカーと卸が伝統的に維持してきた「リベート・協賛金制度」は，メーカー，卸ともに費用の負担感はあるものの必ずしも阻害要因とまでは見なせない微妙な認識のなかで，その恩恵を享受することが取引の必然的事実となっている小売は，阻害要因という認識がない．

小売は，メーカーによる伝統的な「建値制度」がもたらしたさまざまなリベートや協賛金の恩恵に依然としてあずかりながら，他方，メーカー・卸主導だった仕入価格や販売価格決定の主導権を握ったにもかかわらず，建値制度を前提としていた店着納品を保証する価格である店着価格制を前提として，納品物流費用に対する付帯要求をしているのが，センターフィー問題の本質である．

(2)　センターフィーと店着価格制の実態

センターフィーの実態については，公正取引委員会(2013)が詳しいが，筆者の主張を加味して要約すると次のとおりである.

一般にセンターフィーは，卸売業者が小売の指定する物流センターへ納入するセンター利用料であり，月・週などの一定期間単位の納品額に，一定の料率を掛けることで算出されている．この料率は，納入される商品を商品種ごとに単価ばかりでなく梱包形態・荷姿，大きさ・サイズ，重量，頻度，搬入経路，輸送距離などでいくつかに区分したうえで，その区分によって差が設けられているのが一般的である．これは，商品の価格や付加価値は物流コストにはあまり関係がなく，実際の物流作業に順じたコストを求めようとする考え方である.

このセンターフィーを厳密に算定するには，個々の納入業者ごとに受発注・納品単位に細かくコストを算出する必要があるが，多くの設定基準は必ずしも透明性の高いものではなく，また見直しがされるもののその根拠も曖昧という指摘が多い．これは，日々の受発注が管理されていないために発注量(＝納品量)が日々激しく変動し，またロットサイズも変動するためにコスト算定を難しくしているといわれている．そのため，個々の商品ごとの作業量に応じた厳密な料率が算出されているわけではない.

前述のとおり，小売業者が卸売業者に対してセンターフィーを求めることが広まった背景には，「店着価格制度」があり，商品の価格と商品の配送等の費用を分離せず，両者を一体のものとして考えてきたことから生じたものである.

しかし，近年消費財の需要が伸び悩むなかで，物流センターの稼働率が上がらず，その運営費用も相対的に上昇してきたといわれる状況のなかで，前項のとおりセンターフィーについて小売業者と卸売業者との間に見解の相違が見られるようになった.

小売へ納入する卸側は，センターフィーについてその算出根拠が不明確であり，物流センターの設置によって削減された卸売業者の物流費用に比べて利用料が高すぎると感じている．また，物流センターの機能によっては，店舗別の仕分，梱包などの作業が小売業者から要望され，その結果，卸売業者の物流作業が増加し，卸売業者の物流費用削減になっていない場合があるとの負担認識をもっている.

一方，小売業者側は，現在のセンターフィーの料率を，物流センター全体の運営費用から見て妥当な水準であり，物流センター利用の効果と比べても相応なものとしている．また，その状況についても卸売業者に説明しているとしている．

(3)　買取品の返品慣行に見る優越的地位の濫用の実態

わが国の消費財流通においての「返品」慣行を定着させたのは，百貨店といわれている．百貨店には，①買取仕入，②残品返却仕入，③棚卸委託仕入，④売上仕入(消化仕入ともいう)という4つの仕入形態がある．「①買取仕入」は名実ともに呉服や家具といった百貨店の主力商品なので返品はしない契約．返品条件付きの仕入は，「②残品返却仕入」であったが，「①買取仕入」であっても百貨店は納入業者に売れ残り商品を優越的な地位を濫用して返品を強要した．

その結果，納入業者との間で衝突が繰り返され，たびたび公正取引委員会による百貨店の返品制度の規制が行われたが，納入業者側の姿勢が変わり「③棚卸委託仕入」や「④売上仕入」による返品リスクを納入業者が引き受ける仕入が主流になったことにより，衝突は沈静化した．この納入業者の姿勢は，返品リスクをとる代わりに「商品価格決定権」，「商品供給調節権」，「売場管理権」を百貨店側から獲得し，実質的なチャネルの主導権を握ったことによる．納入業者が百貨店との協調的関係を構築し取引を安定させる一方で，売れ残りリスクを自らがとる代わりに百貨店からマーチャンダイズ権限を奪いとったといわれている．

わが国に買取品の返品を根づかせたのは，「古今東西を問わず広く承認されてきた経営原理である「買い手の危険負担原則(caveat emptor)」という商取引の基本原則を無視し有名無実化し，自己の一時的・表面的な利益を追い求めるという過ちを犯したのが百貨店」(江尻，2003)である．

わが国の伝統的な小売大手である百貨店がとったこの流通政策は，後々登場する新しい小売業態に思想なく模倣されるモデルとなって移植されていったため，日本の小売全体が買取品の返品を購買支配力によってあたかも正しい商取引のように行使してしまったのである．

公正取引委員会(2002；2012)の調査によれば，百貨店やサプライチェーン関係が比較的良好なコンビニエンスストアでは既に衝突や強要が鎮静化され収斂された取引関係が，ホームセンターやドラッグストアといった比較的新しい小売業態で不当な返品慣行が顕在化し，必ずしも協調的な取引関係ではないことを映し出している．小売新業態は，成熟業態が乗り越えた商慣習を踏襲して成長期に流用・悪用するということが起きている．

悪しき商慣行の代表格である買取品の返品慣行は，ムダ・ムラ・ムリの象徴であり，サプライチェーン全体の効率化への阻害要因である．流通問題としての是正は言うまでもなく，地球環境問題としても解消すべき慣行である．

12.3　サプライチェーン革新に向けた動きと課題解決への視座

前述のとおり，現在，わが国の消費財流通にはさまざまなムダ・ムラ・ムリが存在している．付加価値を生まない活動を縮小・解消する必要があり，そのためには，自己の利益だけではなくサプライチェーンメンバー全体での取組みが必要である．

これまで，わが国ではサプライチェーン効率化のための利害を乗り超えた取組みがなかなかうまく進まなかったが，2010年に消費財メーカー5社，卸4社，小売6社の製配販15社が連携してサプライチェーンの全体最適化に向けての取組みが始まったことは，新たな革新への一歩である．

この新たな取組みは，「消費財分野におけるメーカー(製)，中間流通・卸(配)，小売(販)の連携により，サプライチェーンマネジメントの抜本的なイノベーション・改善を図り，もって産業競争力を高め，豊かな国民生活への貢献を目指す」というビジョンを掲げ，2014年7月現在，メーカー12社，卸8社，小売23社の43社から組織される製配販連携協議会によって進められている．

2011年から2013年までの3カ年での主要な取組みテーマは，「流通BMS導入推進」，「情報連携」，「返品削減」，「配送最適化」であった．わが国における消費財流通にかかる企業間取引のEDI化と手順の標準化として，2006年度から3年間，官民共同の実証・検討が進められ，サプライヤー(メーカー・卸)と小売間の取引用メッセージとして，旧来のJCA手順に代わる標準プロトコル「流通BMS(Business Message Standards)」が策定された．

この背景には，小売独自の業務プロセスとデータ書式による固有のシステムや運用の存在が，わが国の消費財サプライチェーンの最適化の阻害要因となっているという問題が依然として大きく存在していることを意味するものである．普及促進を主導する流通BMS協議会に2011年製配販連携協議会が連携し，2013年12月現在95社が導入を宣言するまでになったが，いっそうの普及促進が求められる．

次いで特筆すべきは，食品ロス削減を踏まえた返品削減に向けた取組みである．食品ロスに伴う返品や廃棄といった問題の背景にある商慣習の見直しである．製配販連携協議会の取組みにより，2011年度において，加工食品では小売から卸へ431億円，卸からメーカーへ990億円の返品が行われ，返品処理に29億円が費やされている．同様に日用雑貨品では，小売から卸へ666億円，卸からメーカーへ883億円の返品が行われ，返品処理費用が52億円に上ることが推計された(**図12.3**)．

加工食品の流通には，消費者の鮮度意識の高さを背景に，**図12.3**に示すような小売店頭で賞味(使用)期限が2/3以上あることを納品条件とする特有の商慣行がある．メーカー・卸から小売への納品は，賞味期限が三分の二(2/3)を

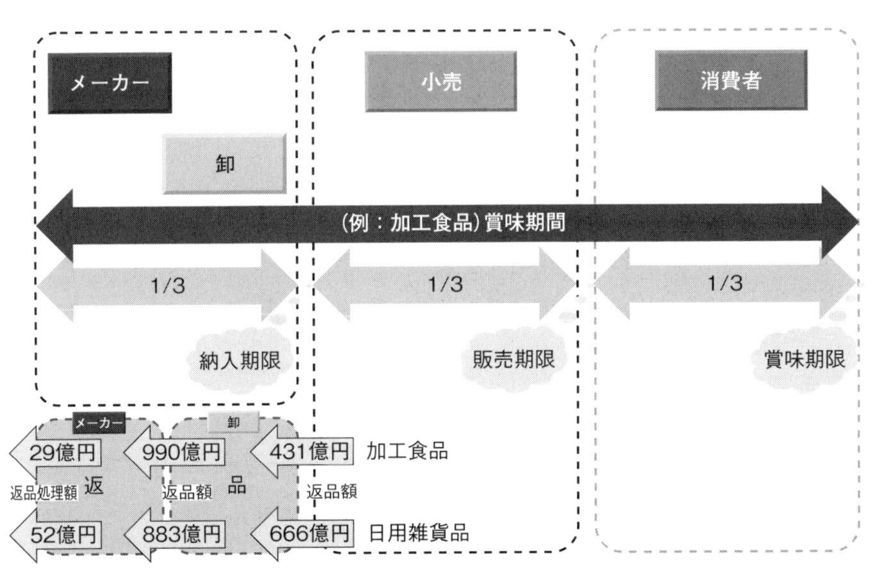

出所）流通システム開発センター，流通経済研究所「製配販連携協議会 総会報告書」(2014)，経済産業省「製配販連携協議会について」(2013) をもとに筆者作成．

図12.3　製配販連携協議会調査による返品の現状「三分の一ルール」

切った商品を納品しないという，いわゆる「三分の一(1/3)ルール」である．これに加えて，小売による購買力を前提とした優越的地位を濫用して，小売業が店頭で残存賞味期限が1/3に迫りそうな買取品の“売れ残り”商品を卸やメーカーに返品するといったことが行われており，返品慣行が効率化の阻害要因となっている．

この現状を解消する一歩として，製配販連携協議会では，2014年度以降，以下のパイロットプロジェクトが行われることになり進展が期待されている．

① 飲料・菓子を対象に小売段階での賞味期限の2/3の残存期間を1/2まで緩和する．

② メーカーが設定する賞味期限を生産・衛生・物流技術を反映し延長に取り組む．

③ 賞味期限表示の「年月日」から「年月」表示へ．

④ 賞味期限に関する消費者への啓蒙活動．

しかし，これらの活動は，これまでになかった具体的な成果目標を生み出しているが，まだ参画企業や対象商品が限定的であり，取組みも実験的なものであるため，個々の取引契約や慣行に影響を与える成果は得られていない．しかし，個社同士では解決しにくく効果が測りにくい商慣行の改革には，それぞれのリーダーカンパニーが自社の利害を越えて立ち振る舞うことが求められる．

サプライチェーン最適化の観点から見直すべき商慣行は，まだまだたくさんある．その解決への視座は，以下の項目のようなものである．

- 小売自身が行動を変えればサプライチェーン全体に効果が出ることを共有する．
- 建値制度の名残であるメーカーと卸が構築した伝統的な取引制度に執着・依存しない．
- 受益者負担原則に立ち返る．
- 契約やサービス水準を明文化する．
- 独占禁止法などの法制化も含めた罰則・監視を強化する．
- 市場を席巻する製品やサービスをつくる．

第 13 章
サービスイノベーションとSCM/DCM戦略

13.1　サービスイノベーションの広がり

この章では時代の大きな流れであるサービスイノベーションを背景としたSCM/DCM戦略の進展と実情について解説する.

サービスイノベーションの流れは，2004年の米国の新成長戦略(パルミザーノレポート)の発表を契機に，サービスサイエンスやサービスイノベーションが取り上げられ，各国はこぞって政府機関や大学での研究，産業界での推進活動を開始している.

また，時を一にして2004年にVargo and Luschによる「サービス・ドミナント・ロジック」が提唱され，サービスと製品との関係性の整理や，サービスの定義，顧客関係性の重視や経験価値の考え方が広がってきている.

製品とサービスの関係を端的に表すと，内藤他(2009)が提唱する「製造業の生産する製品はサービスの増幅装置である.」との表現が明快である．さらにサービス化の進展は，サプライサイド(供給側)からの価値提供の枠を超え，顧客との価値共創の時代へと推移している．この流れは価値創出のメカニズムが人々の価値観の変化，ビジネスモデルやサービスプロセスの変化，社会のルールや制度の変化のなかで大きく変ってきていることを示している.

時代の変化とともに価値創出の担い手は変化しており，筆者はこの変化を「売り手社会」から「買い手社会」へ，さらに現在を「価値共創社会」と表現し，循環型，参加交流型の共創共生社会が訪れることを期待している(碓井，

2009).

図 13.1 は，この考えをまとめたものである．

横軸に社会の進化を，「売り手社会」，「買い手社会」，「価値共創社会」として捉えている．縦軸は世の中を構成する主要要素を，「価値観」と「チャネルプロセス」，「リソース配分」の 3 つに整理し，下段に変化と革新のエンジンとなる技術革新や，IT，経営手法の進化を組み込んでいる．

最も大きな変化は，産業や行政を中心とした従来のサプライサイドからの価値提供の流れに，変化が現れている点である．

マーケティングの世界では早くから，社会の変化に対応して「操作型マーケティングから協働型マーケティング」へのパラダイムシフトが進行していると指摘されており（上原，1999），価値共創の重要性は今や定着している．

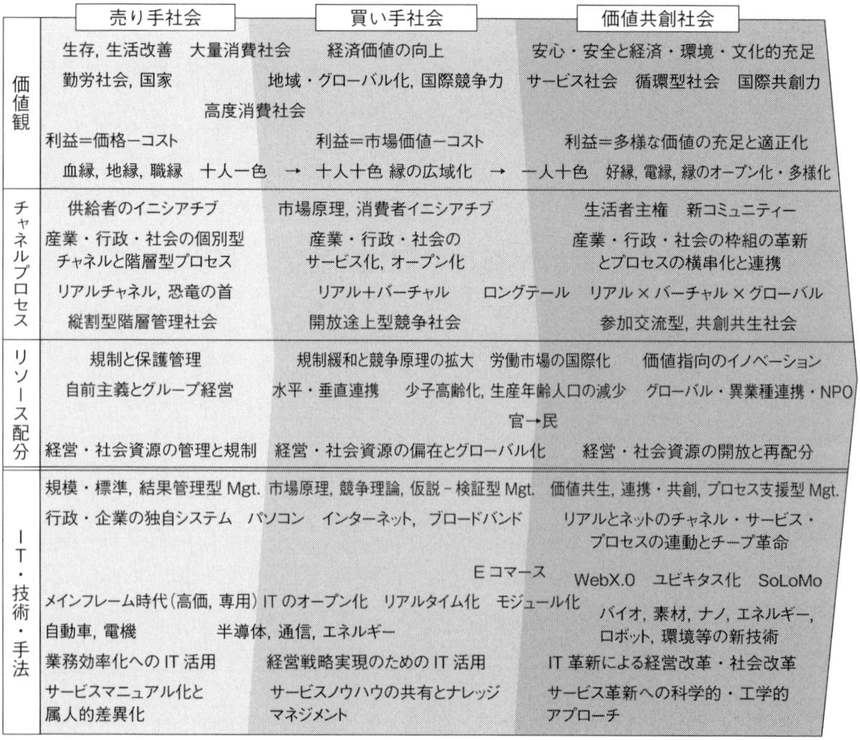

	売り手社会	買い手社会	価値共創社会
価値観	生存, 生活改善　大量消費社会 勤労社会, 国家 高度消費社会 利益＝価格ーコスト 血縁, 地縁, 職縁　十人一色	経済価値の向上 地域・グローバル化, 国際競争力 利益＝市場価値ーコスト →　十人十色 縁の広域化　→	安心・安全と経済・環境・文化的充足 サービス社会　循環型社会　国際共創力 利益＝多様な価値の充足と適正化 一人十色　好縁, 電縁, 縁のオープン化・多様化
チャネルプロセス	供給者のイニシアチブ 産業・行政・社会の個別型チャネルと階層型プロセス リアルチャネル, 恐竜の首 縦割型階層管理社会	市場原理, 消費者イニシアチブ 産業・行政・社会のサービス化, オープン化 リアル＋バーチャル　ロングテール 開放途上型競争社会	生活者主権　新コミュニティー 産業・行政・社会の枠組の革新とプロセスの横串化と連携 リアル×バーチャル×グローバル 参加交流型, 共創共生社会
リソース配分	規制と保護管理 自前主義とグループ経営 経営・社会資源の管理と規制	規制緩和と競争原理の拡大　労働市場の国際化 水平・垂直連携　少子高齢化, 生産年齢人口の減少 官→民 経営・社会資源の偏在とグローバル化	価値指向のイノベーション グローバル・異業種連携・NPO 経営・社会資源の開放と再配分
IT・技術・手法	規模・標準, 結果管理型 Mgt. 行政・企業の独自システム メインフレーム時代（高価, 専用） 自動車, 電機 業務効率化への IT 活用 サービスマニュアル化と属人的差異化	市場原理, 競争理論, 仮説－検証型 Mgt. パソコン　インターネット, ブロードバンド Eコマース IT のオープン化　リアルタイム化　モジュール化 半導体, 通信, エネルギー 経営戦略実現のための IT 活用 サービスノウハウの共有とナレッジマネジメント	価値共生, 連携・共創, プロセス支援型 Mgt. リアルとネットのチャネル・サービス・プロセスの連動とチープ革命 WebX.0　ユビキタス化　SoLoMo バイオ, 素材, ナノ, エネルギー, ロボット, 環境等の新技術 IT 革新による経営改革・社会改革 サービス革新への科学的・工学的アプローチ

図 13.1　社会の変化と価値共創社会のイメージ

さらに，この価値共創が，いっそう生活者起点型に進化している点も近年の特徴である．顧客満足度や顧客関係性の重視は，POS 情報や SNS，ビッグデータの活用など IT の進化にも支えられ大きく進展している．セブン-イレブンでは 1980 年代より，「顧客のために」ではなく「顧客の立場で」を社是とし，メーカーの商品を売る「販売代理型小売業」ではなく，顧客のための「購売代理型小売業」として自らを位置づけている．

価値共創と生活者起点に加えて，もう一つの大きな変化は，買い手社会以降広がりを見せ，価値共創社会でいっそう重要性を増している社会的価値を重視する流れである．マイケル・ポーターは「共通価値の戦略」において「社会的価値と企業価値の両立が重要である．」と述べ，その方法論も展開している(ポーター，2011)．

生産年齢人口の減少と勤労社会の縮小，サプライサイドの提案力の低下は，人々の価値観を，産業資本，金融資本重視の考え方から，新たな地域・社会資本である，文化や伝統，環境や安全，おもいやりなどの社会的な価値の重視へと誘っている．そして，消費者駆動型メディアとしてのネットワーク社会の進展に見られる，生活者を中心とした新たな社会生活空間が生み出されつつある．

こうした価値観の変化と価値創出の担い手の変化は，サービスそのものの定義へも影響を及ぼしており，サービスとは何かの一つの定義を提供したうえで，先の議論を展開することにしたい．

筆者が 2009 年に提起したサービスの定義は，次のとおりである．

「“サービスとは，人・物・金・情報などを対象として，これを目的に応じて取り扱うに当たり，その支援とこれに伴う付加価値を提供する機能である.”

提供者と受給者の相互作用や，共創，非営利活動も含む．

目的とは，消費や所有，専用，賃借などを含む広い概念であり，付加価値とは品質，機能，利便性，健康，効率性，効果性，コストベネフィット，安心，安全，好感度，満足度，信頼感，幸福感，美味しさ，楽しさ，節約，エコなどといったものである」

この考え方はサービスの範囲を非常に広く捉えている．

ここに見てとれるように，サービスは既に，対価を求めた経済活動の領域を超えている．また，さまざまな付加価値を提供するなかで，ものからコトへとして語られるサービス化の流れを，幅広い生活領域の問題解決＝ソリューションサービスの創出へと広げている．例えば，病院を病気を治す治療に限定せず，健常者の健康管理や，リハビリや介護，在宅サポートを含む地域連携をとおして，地域のトータルヘルスケアサービスを展開する恵寿総合病院の取組みは新たなサービスソリューションである．また，日常生活に密着した食品と生活必需品を365日24時間，安心品質で提供し，ATMや宅急便，ご用聞きなどの生活利便性ソリューションを提供するコンビニや，さらには情報検索，情報提供，ネットワークサービス，システムインフラまでもを提供するグーグルの情報・ネットワークサービスなどもサービスソリューションである．

サービスの広がりは，「個人・対面サービス」，「サービスの産業化」，「サービス産業相互および製造業との連動」，そしてトータルソリューションがもたらす「新社会・総合サービス」へと広がり，4つの領域の特性を生かした価値創出の連携の重要性が高まっている．

世の中の変化とサービスの進化を概観してきたが，主題であるサービスイノベーションとSCM/DCM戦略へ話を戻そう．

この節ではサービスイノベーションを定義しておく必要がある．

イノベーションの捉え方も，さまざまな視点があるが，ここではマイケル・ポーターの戦略論をもとに考えることにする．ポーター(1999)によれば「戦略とは競合他社と異なる活動をするか，同様の活動を異なる方法で実践するか.」とされている．この定義はそのままイノベーションにも適用可能と思われる．新しいものを生み出すことと，従来のやり方を革新することの両方をイノベーションと捉えることができる．この考え方はサービスの領域でも広がってきている(南他，2014)．

そして，ここにもイノベーションをめぐる時代背景の違いが，シュンペーター(1977)とドラッカー(1997)のイノベーション観のなかに現れており，安部(2006)の研究レポートが参考となる．

シュンペーターの時代は，売り手社会であり，新たな価値創出の「イニシアチブは生産の側」にあった．資源や技術，製品と販路などの組合せ(新結合)がイノベーションを生むとされた時代である．また，ドラッカーの時代は，買い手社会であり，先見の明は「顧客を評価尺度としたイノベーション」の考え方と,「産業や市場, 人口構造や価値観の変化」をイノベーションの機会として捉えている点にある(安部, 2006).

時代の変化の整理, サービスの新たな定義, イノベーションの捉え方を見てきたが, これらの考え方をもとに「サービスイノベーションの定義」を行うこととする.

サービスイノベーションとは, 時代の価値観の変化に対応し, 価値創出のプロセスと方法を革新する取組みである. 新しいサービスを生み出すだけでなく, 従来のサービスのやり方を革新することも含まれる. 生活者起点で, サプライサイドと生活者の価値共創を図り, 経済価値を超えた社会的価値を包含した総合的なソリューションの組立てを目指した活動である. このように定義することでサービスの広がりと, 今求められるイノベーションの特徴を整理することができる.

こうしたサービスの捉え方, イノベーションの考え方の双方とも, 広すぎると思われる向きはあろうが, 価値観そのものの変化と, 価値創出の方法とプロセスが大きく変わるパラダイムシフトの時代の捉え方といえる.

13.2　ソリューション創出を支えるSCM/DCMの位置づけの変化

サプライチェーンの領域は, ポーターのいうバリューチェーンと重ね合せて考えるとわかりやすい. しかし, どこまでをサプライチェーンとし, どこからをデマンドチェーンとするかは, さまざまな捉え方がある.

そもそもデマンドチェーンという考え方は, 1990年代半ばに登場したようであり, 折しも買い手社会への転換が本格化した時代である.

図13.2のセブン-イレブンのバリューチェーン図を参考にバリューチェーンとサプライチェーン, デマンドチェーンの組立てとその変化を考察する.

小売業のバリューチェーンの主活動領域は, 購買, 物流, 販売, サービスに至るマーチャンダイジングプロセスからなる. この図では主活動を白抜きのパートナー, フランチャイジーと, 網掛けした部分のセブン-イレブン・ジャパンで表し, 企業を跨がるマーチャンダイジングプロセス全体をバリューチェー

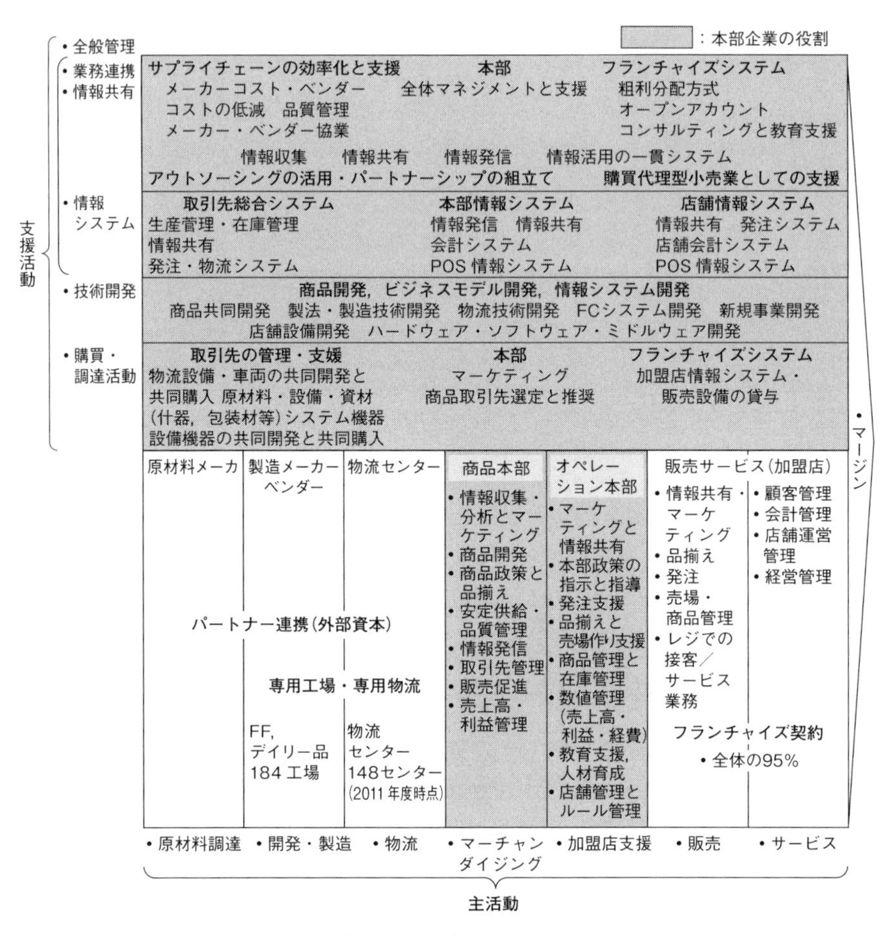

図 13.2　セブン-イレブンのバリューチェーン

ンとして組立てている．

また，支援活動は網掛けで表すとおり，セブン-イレブン・ジャパンが主活動の全体領域をカバーしてビジネス生態系を構成している．商品開発や製造設備，配送車両のメーカーとの共同開発や共同購入，取引先総合システムや POS 情報の共有などの支援機能が充実している．

バリューチェーンを他企業と統合して書くことは，ビジネスの組立てそのものが垂直連携を深めており，自前での垂直統合よりも，主活動の各領域でのオープン連携と協調が重視される時代へと変化してきた証しでもある．

このバリューチェーン図について2003年にポーターとも意見交換を図ったが，互いの理解は共通であった．

かつての競争戦略論では，「自らのセグメント支配力を高め，他のセグメントのプレーヤーの細部化と競争を促す.」ことが重視された．現在は「買い手や売り手との関係を工夫して付加価値を創造する．信用が重要.」との考え方が広まっている(サローナ他，2002)．

バリューチェーンの活動におけるこうした変化は，価値創出における顧客との共創のみならず，サプライヤー相互の共創の重要性を増す段階へと進んできている．プロモーション対象としての顧客に留まらず，顧客との信頼や関係性の強化，ものからコト，コトからソリューションの提供へと価値提案は広がっている．洗練された販売プロセスが整備され，CRMやライフタイムバリューといった，販売およびサービスの分野が重視されている．この流れは，サプライチェーンと連動してバリューチェーンを強化するデマンドチェーンの位置づけの明確化と強化へと広がっている．

図13.2のバリューチェーン図では，主活動の左側がサプライチェーンであり，商品本部が主にマネジメント，サポートを行う．右側が販売とサービスを中心とするデマンドチェーンであり，オペレーション本部が管轄する．

デマンドチェーンの明確化と重視は，バリューチェーンでのスマイルカーブに見られる製造業の競争力低下とも連動している．商品開発や需要予測の精度が下がり，消費のイニシアチブが生活者へ移る買い手社会への変化のなかで，先進的企業は製造から販売までの垂直連携や統合による顧客接点の拡充強化に力を注いでいる．

セブン-イレブンでも，1990年代半ばには，ファーストフード中心(売上構成比30%)のタイムコンビニエンスを軸とするスタイルから，購買代理業として生活者起点でオリジナル商品化を60%まで高め，ATMなど生活支援サービスを備えた提案型，利便性提供型ソリューション企業へと進化している．

小売業では，こうしたモデルが広がっている．世界の小売業利益率ベスト10を見ると，7社がアパレル，ファッション系であり，純利益率7～14%という水準にある．ZARA，H&Mを筆頭にグローバルなSPA(Speciality store retailer of Private label Apparel)モデルであり，強力なサプライチェーンと数千店レベルのグローバルなデマンドチェーン展開を一気通貫で構築している．

日本におけるワールドのケースを見ても，卸売上が 1995 年には 76%，SPA は 24% であったが，2004 年には小売まで包含した SPA 売上が 81% を占め逆転している．80 以上のブランドで別々に運用されていたサプライチェーンを統合し，デマンド側の提案力，競争力を高める手法は，バリューチェーンの垂直統合をオープンイノベーション型連携で実現しており，SPA 各社のみならず，セブン-イレブンや先進企業との共通点も多い．

顧客接点である店頭や顧客関係性の向上が重視されるなかで，デマンドチェーンの役割りの強化やデマンドサイド(需要側)に位置する小売側からの SCM 強化へのニーズが高まってきている．

デマンドチェーン機能は，市場と顧客の分析，販促・売り方の企画・実行，品揃え，プライシングの管理，販売計画，商品企画提案にまで及んでいる．今やデマンドチェーンは，サプライチェーンを駆動し，マーチャンダイジングサイクルを回すエンジンとして位置づけることができる．

サプライチェーンもまた，サービスレベルと生産性を高めるとともに，顧客ニーズに即した迅速な商品開発や，顧客へのアフターケア，保守サポート，リサイクルサービスなどの充実が求められている．

こうした流れを反映して，サプライチェーンをより機能別に組み直し，デマンドチェーンのニーズに応えるとともに，新たにサービスチェーンの活動を組み立て，顧客へのサポートや経験価値の拡充，ユーザーニーズのフィードバックなど，循環型のマーチャンダイジングサイクルを組み立てる動きが広がりつつある(安達，2008)．

図 13.3 の左は，安達(2008)を要約したものである．デマンドチェーンを定義し，従来のサプライチェーンをエンジニアリングチェーンとサービスチェーンに分解しバリューチェーンを循環サイクルとして整理している．また，図の右は小売業のバリューチェーン図を描き，デマンドチェーンの広がりを表現している．図中の破線で囲んだ部分はセブン-イレブンがサプライチェーンに直接的に参画する連携領域を示している．セブン-イレブンは外部パートナーにサプライチェーン領域を任せているが，サプライサイドの支援活動機能の提供や原材料・メニュー開発，チーム MD など，幅広い領域でサプライサイドと

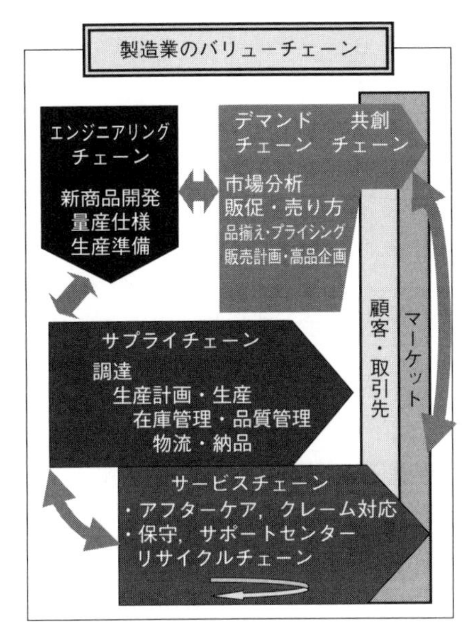

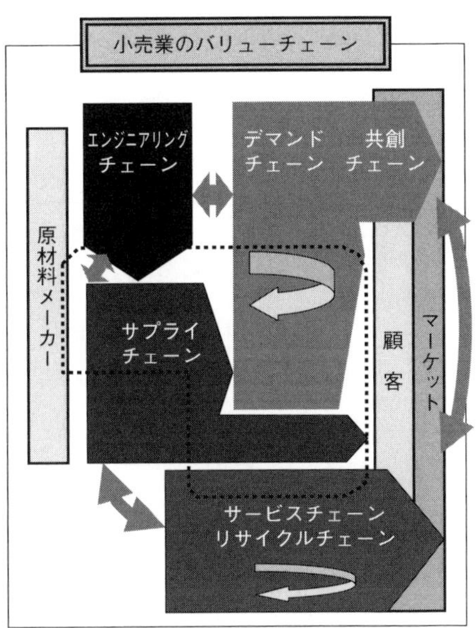

図13.3　バリューチェーンの革新

の，密接な連携を図っている．これがセブン-イレブンの事業インフラの強みとなっている．

13.3　セブン-イレブンのSCM/DCM連携

CVS(コンビニエンスストア)が再成長期に入っている(碓井，2013)．とりわけセブン-イレブンでは鮮明である．セブン-イレブンでは，一店一日の売上である平均日販が2000年の61万8,000円から，2008年度の59万7,000円まで下がり続けていた．しかし，2013年には66万8,000円まで回復し，出店増も含む全店年間売上は，同期間で1兆9,630億円，8,153店(2000年度)から3兆7,810億円，16,319店(2013年度)へと成長している．

2008年以降の再成長は，2008年3月よりスタートしたタバコの自販機購入時に成人識別用カードを必要とする，タスポの導入が契機となった．顧客は面倒を避け，カードが不要な店頭での購入にシフトした．成長の契機はこうした変化への対応である．

デフレ対応，リーマンショック，東日本大震災と続く激動のなか，セブン-イレブンでは一貫して顧客ニーズへの対応と利便性の向上に努めている．

セブン-イレブンの近年の再成長の要因は次のとおりである．

① 品揃えの拡充による，主婦，高齢者の獲得．野菜，果物，惣菜，調味料などの展開強化と個食対応．

② グループPB商品の開発による，他業態に対する価格競争力の強化．ドリンク，調味料，素材商品，洗剤などのスーパーマーケット商品群でのグループPB商品開発を主導．

③ 高額PB商品，セブン・ゴールドの開発．唐揚げ，フライなどのFF商品の拡充と，セブン・カフェの拡大によるサンドウィッチ，デザート類の提案強化．

④ 震災時の商品安定供給と，無停電電源装置活用による計画停電時の営業継続．社会インフラとしての役割の向上と「近くて便利」への支持の広がり．

⑤ ご用聞き，配達，ネットビジネス，ATM，公共料金，行政サービスなど，サービス拡充と品揃え充実による客層の広がり．

これらは，「顧客の立場」での品揃えや店舗運営，バリューチェーンの一気通貫の事業インフラと情報システムの整備，さまざまな生活支援サービスの提供など，これまでの施策を変化に対応して，いっそう徹底したことに外ならない．

セブン-イレブンは仮説・検証にもとづく生活者起点の変化対応力を高めることでサービスイノベーションを強力に推進する経営スタイルを強化しつつあり，後続の企業との格差も広がりつつある．

上記の例でも示したとおり，成長の最大の原動力となっているのは，商品開発である．この商品開発は，小売業であるセブン-イレブンがサプライサイドのパートナーと連携して行われているだけでなく，DCMとSCMが密接に連動している点に大きな特徴がある．既にグループPB商品を含むオリジナル商品の売上比率は60%となっている．

図13.4は，セブン-イレブンの商品開発の全体像である．大きな特徴は5つ

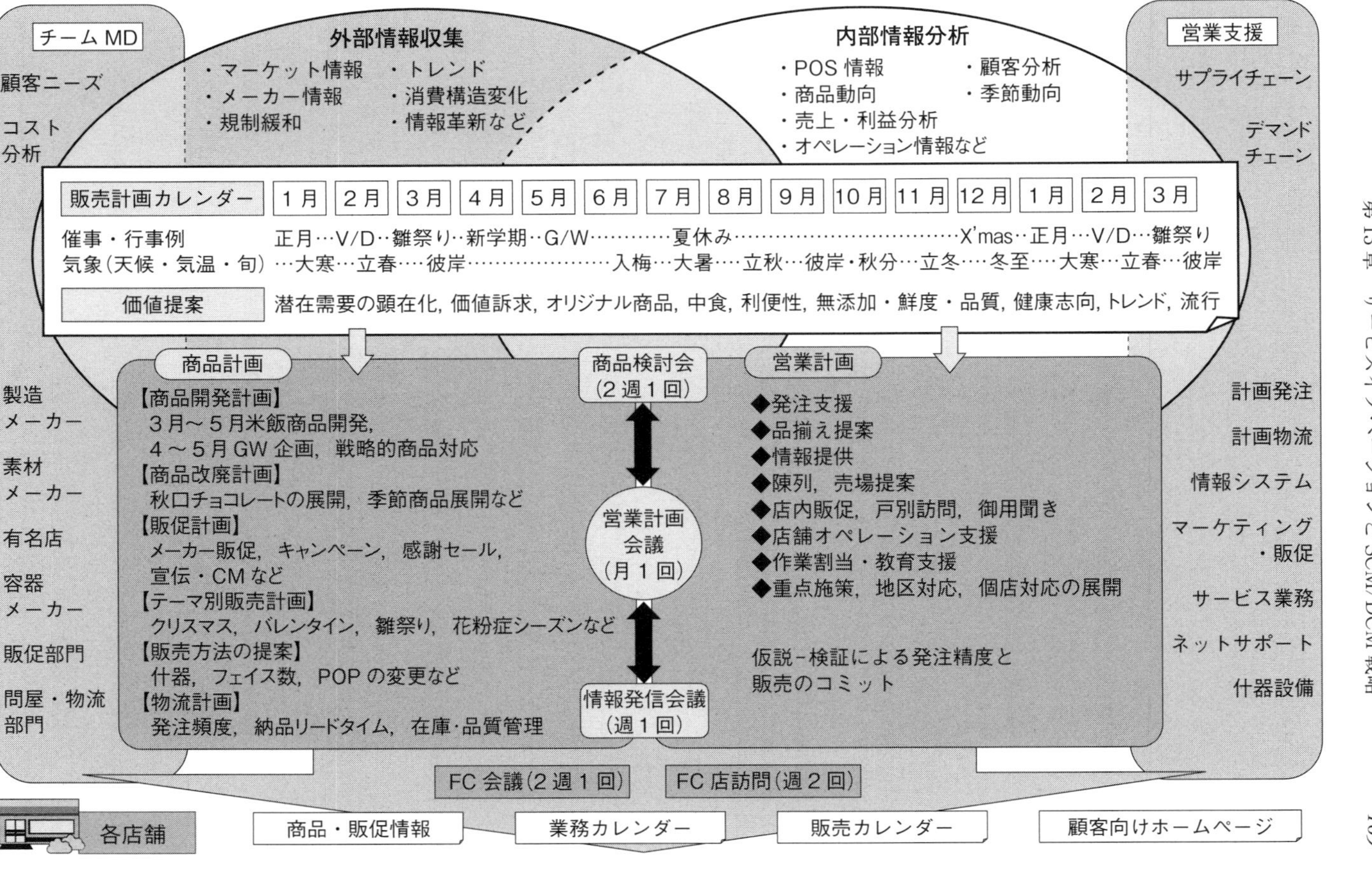

図 13.4　生活者起点の商品開発

ある．

第一の特徴は，外部情報と内部情報の徹底した収集分析である．1 日 1,600 万人，客層別単品買上データ 5,000 万件の POS データに加え，8～9 店舗を担当する 2,000 人の OFC（オペレーション・フィールド・カウンセラー）による市場，顧客，店舗の生の声が収集され情報共有されている．

外部情報を加えたこれらの情報をもとに，商品企画は「販売計画カレンダー」とトレンドや食へのこだわりに応えた「価格提案」を軸に組み立てられる．商品ありきではなく，生活シーンを考え，今，何が求められ，それをどう提案するかのアプローチである．メーカーの枠組みを超えた日常的利便性の提供を生活者起点で提案することができる．

第二の特徴は，「商品計画」と「営業計画」が密接に連動している点である．商品本部と営業本部では，米飯，菓子，パン，加工食品，雑貨などの各カテゴリーごとに品揃えや商品開発を推進するチームを編成している．この「商品検討会」は品揃え，商品改廃，新商品企画・評価，売り方と目標数設定などを共同で行い，相互にコミットメントを交わして協力している．商品部門と営業部門が商品開発プロセスを密接に協力して進めている事例は小売業は元より，製造業でも非常に少ない．

これは，部門間の利害や考え方よりも，生活者にとってどうであるかが，共通の基準であり，MD（マーチャンダイジング）プロセスを仮説・検証型で回すなかで部門間のエクスキューズを取り除き，スピードと効果を高める手法でもある．商品開発に限らず，単品レベルで仮説・検証を行う単品管理の考え方が MD プロセスを連動させている．

第三の特徴は，経営の強力なマネジメントにより，商品本部と営業本部の連携に留まらず，全社のマーケティングマインドが形成されていることである．情報の共有をベースとして，営業課題の解決のために各部門が何をなすべきかを，自ら考える役割が求められている．

「営業計画会議」にはトップを始め，スタッフ部門も含む全部門長が参加しており，向こう 1～2 カ月の商品・販促計画と，営業計画を共有している．FC 会議は，全国の 2,000 人の OFC と，商品部のマーチャンダイザー，全部門のマネージャー以上，総勢 2,500 人以上が 2 週間に一度本部に集まり，経営トップも参加して，課題・方針の確認と商品情報と販売施策の共有や，仮説・検証の情報共有を行っている．OFCはここでの情報や方針を，週に2回の店舗訪問をとおして売場に浸透させている．

週に100アイテム投入される新商品も，この流れで売場展開されている．ファーストフードの新商品中心に，毎日役員試食が行われ，味と品質へのチェックは極めて厳しい．

経営トップのリーダーシップとダイレクトコミュニケーションが，組織の壁を越えた連携を生んでいる．

第四の特徴は，パートナー企業との連携である．商品開発においては，チームマーチャンダイジング(以下，チームMD)という手法が成果を上げている．商品開発を製造メーカーのみならず，素材メーカー，容器メーカー，販促部門，物流部門が参加して，各々のノウハウを引き出すとともに，売り方，運び方まで工夫を加えてリーズナブルで付加価値の高い商品を開発している．

物流も商品の回転頻度に応じて，1日3便から週3便までの共同配送の体制を整えている．物流設備機器，情報システム，配送車輌，運営ノウハウの標準化と開発・共有を図り，148(2011年時点)の専用物流センターをパートナー企業が運営している．

第五の特徴は，**図13.4**には表現されていないがマーチャンダイジングの業務プロセスの革新とこれを支える情報システムの整備である．

セブン-イレブンでは，原材料から製造，物流，本部マーケティング，営業，販売に至る業務プロセスが連動し，重要なデータは一元管理され，各ステークホルダーと共有されている．基幹となるのは，受発注システムと取引先情報共有システムである．

受発注システムでは，店舗の責任発注を起点に，1日1,100万件以上の発注データが，発注締後6〜30分程度で工場，物流センター，ベンダーなどへとプライオリティに従い配信される．さらにファーストフード工場は原材料や調味料を原材料物流センターへ発注し，原材料共同配送システムへと連動する．

情報共有面では，日々の店舗発注，店舗販売，物流センター在庫などの情報を，当日24時締で翌朝8時にメーカー工場を含む各ステークホルダーで共有することが可能となっている．本部マーチャンダイザーの依頼を待つことなく，在庫調整，物流・配送計画，生産調整がタイムリーに働く仕組みとなっている．

加工食品の物流センターの在庫日数は4日間程度，欠品率は10万分の4である．店舗の在庫回転率は年48回転程度となっており，流通過程のブルウィップ効果はほぼ抑制されている．

仮説・検証で発注精度を高め，返品不可と責任発注でMDプロセスを原材料レベルまで統合する方式がとられている．店舗発注を支える商品情報と販売施策，個店対応と店舗の主体性の向上を支援するOFC活動などにより，デマンドサイドがサプライサイドに対して，新商品の開発・育成や販売をコミットしていく関係づくりが成果を上げている．

こうした特徴は，**図13.3**に示した，バリューチェーンを構成する4つのチェーンで整理するといっそうわかりやすい．

セブン-イレブンでは，デマンドチェーンを強化し，店舗の主体性と品揃えや販売体制の個店対応を図ることで，現場主導の仮説・検証を小売チェーン内，さらには取引先まで広げている．商品開発で見た部門連携を情報共有で支えている．

エンジニアリングチェーンの組立てにも特徴がある．チームMDの方式では，各プレーヤーが共通の場で協力するとともに，市場調査や商品企画，プロモーションの方法も一般メーカーの行うやり方とは大きく異なっている．市場調査はメーカーなどの情報に加え1日1,600万人のPOS情報と2,000人のOFCよりの生の声が中心となる．商品企画は専門家に任せるのではなく，チームのメンバーが中心に直接アイデアを交換して進めていく．プロモーションはマスメディアへの依存を減らし，最も効果の上がる店内プロモーションを中心に行う．

この成果は，自らオーナーシップをもって商品開発プロセス全体にかかわることにより，コミットメントを深めるだけでなく，大きなコスト削減効果を生んでいる．上記3つのプロセスを変えることで，販管費が10%程度削減される．この10%で原材料の質を高め，店舗の粗利を高めることが可能となる．

コスト構造に踏み込み，やり方を変えることで競争力の高い商品をリーズナブルに販売し，粗利を高めることも可能となる．

ファーストフードの商品開発は，メーカーが設立した協同組合を中心に進められている．原材料開発，商品開発，生産設備，生産システムの開発や改善を組合とセブン-イレブンが一体で進めており，ここから生まれた新商品は，各地のメーカーがレシピに従い生産している．

エンジニアリングチェーンの役割を明確にし，新しい業務プロセスを組込むことで商品開発も強化され，サプライサイドの改革も進んできたといえよう．

サプライチェーンの領域も機能が明確化されている．ファーストフードとデイリー商品の工場には，生産管理システム，在庫管理システム，品質管理システム，トレーサビリティ，商品ピッキングシステムなどが取引先パッケージシステムとしてセブン-イレブンより提供されている．FF，デイリーの184の生産工場と81の共同配送センターはシステムで連動しており，共配センターはWMS(Warehouse Management System)も整備されている．生産性，品質，物流効率ともに大きな改善が図られており，こうした事業インフラの形成が，競争力の源泉となっている．

最後にサービスチェーンの取組みである．この領域は2つの分野に大別される．一つは顧客サービスの拡充であり，SNSやeコマースをとおした，セブングループオムニチャンネル化構想である．

もう一つは，リサイクルや環境対応，省エネルギー対応，ヘルスケアや高齢化対応を含む社会的課題への取組みである．省エネ対策や二酸化炭素排出規制への対応などが進められつつあるが，これも緒についたばかりの面もある．バリューチェーンの新たな領域として，成長が期待できる重要な分野である．

米国では既に，流通小売業のオムニチャネル指向の広がりや，全米小売業第2位のCVSケアマーク社の簡易医療サービスの拡大，ウォルマートの自社およびサプライヤーを含む「サステナビリティ360」などの環境対応プログラムの広がりなどが見てとれる．

「サービスイノベーションとSCM/DCM戦略」のテーマで概念の整理と今後の方向性，事例などを紹介してきたが，バリューチェーンを構成する4つのチェーンの考え方が，価値共創社会でのサプライチェーンの取組みを明確に整理しつつ発展して行くものと思われる．

第 14 章
SCM のリスクマネジメント：味の素グループの事例

14.1　SCM のリスクマネジメント再構築の必要性

2011 年 3 月 11 日東日本大震災に見舞われて多大な人的被害と物的被害を被ったことは記憶に新しい．味の素グループでは，味の素グループ製品が震災後数カ月にわたり全国への供給がままならなかった事態に直面した．燃料・包装資材不足による一部工場での生産停止および製品の輸配送中断・停止が発生したのである．阪神淡路大震災時は，SCM 上の重大障害は発生しなかった．そのため，日本国内では SCM の確立を自負していただけに味の素トップにも衝撃が走った．

直ちに原因分析と抜本的なロジスティクスの見直しが精力的に行われた．原因分析を徹底的に行った結果，社内では根本原因は SCM のリスクマネジメントの不備に拠るものと結論づけられた．従来の「選択と集中」を基調とした効率化追求ロジスティクスを抜本的に改めて，SCM をコーポレートガバナンスの観点で見直すことになる大転換点となった．味の素グループとしての抜本的な見直しを踏まえた「SCM のリスクマネジメント再構築」として要点を解説する．

14.2　コーポレートガバナンスの確立

（公社）日本監査役協会（2014 年 8 月 31 日現在加盟企業 5,886 社，会員 7,666

名)の定義によればコーポレートガバナンスとは「適正な利潤の追求と持続的な成長を求めた効率性の企業経営目標に対し，一方で健全性と社会的信頼を確保するための企業統治(会社機構)・内部統制(運営管理)・リスクマネジメント(企業防衛)の確立を図ること」となっている．

20 世紀末頃から欧米先進国を中心に企業の社会的責任(CSR)が標榜され従来の利益中心経営から CSR 経営への転換が声高に叫ばれ，コーポレートガバナンスを重視した国際会計基準設立へと進展したことは周知のとおりである．日本でも 2000 年から 2007 年にかけて商法大改正が行われ，商法でもコーポレートガバナンスの確立が義務づけられた．

味の素グループでは，このようなビジネス環境を踏まえて「21 世紀の人類社会の解決に貢献する」を経営理念として，「新しい価値の創造」，「社会への貢献」，「開拓者精神」，「人を大切にする」を行動規範として国内外でコーポレートガバナンスの確立に取り組んできている．東日本大震災時は「社会への貢献」において，「SCM のリスクマネジメント」が不備であったことを露呈したのである．改めて「リスクマネジメント再構築」の必要性を認識することとなった．

14.3　リスクマネジメントの再構築

リスクマネジメントとは，日本監査役協会の定義では「企業の発展を阻害する可能性のあるリスク(不安要因)を識別し，その発生の可能性や，影響を分析・評価し，それを管理・コントロールすること」である(鴻池，2007)．まさにリスク(不安要因)の識別，すなわち SCM のリスクマネジメントが不備であったことを現実の問題として実感したのである．味の素グループでは，過去に重大な不祥事(総会屋事案)発生時に，東京海上日動リスクコンサルティングからリスクマネジメント再構築のコンサルテーションを受けていた．

リスクマネジメントの進め方として，以下の原則・手順を抜本的に見直し再構築した．

① リスク分析：企業にとってのリスクの再識別

② リスク再評価：識別されたリスクの影響度再評価

③　リスク対策再構築：影響度評価にもとづくリスク別対策構築
④　教育・訓練：再構築対策に沿った継続的・定期的な教育・訓練
⑤　リスクマネジメントの推進体制強化

それぞれの原則・手順を概説し，問題点について述べることにする．

(1)　リスク分析

表14.1のリスク分析表は，15分類78項目からなっている．毎年，リスクマネジメント委員会でレビューされているが，**表14.1**は2000年に策定されたものである．

阪神淡路大震災時には，発生しなかった燃料・包装資材調達の停止による工場操業停止および全国への輸配送中断の原因は，「リスク分析」第1分類「自然災害リスク」および第14分類「製品の社会的リスク」の不備によるものであった．ロジスティクスの効率化(コスト削減)を重視した結果，燃料・包装資材調達先工場が工場近接地および関東圏に集中していた．すなわち，調達先工場立地のリスク分析が不十分であった．例えば，北海道への輸配送は鉄道に依存し，飲料ではほぼ100%鉄道を活用していたのである．換言すれば，調達管理・物流および輸配送ネットワークのリスクマネジメントの問題であった．平常時の効率化志向に偏重していたのである．

国際化を志向している企業にとってのリスクマネジメント再構築の貴重な試練でもあったといえる．「想定外」や「絶対に」は，SCMのリスクマネジメントでは禁句であることを肝に銘じさせられた．

(2)　リスク再評価

リスク評価は，前述のリスク分析で明確化された企業にとってのリスク(不安要因)について，企業として取り組む「優先順位」を設定することである．リスクは，順番に発生するとは限らず，同時に並行して発生する場合がある．その際，経営資源(人・金・もの・時間など)を有効に活用するために，「優先順位」を設定しておくことが不可欠である．

優先順位の第1位は，人命であることは論を待たないが第2位以降は，企業により異なるものである．コーポレートガバナンスの観点では「地球環境・人

表 14.1　味の素グループ想定リスク分析表(例)

リスクの種類	具体事例(当社)	具体事例(他社)
1. 自然災害リスク		
(1) 地震・津波・水害・風災等	水害・風災 3 件	阪神淡路大震災(1995)
(2) 伝染病等の蔓延(特に海外)		ナイル熱(2001)
2. 事件・事故リスク		
(3) 犯罪・誘拐・人質事件	ペルー人質事件(1996)	地下鉄サリン(1995)
(4) 火災・爆発・放射能・有害物質	旅館・ホテル火災	東海村臨界事故(1999)
(5) 交通事故(業務外)		
(6) 航空機事故(業務外)		日航機墜落事故
3. グローバル競争リスク(4 項目省略)	国際会計基準導入他	携帯電話，デジカメ等 政情不安他 独禁法違反他
4. 投資リスク(3 項目省略)	買収されるリスク他	金融機関破綻他
5. 規制・法規リスク(14 項目省略)	雇用法違反他	
6. 環境規制・環境汚染リスク	硬包材から軟包材他	
7. 経済・市場リスク(6 項目省略)	得意先倒産他	
8. 政治リスク(4 項目省略)		イラク戦争他
9. 反社会的勢力トラブル(6 項目省略)	テロ・暴動他 総会屋他	グリコ森永事件他
10. 情報管理リスク(6 項目省略)	機密情報漏洩他	顧客情報漏洩他
11. 自社内災害・事故(5 項目省略)	労働災害他	ブリヂストン工場火災
12. 企業風土的リスク(3 項目省略)	セクハラ・パワハラ他	差別
13. 宗教的リスク(1 項目省略)	ハラール事件他	多数
14. 製品の社会的リスク(3 項目省略)		
(66) 原材料の安全確保	燃料・原材料高騰他	BSE 事件他
(67) 製品の安全性	協和香料事件	多数
(68) 商品のリコール・回収	トレーサビリティ	雪印乳業他
(69) 原材料調達不能	生産地紛争	多数
15. 人的資源リスク(8 項目省略)	内部告発他	多数 労働争議他

類生活の維持改善」が重要であることも当然である．ちなみに，味の素グループでは次に優先順位の高いのは「ブランド」である(林，2012)．ブランドは，ブランドメーカーにとっては「企業の命」である．ルイヴィトンやエルメスの製品が小売業のプライベートブランド製品に対応するとしたら，消費者が喜ぶだろうか．「ブランド」は，企業の命であると同時に消費者にとっても満足感

だけでなく安全で安心感を得るものであるとブランドメーカーでは考えている．東日本大震災時における生産停止や製品供給の停滞は，「安定生産」，「燃料・原料包材の安定確保」に齟齬を来した結果であり，コスト以上に「安定供給」の視点が重要視されることを教訓として与えられた．

(3)　リスク対策の再構築

想定されるリスクに応じて対応策を策定しておくことが「リスク対策」である．**図 14.1** を参照されたい．この図は東京海上日動リスクコンサルティング (2007) で策定された対策概念図である．

概説すると，この概念図にリスク分析および評価結果を位置づけていくのである．

「発生頻度・損害額が高い場合」は，該当する事案は回避する．すなわち，企業としては「事業として採用しない」，「計画を撤回する」，「撤退する」などになる．「発生頻度低く・損害額が高い場合」は，保険の対象としてマニュアル策定，危機管理教育，危機管理想定訓練を徹底する．「発生頻度が高く・損

〈リスク対策の選択〉

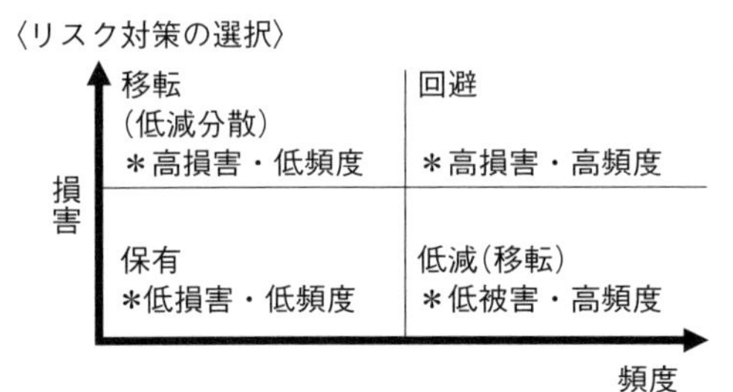

① 「回避」：該当業務を中止も検討．
② 「移転」：保険求償検討．
③ 「低減」：事件事故の発生頻度低減の工夫．
④ 「保有」：特に対策を講じず，発生に対応する．
＊事前対策と事後対策(緊急時対策と復旧対策)

〈頻度を低減するキーワード〉
・監査，・契約条件の変更，・設計仕様，・検査，・プロセス管理，・投資，・監督，
・技術管理，・ポートフォリオ管理，・予防保守，・品質保証，・規格適用，
・研究技術開発，・試験，・組織

〈影響度を削減するキーワード〉
・緊急計画，・契約手配，・契約条件の変更，・設計機能，・災害復旧計画，・資源の再配置，
・エンジニアリングや構造上の防御，・詐欺防止計画，・リスク源の極小化，・広報，
・ポートフォリオ計画，・価格決定方針と管理，・活動拠点の再配置，・報奨金

注)　この図は東京海上日動リスクコンサルティングで策定された対策概念図を味の素グループがまとめなおしたものである．

図 14.1　リスク対策

害額が低い場合」は，保険の対象とせずマニュアル策定のうえ，リスク回避・改善計画を作成し，通常プロジェクトチームを編成し解決を図る．「発生頻度・損害額が低い場合」は，日常業務改善として当該職制が取り組んで解決を図るのである．

「発生頻度が低く・損害額が高い」リスクに対して損害額を保険で求償することと安定供給に支障を来し「社会への貢献」が中断し，コーポレートガバナンスの評価が低下することとは次元が異なる．東日本大震災を目の当たりにしてメーカーとしては，「安定供給」の視点でサプライヤーの選択を従来からの「選択と集中」でなく，「選択と分散」に転換することが不可避となった．

(4)　教育・訓練

「教育は知らないことを教える」ことで「訓練は知っていることを日常的に行えるようにする」ことである．したがって，策定されたマニュアルを周知徹底することと日常行動として行えるようにすることとは次元が異なるのである．

リスクマネジメントで最重要事項は，日常的訓練である．リスクごとに策定されたマニュアルに沿って，日常的にいわゆる「リスク発生想定訓練」を行う推進体制が大切である．

(5)　リスクマネジメント推進体制強化：リスクマネジメント委員会と担当部門設置

今後は，国内では想定されている「南海トラフ」発生や国外では中国・韓国との関係悪化，ASEAN諸国・中東アフリカ諸国の政情不安を前提として，東日本大震災時の教訓を踏まえたリスクマネジメント再構築を国内外に広く教育・訓練していくことが喫緊の経営課題である．そのためには，リスクマネジメント推進体制の強化拡充が企業としての存亡を担うと言っても過言ではないと思われる．

味の素(2012)グループでは，リスクの予防・抑制および発生後の対応をリスク管理規程・危機管理規程(例えば，地震リスク管理規程)として策定している(**図14.2**)．以下にその取組みを概説する．

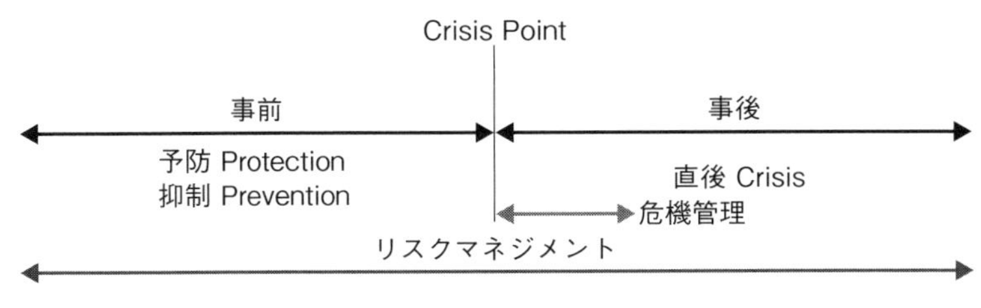

図14.2　リスクマネジメントと危機管理

【組織・機能】

① 社長を委員長とするリスクマネジメント委員会をグループ各社に設置する.

② CRO(チーフ・リスクマネジメント・オフィサー)を副委員長とし，管理部門統括役員が担当する.

③ リスクマネジメント委員会は各所轄担当役員で構成する.

④ 各社CROから構成される本部(味の素本社)リスクマネジメント委員会を定期的および緊急時に開催し，自社および他社リスク事例を検証する．必要に応じて，対策・マニュアルの改訂を行う.

【危機対応チーム】

リスクマネジメント委員会の下に以下を設置する.

① 品質保証チーム：担当役員がチームリーダー

② 工場事故災害チーム：工場長がチームリーダー

③ 事件事故災害チーム：担当役員がチームリーダー

④ 特別危機対応チーム：CROがチームリーダー

【教育・訓練】

危機対応チームごとに，個別危機管理規定に従って定期的に教育・訓練を実施し，リスクマネジメント委員会に報告する.

【成果(例)：危機対応チーム】

阪神淡路大震災時，兵庫県にあるAGF伊丹工場(当時)は，伊丹市全域にわたる停電・断水にもかかわらず，幸いにも工場設備の被害は軽微であった．そのうえ，自家発電および地下水揚水設備は正常に稼働していたので，工場長の判断で伊丹市地域住民に工場内風呂およびトイレを開放した．地域住民から大いに感謝された．結果として，伊丹地域における味の素グループでのシェア向上につながったのである．日常的危機管理に対する訓練の成果といえる事例である．換言すれば，顧客志向 SCM のリスクマネジメントの成果であった．

14.4　企業経営管理の立場からの SCM の再構築

(1)　クラフトフーズの SCM の定義

米国最大の食品メーカーであるクラフトフーズ社による SCM の定義は,「原料・包装資材から消費者に至るまでのすべての購入・調達・移動(物流)・保管・受注出荷および関連システム管理の全体最適化を図る」である．ロジスティクスは SCM 具現化の手段であると位置づけている．

(2)　味の素グループにおけるロジスティクスの再構築(SCM の変革)

図 14.3 に示すように，東日本大震災時以前のサプライチェーンから，ネットビジネスも意識して直接消費者までへのサプライチェーンも加えた SCM と変更した．また，ロジスティクスの目的は，サプライヤーから小売店舗までの

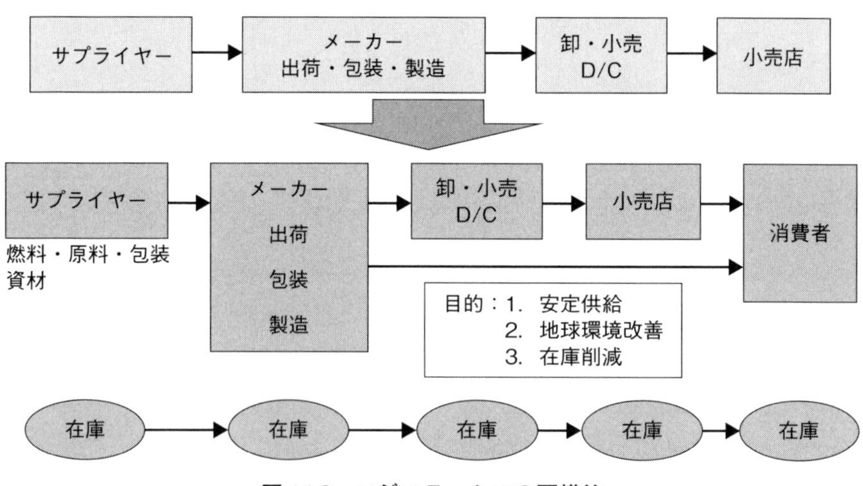

図 14.3　ロジスティクスの再構築

在庫削減を図り，トータルロジスティクスコストを削減することから，「安定供給」を第一義とするに大転換した．次に，「安定供給」を前提としたロジスティクス再構築の要点を解説する．

①　ノックダウン生産方式

従来大手自動車産業に見られた国内外とも生産工程と包装工程を別々の工場とし，生産停止のリスク分散を行う．特に，包装工程工場は消費地隣接地域に設置する．

②　サプライヤー工場の分散調達

「分散」によるコスト増回避策として，調達方法・調達物流を含めたトータルロジスティクスコスト削減をサプライヤーと協同で研究する．

③　トラックから鉄道および船舶輸送へ

工場発輸送は，5年以内にすべて鉄道および船舶輸送に切り替えるとの方針を設定した．特に，太平洋側航路だけでなく日本海側航路活用を実施する．

④　サービスレベルの見直し

一部得意先を除き毎日受注出荷は行っていないが，すべての得意先に対して計画受注出荷に変更する協議を既に始めている．

(3)　グリーンロジスティクスの主要推進策

(a)　グリーン物流

①　モーダルシフトの推進

- 国内製品については，工場発輸送は5年以内に鉄道および船舶とする．特に，内航船(太平洋側・日本海側)活用を実施する．
- 輸入原料については，工場立地に見合った最寄り港活用を他社とも共同研究する．

既に，AGF鈴鹿工場は海外産コーヒー豆を四日市港から荷揚げすることに成功しており，大幅な国内調達物流費削減およびCO_2削減を図っている．

②　パレットプールシステムの推進

図14.4に示すように，1990年，味の素グループは業界で初めて，プ

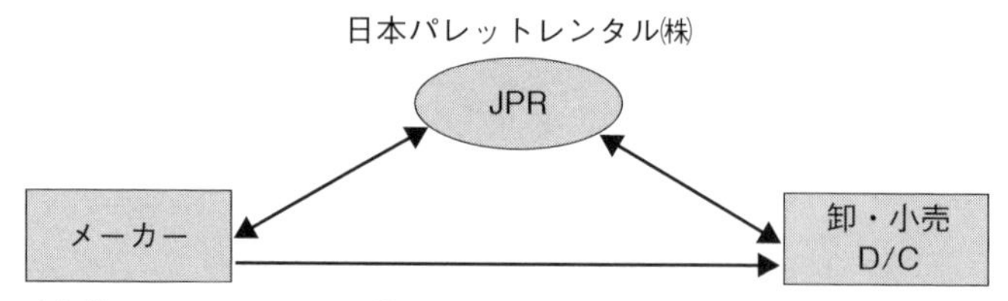

① 加工食品メーカーは，T11型レンタルパレット使用.
② レンタル費用は，メーカー負担．ただし，卸・小売で10日以上滞留の場合は，10日目からは卸・小売負担.
③ JPRは，定期便にて毎日パレット回収.
④ レンタル費用は，日割り計算で月次支払.
⑤ 加工食品メーカー，約176社加盟．卸・小売D/C，約1,300拠点.
⑥ 業界標準EDIの出荷案内システム内に情報連動.

図14.4　パレットプールシステム

ライベートパレットからレンタルパレットへと大転換した．メーカーとしての狙いは，車両の効率活用・ドライバーの作業負荷軽減・プライベートパレット紛失によるコスト削減・工場内パレタイザー設置に拠る作業効率向上などが目的であった．得意先D/Cの効率化にも寄与し，現在は食品流通業界のインフラとなっている．さらに，中小食品メーカーや青果・野菜ルートへの展開を大手小売業と輸配送ネットワーク効率化として研究中である.

また，国外ではタイでのパレットプールシステム導入活用や，タイからの輸入食品についても，コンテナへの手積手卸し削減などによる作業効率化やコンテナ有効活用についてタイ荷主協議会(TNSC)と研究中である．タイでの成功をASEAN地域に展開していく計画である.

(b)　グリーン購買――容器包装のエコデザイン

① 3R視点(Reduce，Reuse，Recycle)での製品開発設計

- Reduce：2015年度にプラスチック原単位2%削減，紙原単位5%削減
- Reuse：詰め替え容器の普及
- Recycle：簡単に分類・剥離することで分別できる包装

国際的な視点で，タイでのペットボトルリサイクル導入支援を研究し

ている．

② サステナブル素材の活用

③ 未利用資源の活用

以上，味の素グループにおける「SCMのリスクマネジメント」再構築について概説した．リスクの多様化・国際化に対応するために，SCMのリスクマネジメントの必要性は再認識すべき喫緊の課題である．

第Ⅳ部

SCMと最適化

第 15 章
SCM の課題解決に役立つオペレーションズリサーチ

15.1　SCM における解決課題とオペレーションズリサーチ

今日，サプライチェーンは構造的な変化と機能的要求の高度化という２つの大きな変革点を迎えている．構造的な変化は企業活動のグローバル化によってもたらされる物流の国際的な広域化と関係者の多様化による複雑化であり，従来の単純な系列的な調達・供給連鎖から，オープンなネットワーク的連鎖への企業間関係の変化，情報技術の発展に伴う e ビジネスの拡大や，オムニチャネルといった新しい流通形態への変化などがもたらしたものである．

一方，機能的要求の高度化は，製品モデルチェンジの短期化，変化の激しい市場への即応性，高コストに対応する合理化と省エネ化，環境対応などによるものである．そういった操業上の変化の原因であり結果でもある企業の意思決定プロセスや組織的変化がより根本的な変革を迫っているといえる．そのため S&OP 導入などの意思決定プロセスの改革を実現するために，より高度な需要予測や高速で大規模な計画策定手法への要求が高まってきている．

例えば，新しい製品を市場に提供しようと考えたとしよう．新製品の需要はどのくらいが見込めるだろうか？　価格設定によって販売見込量はどう変わるだろうか？　新製品の原料調達先はどこが最適だろうか？　工場の設備規模はどのくらいが適切だろうか？　需要家への配送拠点の配置と規模，適正在庫量はどうすれば決められるだろうか？　配送に要する車両の数とその配送ルートはどのように計画すればいいだろうか？　といった多くの課題に遭遇する．

サプライチェーンの変革とさらなる高度化には，より高度で洗練された情報の活用が必要であり，必然的に数理科学的な分析と最適化の手法の開発と適用が求められることになる．オペレーションズリサーチ（Operations Research：OR）と呼ばれる方法論は，このような多種多様な課題に対してさまざまな適切な解決手法を提供し，企業の計画策定や意思決定を助ける技術である．

輸送機器や輸送網整備といったハードウェアによる改善も重要であるが，計画と運用の高度化なしに問題は解決しない．物流のネットワーク全体を見通した合理的な計画には，OR手法による，工場や中継倉庫配置の最適化やそれらを結ぶ輸送経路と手段の選択などが不可欠である．変化の激しい市場と，継続的な新製品の投入などに対応するためには，ORによる柔軟性と迅速性をもった効率的な意思決定と運用支援の仕組みが求められる．ロジスティクスやサプライチェーンの進化は，輸送機器や倉庫の自動化といったハードウェアの進歩だけでなく，ORの進歩と普及によるところも非常に大きい．本章では，ORなどの経営科学手法がSCMにどのように寄与できるかについて解説する．

新しい企業マネジメントとして1990年代に発展したSCMは，生産と物流を同等のレベルで合理的に結合することによって，従来の需要予測を起点とする計画生産では対応しきれない，変動が激しく予測が困難な市場に対して，つくり過ぎや不足の無駄をなくして，効率的な運用を目指すものとして誕生した．したがって，その基本は組織や企業の壁を越えて全体を一つのビジネスプロセスとして捉え直して統合することにある．SCMの導入によって，製品ライフサイクルの短縮化や，国際的な分業体制の進展が加速したといえる．それまでの「物流」の時代には，原料，工場，倉庫，販売店といった各段階の「在庫と在庫の間を輸送でつないでつくるサプライチェーン」であったが，方法論の立場からのSCMは，「在庫を（可能な限り）もたずに，すべての流れを統合的に運営することによって，原料から消費者までを効率的に短時間でつないでいくサプライチェーン」への変換を可能にするものであるといえる．

このようにSCMは製品設計から顧客管理までの非常に幅広い分野を含む活動を対象とするので，単純な個々の因果関係の想定だけでは実現しない．現実の状況や将来の計画について，さまざまな条件においてサプライチェーンの組織や実行システム全体がどのような挙動を示し，想定したように動くかどうか

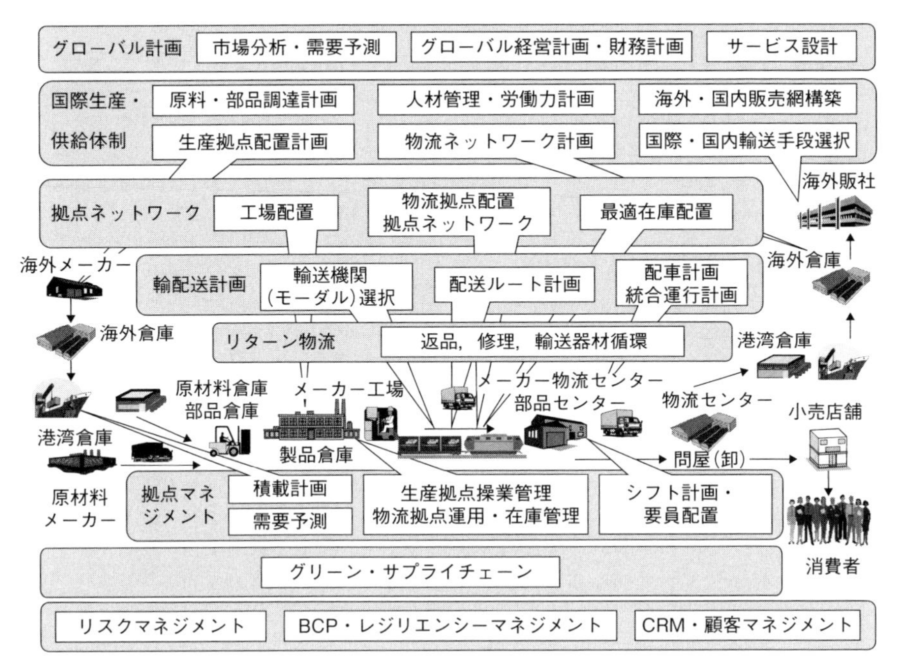

注)　高井英造(2008)：「ロジスティクス高度化のためのオペレーションズ・リサーチの役割」，文部科学省を改変した．

図 15.1　グローバル SCM における OR 適用対象課題

を検証して，膨大な代替案について比較検討して最適な計画を策定することが不可欠である．このような理由から，数理科学的な方法論である OR 手法の適用が極めて有効であり必要となってくる．

図 15.1 はグローバル SCM におけるさまざまな計画や意思決定の課題に対して，OR が効果を発揮しうると考えられるものを大きく捉えたものである(高井，2008)．これによって，あらゆる経営階層における SCM のさまざまな課題について，OR がその役割を果たしうることがわかるであろう．ここに挙げたような個々の課題に対しては，それぞれに適した解決手法が適用されなければならない．問題と手法の対応については本章の後半で述べる．

15.2　オペレーションズリサーチ(OR)とは何か

ORは，第二次世界大戦終盤に英国においてレーダーや夜間戦闘機，水中機雷などの新しい軍事技術を効果的に活用するために，兵器や機器そのものの開発を行うテクニカルリサーチ(technical research)に対して，それらの運用を研究するための概念としてオペレーショナルリサーチ(operational research：運用研究)として誕生した．その成果を知った米国は軍や研究者の調査団を派遣し，その結果をオペレーションズリサーチ(operations research：作戦研究)として研究・発展させ，軍事作戦から後方支援に至るまで，幅広い成果を上げた．戦後，その技術が民間企業に公開され，さまざまな産業で幅広く応用され，発展したのが今日のORである(高井他，2000；近藤，1973；宮川，1996)．

ORについてはさまざまな定義がなされているが，一般には，**図15.2**に示すように，製品やサービスを生み出す企業活動や社会的活動を，原料やエネルギーなどの入力を与えると製品やサービスを結果として出力するシステムとして

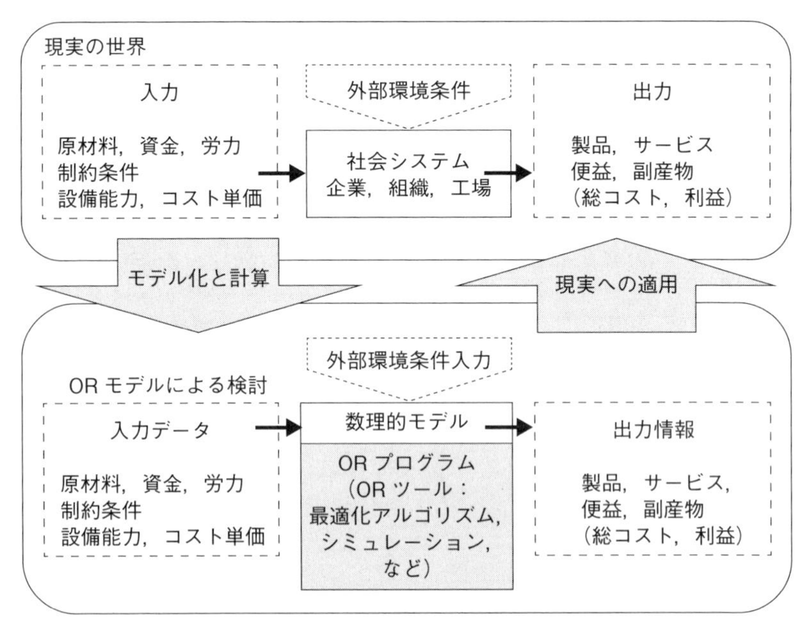

図15.2　ORモデルによる検討の概念(高井，2008)

捉え，根幹的な活動の仕組みを入力と出力の因果関係を表す数理的なモデルとして構築し，システムの運用方法を目的に即した数理科学的な道具を用いて分析し，最適な解決策を見出す方法論を指す．具体的には，数理統計学的手法，シミュレーション，最適化アルゴリズムなどのさまざまな手法を用いて，問題の発見と解決案の検討が行われる，と理解してよいであろう．

ORモデルにおける入力データは制御可能なものと，与件としての制約条件があり，変更可能なデータを変化させて，システムの評価指標，すなわち効果や効率を示す関数が，例えば利益額最大といったように，最も望ましい値になる条件を解として求めるプロセスがORの解法であり，この一連の手順をアルゴリズムという．

ORについてはさまざまな定義があるが，ここでは実務的な立場から大きく捉えて「数理的・論理的『モデル』を使って考える技術」としておきたい．

この立場からいうと，OR実行のステップは次のようになる．

① 現実の状況をORモデルに当てはめて構造化し，分析し，理解する．

② 未来の状況をモデルから推測し，予測する．

③ 仮定の状況をモデルによって表現し，状況の影響と，環境変化における挙動を観察する．

④ モデルによる観測から，仮説を検証し，最も適切な行動の計画を選択し，実現につなげる．

ここでいう「モデル」とは，**図15.2**の現実世界の存在する企業や組織，工場といった社会的システムの構造を，解くべき問題に則して数理的・論理的な操作に適した数式や論理式に写像したものである．数学的な数式や論理式で表されたものだけでなく，また，現実の世界を構造的に捉えた図や表といったデータや情報だけでなく，もう少し広い概念で捉えたものである．ともするとORは応用数学の延長であると捉えられたりするが，数式を扱うことだけがORではない．これについては後で触れるが，この観点から見ると，ORの役割と効用をより広く理解することができる．

ORを企業における定期的計画やプロジェクトの計画策定，経営意思決定に適用することの直接的な効用は一般的には次の諸点にあるといえる．

- モデル化による問題の理解と当事者間の共有．

- マクロな視点からの全体最適と感度分析，相互調整機能.
- 複雑な問題や大規模問題の計画策定と最適化.
- リスクを伴う課題に対する意思決定の支援.

しかし，意思決定に OR を使うことは，適切な解決策や最適計画を得る以上の効果をもたらす場合も多い．主な効果をまとめてみると，以下の 4 つを挙げることができる.

① OR モデルは関係部門間の意思疎通の“広場”として，立場の異なる当事者の間で理解を共有し，意見交換を促す機能をもっている.

② しばしば思いがけないモデル解が得られることによって，それ以前には認識できなかったシステムの特性や意外な解決が得られ，それによる「気づき」がもたらす視座転換が可能になる.

③ その結果，企業経営におけるパラダイムシフトがもたらされる場合がある.

④ こういった機能は時として劇的な効果をもたらし，OR は組織や制度に対するチェンジエージェントとしての機能をもっているといえる.

筆者は 1970〜1980 年代のオイルショックによる原油輸入の逼迫と折からの産業構造変化によるガソリンや軽油などの供給不足に対して，監督官庁と業界団体から要請されて数理計画法を用いた全国レベルの生産・需給計画モデルによる検討を提案した経験をもつ．関係団体の協力を得て業界全体として検討を行った結果，高額の設備投資を要する分解装置の導入を行わずに，石油製品の過剰な高品質 JIS 規格の全面的な見直しを実現した．その結果，数千億円の財政投融資を回避し，その後のエネルギー需給構造の変化にも柔軟に対応することができた．筆者にとってはドキュメンタリー番組のサクセスストーリーのような忘れ難い経験であり，その後の OR 推進の原動力となっている.

15.3　SCM における OR の適用分野とさまざまな手法

OR はその発展の当初からロジスティクスを中心とする SCM に関する問題と強い関係があった．初期の OR 技術の多くは現在でも SCM の基本的な手法となっている．すなわち，需要予測，在庫理論，最適発注量決定，最短経路計画，数理計画法(資源配分問題・拠点配置最適化問題)，組合せ最適化，待ち行列理論，離散型シミュレーションなど，現在でも SCM に関する問題解決の基本となっている多くの手法が次々と研究・開発されてきたのである．

ここで SCM における解決課題と適用される数理モデルと解法の関係について整理しておきたい．SCM における解決課題はその課題のもつ性質やどの経営階層における意思決定かといったさまざまなカテゴリーに属しているので，課題に対して適切な OR 手法を選択して解決にあたることが必要である．

表 15.1 は SCM における主だった解決課題と適用される主要な OR の手法を整理したものである．表にある SCM 課題のカテゴリーと OR 手法について，以下に補足しておきたい．

(1)　意思決定問題，問題発見の技術

SCM において求められる意思決定の課題において，数値的な解からだけでは決定を行えないような，多くの定性的要因の評価を行わなければならない問題も多い．このような多くの要因をもった問題については，まず問題を構造的に分析して理解することが求められる．そのうえで，特に定性的な要因についての評価を客観的に数値化して行うことで意思決定を容易に，間違いなく行うことができる(森他，1989；高井他，2005)．

このための典型的な手法としては，KJ 法，PDPC，品質機能展開(QFD)，特性要因図，コンジョイント分析，包絡分析法(DEA)，階層化意思決定法(AHP)などがある．

(2)　需要予測，安全在庫問題，最適発注量

OR 技術の実務的な利用として，数理統計的な手法や需要予測モデルの利用は OR という言葉のできる以前から行われていた．また，安全在庫量の管理や最適発注の理論は OR の初期から取り上げられていたテーマであり，関心が深かったことが窺える．これらの研究からさまざまな予測手法や，確率的な需要変動と品切れ確率から最適仕入量を求める「新聞売り子問題」など基本的な原理への洞察が生まれてきた(圓川，1995)．

表 15.1　SCM における解決課題と適用される OR 手法

課題カテゴリー	OR モデル利用の狙い	モデル類型			
		選択型決定モデル	統計的予測モデル	離散型シミュレーション	数理最適化モデル
①意思決定問題，問題発見	複雑な多要因問題の構造的理解，定性的要因の評価	KJ 法，特性要因図，DEA，AHP，QFD，コンジョイント分析			
②需要予測，安全在庫問題，最適発注量	需要量，市場の将来予測，過剰在庫や品切れの防止		数理統計手法，時系列予測，最適発注量，安全在庫量，新聞売子		
③工場・倉庫オペレーションの分析と設備計画	複雑なプロセスの挙動解析，最適な設備・配置・能力計画			待ち行列，離散型シミュレーション，システムダイナミックス	
④拠点配置問題，輸送計画，生産計画，原料選択，製品ベストミックス	複雑な構造の問題における目的関数の最適化問題				数理計画法，組合せ最適化，動的計画法，遺伝アルゴリズム

(3)　工場・倉庫オペレーションの分析と設備計画

倉庫への商品の到着とその内容や量，需要家からのオーダーの内容，頻度，数量，さらには倉庫内でのピッキングなどの作業時間などといった確率的に変動する作業要素をもった一連のプロセス全体の挙動解析や能力計画は，数理解析的な手法では対応できない．このような場合に威力を発揮するのが，モンテカルロ法とも呼ばれる離散型シミュレーションである．バースへのトラックの到着の分布からバース数によるサービス率を求めたりする場合に用いられる待ち行列理論などもある.

(4) 拠点配置問題，輸送計画，生産計画，原料選択，製品ベストミックス，積付け問題など

これらの問題は，多数の変数をもった複雑な構造の問題における目的関数の最適化問題であり，数理的な解法があって初めて解くことのできる問題が多く，OR手法が大きな効果をもたらす分野である．多様な最適化手法とそれによる最適化ソフトウェアが開発され実用に供されてきた．応用分野として，鉄鋼や石油化学といったプロセス産業，電力などのエネルギー配分，航空会社における全世界の航空網への機体と要員のスケジューリングなど，大規模な事例が多く，軍事的利用も盛んな分野でもある.

基本的には，大きく分けて，制約のある資源をどのように配分して，最も大きな効果を上げるかという配分問題といえる数理計画法と，さまざまな資源の多数の組合せのなかから目的に合致していて最大の効果を得ることのできる組合せを見つけ出す組合せ最適化が適用できる問題とに分けられるが，どちらのアプローチからでも解ける問題や両方を組み合わせる場合もある.

数理計画法には，問題の性質によってさまざまな手法が開発されている．計画アルゴリズムの原点である，多数の一次式の連続した変数値を扱う線形計画法，目的関数や制約式が非線形な方程式を扱う非線形計画法，輸送機関や生産設備の数，要員の人数などの整数値を扱う整数計画法などがある(森他，1991).

組合せ最適化については問題の複雑さから，厳密な最適化にこだわらず，実行可能な解のなかからより高速に最適に近い解を見つけ出す手法が工夫され，発見的アルゴリズム，焼きなまし法，遺伝子による進化過程をなぞった遺伝的アルゴリズムなど多様な方法が提案され実用に供されている(今野他，1993).

ここで挙げた手法については，ここですべてを説明することは到底不可能なので参考文献(高井他，2005；森他，1989；1991；2004；柳浦他，2001)を参照されたい.

15.4　OR 適用上の留意点

留意しておくべきことは，OR によって計画策定や意思決定を行う場合，非常にしばしば単一の手法だけでは解決できず，いくつかの手法を組み合わせて用いることで，より優れた，信頼のできる解決が得られることがある．したがって，OR 手法については，いくつもの異なる手法とその特性を知っておくことが望ましい．

企業において OR の適用を行う場合の今一つの留意点は，企業内の意思決定レベルとモデル利用の周期性によって，その利用環境，組織内の位置づけを考えておく必要があるということである．企業の意思決定レベルに従って大きく分けると，以下の 3 階層に分けることができる．

①　操業・実行系意思決定：(実時間・短期)
- 日常の管理・運営システムへの組み込み．
- 現場作業管理，作業指示，配車計画，作業員配置など．

②　戦術的意思決定：(短期・中期：間欠的)
- 定期的な計画システムなどでの利用．
- 配送ルート，在庫マネジメント，棚配置などの現有資源の有効利用．

③　戦略的意思決定：(中期・長期：間欠的)
- プロジェクトの計画と評価．
- シミュレーションや最適化モデルによる最適設計．
- 拠点配置，倉庫設備計画，輸送機関計画など．

この問題は**第 17 章**で再度ふれるが，場合によってはほとんど同じモデルが異なった階層での意思決定や計画策定に使われることがある．例えば，石油精製プラントの数理計画法モデルの場合，月次生産計画モデル，原油購入決定(通常使用される 3 カ月前)や精製設備の増廃，設備投資(年次以上のプロジェクト)など基本的に同じモデルが用いられる．日常の配車ルート最適化に用いられるモデルを使って，店舗数の変化に応じた最適車両台数を算定して投資を決定することも行われる．こういった場合，利用する階層によって関係する部署や運用組織，利用のシステムなどが変わってくる．

第 16 章
ネットワークと拠点最適化戦略

16.1 サプライチェーンネットワークの設計と最適化

SCMの主要課題であるロジスティクスにおけるさまざまな問題のなかで，需要予測や在庫の最適化と並んで，昔から重要なテーマとなっているのが，需要と供給をつなぐ輸送網の設計と管理である．供給元と需要地を結ぶ単純な輸送網から，いくつもの中間的な倉庫や工場，さまざまな輸送機関によるネットワークをどのように設計するかは戦略的に重要な課題であった．近年，ビジネスのグローバル化によって，そのネットワークはますます複雑かつ広範囲になっている．

第22章で取り上げられているが，自動車産業における需要地生産から，安価な労働力と大きな市場を求めて国内生産拠点を，中国を始めとする海外に移転させていった国内産業は，アジア市場の拡大に伴って，さらに大きな需給ネットワークの構築とマネジメントに直面している(根本他，2010)．このようにグローバル化が高度に進展した今日，前章で述べられているように，大規模・複雑化したサプライチェーンに対して最適解を見つけることは，従来の経験と勘による方法では極めて困難であり，オペレーションズリサーチ(OR)の適用が求められ，かつ大きな効果を発揮することになる(室田他，1994)．

図16.1に示した事例は，国内拠点ネットワークの最適化において，事業の拡大に伴って順次建設されていった多数の工場と倉庫，それらを結ぶ輸送ネットワークを，数理計画法モデルを使って全体的な視点から整理統合する計画を

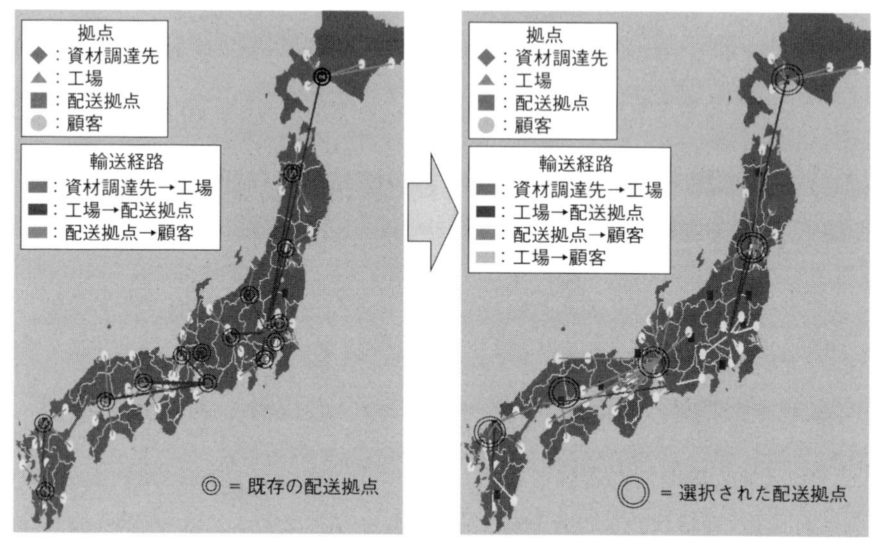

出所）　フレームワークス社資料.

図16.1　国内配送拠点配置最適化の例

策定した結果である．工場直送や拠点数を変化させたモデルを比較することで，最も大きな経済的効果を上げた拠点の組合せを選択した例を示してある．

一般的に物流拠点の最適数は，輸送コストと在庫コスト，倉庫の固定運用コスト，生産・調達受注処理コストから構成されるトータルコストを最小にする拠点数で決定される（**図16.2**）．したがって，配送の利便性や部品単価が安いからといって安易に中継拠点や調達拠点数を増加させることは，逆に物流コストの増加を招く場合もあるため，最適な拠点数とその位置を意識したサプライチェーンの構築を考える必要性が出てくる．

容易に想像できるように，サプライチェーンは複雑で広範囲なネットワークを形成する．拠点配置や最適なルートの選択と決定は，原料や部品のサプライヤー，生産・加工・組立のための製造拠点，製品の配送倉庫，仲介卸業者，小売業者や需要地といったサプライチェーン上の多数の結節点（ノード）とそれらをつなぐ輸送ルート（アーク）をもったネットワーク上の大規模な組合せのなか

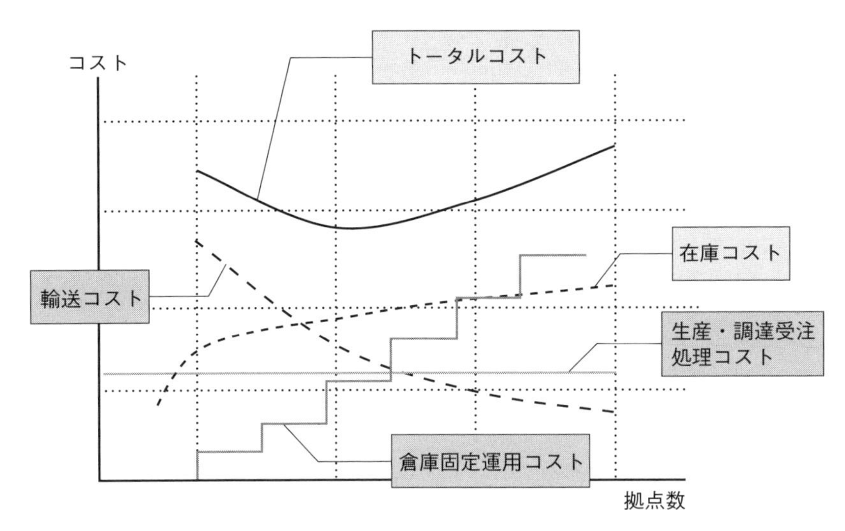

図 16.2　輸配送の総コストと拠点数の関係

からの最適選択の問題となる．ちなみに，**図 16.1** の地図に示した例は，資材調達先：15（全国），工場：3（関東，中部，九州），配送拠点：15（全国），顧客：49（全国），製品は最終製品 2 種類，部品 3 種類であり，その組合せは単純に考えても 10 万通り以上の選択肢があることになる．このような問題をモデル化し最適な結論を得るためにも，さまざまな OR の手法が役に立つということである．

16.2　需要–供給輸送問題と数理最適化

単純な例を使い，基本的な需要–供給輸送問題について，OR 手法である数理計画法（線形計画法）のモデル化と解法の説明をしよう．取り上げたモデルはごく簡単なものであるが，大規模な輸送ネットワークについてのモデルも，ここで述べる構造がその基本単位となっているのである．もう少し具体的にいえば，供給拠点から複数の需要地に対して製品を供給する場合，どこから，どこへ，どのルートで運ぶのが最もコストが安いか，という「需要–供給輸送問題」の基本形である．

需要地 j（$j=1, \cdots, M$）があり，製品に対する需要量 D_j（$j=1, \cdots, M$）が与え

られているとき，需要量 D_j を満たすように，供給地 $i(i=1,\ \cdots,\ N)$ から製品を供給する問題を考える．供給地 i から需要地 j に製品を輸送する際にかかる製品1個当たりのコスト C_{ij} が与えられている場合，総輸送コスト $\sum_i\sum_j C_{ij}\cdot X_{ij}$ を最小にするには，各供給地 i から需要地 j に輸送する量 X_{ij} をいくらにすればよいか．

上記の問題は，製造業における大半の企業が直面している典型的な輸送問題であるが，これを数理計画法で解くには，通常次のようなステップを経る．

Step 1　データの収集と問題の整理

需要量 D_j，輸送コスト C_{ij} に関するデータを収集したうえで単位換算などの標準化を施し，問題の構造を**図16.3**のように整理し把握しておく．

Step 2　モデル化（数理定式化）

この問題では需要地 j における需要量 D_j は各供給地 i から輸送されてくる量の合計値 $\sum_i X_{ij}$ に等しい．したがって，

$$\sum_i X_{ij}=D_j$$

となるように，総輸送コスト $\sum_i\sum_j C_{ij}\cdot X_{ij}$ を最小化する問題となる．数式表現すると，

$$\sum_i\sum_j C_{ij}\cdot X_{ij}\ \rightarrow\ \mathrm{Min} \tag{16.1}$$

$$\text{s.t.（制約条件）}\quad \sum_i X_{ij}=D_j \tag{16.2}$$

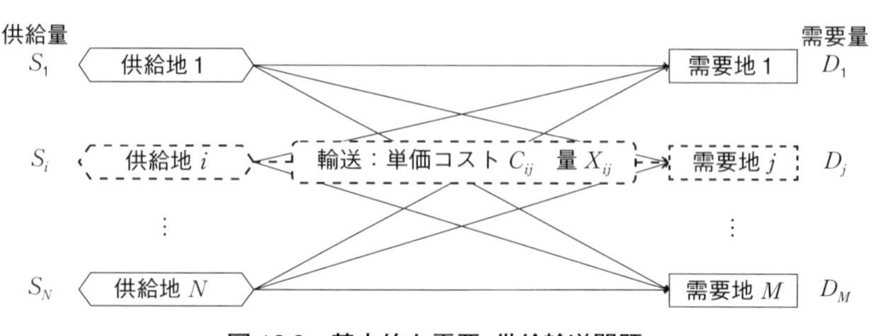

図16.3　基本的な需要–供給輸送問題

$$C_{ij}>0,\ X_{ij}\geqq 0,\ D_j\geqq 0\quad (i=1,\ \cdots,\ N,\ j=1,\ \cdots,\ M)$$

となり，X_{ij}(供給地iから需要地jへの輸送量)を求めることになる．実はこのモデリングプロセスこそが，数理最適化の核である．

Step 3　求解

Step 2で定式化された形式の問題は，典型的な数理計画問題であり，これを解くにはシンプレックス法という手法を基本として，さまざまなOR手法が存在する．特に，先に述べたように輸送ネットワークの最適化は大規模問題(すなわちNやMが大きい場合や多段階のネットワークで組合せ数が膨大な数値になる問題)になることが多いため，高速に解くための専用のツール・ソフトウェアが開発され，提供されている．小規模問題であればマイクロソフト社Excelのアドインソフトであるソルバーでも解けるが(高井他，2000)，実務上は，先の章で述べた整数計画法や組合せ最適化といった手法や内点法アルゴリズムを用いた最適化ツールが使用される．

Step 4　現実解への翻訳と評価

Step 3においては，求解結果として各輸送ルート配送量，X_{ij}の値が求められ，供給地iからの出荷量が求められる．しかし，今回のケースでは，供給地からの出荷可能量は無制限という仮定が置かれているが，通常はそのようなことはありえないので，個々の供給量S_iについて出荷上限の制約をつける必要がある．また，輸送手段も1ルートに1種類だけとなっているが，複数の輸送手段が選択できる場合や，輸送機関の能力によって配送コストが異なる場合もあったり，配送能力に上限があったりするなど，さまざまな制約条件を加味する必要がある場合も多い．

このように，モデル化の段階で捨象された条件や考えられる応用ケースを考慮して，得られた数値解を吟味し，現実的に意味のあるモデルに進化させねばならない．このように一見単純な問題でも意外に奥の深い複雑な内容が隠されていることが理解できよう．

Step 5　施策の実行と結果のフィードバック

Step 4で実行可能と考えられる結果が求められたとして，実際の輸送を行うためには，具体的な作業指示を含めて所定の組織的プロセスをとる必要があることは当然であるが，数理的な解そのものの合理性を担当者に納得させることが必要である．また，実行された後でその結果を踏まえて，モデルで使用された数値や条件の妥当性を吟味し，モデルをブラッシュアップしていくことも重要である．

16.3　サプライチェーンネットワークと拠点オペレーションの最適化

グローバル化したサプライチェーンはもとより，最初に例示した問題のように，拠点配置の適正化問題は企業経営における重要な課題の一つである．しかし，数理計画法などのOR手法によるSCMに関する意思決定問題への支援は，より動的な最適操業計画に対しても極めて重要な役割をもっている．

市場需要の変化や製品ライフサイクルの短期化に加えて，為替，政情，物価(原料，人件費，エネルギー価格，配送コストなど)が目まぐるしく変動する近年の経営環境下では，①さまざまな変動のコストへの影響度判断，②調達先変更の要否とその影響度判断，③生産拠点の適正能力配分や拠点移設の要否判断などが，極めて重要な経営課題となりつつある．

特に，サプライヤーも生産拠点も顧客もグローバル化している場合は，それぞれが常に変動，変化の嵐に直面しているので，これらの変化に俊敏かつ適正に対応できることが必要である．そのためには素早く多面的検討や影響度評価のシミュレーションを実行して，意思決定に役立つ有益な情報，解析結果をタイムリーに提供できるような計画策定システムを保有しておくことが，変動に対するリスク回避の観点からも重要であり，S&OPの実現のためにも求められる．言い換えれば，OR，数理最適化を活用した意思決定・計画策定システムの適用が必要であり，また現状と今後の変化を踏まえた数理モデリングを行っておくことが，変化の激しいグローバル時代の企業に求められる経営意思決定体制なのである．

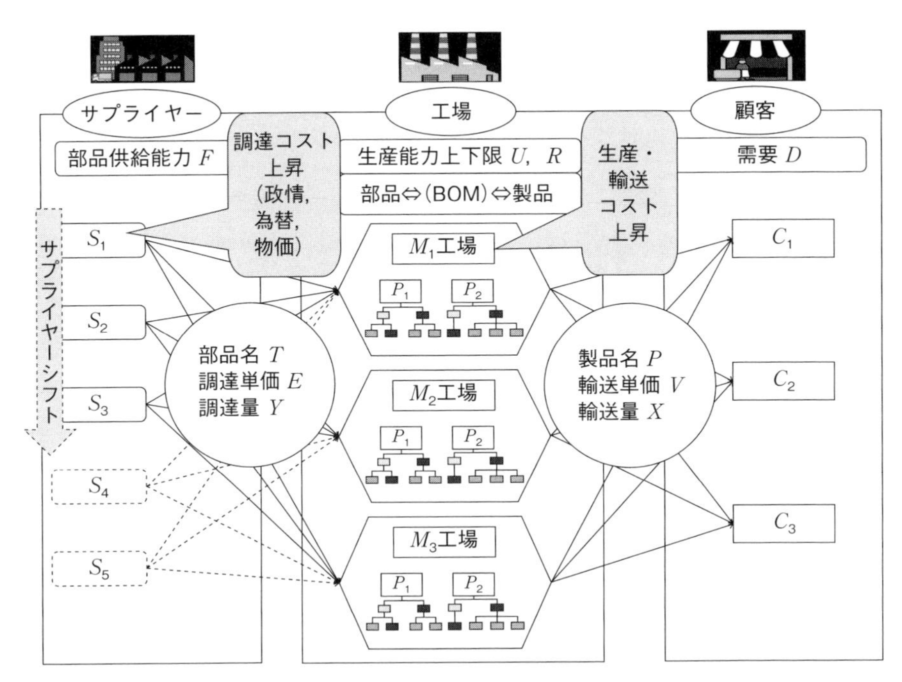

図16.4　組立加工業におけるサプライチェーンモデリング（部品調達〜生産〜販売）

図16.4は，一般的な製造業（組立加工業）におけるサプライチェーンの基本的な形として，5サプライヤー，5部品，2製品，3工場，3顧客のケースと，そこにおける変動リスクを示している．

このような一般的な組立加工業におけるサプライチェーンの数理モデル化を考えてみることにしよう．すなわち，サプライヤー $i(i=1,\ \cdots,\ S)$ から，T 種類の部品 $j(j=1,\ \cdots,\ T)$ を調達し，それを P 種類の製品 $k(k=1,\ \cdots,\ P)$ に組み立てている生産拠点／工場 $l(l=1,\ \cdots,\ M)$ があり，出来上がった製品を，取引先顧客 $m(m=1,\ \cdots,\ C)$ に届ける（輸送する）という形態である．

【前提諸元】

各顧客における製品別需要：D_{km}

各工場における製品別生産能力上限：U_{kl}

各工場における製品別生産能力下限：R_{kl}

各工場における製品別生産コスト単価：Q_{kl}

各工場から各顧客への製品別輸送単価：V_{klm}

BOM（各製品の部品構成）：B_{jk}

工場別サプライヤー別の部品調達単価（部品単価＋輸送単価）：E_{ijl}

サプライヤー別の部品供給能力上限：F_{ij}

【決定変数】

顧客別製品別の各工場における生産量（＝輸送量）：X_{klm}

各工場におけるサプライヤー別部品調達量：Y_{ijl}

【目標関数】

総コスト＝調達コスト＋輸送コスト＋生産コスト

$$= \sum_i \sum_j \sum_l E_{ijl} \cdot Y_{ijl} + \sum_k \sum_l \sum_m V_{klm} \cdot X_{klm} + \sum_k \sum_l \{Q_{kl} \cdot (\sum_m X_{klm})\} \rightarrow \text{Min} \tag{16.3}$$

【制約条件】

製品需要供給制約：$\sum_l X_{klm} \geqq D_{km}$ (16.4)

（工場生産量は顧客需要を下回ってはいけない）

部品供給調達制約：$\sum_l Y_{ijl} \leqq F_{ij}$ (16.5)

（サプライヤーの供給能力を超えては部品調達できない）

工場別の製品生産能力上限制約：$\sum_m X_{klm} \leqq U_{kl}$ (16.6)

工場別の製品生産能力下限制約：$\sum_m X_{klm} \geqq R_{kl}$ (16.7)

部品調達・部品使用カップリング制約：

$$\sum_k \{B_{jk} \cdot (\sum_m X_{klm})\} = \sum_i Y_{ijl} \tag{16.8}$$

（部品調達量は，需要を満たす生産のBOM構成から算出される部品使用量に等しい）

このような数理モデリングができあがると，グローバル時代に企業が直面するさまざまな変化に対して，諸元データやパラメータの調整により，多面的検討評価ができることになる．

例えば，①人件費や輸送費など種々の単価変動の総コストへの影響，②自然災害，政情不安あるいは急激な為替変動により，調達量の配分調整や調達先を変更した場合の最適生産計画，③工場(生産拠点)の適正能力配分や拠点移設の要否など，といった具合にさまざまなシミュレーションケーススタディが可能となる．

上記のような検討と意思決定が効率的に行えるというのが OR の最大のメリットである．すなわち，一度数理モデルを作成すれば，経営環境の変化に応じて数値パラメータを変更することにより，いつでもさまざまな角度から多面的な検討ができるのである．

16.4　SCM における運搬経路問題

前節で述べたように，評価指標を最適化するマクロ的なものの流れ(ネットワークフロー)を数理最適化手法によって求めることができるが，さらにもう一段階ミクロ的な視点で，拠点間の物量をどのような輸送方法で実現するかという物流を支える車両面での計画にも，数理的なシステムを用いることができる．輸送を陸送トラックで行うとした場合，物流ネットワークに対して，どのように車両と配送ルートを割り当てるかという運搬経路問題(Vehicle Routing Problem：VRP)は，ロジスティクスにおける数理的な実務ツールとしては最も早くに実用化され幅広く利用されているものである．多様な計画システムが運行管理システムと合わせて実務的に使われている．特に最近では車両のナビゲーションシステムや GPS による位置測定と合わせて，リアルタイムでの経路変更や追加的指示なども行えるようなシステムも実用化されている．

16.3 節で取り上げた例をもとに，運搬経路問題をモデル化してみよう．工場 $l(l=1,\ \cdots,\ M)$ から取引先顧客 $m(m=1,\ \cdots,\ C)$ へ P 種類の製品 $k(k=1,\ \cdots,\ P)$ を車両を使って輸送するものとし，製品種類ごとに，第 l 工場から第 m 顧客への輸送すべき量は既に決定されているものとして，車両をどのように使うかを求める問題となる．

各工場から各顧客への製品別輸送量は，**16.3節**におけるX_{klm}(＝顧客別製品別の各工場における生産量に等しい)で決定済みとする．このうち，輸送量0以外の有効な輸送量だけ(すなわち$X_{klm}>0$)を取り出して並べたものを，新たに有効輸送量E_j($j=1$, 2, 3, …)とする．簡便のために，有効輸送量は必要なトラック台数に等しいとし，異なる種類の製品は，混載不可としておく．

もし，トラックがあらかじめ固定された，単一の工場–顧客間でのみ製品をピストン輸送するものとすると，必要なトラック台数は有効輸送量の合計に等しくなる．従来はこのように，車両の輸送エリアを狭く限定した輸送契約形態が主流であったが，SCMが進展した近年では，トラックの移動領域をもう少し拡大している．

具体的にいうと，あるトラックは(M_1, M_2, C_1, C_2)の工場–顧客エリアで運行可能とか，また別のトラックは(M_2, M_3, C_2, C_3)のエリアで運行可能というような契約を運送会社と結び，運行許可範囲を拡大する代わりに運賃体系を見直すといったWin–Win関係を追求した，より柔軟な輸送形態を実施するようになってきている．

例えば，1つの運行可能経路では，製品を工場M_1から顧客C_1へ運び，そのあとM_1へ戻ったあと今度は顧客C_2へ配送するという輸送形態をとる．すなわち，この運行可能経路では，トラックは$M_1 \rightarrow C_1 \rightarrow M_1 \rightarrow C_2$の順に移動し，製品は，$M_1 \rightarrow C_1$および$M_1 \rightarrow C_2$と運ばれる．言い換えれば，トラックの運行可能経路は，製品が工場→顧客へ運ばれる2つの部分路をもとに構成されることになる．

今，運行可能経路番号をi，工場(From)–顧客(To)に対応した部分路をjで表現すると，運行可能経路別配送コストはB_i，運行可能経路iと部分路jとの対応関係はA_{ij}と表現できる．ここでA_{ij}は，0/1要素からなる行列で，$A_{ij}=1$は工場–顧客を結ぶ部分路jが運行可能経路iに含まれ，$A_{ij}=0$は部分路jが運行可能経路iに含まれないことを示す．

さて，与えられた工場–顧客間の輸送要求を満たしつつ，最小コストで配送するようなトラックの運行経路を決定する問題は，次のように数理計画問題に定式化できる．

$$\sum_i B_i \cdot X_i \rightarrow \text{Min} \quad (16.9)$$

$$\text{s.t.} \quad \sum_i A_{ij} \cdot X_i = E_j \quad (16.10)$$

ここで，X_i は運行可能経路 i で何台分配送するかを示す整数変数(i=1，2，3，…)

B_i は運行可能経路 i の配送コスト

A_{ij} は運行可能経路 i と工場-顧客間部分路 j との対応関係

E_j は部分路 j における有効輸送量(j=1，2，3，…)

である．

調達拠点からの納入リードタイム面と生産拠点での生産能率面との制約から，複数調達拠点からの同時一括調達で1輸送単位を満たす必要が出てくるケースも多くある．このような場合は，ミルクラン(巡回集荷)と呼ばれる物流方式が採用されることが多い．この方式では製造業者自身，もしくは委託業者が発荷主を巡回し集荷を行う(根本他，2010)．

ミルクラン方式で巡回する発荷主をどの順番で回ってもとに戻ってくるかという問題は，巡回セールスマン問題と呼ばれる．これは，ある出発点から複数の拠点を巡回して，荷物を配送する最適な経路を求めるという配達の最適化問題でもあり，配送距離，配送費用の最適化を図るものである．この巡回セールスマン問題は古くから研究がなされていて，セービング法，最近接法，分枝限定法，ラグランジュ緩和法，メタヒューリスティック解法(タブーサーチ，シミュレーテッド・アンニーリング法)，遺伝的アルゴリズム等数多くの解法が提案されているが，詳しくはそれぞれの専門書を参照されたい(柳浦他，2001；藤澤他，2009)．

図16.5は拠点間相互配送とミルクランによる運行経路問題の違いについて示したものである．基本的に1拠点で1輸送単位(例：トラック1台)の荷物が揃うか否かで運行形式が異なるということであるが，ともに狙いは輸送効率の向上である．

欧米企業ではサプライチェーンの最適化に対してORを極めて積極的かつ効果的に活用し多大な成果を上げている．一方でわが国では，まだまだSCM領域におけるORの活用度は極めて低いのが実情である．日本企業がグローバル

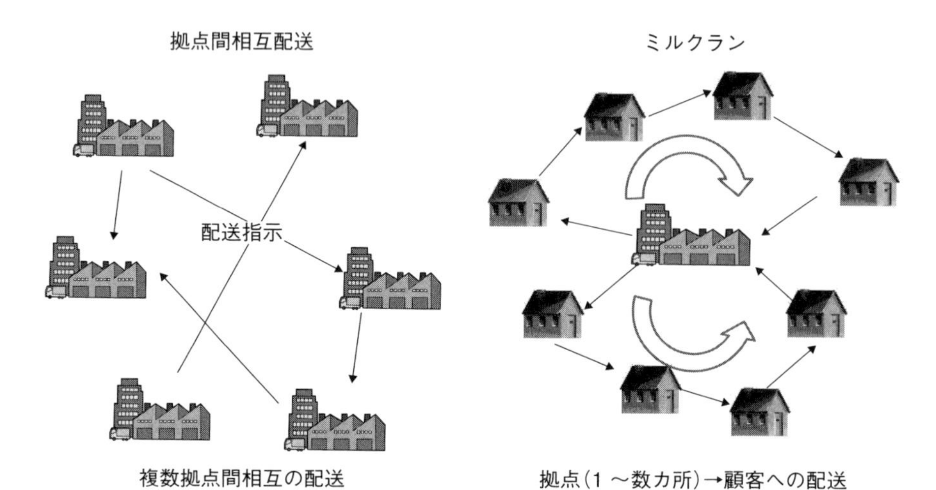

図 16.5　運搬経路問題

世界において確固たる競争力を維持，強化するためには，サプライチェーンを見える化したうえで最適化のために OR の活用が不可欠である．

第 17 章
SCM に役立つ OR 手法と実施上の留意点

17.1 SCM において有効な OR 手法

これまでの章で OR にはさまざまな手法があり，広く活用されていることが理解されたことと思う．ここでは，前の章まででは紹介されていない OR 手法のうちで，SCM によく利用されて効果を上げている 2 つの OR 手法についてごく簡単に紹介しておきたい．

(1) 離散型シミュレーション(モンテカルロシミュレーション)

例えば，**図 17.1** に示すような倉庫内での入荷からピッキング，出荷に至る作業を考えよう．連続的な一連の作業工程ではプロセスの所用時間やオーダーされる品物の数や品種が確率的に変動する．離散型シミュレーション(モンテカルロ法とも呼ばれる)は，個々の発生事象の挙動をコンピュータ上で再現して，大量の試行を繰り返すことによって，全体としての作業実施結果のデータを収集し分析する手法である．実際の運用における効率やボトルネックを解析し，工程の改善やシステムの最適化を行ったり，さまざまな状況における設備の能力を検証することを可能にする．このようなプロセス全体の挙動解析や能力計画は，数理解析的な手法では対応できず，離散型シミュレーションはこのような場合に威力を発揮する．

このために現実の実行プロセスにおける作業所要時間などを測定し，**図 17.2** に示すように，それに適合する確率分布(この場合，正規分布や対数正規

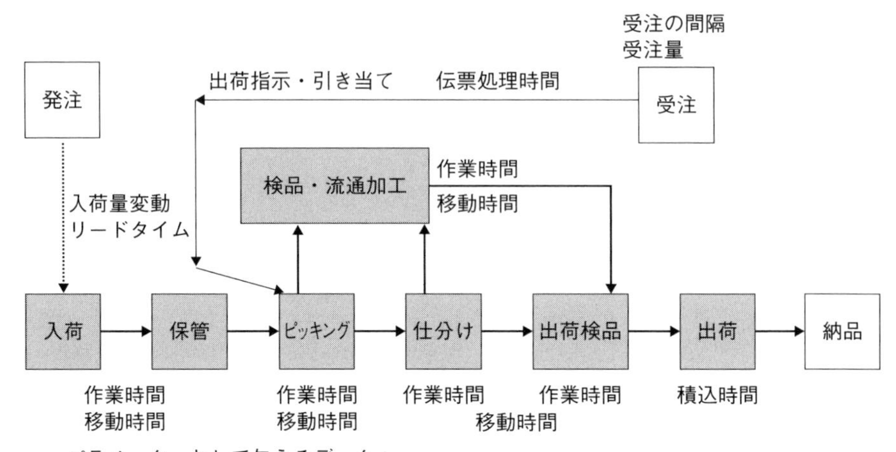

・パラメーターとして与えるデータ：
設備能力，ワーカー数と能力，格納ロケーション，発注ルール，補充ルールなど

図 17.1 倉庫内作業における確率分布をもった業務要素の例

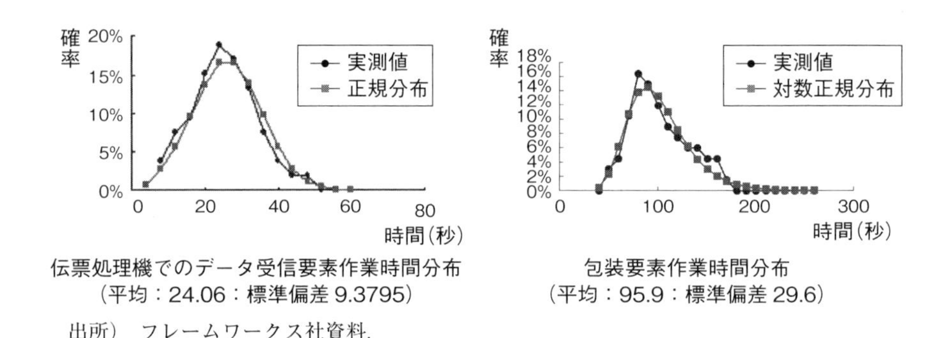

出所） フレームワークス社資料.

図 17.2 庫内作業の実作業時間の測定データと確率関数の当てはめ

分布)が用いられる．コンピュータ上でこの分布に従う作業時間などの乱数を発生させ，現実の再現を行う．その結果を踏まえて，新しい操業プロセスや新しい設備を導入した場合，想定された環境が変化した場合など，条件設定を変えた状況で机上実験を実施し，観察，分析，改善を行うものである．

工場内物流，工程，拠点内業務やコンテナヤードの作業改善など，実際的な稼働の分析と改善，設計に使われることが多いが，陸海空のさまざまな輸送手

出所）フレームワークス社資料.

図17.3　大規模な倉庫のシミュレーションにおける3次元画像表現の例

段が入り混じる国際的な広域サプライチェーンにおける適正な在庫配置の設計や，物流ルートの挙動解析などにも使われる．**18.5節**で比較的単純な在庫シミュレーションの事例を紹介する．最近では，コンピュータの画像処理能力の向上に伴って，**図17.3**に示すような3次元の動画で現場を再現し，そのなかで車両や作業員の画像を動かして実際の作業動作を確認したり，顧客や経営層への説明に使ったりすることが行われる．時として，このような3次元画像を動かすことをシミュレーションと誤解している場合も見受けられる．

(2)　AHP(階層化意思決定法)と意思決定支援モデル

SCMを実施していく過程において遭遇する意思決定においては，他のマネジメントの課題と同じく，単一の目的，例えば収益の最大化だけを考慮すればそれだけでよい，というような単純な場合はほとんど存在しない．例えば，工場や倉庫の新しい立地を決定する場面を想定してみよう．対象となる市場や原料の供給源との距離や輸送コスト，必要な敷地の広さと単価，設備の稼働能力など数値で把握可能なデータ以外にどんな要素を勘案するだろうか．必要な労働力の確保，治安状況，近隣との関係，環境的な配慮，従業員家族の生活環境などなど，数値的には表現しきれない要素も多いことに気づかれるであろう．

新製品の導入についても，販売ターゲットのドメイン，デザイン，使い勝手など非計量的な要素が決定的な決め手になることも多い．

AHP（Analytic Hierarchy Process：階層化意思決定法）は，SCM において直面する複数の代替案から意思決定するときに定性的要因の評価を行わなければならない問題について，計量化の困難な複数の評価基準とか評価要因のウェイトづけを明示的に行う方法として非常に有効な方法である（高井他，2005）．また，手法がたいへん明快でわかりやすく透明度が高いのも優れた点といえる．

例として，配送センターの立地を選択する問題を考えてみよう．ここでは，仮に設備の取得コストなど経済的な数値要因は等しい条件で 3 箇所の候補地があり，そこから 1 箇所を選ぶケースを考えることにする．

まず，最初に課題である意思決定問題の構造を理解するために**図 17.4** に示したように意思決定の階層を図的に表現する．ここでは，決定が 3 階層に示されている，すなわち，最上位にくるのは「目標」であり，この場合は「配送センター立地を決定する」である．センター候補地について代替案を評価する評価項目が，治安，道路アクセス，労務環境，通信環境の 4 つであり，それらの要因から評価される候補地が 3 箇所あるとしている．

次に行うことは，評価項目間のウェイトの算定であるが，AHP では必ず 2 つずつの項目を対にして，一対比較を行うところに特色がある．具体的には例えば治安と道路アクセスを比較して，どちらがどのくらい重要か，といった比

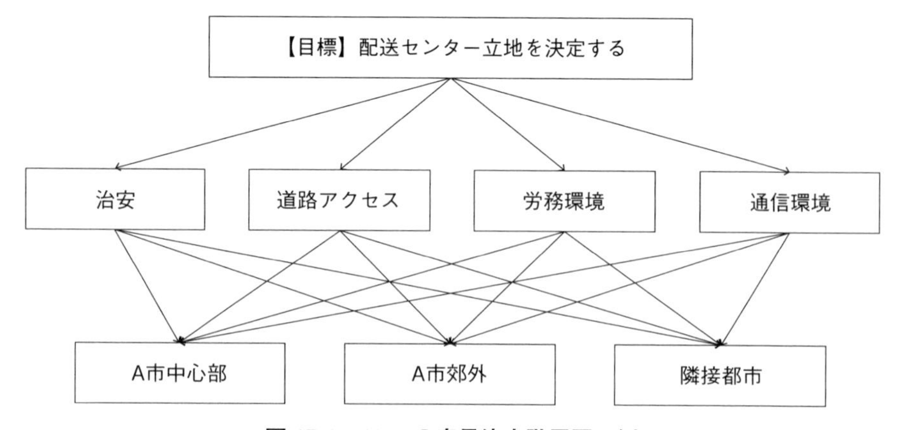

図 17.4　AHP の意思決定階層図の例

較を行い，それぞれに得点をつけて，そこからウェイトの算定を行う．ウェイトの計算には通常一対比較の得点のマトリックスの固有ベクトルが用いられるが(**第4章**を参照)，幾何平均を使うこともできる．計算の理論的背景や多様な応用事例も含めて，興味のある読者は参考文献(高井他，2005)をご覧いただきたい．

評価項目のウェイトが求められたら，次いで，評価項目ごとにその下の代替案同士の一対比較を行う．例えば，治安という面から見て，A市中心部とA市郊外，A市中心部と隣接都市，A市郊外と隣接都市，それぞれどちらが優れているか，という評価が行われる．その結果得られたウェイトは，**表17.1**における治安の例に示す，0.540，0.297，0.163で，これに最初の評価項目の一対比較の結果得られている治安のウェイト0.54をそれぞれ掛けることによって，代替案のウェイトが得られている．

同様に道路アクセス，労務環境，通信環境それぞれの面からの代替案の一対比較を行い，得られたウェイトが表に掲げてある．それらを足し合わせることで，全体として総合すると，このケースではA市郊外が最も得点が高かったことがわかる．AHPでは，どの代替案ではどの評価項目の得点が高かったかというような，評価内容が明示されるので，仮にその項目のウェイトが変化した場合，全体の順位がどのように変化するかといった感度分析を行うこともできる．

集団での意思決定はしばしば意見の集約に手間取ったり，結果に不公平感が残ったりしがちであるが，AHPを用いることで，全体の意見集約だけでなく，

表17.1　AHPによるセンター立地選定の結果

	治安	道路アクセス	労務環境	通信環境	総合得点
A市中心部	0.540＊0.54 0.292	0.106＊0.31 0.033	0.540＊0.10 0.054	0.2＊0.05 0.01	0.389
A市郊外	0.297＊0.54 0.160	0.744＊0.31 0.231	0.163＊0.10 0.016	0.4＊0.05 0.02	0.427
隣接都市	0.163＊0.54 0.088	0.150＊0.31 0.047	0.297＊0.10 0.030	0.4＊0.05 0.02	0.185

個別の意見がどのように異なっているかが可視化できることで公平感が増し，誰もが納得できる意見集約が可能となることも利点の一つである．最近では空港や高速道路建設の可否や工事優先度の判定など公共事業の計画に用いられるほか，新製品のターゲット市場の判定，市場に合致したデザインの選択，システム機器の選定などにも適用されるなどの事例が報告されている．人事評価や取引先の選定などの分野にも使われるなど，幅広く応用されている．

17.2 経営の道具としてのOR

先に述べたように，ORを企業経営に用いる理由としては，技術的な側面だけでなく，それが経営の質的強化につながることを認識しなければならない．

ドラッカー(2006)はその著書のなかで次のように述べている．

- 過去100年多様な多数の組織が誕生した．
- 少数の「天才的」経営者だけに頼れない時代の要請から「道具としての経営科学」が登場した．これによって，ごく限られた才能にのみ可能だった経営が多くの人に遂行可能な業務になった．
- 経営者は経営科学者を道具として使いこなす必要がある．
- 経営科学は「普通の人間」が良い仕事をできるようにする．

今日，欧米を中心に経営学やMBAのカリキュラムでは必須の知識としてORの基礎が重視されているのは，「経営科学が『普通の人間』が良い仕事をできるように」すると経営に認められているからである．これに対して，わが国では，ORは理工系学部における数理的解法を中心とする学問領域として捉えられ，実務との接点が薄いことが問題であり，この強化が今後の国際競争力において大きな課題となることが危惧される．

17.3 企業現場におけるORの実行プロセスと活用のための環境

ORの実施における手順は，簡単に整理すると次のようなプロセスとなる．

① 課題の理解と問題の抽出：解くべき課題の把握．解を求める目的．検証するべき仮説．

② データとモデルの準備：データ収集，整理，標準化．因果関係の抽出，分析，予測．

③ モデルと解法の選択：計算エンジン，解法ツールの選択と入手，あるいは開発．

④ 計算結果の分析：現実状況との対応の確認，感度分析，仮説検証．

⑤ 結果の経済的・経営的解釈

⑥ レポートの作成

ORの実行は単純に上記の手順をつなぐだけではない．ORの実施過程を**図17.5**に示すような2つのループをもった循環的な過程として理解することが重要である．ここに示した「ダブルループモデル」は筆者が命名し提案しているもので(高井他，2000)，ORを理解するうえで極めて重要な概念を含んでいる．すなわち，その実行過程は，左側の数理モデルによる操作を含まない「通常の」意思決定か意思決定過程であり，右半分は現実を投影したモデル操作の過程を示している．ORの実施はこの2つのループをいかに合理的に，正しい意味をもってつなぐことができているかによってその成否が決まるといってよ

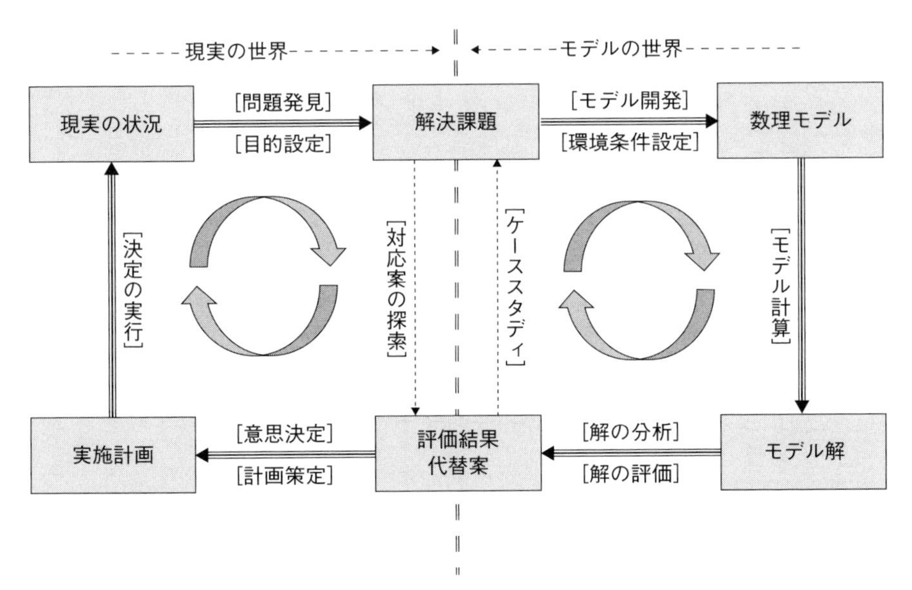

図17.5　ORによる問題解決過程：ダブルループモデル(高井他，2000)

い.

ここで重要なことは左の現実世界のループから右のモデル世界のループに持ち込む接点と，モデルの世界で得られた成果を左の現実世界に持ち込む具体化の接点について，すなわち2つの世界の境界線を認識し，意識しておくことである.

左の現実世界のループから右のモデル世界のループに持ち込むときに意識するべきポイントは次のとおりである.

- 対応すべき課題は何か.
- 解決すべき問題は何か.
- 解決結果を評価する尺度は何か.
- 操作できない条件や変数は何か.
- 操作可能な条件や変数は何か.
- モデルに持ち込む項目は何か，捨象するものは何か.
- 操作変数と結果の評価を結びつけるロジックは何か.
- 関係の表現と操作に適したモデルやOR手法は何か.
- 検討すべき環境設定と予想される変化は何か.
- 代替的なケースや提案は何か.

逆にモデルの世界で得られた成果を左の現実世界に持ち込む具体化の接点において重要なことは次のとおりである.

- 評価の因果関係を透明性のあるロジックで説明できるか.
- 評価結果の(尺度の数値)を四則演算で説明できるか.
- 予想外の数値になっている変数はないか.
- 予想外のボトルネックは見つからないか.
- 捨象した条件がキーファクターになっていないか.
- 新しい変数を追加する必要はないか.
- 新しい条件を追加，あるいは変動させる必要はないか.
- 新しいケースを追加する必要はないか.
- 通常のビジネス用語で結果を説得できるか.

企業においてORを使うということは，上記の諸課題が円滑にクリアされる環境を用意することにある．ともすると，モデルの開発やソフトウェアの導入にのみ目が行ってしまいがちであるが，それらは重要ではあってもあくまでも道具の問題であることを意識しておくべきである．

企業組織においてORを使うときに，まず理解しておくべきことは，ORの活用には**図17.6**に示すように，さまざまな立場の関係者がかかわってくるということである．それぞれが多くの場合異なった価値観をもつ組織に属している人々をまとめて一つのシステムをつくり上げるのは簡単ではないことは理解できよう．

ORワーカーに必要なスキルには人間的な折衝力や説得の技術，あるいは問題点を聴き出して解決に導く能力が求められる．このような能力は多くの場合社外の専門家には期待できない．ORというと数理的な能力が重視されがちであるが，それだけでは解決できないところにORの面白さがあると言っても過言ではない．

図からもわかるように，組織的にORモデルを動かすには，円滑に信頼性の高いデータを収集するシステムや，ORによる試算の結果を吟味して実務に結びつけられる理解者がいることなどが必要になる．このような環境は高度なORツールを用意することや，高い計算能力をもったコンピュータシステムを

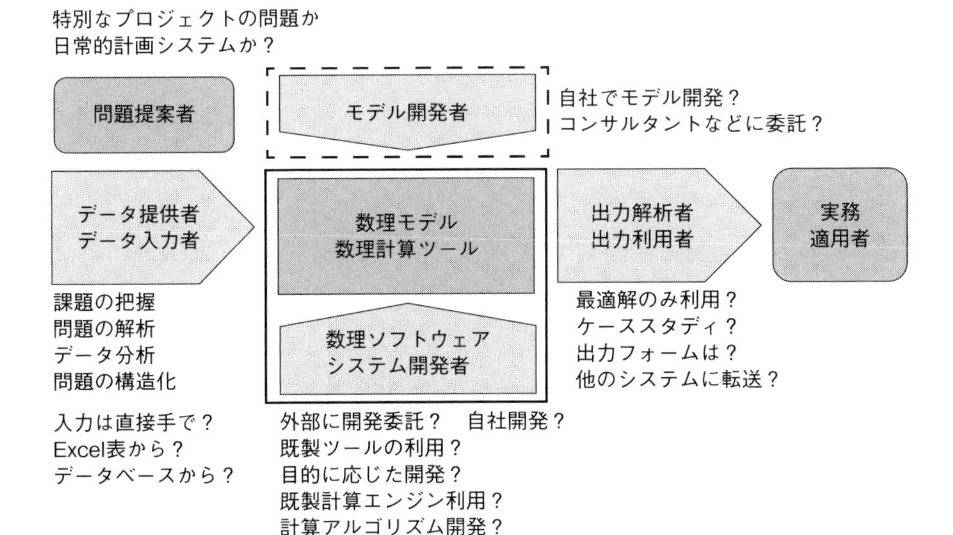

図17.6　ORの実施における関係者とさまざまな決定課題

準備すること以上にOR活用の成否を左右する要因である．

17.4　わが国のSCMにおけるOR活用の現状と課題

先に述べたように，ORの実施者には，多くの人間的な能力が求められる．簡単にまとめると次のようにいうことができよう．

- 実行結果を想定(想像)できる能力．
- 関係者とコミュニケートし協力を得る能力．
- 割り切る能力．必要な条件や問題の範囲(ドメイン)を決める能力(重要なものを残して，切り分ける)．
- 現実に即して結果を解釈，分析，理解する能力．
- 結果をビジネスに翻訳し，説明し，説得する能力．
- 数学にこだわらない・解の結果にこだわらない能力．

ここに見られるように，ORの実施者に求められる能力はいわゆる理工系と考えられている能力と文科系とされる能力の両方にまたがっているものだといえる．しかし，わが国には伝統的に，というよりも制度的に「文科系」と「理工系」を分ける傾向が強く，このため，両者の分断と乖離が起きていて，米国の大学院のようにマーケティング専攻とSCM専攻の院生が一緒に授業を受けたり，グループワークを行うということは起こりそうにない．

企業においてはいわゆる「事務屋」と「技術屋」という分け方が広く行われている．このような二項対立の構図は学界と実業界の分断と乖離についてもいえることである．これはそれぞれの立場に対する無関心と傲慢を生んでいて，「難しいことはわからないからうまくやってくれ」という経営者と「どうせ話しても理解できないだろうから……」とする技術者を生んでいる．

このことは，取りも直さず，先に述べたダブルループの両方のループが乖離してしまっている状況を示している．ORの実施においてはこの間をとりもってダブルループをつなぐことが求められるわけであり，ORの実施者は社会科学と理工学のコラボレーションによって新しいアプローチを確立し，課題対応・問題解決を行う可能性を探っていかなければならないといえよう．

第 18 章
在庫最適化とシミュレーション

18.1　発生原因別在庫の分類

サプライチェーンが上手にコントロールできているということは，在庫が適正にコントロールできているということにほかならない．本章では，直接的に在庫を最適化するための基本ロジックについて解説する．在庫はいろんな形態で，あらゆるところに存在する．そこでまずは発生原因別，あるいは在庫を必要とする理由にもとづく在庫の分類と，削減のための着眼点を簡単に述べておこう．

① **ロットサイズ(サイクル)在庫**

調達(購買)や生産などの供給ロットサイズが，1 回の需要量に比べて大きいために残存する在庫．ロットサイズを小さくすれば在庫量は減る一方，調達回数や生産回数は増加する．この削減のためには，発注コストの低減や，**第 3 章**で述べた多サイクル化がその方策となる．なお，市場価格の変動を予測して，低価格のときに大量に購入した結果として残っている在庫を特に買いつなぎ(ヘッジ)在庫と呼ぶことがある．

② **見越し在庫**

未来の需要が供給能力の上限を超え，供給能力不足に陥る事態に備えて，積み上げておく在庫．特に需要に季節変動性が見られる品目に対し，需要のピークに合わせて生産能力を保持すると設備投資が大きくなることを避けるためである．この削減については需要側の相異なる季節変動パターンをも品目の組み合わせた供給側の負荷の平準化や，まず季節変動パターンの予測精度を上げることである．

③ **安全在庫**

指示をしてから実際に供給されるまでの間に，リードタイムを要する場合，その間に発生する需要のばらつきをまかなうために保持する在庫．顧客との連携による需要情報の共有が第一であるが，需要のほうがコントロールできない状況ではリードタイム短縮が第一に求められる．

以上の分類の他に，サプライチェーンという観点から，見える化や管理精度に起因して止まっている，あるいは迷子になっている時間相当する④管理精度在庫(あるいはパイプライン在庫)，そして**第2章**で述べたブルウィップ効果に伴い発生する⑤デカップリング在庫などがある(例えば，圓川(2009a))．

18.2 在庫は「最悪のムダ」という考え方

在庫は，トヨタ生産方式でいわれる「生産現場7つのムダ」のうち，「最大のムダ」などと呼ばれ，忌み嫌われている(大野，1978)．とにかく在庫を減らすことが，「絶対的な善である」と聞こえるようにも論じられている場合がある．しかし，前節の在庫の発生原因からして，在庫が一概に悪いと考えるのも無理がある．特に2番目の「見越し在庫」などは，サプライチェーンを上手にコントロールした結果としての在庫であり，むしろ望ましいものである．在庫は「最悪のムダ」との主張は，どのように解釈されるべきなのであろうか．この戒めの本質を冷静に見極めておく必要がある．

在庫，特に安全在庫を保持していれば，需要のばらつきによる供給不足から保護される．同様に，**第1章**で述べた故障や不良，遅れといった内部からの変動による供給のばらつきからも保護される(**第19章**を参照)．

変動，ばらつきの原因は根深いものもあり，改善することは難しいかもしれないが，可能なものから少しずつでも改善して，ばらつきを減らしていくことが望ましい．「最悪のムダ」とは，存分に在庫をもっていればいつも保護されるので，これらの改善へのモチベーションが上がらないことを戒めている．改善をしようと企てても，費用対効果の金額が算出できないと，稟議書の作成に困っている場面にしばしば遭遇する.

自社でコントロールできないばらつきの程度と，管理能力を冷静に見極め，適正な安全在庫を保持することが必要である．ばらつきを改善すれば，安全在庫量を減らすことができる.

18.3　適正な安全在庫を決定する基本ロジック

18.1節で紹介した在庫のうち，安全在庫の最適化は古典的な在庫理論としてロジックが確立されている．本節ではこのロジックについて基本を押さえておく.

発注タイミングで発注したものは，一定のリードタイムの経過後(入荷タイミング)に入荷することを前提としている．発注は在庫量を見て，在庫量が一定の量以下となった場合に発注する．この判断基準となる在庫量を「発注点」という.

安全在庫の理論とは，要するにこの発注点を決めるための理論でもある．各期の需要Xの平均をμ，標準偏差をσとしよう．リードタイムをLTとすると，LT中の需要の分布は，平均が$LT\mu$，標準偏差は$\sqrt{LT}\sigma$で与えられることが知られている．これは平均は無論のこと，標準偏差の2乗である分散は足し算で求められることから(分散の加法性)，分散$LT\sigma^2$の平方根として標準偏差が求められることにもとづく．したがって，LT中の需要の分布は，**図18.1**のように描くことができる.

安全在庫とは，LT中に平均需要量($LT\mu$)を越えて発生する需要量に対して必要となってくる在庫であることから,

$$安全在庫 = k\sqrt{LT}\sigma \tag{18.1}$$

発注点は在庫量が，安全を含めたリードタイム中の需要量を下回る限界点であることから,

$$発注点 = LT\mu + k\sqrt{LT}\sigma \tag{18.2}$$

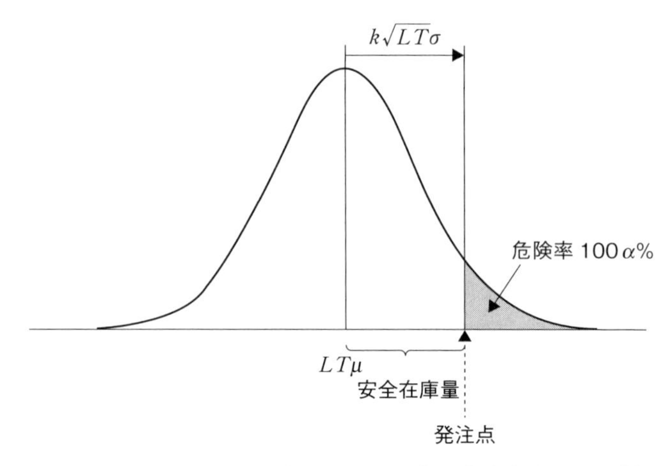

図 18.1　リードタイム中の需要の分布と安全在庫量の関係

で与えられる．

ここで k とは安全係数と呼ばれ，**図 18.1** の需要の分布が正規分布(normal distribution)に従うと仮定すれば，正規分布は平均から標準偏差(この場合 $\sqrt{LT}\sigma$)の k 倍以上の確率は，k のみによって一意に決まるという性質をもつ．すなわち，安全在庫量を上回って需要が発生する確率(図中の網掛け部分)，すなわち危険率は安全係数 k によって決まる．

例えば，k が 1.282 のときには危険率は 10%，同様に k の値とそのときの危険率を括弧内で示すと，1.645(5%)，1.960(2.5%)，2.326(1%)，2.576(0.5%)，3.090(0.1%)などである．これは標準正規分布と呼ばれる平均 0，標準偏差(分散)が 1 の分布において，k は上側確率が 100α%点となる点に相当し，統計の教科書であれば，両者の関係の表が必ず掲載されているので参照されたい．

式(18.1)のように安全在庫は LT の平方根で決まるところから，安全在庫の式は平方根の法則とも呼ばれる．リードタイムを短縮するとその平方根分だけ安全在庫も少なくて済む．例えば安全在庫を半分にしたければ，リードタイムを 1/4 にする必要がある．

なお，**図 18.1** に正規分布を仮定してよい根拠については，各期の需要 X がどのような分布であっても，その足し算の分布，すなわちリードタイム中の分布は正規分布に近づくという中心極限定理と呼ばれるものにもとづく．詳細は，統計の専門書などを参照していただきたい．また，前述の各期の標準偏差からLT中の分布の標準偏差を求める根拠とした分散の加法性については，SCMの重要な戦略の一つである**3.5節**で取り上げたリスクプーリング戦略のロジックの柱にもなっているものである．

さて，実際に需要データを観測し，安全在庫，発注点を求めるにはどのような手順を踏めばよいだろうか．そのためには，式(18.1)，式(18.2)にある未知のパラメータμ，σの推定から始める必要がある．μ，σの推定値を$\hat{\mu}$，$\hat{\sigma}$と表記すると，以下の式より求めた推定値をμ，σとして代入することによって求められる．すなわち，過去のn期の需要データ＝$\{x_1, x_2, x_3, x_4, \cdots, x_n\}$から，

$$\hat{\mu} = \bar{x} = \frac{\sum_{i=1}^{n} x_i}{n} \tag{18.3}$$

$$\hat{\sigma} = \sqrt{\frac{\sum_{i=1}^{n} (x_i - \bar{x})^2}{n-1}} \tag{18.4}$$

である．

例を示そう．過去n期の需要データから，上の式を用いて$\hat{\mu}$，$\hat{\sigma}$がそれぞれ10，3と求められたとする．リードタイムは4期である．許容欠品率である危険率を5%に設定したとすれば，式(18.1)より$1.645 \times \sqrt{4} \times 3 = 9.870$，したがって安全在庫＝10個，式(18.2)より発注点＝$4 \times 10 + 10 = 50$が得られる．

ここで危険率については，よく勘違いをされるので改めて意味を説明しておく．許容欠品率，危険率は需要に対して5%の欠品があるというのではなく，あくまでも1回の発注に対して，欠品が起こる確率が5%という意味である．需要に対する欠品という意味ではこれよりも大幅に小さいことに注意を要する．通常，許容欠品率を2.5%として，安全係数を1.960，さらに丸めて2とする場合が多い．

次に発注方式について説明しておこう．発注方式は，発注するタイミングが制限されている場合と，制限されていない場合の2種類に分類される．

発注するタイミングに制限がない場合の代表例が，発注点（注文点：reorder

point）方式である．通常$(s,\ Q)$と記載される．在庫量（厳密には手持ち（on hand）在庫に発注済でまだ手元にないオーダー（on order）量を加えた有効（available）在庫量）が，発注点sを下回ったとき，あらかじめ契約等で定められた定量の発注ロットサイズQだけ発注するというものである．発注点sは，式（18.2）によって設定される．

なお，Qの決め方に，期当たり発注コストと段取コストの合計を最小にする**3.2節**で紹介した経済発注量，あるいは経済ロットサイズEOQがある．古典的な理論であるが，経済的な発注量の決め方として，欧米では今でもよく使われている．

何らかの理由で，発注するタイミングが，月に1回とか週に1回などと制限されている場合がある．このような場合，発注者は，発注できるタイミングごとに，発注するかしないかを決める．次回の発注分が納入されるまでに必要な在庫（平均需要＋安全在庫）以上の在庫があれば発注しない．そうでなければ，発注する．その際のリードタイムは，発注～納入までのリードタイムに加え，現在～次回発注タイミングまでの期間も加えなければならない（**5.3節**を参照）．発注する場合の発注量は，現在の在庫量に応じて変化させる場合がある．この方式を定期不定量発注方式という．

18.4　安全在庫をもつべき品目の選定

安全在庫の量を適正する以前に，そもそも安全在庫をもつかもたないかを決める必要がある．需要が見込まれない品目まで，安全在庫をもつ必要はない．安全在庫をもつかもたないかは，欠品のリスクと，不良在庫化するリスクを天秤にかけて判断する．欠品する可能性が高く，欠品した場合のダメージが大きいと判断すれば安全在庫が必要である．反対に，欠品する可能性とダメージが，長期間の在庫となってしまう可能性と比べて相対的に低いと判断すれば，安全在庫をもたないほうがよい．この節ではこの判断基準になる手法について紹介する．

(1)　ABC分析

ABC分析と呼ばれる手法では，まず品目ごとに，過去一定期間の需要量(あるいはその金額表示)をその多い順に並べる(**図18.2**)．そして，各品目の需要量を棒グラフで，需要量の累計を折れ線グラフで示す．このように並べて，需要量の多い品目をAランク品，その次のグループをBランク品，需要量の最も少ないグループをCランク品に分類する．効率よく管理をするための手法である．

A，Bランク品は欠品リスクが高いので重点的に管理して，Cランク品は欠品リスクが低いので管理工数のかからない方法で管理する．例えば，Aランク品は需要計画を精査して，綿密な需給計画を立てて，欠品を防止しながらも在庫量をも切り詰める．Bランク品は頻繁に在庫量をチェックし，適正な安全在庫を維持する．Cランク品は，月に一度程度在量を確認し，在庫が少なければ1カ月分を発注する．Cランク品は需要量が少ないので，1カ月分の在庫を

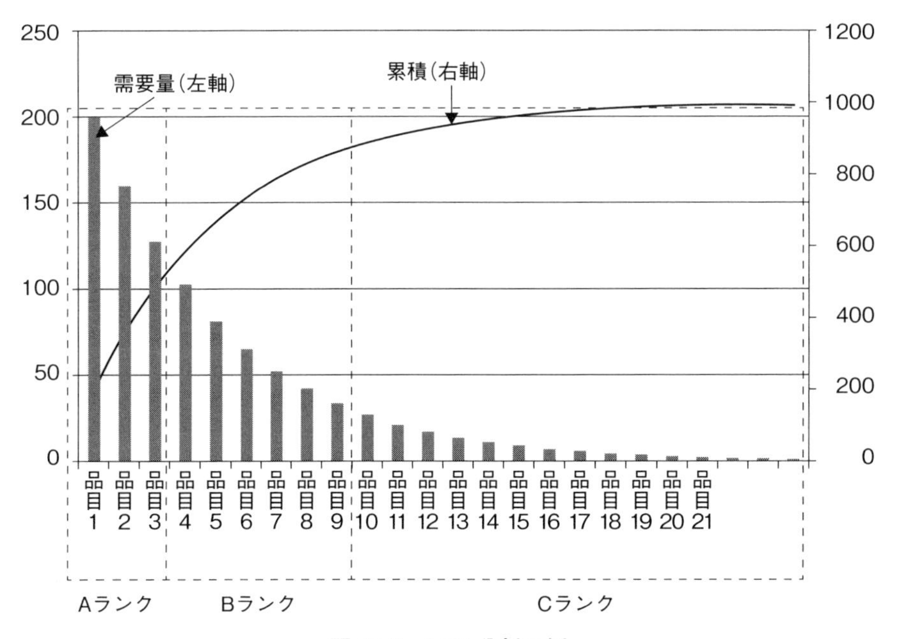

図18.2　ABC分析の例

もっても総量はたいしたことにはならないし，仮に欠品したとしてもトータルの欠品数は少ない．

なお，ABC 分析に関連してパレートの法則，20%−80%ルールと呼ばれる用語がある．多くの取扱い品目があっても，20%の品目が全体の 80%を占めるという経験則である．

(2)　RFM 分析

RFM 分析は，R(Recency：直近性)，F(Frequency：頻度)，M(Monetary：金額)の 3 つの基準を用いて，欠品リスク(≒機会損失リスク)と，不良在庫リスクを評価して在庫のもち方を判断する手法である．

R(Recency：直近性)は，最後の需要時期が近い品目ほど高得点を与える．F(Frequency：頻度)は，一定期間の需要回数の高い品目ほど高得点を与える．R の得点と，F の得点を掛け合わせて，リピート性の得点とする．**表 18.1** に R と F の得点の与え方の例を示す．M(Monetary：金額)は，需要の数量もしくは金額を得点とする．

R と F を掛け合わせたリピート性の得点を縦軸に，M を横軸にとり，両方の軸で品目を 4 つの象限に分類したものが**図 18.3** であり，各々の象限の性質から管理方針を決定する．

リピート性が高く需要量も多いグループ(右上)の品目は，欠品した場合の量が多くリスクが高い．反面，在庫を多めにもってしまっても，消費が早く，不

表 18.1　R と F の得点例

R 得点表

最終需要時期	得点
1 週間以内	5
2 週間以内	4
1 カ月以内	3
3 カ月以内	2
3 カ月より前	1

F 得点表

頻度	得点
60 回/年　以上	5
48 回/年　以上	4
24 回/年　以上	3
12 回/年　以上	2
12 回/年　未満	1

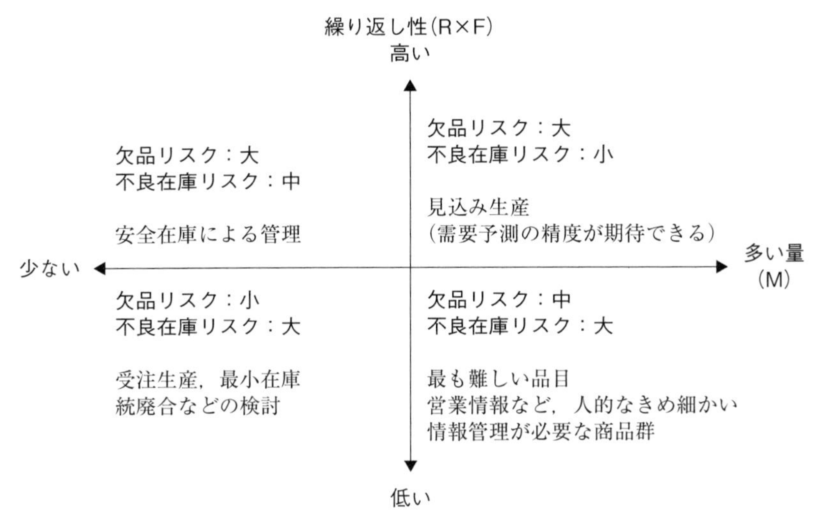

図 18.3　RFM 分析

良在庫リスクは少ない．需要のリピート性と量が多いということは，需要が安定していると考えることができる．そこで，計画生産や見込み生産などが適している．

リピート性が高く，需要量が少ないグループ(左上)の品目が欠品した場合，欠品回数が増加するため欠品リスクは高い．一方，在庫を多めにもってしまった場合には，消費に時間はかかるが，リピートが期待できるので，やがて在庫は消費される．安全在庫をもって管理するのに適している．

リピート性が低く，需要量も少ないグループ(左下)の品目は，欠品しても回数も量も少ない．一方，在庫をもちすぎた場合，不良在庫となる可能性は高い．受注生産とするか，最小の在庫をもつなど，在庫をできるだけもたないような管理方法が適している．場合によっては統廃合を検討したほうがよいかもしれない．

リピート性が低く，需要量が多いグループ(右下)の品目は，要注意で，管理の難しい品目である．RFM のような数値の分析だけでは，何が起こっているかわからないため，販売の現場から情報を集める必要がある．大きなプロジェクトがあったとか，キャンペーンを行ったなど，営業と綿密に連携して判断しなければならない．新製品などもこのグループに入る場合がある．

18.5 在庫シミュレーション

ここまで，安全在庫をもつ品目とその数量(発注点)について説明してきた．本節では，在庫にかかわる事項をすべてコストとして捉えて，全体のコストを最小化するための発注点と発注ロットサイズを求める手法について解説する．

需要の分布は事前の調査でわかっているとする．発注点と，発注ロットサイズに影響を受けるコストとして，在庫コスト，欠品コスト，発注コストを考え，これらの合計を総コストとする．与えられた需要分布に対し，総コストが最小となる発注点と発注ロットサイズの組み合わせを求めることが目的である．

在庫コストとは，1個の製品を1期間在庫した場合に発生するコストで，保管費用や製品原価に対する金利などを含む．場合によって陳腐化の費用や棚卸評価損も考慮する必要がある．欠品コストとは，欠品が1個発生した場合のコストで，機会損失費用やペナルティ費用などを含む．発注コストとは，発注業務1回当たりに発生する費用で，事務費，通信費，固定的な輸送費などを含む．発注点と発注ロットサイズを変えた場合に，各コストに与える影響を**表18.2**に示す．

最適解を計算づくで解析的に求めるのは相当難しい．そこで，もっと簡単にシミュレーションを使って最適解を探す方法がよく用いられる．シミュレーションとは**第17章**で紹介したように，乱数を使い実際の需要を模擬的に再現して在庫コストを算出する手法である．**図18.4**に在庫シミュレーションを表計算ソフトで行っている様子を示している．1週間を1期間とし，図では下のほうが切れてしまっているが，表は52週間分続き，1年間の在庫推移を表している．

各期の初期在庫から，各期の需要が減じられて，その期の最終在庫となる．最終在庫は，翌期の初期在庫となる．ただし，需要量が在庫量を越えた場合は，超えた分が欠品として計上され最終在庫量は0となる．最終在庫数と発注残の合計が，発注点以下となった場合には追加で発注する(“発注？” がTRUEとなる)．発注した結果，リードタイム後に納入されて初期在庫に加えられる．

表 18.2　発注点，発注ロットサイズとコストの関係

検討する値	多くする	少なくする
発注点	在庫コストが増える 欠品コストが減る	在庫コストが減る 欠品コストが増える
発注ロットサイズ	在庫コストが増える 欠品コストが減る 発注コストが減る	在庫コストが減る 欠品コストが増える 発注コストが増える

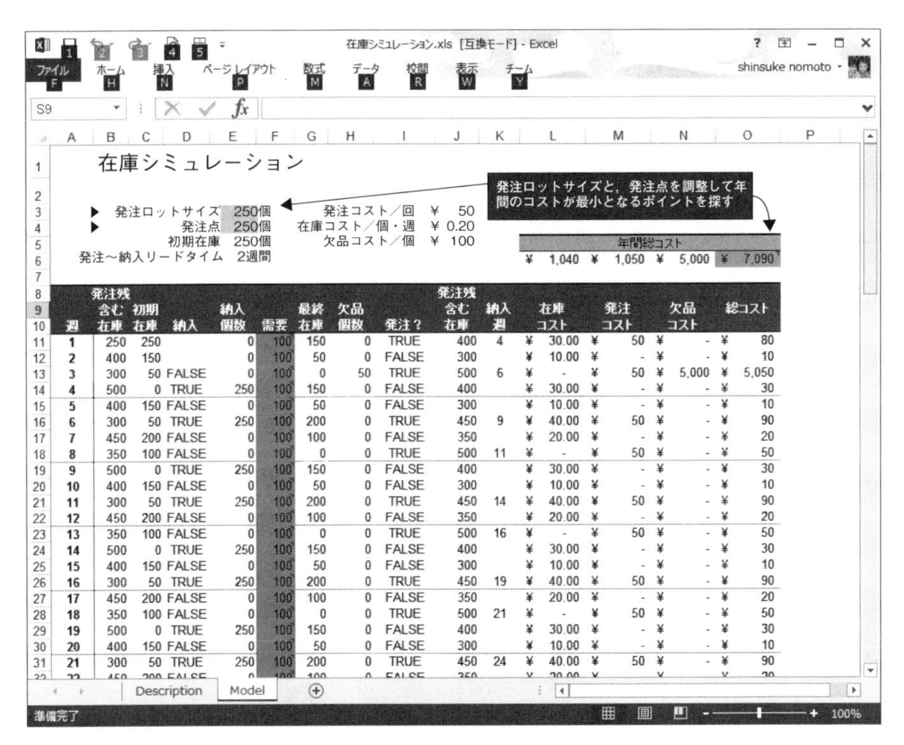

週	発注残含む在庫	初期在庫	納入	納入個数	需要	最終在庫	欠品個数	発注？	発注残含む在庫	納入週	在庫コスト	発注コスト	欠品コスト	総コスト
1	250	250		0	100	150	0	TRUE	400	4	¥ 30.00	¥ 50	¥ -	¥ 80
2	400	150		0	100	50	0	FALSE	300		¥ 10.00	¥ -	¥ -	¥ 10
3	300	50	FALSE	0	100	0	50	TRUE	500	6	¥ -	¥ 50	¥ 5,000	¥ 5,050
4	500	0	TRUE	250	100	150	0	FALSE	400		¥ 30.00	¥ -	¥ -	¥ 30
5	400	150	FALSE	0	100	50	0	FALSE	300		¥ 10.00	¥ -	¥ -	¥ 10
6	300	50	TRUE	250	100	200	0	TRUE	450	9	¥ 40.00	¥ 50	¥ -	¥ 90
7	450	200	FALSE	0	100	100	0	FALSE	350		¥ 20.00	¥ -	¥ -	¥ 20
8	350	100	FALSE	0	100	0	0	TRUE	500	11	¥ -	¥ 50	¥ -	¥ 50
9	500	0	TRUE	250	100	150	0	FALSE	400		¥ 30.00	¥ -	¥ -	¥ 30
10	400	150	FALSE	0	100	50	0	FALSE	300		¥ 10.00	¥ -	¥ -	¥ 10
11	300	50	TRUE	250	100	200	0	TRUE	450	14	¥ 40.00	¥ 50	¥ -	¥ 90
12	450	200	FALSE	0	100	100	0	FALSE	350		¥ 20.00	¥ -	¥ -	¥ 20
13	350	100	FALSE	0	100	0	0	TRUE	500	16	¥ -	¥ 50	¥ -	¥ 50
14	500	0	TRUE	250	100	150	0	FALSE	400		¥ 30.00	¥ -	¥ -	¥ 30
15	400	150	FALSE	0	100	50	0	FALSE	300		¥ 10.00	¥ -	¥ -	¥ 10
16	300	50	TRUE	250	100	200	0	TRUE	450	19	¥ 40.00	¥ 50	¥ -	¥ 90
17	450	200	FALSE	0	100	100	0	FALSE	350		¥ 20.00	¥ -	¥ -	¥ 20
18	350	100	FALSE	0	100	0	0	TRUE	500	21	¥ -	¥ 50	¥ -	¥ 50
19	500	0	TRUE	250	100	150	0	FALSE	400		¥ 30.00	¥ -	¥ -	¥ 30
20	400	150	FALSE	0	100	50	0	FALSE	300		¥ 10.00	¥ -	¥ -	¥ 10
21	300	50	TRUE	250	100	200	0	TRUE	450	24	¥ 40.00	¥ 50	¥ -	¥ 90

図 18.4　表計算ソフトによる在庫シミュレーションの例

納入されるまでの間，発注残としてカウントされる．以下，これを 1 年分繰り返す．

コストとして，最終在庫に 1 個当たりの在庫コストを乗じた在庫コスト，欠品数に 1 個当たりの欠品コストを乗じた欠品コスト，発注した場合は，1 回当

たりの発注コストが計算され，これらの合計を総コストとして，1年間分を集計している．

この表の需要欄に，実際の需要量を入力すれば，実際のコストが計算される．ここで乱数と実際の需要に適合する確率分布を使い，各期の需要を疑似的に再現する．**図18.4**の場合，確率分布として平均100のポアソン分布が用いられている．これで1年間の総コストが模擬的に再現できる．しかしこれは，たまたまの1年間の出来事であり，乱数の出方により結果は変わる．運の良い年もあれば悪い年もある．そこで，これを何年分も繰り返して平均やばらつきを見る．

図18.5は1000年分繰り返した結果の例で，総コストの度数分布表である．平均だけではなく，運が良い場合から，悪い場合までのばらつきの様子も把握できる．後は，同じ要領で，発注点と発注ロットサイズを，いろいろ変化させて，コストも少なく，なおかつばらつきも小さいところを探す．

余談ではあるが，在庫シミュレーションを実施すると，発注～納入リードタ

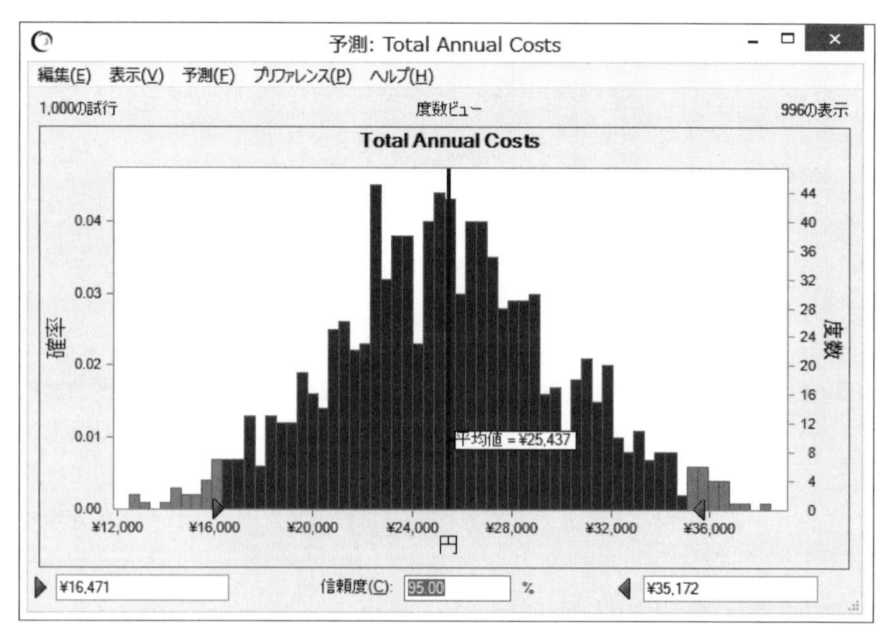

図 18.5 在庫シミュレーションの結果例

イムがコストに大きな影響を与えることがよくわかる．なお，ここでの在庫シミュレーションは，Crystal Ball と呼ばれるソフトを用いたものである．

18.6 SCMにおける在庫最適化の位置づけ

在庫理論は直接的に在庫量を適切にすることを目的としている．そして在庫量を適正にすることによりサプライチェーンの健全な状態を維持しようとしている．しかし，冒頭でも述べたように，本来はサプライチェーンがうまくコントロールされていれば，その結果としての在庫量が適正な在庫量である．主体はあくまでSCMであり，在庫量はその症状に過ぎない．

このことを念頭に置けば，安全在庫の理論を適用すべきところと，適用すべきではないところがおのずと明確になる．まず，S&OPや生産計画が緻密に行われている範囲内にある在庫には適用すべきではない．次に，比較的精度が高く予測されている需要に対しても，在庫理論を適用すべき場面ではない．これらは，需要計画や需要予測に対し，生産能力などの制約条件を考慮して供給計画を立案し，その結果として在庫量が決まる．**18.1節**で説明した見越し在庫などは，在庫理論を適用しては得られない在庫計画の一例である．

在庫理論は，需要が計画的でもなく予測の精度も低く，せいぜいできることといえば，ばらつきを統計的に把握することぐらい，というようなところに対して適用すべきである．

実際には後工程にはしっかりした需要計画があるにもかかわらず，単に組織の壁や習慣などの理由により，前工程にその計画が伝わっておらず，担当者からの発注にもとづいて供給せざるを得ない場合がある．後工程が，別工場であるとか，顧客であるなどの場合である．前工程としては，後工程の需要がわからないような状況では，在庫理論に頼り安全在庫に頼るぐらいしか方法がない．このような場合，前工程の計画が開示されれば，ここの在庫はS&OPの範囲内に入るので，もはや安全在庫に頼る必要がなくなる．在庫量も劇的に減り，なおかつ欠品のリスクも低減する．上流側・下流側双方にメリットがある．そのようなポイントがありはしないか，一度点検してみることをお勧めする．

最後にエシェロン在庫(echelon stock)という概念を紹介しておこう(Silver

他，1985）．エシェロン在庫とは，自分の手持ち在庫にそこを通過し移動中を含むまだシステムのある在庫の総計である．これを把握できるということは，例えばシステムの一番川下で1個でも実需があれば，そこに直接に接しない上流拠点のエシェロン在庫も1個減ることから，在庫という観点から究極の見える化であり，これを用いた意思決定の応用とその効果は著しく大きい．

第 19 章

Factory Physics と JIT，日本企業のリスクマネジメントの二面性

19.1 変動を認めたうえでの最適化アプローチ：Factory Physics の概要

テイラーの標準という概念の考案によるものづくりの効率のための革新以来，多くの生産にかかわるマネジメント・計画手法が考案，実践されてきた．それらは**第 1 章**で述べたようにサプライチェーンオペレーションのなかの生産にかかわるリスク，内なる変動，そして市場，外からの変動との戦いの歴史でもあった．そのなかでここ 20 年以上も現在の生産パラダイムの位置を占めているのはリーン(lean)(ウォマック他，1990)であるといえる．これは 1980 年末に，米国を中心にわが国自動車産業，なかでもトヨタ生産方式(TPS)，あるいは JIT をベンチマークし，経営手法として普遍化を狙いとして生まれたものである．

しかしながら，リーンあるいは JIT という名の下に普及が進むにつれて，経営手法として導入すると，多くの場合失敗するか，JIT の本質的なものが抜け落ちた形骸化したものに陥ることを欧米の多くの企業が経験することになった．一方で，JIT の後述する変動低減活動としての体質改善を時間をかけて忠実に実践することによって，適切な在庫をもたずに短期的には生産量を確保できないような現実も出てくるようになった．

そこで登場するのが Hopp 他(2008)による Factory Physics(FP)である．JIT を含めて多くの管理手法が提唱・流行してきたが，いずれも理論が不在で

あった．これに対して，FPは生産における内なる変動(故障，段取など)に着眼し，これに待ち行列理論を適用することによって生産マネジメントを理論的に定式化したものであり，変動の与える影響のメカニズムや，変動を認めたうえでの最適化やマネジメント手法を提唱したものである．

FPにおける中核をなす概念は，生産における TH(時間当たりスループット：生産高)，WIP(仕掛在庫)，そしてわが国では通常リードタイムと呼ばれる CT(サイクルタイム，以下リードタイム)の間には，定常状態では待ち行列理論でリトルの公式と呼ばれる，次の関係が成立するというものである．

$$TH=\frac{WIP}{CT} \tag{19.1}$$

ここで，WIP は待ち行列理論における系内人数，CT は系内滞留時間に相当し，TH は到着率，あるいは平均到着間隔の逆数である．到着率と TH に対応する退出率は，定常状態では等しくなるということにもとづいている．

FPの基本は，このリトル公式にもとづき，実力に応じた適切な WIP をもつことで，狙いの TH を確保しようというものである．WIP を抑え CT を短くできればリーンなものづくりであり，それ自体は大変良いことであるが，一方，そのような実力がなくても長い CT に対応した WIP や後述するようなバッファを活用することにより，fat(ファット)ではあるが同じ TH を得ることができる．WIP を抑えることばかり考えると，TH を損なってしまう，というものである．

さて，FPではこの公式を用いて，現状の生産の実力を評価する図式が与えられている．今，各工程の加工時間の和を T_0 とする．当然 T_0 は CT の下限値である．またこの工程全体の TH は，一番長い加工時間の工程(ボトルネック)の TH で決まることから，その加工時間の逆数 r_b で与えられる．そして TH を確保するための最低限必要なクリティカル在庫を W_0 とすると，リトルの公式から，

$$W_0=r_bT_0 \tag{19.2}$$

が与えられる．

したがって，w と表記する WIP が与えられたとき，$w \geq W_0$ のときベストの状態にある TH は r_b であり，対応する CT はリトルの公式から w/r_b で与えられる．また $w < W_0$ のときにはベストな CT は T_0 であり，対応する TH は同様なことから w/T_0 である．これを図示したのが，**図 19.1** の実線である．

逆にワーストなケースとして TH は全工程の加工時間の和である T_0 の逆数としての $1/T_0$ が想定され，対応する CT は wT_0 であり，図中点線で示されている．これに加えて，FP ではより現実的なケースとして，w 個の在庫がランダムに配置されている状況を想定して，一点鎖線で示されているようなプラクティカルワーストケースが与えられ，現実のケースはベストな実線とプラクティカルワーストケースの一点鎖線で囲まれた領域に位置することが指摘されている．

生産システムの理想は，**図 19.1** において w が W_0 で CT が T_0，そして TH が r_b の点である．現状の w，CT，TH を調査し，**図 19.1** 上に対応する点をプロットし，そこから矢印の先にある理想点の距離を見ることによって，そのシステムの実力を評価することができる．そして理想に向い改革が，どこまで進んでいるかも知ることができ，JIT 改革にも現実的な目標と根拠を与えるものにもなる．

実際例を示そう．これは A 社のモールド製作の全工程の例である．工場の

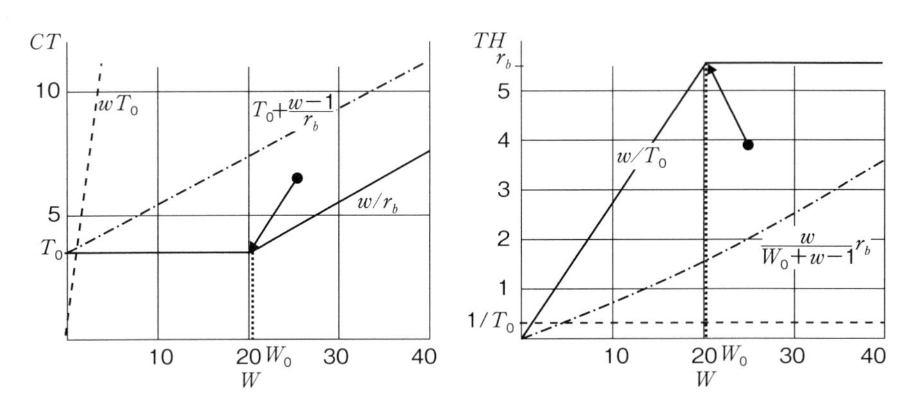

図 19.1　生産システムの TH(右)と CT(左)の性能評価の図式

日報から TH と CT を算出でき，また工場を実際に調査することで w を知ることができる．その結果，$TH=3.95$，$CT=6.76$，そして $w=25.2$ が得られ，その結果を**図 19.1** に • でプロットしてある．ベストとプラクティカルワーストのちょうど中間に位置し，悪いとはいえないが，理想点に向けて矢印の方向に改革の余地が大きく残されていることも同時に知ることができる．

19.2　内なる変動によりリードタイムも大きく延長する

SCM を阻害し，かつ余分な在庫を強いる要因の一つがリードタイムの大きさである．FP のもう一つの貢献は，CT は加工時間に加えて，故障や段取替えなどを源泉とする変動，そして負荷率(utilization)によって決まってくるというメカニズムを理論的に定式化したことである．

今，ある工程の 1 個当たり加工時間の自然なばらつきを含めた平均加工時間を t_0，変動係数(標準偏差を平均で除したもの)を c_0 とする．さらに突発故障やチョコ停といった予期できない変動(preemptive outage)，段取替えや工具交換といった計画的な停止(non-preemptive outage)も加味した平均加工時間を t_e，その変動係数を c_e とする．そのとき，この工程の CT は，待ち行列理論から導かれるキングマンの公式と呼ばれる近似式によって，次のように与えられる．

$$CT=\left(\frac{c_a{}^2+c_e{}^2}{2}\right)\left(\frac{u}{1-u}\right)t_e+t_e \tag{19.3}$$

ここで c_a は工程へのワークの到着時間間隔の変動係数，t_e は故障や段取などを含めた 1 個当たりの平均加工時間であり，c_e はその変動係数である．そして，u は，到着率(時間当たりのワークの到着数)を r_a，時間当たりの加工数を $r_e\equiv 1/t_e$ とすると，$u=r_a/r_e$ で定義される負荷率(utilization)である．すなわち，リードタイムは変動が大きいほど，そして変動がゼロでない限り，能力に対する負荷が高くなるにつれ，急速に延長するということを意味する．

それでは，故障や段取替えによって，t_e そして $c_e{}^2$ は，t_0，$c_0{}^2$ からどのように変化するか．まず故障の場合を考えよう．m_f を MTBF(平均故障時間間隔)，

m_r を MTTR（平均修復時間）としたとき，可動率（availability）A は，$A=m_f/(m_f+m_r)$ で与えられる．これらの記号を用いて，t_e，c_e^2 はそれぞれ次のように近似的に与えられる．

$$t_e=\frac{t_0}{A},\quad c_e^2=c_0^2+A(1-A)\frac{m_r}{t_0} \tag{19.4}$$

例えば，$t_0=10$ 分で $c_0=0.4$ の場合を考えよう．$m_f=9$ 時間，$m_r=1$ 時間とすると，A（可動率）$=0.9$ である．これらを式（19.4）に代入すると $t_e=11.1$，そして $c_e=0.837$ が得られる．さらに u を 0.95 としてこの結果を式（19.3）に代入すると（$c_a=c_e$ を仮定），$CT=159$ 分となる．すなわち正味の加工時間 10 分のジョブのリードタイムが，最終的にはその 16 倍まで増幅することがわかる．

式（19.4）の c_e^2 の式からわかるように同じ可動率であっても，チョコ停のように m_r が小さいほうが変動の増大への影響が小さいことがわかる．ちなみに，同じ可動率で $m_f=9$ 分，$m_r=1$ 分とすると，$CT=47$ 分で済む．チョコ停は自動化の阻害要因であるが，CT の立場からはまずドカ停の修復時間を短縮することがまず求められる．

もう一つ段取替えの CT への影響を示しておこう．1 回当たり段取時間を t_s，段取替えの間隔であるバッチサイズを N_s とすると，そのときの t_e，そして c_e^2 の近似解は t_e に対応した標準偏差 σ_e を介して，次のように与えられる．

$$t_e=t_0+\frac{t_s}{N_s},\quad \sigma_e^2=\sigma_0^2+\frac{N_s-1}{N_s^2}t_s^2,\quad c_e^2=\frac{\sigma_e^2}{t_e^2} \tag{19.5}$$

例えば，故障の例と同じく $t_0=10$ 分で $c_0=0.4$（$\sigma_0=4$）とし，$t_s=100$ 分，$N_s=100$ 個とすると，段取時間の大きさが直接的に効いて $c_e=0.975$ となり，故障のときと同様な条件の下で CT を推計すると，リードタイムは 20 倍以上延長され $CT=210$ 分となる．このように故障とは異なり，段取という計画的な休止であっても，大きく変動が増幅され，結果的にリードタイムを延長させることがわかる．ちなみに 1 個当たりの段取時間を同じにして，$t_s=10$ 分，$N_s=10$ 個とすると，$CT=54$ 分になり大幅に短縮される．このように同じ 1 個当たり段取時間でも，常にシングル段取に向けた改善の取組みの重要性がこの例からも推察される．

このように，工程内の故障といった確率的変動だけでなく段取時間のような計画された休止も加えて変動が増幅し，これに負荷率が加速する原理によってリードタイムが延長されるメカニズムは説明される．

以上のような *TH* と *WIP*，*CT* の関係と，種々の変動から，*TH* を守るために，変動そのものをなくすというよりも，以下の３つのバッファの使い分けによって対処されるべきということが，FP では主張されている．

① 在庫余裕
② 能力余裕(負荷率を下げる)
③ 時間余裕

加えて，MRP などのプッシュ型の生産計画手法に対して，プル方式のほうが *WIP* を抑制する効果があることを示している．しかしながら，プル方式の代表であるかんばん方式の運用には，後述するように TPS，JIT の本質である変動低減活動が不可欠であり，そのためのハードルは高い．そこで，完成品が１個完成すると(カードが外れ)，１個材料を投入することで，工程全体で *WIP*(仕掛在庫)を一定に保つ CONWIP(Constant Work in Process)と呼ばれる方式の活用が推奨されている(**図 19.2**)．

これは代表的プル方式であるかんばん方式の簡易版ともいえるが，製品群や部品群に対しても適用できるというメリットをもち，経験的に日本でも現実に広く使われている有用な方法である．また，**図 19.2** をサプライチェーンと考えると，最下流で需要があった分だけ最上流で補充を行いサプライチェーン全

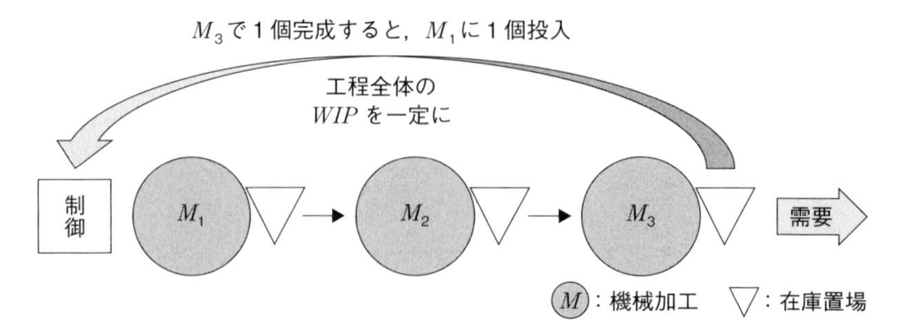

図 19.2　CONWIP 方式

体の在庫を一定にする方式となる．ブルウィップ効果を防ぐシンプルで優れたコントロール方式ともなる．

19.3　変動低減活動としての JIT の理論的説明

FP は日本のものづくりでは驚くほど知られていない．これまで筆者が FP を紹介したときに，必ず受けた質問がある．それは「これまでわれわれは，能力に対する負荷率 u を 100%に近づけることが目標であり努力してきた．ところが FP ではそれが否定されている(CT を延長させる)．これはどういうことか？」というものである．CT の式からわかるように，u を上げるということは c_a や c_e といった変動がゼロに近いという条件の下で正当化される．実際はゼロに近くてもゼロではなく，その場合 u を 1 に近づけるということは，変動が起こった場合に現場がその火消しに走り回っている状況が頻発しているということで，その代償で成立しているのではなかろうか．それは現場が強い日本では可能であっても，海外では通用しない．

前述したように，これまで理論不在であった生産マネジメントに FP は科学を持ち込むことを企図したものである．現在の生産パラダイムであるリーン，その元祖である JIT あるいは TPS についても，これまで経験論や事例にもとづく逸話的な解説がほとんどを占め，一部の特殊な運用法の問題を除いて理論にもとづく内容の論理的な説明はされてこなかった．

FP を用いることによって，TPS の一つの大きな狙いを変動低減活動として体系化することができる．そして，上記の u を 1 に近づけることの目標も正当化することができる．ここでは，TPS の構成要素を，①平準化生産，②標準作業の徹底，③異常の顕在化による強制的体質強化(かんばん枚数の削減，まず在庫は諸悪の根源)として，それぞれ FP の変動および負荷率，可動率との関係を考えてみよう．

1.2 節でも述べたように「平準化生産」とは，多品種にわたる最終車両組立ラインにおいて，一品種の投入間隔を一定にすることで混流生産(1 個流し)にするものであり，投入される部品の立場からは $c_a=0$ にする外部からの変動の凍結に相当するものである．また 3 種の最終製品 A，B，C の生産量が 2：1：

1という単純な例で説明すれば，ABACというサイクルでラインに投入することで，例えばある工程での加工標準時間が品種によって異なっていても，ABACのサイクルでは同一になり $c_0=0$ を可能にする．ここで c_0 は，故障や段取替えを含めない加工時間の自然な変動を意味する．すなわち $c_0<c_e$ である．

2番目が「標準作業」の徹底である．標準作業とは作業順序と作業方法を一義的に定めて文書化したものであり，ある工程の作業者および作業時間の繰り返しごとのばらつきと，作業者ごとのばらつきを極小化する手段である．すなわち，c_0 を極小化するものであると言い換えることができる．

そして最後が「異常の顕在化による強制的体質強化」である．工場の操業を船の航行に喩えた在庫削減の例を用いて説明しよう．**図19.3**に示すように，航行に必要な水位が在庫に相当する．在庫は本来，故障や不良，そして欠品などの変動から守るためにその存在意義がある．ここでは①それをまず下げることによって，異常，弱いところ，あるいはボトルネックを顕在化させるというストイックな方法である．②下げれば，どこかでこれまでの水位を決めていたボトルネックが顔を出し，船は座礁する．③すると，直ちにラインをストップさせてでも対策をとる．④次に，さらに水位を下げると，今度は別のボトルネックが顕在化され，これを繰り返すことによって在庫削減とともに体質強化を図ろうというものである．

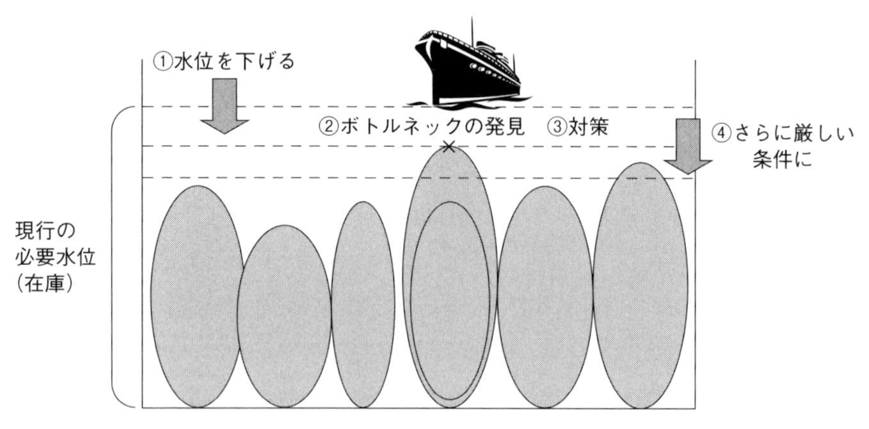

図19.3　船の航行に喩えた異常の顕在化による強制的体質強化のロジック

これは取りも直さず c_e の削減，ゼロを目指した活動に相当するものである．顔を出したボトルネックが設備故障であれば，設備信頼性を高める対策がとられる．これは可動率 A を高め，さらには m_f を増大させ m_r を下げることによって c_e を下げることにつながる．また，不良であれば工程能力を高め，欠品であればシングル段取などの段取時間の削減によって c_e をゼロにすることを目指すのが体質強化の狙いと考えることができる．

以上のように，TPS は c_a，c_0，c_e といった変動をゼロにすることを目指した変動低減活動として帰結させることができる．これをとおして工程や設備能力を最大限に活用する負荷率 u を向上する取組みを可能にできるし，リードタイム，*WIP* を抑えたうえで *TH* を確保するリーンな体制が実現できることになる．

このような体制を構築し維持するには，よく「トヨタだからできる」という指摘があるように，問題解決や問題発見への感受性や「カイゼン魂」をもった従業員の存在と企業風土が不可欠である．ましてやその途上で一時的な生産性低下にも耐えながらストイックに改善を継続するという時間のかかることでもある．このような部分が抜け落ちた経営手法としての JIT を，FP では，“ロマンチック JIT” と呼んでいるように，本来の JIT は一朝一夕にできるものではなく，そのギブアップ宣言により，FP が生まれたともいえるし，一方でこのような組織文化が機能することが期待できない海外生産では，まさに FP 発想にもとづく生産が求められよう．

19.4　グローバルサプライチェーンの見える化・リスクマネジメントへの遅れの源泉

TPS が工場のなか，そして外からの変動をゼロにすることを目指した変動削減活動であることを確認したが，TPS ではなくてもわが国のものづくりでは，工程のなかのリスク，すなわち内なる変動である不良や故障ゼロへ向けた 5S から始まる改善活動は広く一般的に行われている．さらに遅れである納期遵守率には特に敏感で，99.9％でもさらに不十分という海外では考えられない高さになっている．一方で，グローバルサプライチェーンの見える化やリスクマネジメントに遅れをとっているのはなぜか．その克服のためにも，次に国の文化まで遡って考えてみよう．

国の文化の研究で知られるホフステード(1995)によれば，国の文化は，

① 権力格差：部下の上司への依存性
② 個人主義：個人個人の結びつき度合
③ 男らしさ：男女の役割分担の明確さ
④ 不確実性回避：あいまいに対しての不寛容さ

の 4 次元で測定できるとし，世界約 50 カ国にそれぞれの国の 4 つの次元のスコアを与えている．

加えて，ホフステードは，インターネットなどの新技術が出現しても国の文化は収斂しない，そして何より重要な示唆は，この文化と有効な経営理論や手法には相性があり，たとえある国で成功した経営手法も文化の異なる国では無効か，害をもたらすなど，マネジメント手法と文化とのインタラクションを考慮することの必要性を指摘している．

日本の特徴として，男らしさ，不確実性回避が強く，権力格差，個人主義は中位で，欧米に比べては集団主義であるが，アジア諸国と比べれば個人主義，加えて中国・韓国の集団主義が儒教の影響を受けた血縁であるのに対して，日本は公，組織に対して(例えば，司馬(1993))であるといえる．加えて，4 次元のスコアの文化パターンは，アングロサクソン，北欧は無論のこと，中国に代表されるアジアの近隣諸国とも大きく異なる(圓川，2009b)．

4 つの次元のなかでビジネスや消費者行動に最も影響を与えるとされているのが，不確実性回避である．高不確実性回避の特徴として，「神経質でそわそわしている」，「忙しくしてないと気がすまない」の他，「あいまいさ(変動)を減らす努力がされる」，「精密さや規則正しさの方向に自然に向かう」，「イノベーションも，受け入れられれば導入はスムーズ」といった特徴が挙げられる．これこそ他国では真似できない不良，故障，遅れなどの変動ゼロを目指した改善努力の源泉と考えられる．

しかしながら，この高不確実性回避だけでは改善努力の源泉であることは説明できない．ホフステードのスコアによれば，ギリシャ，スペイン，ポルトガルといった国も日本以上に高い．いずれも日本同様膨大な累積債務を抱えてい

ることは共通であるが，改善となると別である．そこで重要なのが，日本の高不確実性回避は，ものや時間といったもともと見やすいものに対してであり，イデオロギーや思想，概念的な対象に対しては，逆に寛容で海外の文物を無批判に受け入れる相対主義の文化であるといわれる点である．例えば，司馬(2006)は，「普遍的な思想よりも，技術にはしる日本文化」といって，この二面性を指摘している．

内田(2009)によれば，華夷秩序における「辺境人」が日本人のメンタリティであるという．起源から遅れ相対的劣位の感情からくるいつも未完成という不安・感性から，仕上げの美学，匠の技，無限遠点に目標をおき，いつも未完成という「○○道」といった探究心が育まれた．これが技術主義，ものに対する高不確実性回避の深層にあり，不良や故障を許さないが改善努力の源泉であり，他国では真似のできない日本のものづくりの強さを支える独自のものであり，これからも維持していく必要があろう．

ものに対する高不確実性回避文化が，強い現場，そしてSCMの肝となる“見える化”の原点である“目で見る管理”を生み出した．しかしながら一方で，それがサプライチェーン全体，そしてそこでのリスクマネジメントは，なぜこれまで弱かったのであろうか．その理由と克服のために，日本文化の特徴を，多くの文献に求めてみると，その背景には次の3つの特徴が挙げられる(圓川他，2015)．

① **インスティテューショナル集団主義**：古来，地縁的な惣やムラ，そして現在では会社や法人といった“公”の集団内では均質性が求められる．一方で集団の外には無頓着か寛容，特に海外の異文化や宗教にも無抵抗に受け入れ，溶解分解酵素・可塑融通性により日本流にカスタマイズしてしまう．

② **現実主義・現世主義**：現在を尊び，自ら変わるのは苦手である．ただし，外からの変化への対応は早く，細部拘泥主義で細部から離れて全体を秩序づけるのは苦手(例えばリーンも外から体系づけられた)，さらに日常生活を離れての抽象的思考や心象の創造が苦手．

③ **相対劣位のメンタリティ**：外部に上位文化があり，ルールは既に決まっている，またその信憑が学びや，無限遠点に目標を置きいつも未完成，

自己批判(武士道や禅の本質).

以上のことから，現実として目で見える現場の全社を挙げての改善や見える化，そして不良ゼロといった本来不可能な目標に向けて組織的改善努力の生起が説明される．一方で海外から標準化された汎用ソフトを導入してもいい意味でも悪い意味でもカスタマイズしてしまう．また Factory Physics や**第Ⅳ部**で対象とした現実を抽象化してモデル化し最適化を図るようなアプローチが苦手である．さらに現場から遠く離れたサプライチェーン全体に想いを巡らせ，リスクマネジメントを行うことは苦手であったことが，説明される．これが国内ではまだしも，グローバル SCM で遅れをとった一つの背景ではなかろうか．

加えて，われわれの生活に，意識してないが今でも神道が生きているという．初詣，夏(秋)祭り，七五三，合格祈願など，枚挙に暇がない．古来，「リスクマネジメントが弱い」というのは，神道の言霊信仰の影響があるという説がいくつかの文献に見られる．例えば，井沢(2007)は，日本の言霊信仰により，悪いことが起こる，起こってほしくないことは“言挙げ”しない伝統があり，ゆえに日本では危機管理ができないことを指摘している．同じ理由により，ごく最近，明治以後の戸籍制度の導入までは，本名を明かすことも憚られたそうである(呪われる).

19.5　第4の産業革命に向けて：サプライチェーンネットワーク全体を現実に

それでは，容易に変えられない日本の文化特性に対して，今後の成長戦略に向けてどうすればよいだろうか．問題は，現実主義な一方，概念に対する無頓着性あるいは無意識的な言霊文化の影響，そしてインスティテューショナル集団主義の組織の範囲の狭さである．古来，日本人の“公”の範囲は可変であったという．すなわち，サプライチェーン全体を現実とし“公”するような意識的なマネジメントな強化である．そこを現実とすれば，今度は，高不確実性文化の技術主義的な改善努力や，得意の見える化が機能し始める．加えて，海外から新たな概念が登場すると，飽くなき探求心が発揮される．

同時にそのような発想からは，サプライチェーンの目標である最終顧客のニーズ，顧客価値を高める“コト”の研究にまず目がいく．そこでは異文化・宗教にも寛大な日本文化が活かせるし，さらにクールジャパンという言葉があるように，ものに対する感じ方や情緒的な心の動きを大切にする日本文化が活きてくる．このようなサプライチェーン全体をフォーカスした経営にいち早く多くの経営者が賛同し，組織全体で実践できることこそ，本書の狙いである．

今や世界の流れはサプライチェーンからサプライチェーンネットワーク，そこでのITをフル活用した革命が起ころうとしている．その例が，ドイツの国家戦略である第4の産業革命といわれるIndustrie 4.0である．そして，米国でもインダストリアル・インターネットという同様な発想の用語が生まれている．

図19.4にIndustrie 4.0の概念図を示すように，生産システムでは，工程の状況や条件をリアルタイムで把握し，その情報はCPS(Cyber Physical System：仮想現実融合システム)の下で状況に応じた最適化が図られる．さらにはネットワーク化されたサプライチェーンを巡るすべてのものをインターネットでつなぐIoT(Internet of Things)，さらに図に示しているIoSやIoPとの連携によりサプライチェーン，バリューチェンあるいはサプライチェーンネットワーク全体が最適化や価値創造がされる，というような構想である．

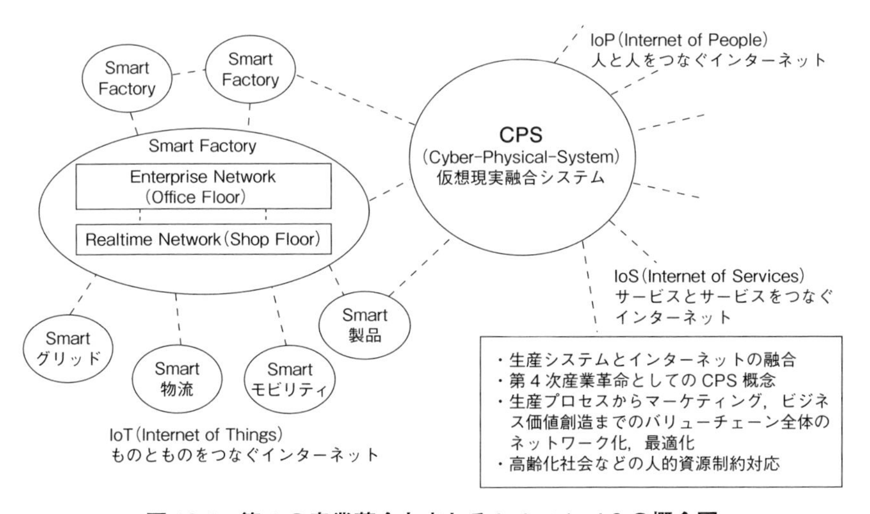

図19.4　第4の産業革命とされる Industrie 4.0 の概念図

現在でもサプライチェーンを巡るいわゆるビッグデータが利用可能で，かつそこから最適化や顧客やビジネスにかかわる価値創造を目指した努力がなされているが，欧米に比べて遅れ気味である．今，Industrie 4.0 というその実態は必ずしも明らかではない構想が動き出し，産業界の注目を集めている．そのような節目こそ，サプライチェーンを越えてサプライチェーンネットワークの見える化とその下での価値創出に向け，日本人の探求心を目覚めさせ日本企業が 20 年の遅れを取り戻す絶好の機会である．そのためにも SCM を経営の柱とすべく経営者の認識を高め，そして何より IT や情報を得るための標準化が急務である．そのとき，心臓部である CPS では，ビッグデータを用いた**第Ⅳ部**で述べてきた OR の最適化手法やシミュレーション，そして Factory Physics の考え方が不可欠な手段である．繰り返すが，今こそ日本企業が 20 年の遅れを取り戻す絶好の機会なのである．

第Ⅴ部
グローバルサプライチェーン戦略

第 20 章
グローバルSCMの要件と課題

20.1　生産拠点(R&D)のグローバル化

(1)　人件費の高騰からわが国製造業の生産拠点の海外進出は必須

2000年代から人件費の高騰を理由にわが国製造業の生産拠点が海外に展開し始めている．**図 20.1** は海外進出した日本企業が現地製造する代表的な品目について，日本を100%として比較した製造原価を示している．日本の70%前後であるタイ，インド，マレーシア，フィリピン，中国，香港・マカオ，インドネシア，ベトナムといった国々は既に多くの日系企業が進出しており，近年は日本の50%前後であるバングラデシュ，カンボジア，スリランカ，ミャンマー，ラオスにも進出が進展している(ジェトロ，2012)．

製造原価の差異は大きく，今後もわが国の製造業が海外へと生産拠点を展開することは既定路線となっている．

(2)　生産拠点はアジアから中南米，ロシアさらにアフリカと展開

アジアを中心とした海外進出も近年の中国の不安定な政治動静から東南アジアやインド，中南米，ロシア，さらにはアフリカへと進出範囲を拡大している．

国際協力銀行(2013)の海外現地法人数の増減では，法人数が減少している地域もあるが，それでも増加傾向にある．中国，ASEAN，北米の順で増加が多く，数は少ないものの中南米やロシア，アフリカへと生産拠点の進出が増加し

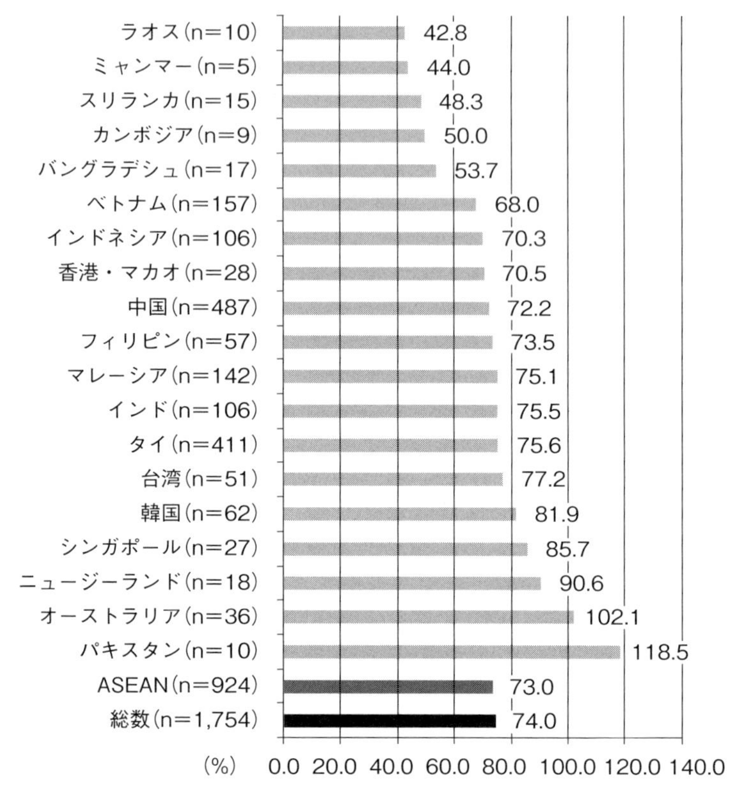

出典）ジェトロ(日本貿易振興機構)：「在アジア・オセアニア日系企業活動実態調査」(2012年10～11月実施)．並び順は筆者が変えている．

図20.1　進出日本企業が現地製造する代表的な品目について日本と比較した製造原価(国・地域別)

ているのが特徴的である．日系企業の生産拠点が世界中へと展開していることを示しており，グローバルに生産拠点をコントロールする必要性がますます高まっていくと考えられる．

また，生産拠点の海外移転に伴い，R&D(研究開発)機能も一部，海外展開し始めている．北米や欧州，NIEsなどで研究・開発を目的として法人が設立されている．

(3)　今後もグローバル競争に打ち勝つための海外展開が活発化

製造業の海外展開は，グローバル競争に打ち勝つためである．同じく国際協力銀行(2013)の調査では，今後3年間の中期的有望事業展開先国・地域としては中国が順位を落としたものの，インドネシア，インド，タイ，ベトナムといったアジア，ブラジルやメキシコといった中南米，ロシアなどが上位にランクインし，今後の進出先として有望であることがわかる．

製造業の生産拠点の海外展開は今後も継続すると見込まれる．自動車業界の地域別の生産台数の推移を見ると，2000年にアジア・オセアニア31.0%，米州33.9%，欧州34.6%とほぼ均等な割合であったものが，2012年にはアジア・オセアニア51.9%，米州23.8%，欧州23.6%と，アジア・オセアニアが半分以上になっている．これは著しいアジア市場の成長に伴い地産地消の流れを反映したものであり，生産から販売までを見越した比率へと変化していくことがわかる．すべての産業や商品が同じようになるわけではないが，各国・地域の経済発展に併せて生産拠点の海外展開が活発化するといえよう．

20.2　調達のマルチ化

(1)　海外に立地する生産拠点にとって，品質が担保できれば調達先は近いほうが良い

生産拠点の海外展開によって，原材料の調達先も現地化が進展している．ジェトロ(2012)の調査によると，アジア・オセアニア全体で2011年では59.5%，2012年では75.4%の企業が現地調達率を引き上げると回答している．国別では中国，インド，タイ，台湾，フィリピン，マレーシアの順に高くなっている．

自動車等の製品によっては現地調達率を高めることを国策として実施している国も多く，日系企業の現地調達率の引き上げに拍車をかけている．日本の原材料メーカーも生き残りのために納品先の海外進出に併せて，自社も進出する傾向がますます高まっている状況である．

もちろん，原材料や部品のなかには高付加価値で，日本から調達するような

ものもある．言い換えると調達先は商品に応じて現地比率を高めるなか，さまざまな国や地域から調達されているといえよう．

(2)　進出先やその周辺国の現地企業にも有望な調達先は存在

進出先では多くの調達先が存在する．同じくジェトロ(2012)の調査によれば，アジアでの日系メーカーの現地調達部材の調達先，すなわち地場産業，現地進出日系企業，その他外資系企業の内訳を見ると，ASEANでは比較的現地進出日系企業からの調達比率は高いものの，韓国や台湾，インドではそれぞれ90.2%，87.7%，78.8%とその国の地場企業からの調達比率が高くなっている．調達先の日系企業としては単に現地に進出すれば調達先として取引が成立するわけではなく，現地企業との競争に打ち勝たなければ選択してもらえないことを示している．

原材料や部品などを供給する日系企業も，海外進出し，低コストと高品質を実現しなければならず，まさにグローバル競争である．

20.3　市場の広域化

(1)　生産コストに加え流通コストも低廉化させて市場を広域化

生産拠点の海外展開から現地調達率の拡大が進展し，さらに販売先も広域化している．ASEANや新興国が市場としての魅力を高めており，アジア進出日系企業の現地での売上に占める輸出比率(現地で生産分の日本を含めた海外への輸出)にあるように，生産拠点で製造されたものを当該国から輸出するのではなく，内販される比率が高まっている．もちろん，輸出型に分類されるラオス，ベトナム，バングラディッシュ，フィリピン，シンガポールなど，輸出比率が50%以上の国や地域も存在するものの，インドやインドネシア，タイ，中国といった人口が多く，経済成長が著しい国では内販型としての現地国内市場の重要性が増している．

(2)　最も市場に近い生産拠点から供給することが理想

企業によっては製品が多岐に及び，海外進出ですべての製品を製造していないことも見受けられる．**図20.2**に，国内を含めた全生産高のうち海外生産高の占める割合である海外生産比率と，国内売上高を含めた全売上高のうち海外売上高の割合である海外売上高比率の推移を示す．ともに堅調に増加していることから，これは海外で生産し海外で売り上げる割合が高まっていることを意味する．すなわち，市場に近い生産拠点から製品を供給することの有効性を示し，今後さらにその傾向が高まることが示唆されよう．

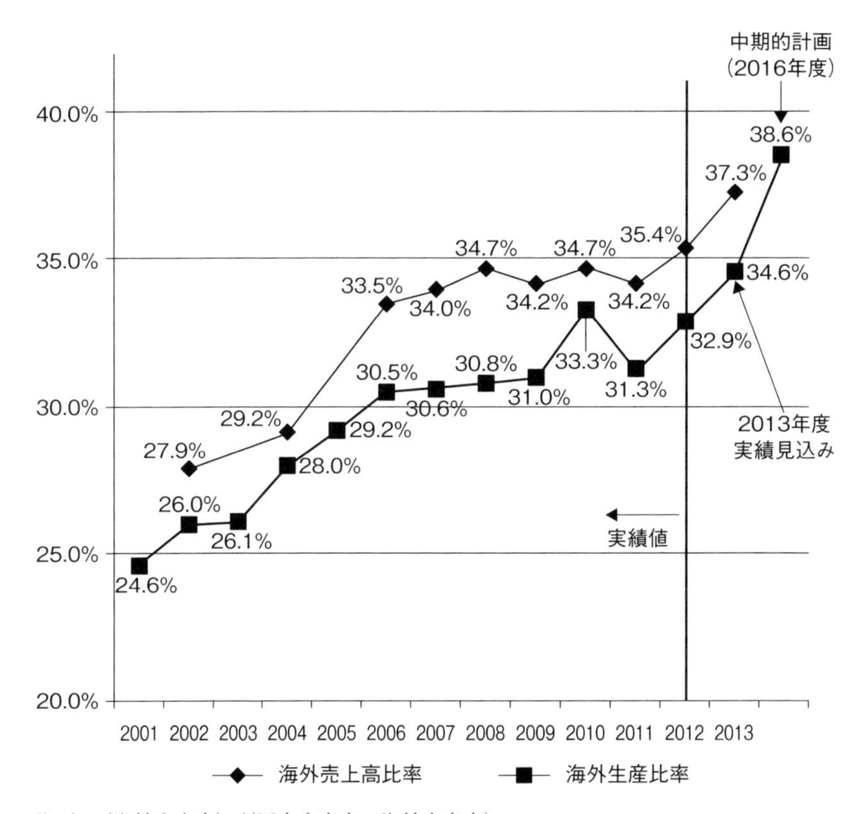

注1)　(海外生産高)／(国内生産高＋海外生産高)
注2)　(海外売上高)／(国内売上高＋海外売上高)
注3)　各比率は，回答企業の申告値を単純平均したもの．

図20.2　海外生産比率[注1]と海外売上高比率[注2]の推移

20.4 経営上(制度・税制，文化)の不確実性

(1) 国境を超えると制度や税制が変わる

海外へと生産から販売がシフトすると，当然，その国の制度や税制に従う必要がある．企業は進出の計画段階で確認するものの，どうしても現地に進出してから生じる課題が多々ある．例えば，工業団地への立地によって税制優遇が受けられると見ていても，外貨を稼ぎたい国では国内販売の場合は，高い税率を支払う必要があるなど，不測の事態が起きる．具体的には以下のような不確実性が存在しよう．

- 国際と国内等の製品の販売先の範囲で制度や税制が変わるケース．
- 現地法人の日本企業と現地企業との出資比率によって制度が変わるケース．
- 土地などの固定資産に対する制度が日本と大きく異なるケース．

(2) 通関を中心とした国際物流のリスク

完成品の輸出や，部材調達のための輸入等の貿易時に通関を中心とした国際物流面のリスクが生じる．過去に中国では手札という輸入部材を管理する帳票があり，完成品を輸出する場合に，輸入部材の使われている個数分だけ，免税措置を受けられた．しかしながら，この手札の現物を普段は生産拠点に保有し，部材の入出庫や生産で使われた管理帳票としているが，輸出通関時には輸出税関に提出し，押印される必要があり，そのハンドリングが極めて面倒になっていた．

このような多くの通関を中心とした国際物流のリスクとして，具体的には以下のようなものが存在しよう．なかでもWCO(World Customs Organization：世界税関機構)が統一しようとしているHSコードの判断基準が異なることや，関税以外にもさまざまな税制があり，予期せぬ滞留が空港や港湾で発生したり，思わぬコストアップ要因が発生したりすることとなる．経済産業省において個別国対応で実施されるEPA(Economic Partnership Agreement：経済連携協定)や，広域で実施されTPP(Trans-Pacific Strategic Economic

Partnership Agreement：環太平洋経済連携協定）などでの課題対応がグローバルに進展している状況であるが，現時点では大きな課題といえよう．

- 地域の税関によって審査や関税上の貨物区分（HSコード）の判断基準が異なるケース．
- 関税以外にもさまざまな税制があり障壁になっているケース．
- 書類や貨物の現物に対する考え方が異なるケース．
- 賄賂によって現物検査の回避や迅速通関が可能なケース．

(3)　民族が変わると文化が変わり，日本の常識は現地の非常識

商取引や物流の面では国や民族が変わると文化が変わり，日本では当たり前のことが，現地ではなかなか実行できないような状況に陥る．今でこそ自動車業界のジャストインタイムなどが浸透し，商取引が成立したら売る側が買う側まで届けるのが当たり前となってきた中国でも，過去は商取引が成立したら，買う側が売る側まで商品を取りに行く，つまりは物流費は買う側持ちが常識であった．その理由でもあるが，中国を始めとした新興国では何も言わなければ荷捌き時に段ボールを放り投げるのが当たり前であるし，積み上げた段ボールの上に人が乗るなども当たり前である．具体的には以下のような違いが挙げられよう．

- パートやアルバイトの品質の高さは日本固有のもの．
- 指導をしなければ手で持てるサイズの梱包は放り投げて荷役するのが当たり前．
- 商慣行にも大きな違い．
- 時間厳守のレベルの違い．

20.5　物流が見えない

(1)　時間通りに着かない，荷痛みが激しいなどの物流のリスクが増大

海外進出した場合に，物流の品質の低さに驚かされることが多い．特に時間への認識は低く，「多少の遅れ」の基準が低すぎる．日本では物流事業者の品

質の高さから大きな問題を感じないが，海外では数時間の遅れが当たり前のように起こる．もちろん，国や委託する事業者でレベルの差はあるものの，総じて日本人から見るとルーズである．遅延の理由としては事業者の責任以外にも交通渋滞なども存在し，計画とのずれが生じる．

(2)　ブッキングをしても船積みされないなど日本で考えられない事態が発生

海外から日本へ輸出する場合に，ブッキングしているにもかかわらず本船に船積みされないという話がある．オーバーブッキングや大口顧客の優先などが要因といわれているが，貨物が着かないからと連絡すると，「間に合わなかったので，次船になった」などと回答される．以上のような日本では考えられない事態が発生するのが海外の常識である．

第 21 章
見える化とトレーサビリティ

21.1 JIT や宅配便などに代表される日本の物流サービスはスタンダードではない

(1) ジャストインタイムは物流業者にリスクヘッジを願った日本独自のモデル

わが国の自動車業界によって発案されたジャストインタイム(JIT)は今や当たり前の事象となっており，さまざまな業界や業種で時間の粒度に違いはあれ，採用されている.

JIT は「カイゼン」と同様にグローバルにも活用されつつあるが，極めて特殊な物流サービスである. 日本では荷主の要請に応えて，陸運事業者が交通渋滞などの各種リスクを勘案して対応している. 到着予定時間の 15 分前後しか認めないような厳しい荷主に対しては，30 分前には目的地近郊に到着し，受入れ可能な時間まで待機している. 陸運事業者の目線でいえば，トラックの回転率を下げる対応であり，海外では考えられない. わが国では荷主の要請に応えるためにトラックの資産効率を下げてでも対応し，付加価値としてきたが，海外ではまだまだそのレベルに達していない. もちろん，中国などで自動車業界向けに JIT を標榜する陸運事業者も登場しているが，その精度や品質はまだまだであるし，一般的な陸運事業者には考えにくいサービスである.

また，国によってはトラックによる長距離輸送を余儀なくされることがあり，到着時間が想定しづらくなる．ある時は20時間で到着し，あるときは23時間で到着するとばらつきが生じる．最大値に合わせると無駄が多くフレキシブルな計画とはいえない．

この結果，貨物の到着時間が読めないことになり，緻密なSCMを計画しても物流の遅れによって達成できなくなる．

(2)　宅配便が見える化を実現できるのはすべて自前だから

物流が時間を中心に不測の事態が多く，計画どおりに進まなければ，実績情報を可能な限りリアルタイムに把握し，細やかな計画変更を実施することがSCMとしては望ましいことになる．

日本の宅配便ではリアルタイムで車両が管理され，しかも貨物がその車両に紐付けられていることから，宅配事業者は見える化が実現できている．さらに顧客向けに，貨物を預かった時点，主要な拠点に到着・出発した時点，貨物をお届けした時点などの日時を公開している．一般の消費者にも実施しているサービスであり，ドアツードアの物流の見える化はできていると思われがちである．

しかしながら，国際物流ではドアツードアの物流の見える化はほとんど実現していない．最大の理由は日本の宅配便は一つの事業者で実施され，当然，一つのシステムで運営・管理していることである．つまり，自社システムにサービスドライバーが端末を使って入力すれば，ドアツードアのすべての見える化が可能となる．一方，国際物流のなかでもスモールパッケージといわれる商品は，DHLやフェデックス，UPSといったドアツードアを自社もしくは関係会社だけで実施している場合であればすべて見える化が可能となっているが，UPSであってもフォワーディング部門であれば，取り扱う海上コンテナを見える化できていないのが実情である．

21.2　複数購買を前提とすると多様な輸送手段を把握することは困難

(1)　海上輸送を中心に多様なプレーヤーが登場する国際物流での見える化は困難

海上輸送を例に国際物流の見える化をどのように実現するかを見てみる．**図21.1** はコンテナを使った国際海上輸送の流れである（野村総合研究所，2010）．

第一に下段の「貨物の認識」に着眼すると，把握したい貨物の単位は製品や製品の梱包レベルから，パレット，コンテナ，船舶，通関単位と階層がある．これらを認識する手法としては目視，バーコード，RFID，EDI，OCR（Optical Character Recognition：光学的文字認識）などさまざまであり，これが工場から港湾，販売店などのさまざまな場所で実施される．

第二に「貨物情報のコード化」であるが，PO（Purchase Order：発注書）ナ

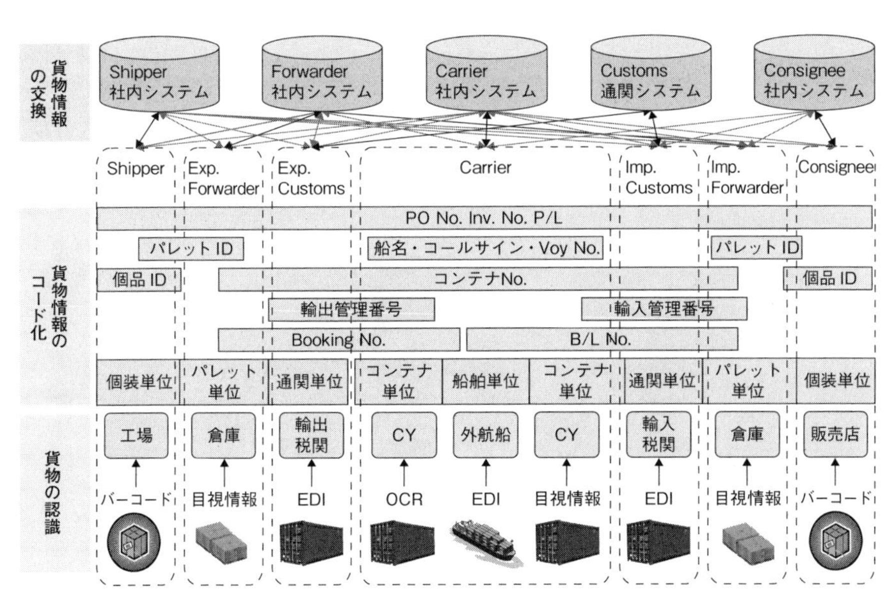

出典）　野村総合研究所（2010）：「平成21年度企業間情報連携基盤の構築事業」，経済産業省．

図 21.1　国際物流における貨物認識から貨物情報コードと情報交換の実態

ンバー，INV(インボイス)ナンバー，ブッキングナンバー，BL ナンバー，個品の ID，パレットの ID，コンテナナンバー，税関の管理番号，船名やコールサインといった主体ごとにさまざまな ID が使われている．

第三に「貨物情報の交換」であるが，情報システムは輸出者，輸入者，フォワーダー，船会社，税関など主体別にさまざまとなり，それぞれの情報システムに自分の責任範囲のデータを有することになる．

仮にこのサプライチェーンの輸入者が製品レベルの見える化を実施しようとすると，主体の数だけの接続が最低限必要となり，より精緻なリアルタイム性の高い情報を獲得しようとすると拠点の数だけ接続が必要となる．しかも，取得する情報の主語ともいえる ID は主体ごとに異なっていることが多く，製品レベルへとトランスレートしなければ見える化は実現しない．できないことではないが，莫大な投資が必要であり，非現実的といえよう．

(2)　さらに物流を複数購買するとますます見える化は困難

前項の状況から物流の委託先を競争原理やリスクヘッジの観点から複数購買することを考えると，見える化の実現はますます困難である．**図 21.2** に示す

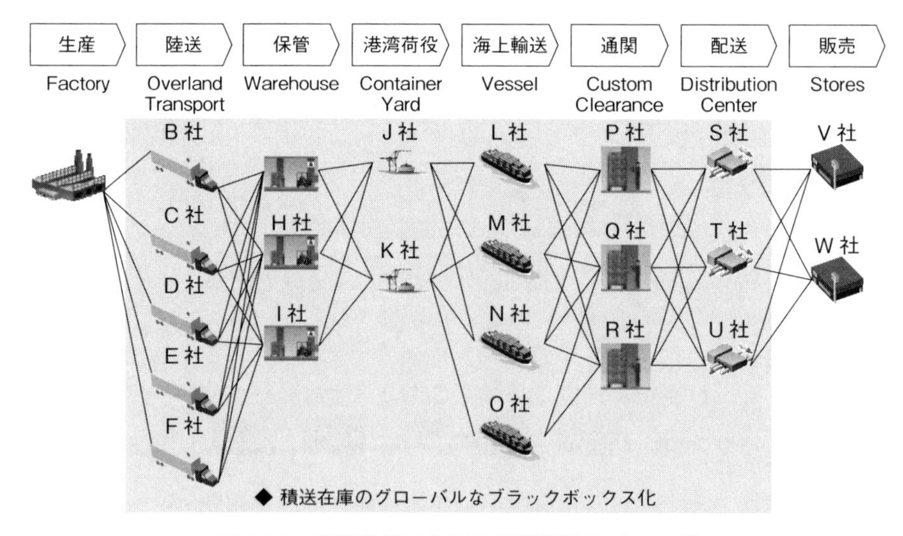

図 21.2　国際物流における複数購買のイメージ

ように陸送や保管，港湾，海上輸送などといった業務を複数購買すると見える化を実現するための接続先はますます増えていく．

生産拠点を中心にグローバル化が進展すると生産拠点の数が増え，販売先も多数になる．それぞれのサプライチェーンにおいて複数購買で委託先を決定すると，当然，見える化を実現するための接続先はさらに拡大する．

21.3　見える化の実現方法

(1)　貨物の認識方法

貨物の認識方法にはさまざまな手法がある．以下に代表的な認識方法について述べる．

① **目視**

目視は物流現場などで，作業員によるチェックを示す．通例，納品書や注文書の写しなどを使って数量のチェックや荷痛み，場合によって検品なども併せて実施する．

日本では日本人のパートやアルバイトによって日本人の管理下で実施され，ミスが生じないような工夫がなされることで，かなり高い認識率を示している．メリットとしては人手でやるため荷姿や荷痛みなどのチェックも実施できることである．デメリットは海外などでは認識率が低くなることや，目視による確認であることから品質を高めるためには時間を要し，コスト面で厳しくなる．

② **バーコード，QRコード**

バーコードやQR(Quick Response)コードといった英数字をプリントした技術があり，これを読み取ることでものを認識する方法である(**図21.3**)．カメラのような光学的手法でバーコードやQRコードで読み取り，英数字に変換可能となっている．バーコードに対してQRコードは2次元で記載することから読み取り可能なデータ量が大きくできるのが特徴である．

バーコードの発展によって製品コードや企業コードのユニーク化が進

バーコード

QR コード

図 21.3　バーコードおよび QR コードの例

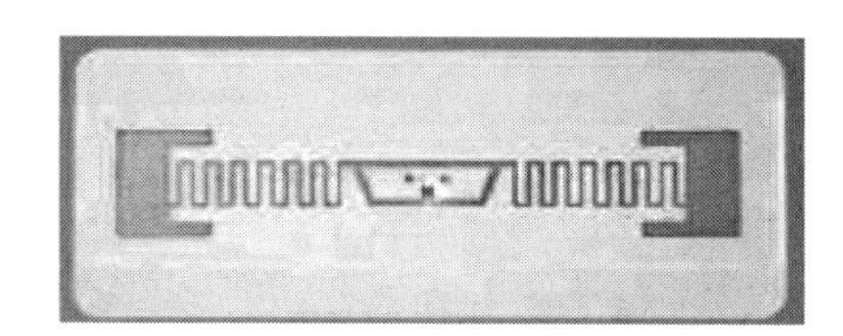

図 21.4　RFID の例

展し，わが国では JAN(Japanese Article Number)コードは，日本の共通商品コードとして活用されている．JAN コードは日本国内のみの呼称で，国際的には EAN コード(European Article Number)と呼称され，米国，カナダにおける UPC(Universal Product Code)と互換性のある国際的な共通商品コードとなっている．日本のスーパーマーケットやコンビニエンスストアで，バーコードリーダーで読み取っているのは JAN コードであり，国内外で普及している．

バーコードと QR コードではデータ量に差はあるものの，メリットとしては簡便に作成可能であり，読み取りのためのリーダーも携帯電話やスマートフォンのカメラとアプリケーションがあれば識別可能となっている．食品のトレーサビリティの提供にも利用されている．デメリットは QR コードでさえ容量には限界があることと，バーコードと QR コードを光学的に読み取る必要があることである．

③　RFID

RFID(Radio Frequency IDentifier)とは，ID などの情報を埋め込んだ RF タグから，電磁界や電波などを用いた近距離の無線通信によって情報をやり取りするもの，および技術全般を指す(**図 21.4**)．Suica や

Pasmoなども非接触型というRFIDの一つといえる．特徴はバーコードやQRコードと比較して，タイプにもよるが大量のデータをやり取り可能であることで，大きくパッシブタグとアクティブタグに分かれる．パッシブタグは自ら電波を飛ばす能力はなく，リーダーから電波を受けて，電波を発信するタイプで，Suicaがこれにあたる．基本的にはリーダーとの距離は数センチメートルから数メートルである．一方，アクティブタグは電池などを内蔵し，自ら電波を発することが可能なタグであり，リーダーとの距離は数十メートルから条件によっては数百メートルまで可能である．

メリットとしてはデータ量が多いことやバーコードのように見えなくとも電波が届き，読み取り可能なことである．デメリットとしてはバーコードやQRコードと比較して高額なことである．パッシブタグとアクティブタグについては，タグとリーダーの距離の差に対してコストが異なることと，アクティブタグの寿命が電池の能力に依存することである．

④　**OCR**

OCR（Optical Character Recognition/Reader）は直訳すると光学的文字認識という意味で，手書きや印刷された文字を，イメージスキャナーやデジタルカメラによって読み取り，コンピュータが利用できるデジタルの文字コードに変換する技術である．わが国ではコンテナターミナルの搬出入ゲートに設置されてコンテナに記載されているコンテナ番号の読み取りに使われているケースや，郵便の仕分け時の郵便番号の読み取りに使われるケースなどがある．手書きの場合は個人差もあることから認識率は落ちるものの，前述のコンテナ番号のように印字された文字では高い認識率を示している．カメラの性能などの能力にも依存し，導入コストは比較的高くなるがランニングコストは抑えられる．

メリットとしてはランニングコストが抑え，認識できないときは人間に判断を委ねることで認識率を100％近くに維持することが可能である．反対に，デメリットとしては初期投資が大きいこと，一度に認識できる文字数などが限定的なことである．

(2) ネットワーク化

認識された貨物情報をサプライチェーンの関係者で共有するためには通信網を使って共有する必要がある．近年はインターネットの普及により以前よりは簡便かつ安価に情報共有が可能となっている．

① インターネット

現在の通信手段のメインとなっているのがインターネットである．1950年代のコンピュータの発展とともに始まったのがインターネットの初期概念であり，1982年，インターネットプロトコルスイート（TCP/IP）が標準化され，TCP/IPを採用したネットワーク群を世界規模で相互接続するインターネットという概念が提唱された．1990年代半ばから急速に発展し，試算によれば，1993年時点での双方向電気通信でやり取りされた情報の総量のうち，インターネットを使ったものは1％に過ぎなかった．2000年にはそれが51％に成長し，2007年には97％以上の情報がインターネット経由でやり取りされている．

インターネットの最大の特徴はネットワークの相互融通にあり，日増しに増強されていくことである．これによって安価に通信網を活用することが可能となっている．料金体系も定額制が多くなっており，常時接続やリアルタイム性の向上が可能となっている．

② 携帯電話網

移動体の通信手段として，携帯電話網がグローバルに拡大している．わが国では1990年代の後半から普及してきた携帯電話は2000年代にグローバルに爆発的に普及し，現在はスマートフォンの登場によって電話網とインターネットの両方を使えるモバイル端末となっている．回線のスピードも容量も拡大しており，多用途に活用され始めている．

電話網は携帯電話と最寄りのアンテナとの間は無線となり，通信料金は安価にはなってきているが，インターネットのような有線に比較すると高くなっている．

③ 専用線

専用線は，主に電気通信事業者が提供する特定顧客専用の有線・無線通信回線である．専用回線は，二地点間のものだけでなく，星型・分岐型の構成も可能である．専用の通信線路や電波周波数帯域を用いるとは限らず，他の回線と多重化されているもののほうが多い．狭義の専用線は，電気通信事業者が提供する特定顧客専用の通信回線を指すが，特に利用者自身で設置するものを私設線と呼ぶ．対して，加入者間で相手先を任意に変更できるもの（固定電話やISDN網など）を公衆網と呼ぶ．専用線の特徴として，公衆網の輻輳に影響されない，公衆網と比較して，情報漏洩・盗聴・改竄の可能性が低い，定額料金であるので，通信頻度が多く・占有時間が長い場合，公衆網より安価である，二地点間を直接結ぶものの場合，接続動作が不要である，回線設備の敷設・保守を電気通信事業者が行うので，顧客の技術的負担が私設線より小さいといった点が挙げられる．

専用線はインターネットの普及により個人で使用されることは稀となり，使われる理由として，「公衆網の途絶時も確保しなければならない通信や，改竄・盗聴を防止しなければならない通信のセキュリティを確保するため」と「回線の使用頻度が高く，公衆網よりも料金を安くするため」という2つがある．わが国でも通信量が多く，セキュリティレベルを高めたいときに企業間で利用されているケースがある．

④　**ベンダーによるソリューション**

他にもインターネットや専用線を使って受発注（運輸業者向けのブッキングも含む）にスタートして，貨物のトレース情報をも提供するソリューションベンダーがある．例えば，カナダのDescartes Systems Groupは，60カ国以上，2,500社を超える企業に製品を提供し，「輸送業界向けソリューションが売上の6割を占めるほか，小売2割，CPG（消費者梱包）3～5%，製造業10%の4つが柱」（同社社長兼CEOのマニュエル・ピエトラ氏）となっている．同社のSCMソリューションは，サプライチェーンの計画ではなく実行にフォーカスし，社外，社内を含めた物流トラッキング情報をリアルタイムに可視化する点が特徴となっている．

ソリューションベンダーは，運輸・物流企業との接続によって，荷主とのEDIはもとより，貨物の見える化情報まで提供することを付加価値としており，先行者として成功しているといえよう．

(3)　実現に向けた課題

貨物の認識技術やネットワークの有用性といった貨物の見える化の要素技術は日進月歩で進捗し，Descartes社のような見える化を付加価値としたネットワークベンダーも登場してきている．見える化を実現するためには個々のサプライチェーン企業の少しの努力で達成される環境下にあるといえる．具体的な課題としては以下のものが挙げられる．

①　サプライチェーンの主体間では共通言語を使う

グローバルサプライチェーンで見える化を実現するには，社内言語ではなく，主体間の共通言語を使う必要がある．もちろん，実際の言語ではなく，情報システム間で把握可能な言語であり，IDであったり，貨物の認識方法であったり，最終的にこれらを共有するインタフェースのことである．サプライチェーンの主体間では共通言語を使用するという共通認識を各サプライチェーンのプレーヤーがもち，自社システムを改変していくことが最も重要である．

②　IDの統一

図21.1に示したように業界の言語は共通言語とは限らない．例えば，貿易が多い日本企業の自社システムでは港湾を自社でコード化している．しかしながら，国際連合(UN)は参加のUN/ECEでUN/LOCODEとして港湾や空港，鉄道駅などを登録し，標準コードとしている．わが国の税関やその他の関係行政機関に対する手続および関連する民間業務をオンラインで処理するシステムであるNACCS(Nippon Automated Cargo and Port Consolidated System)でもUN/LOCODEが港湾や空港のコードとして使われ，さらにその定義に従い，埠頭レベルにもサブロケーションコードが附番され国土交通省で管理されている．世界標準のIDを活用することが重要である．

③　貨物の認識方法の統一

バーコードやQRコードはグローバルにも普及し，GS1(Global Standard One)コード(日本ではJANコード)が使われるようになっている．前述のとおり，RFIDのような新たなITも定着しつつあり，導入時には個別企業だけでなく，サプライチェーン全体で活用可能となるように貨物の認識方法を統一すべきである．

④　**データ共有のインタフェースの統一**

IDを統一し，貨物の認識方法も統一されれば，どのように見える化情報を共有するかが最後の課題となる．簡便にデータ共有を実現するためには，インターネットベースでインタフェースを統一することが重要である．もちろん，前述のDescartes社が提供するサービスを利用することも可能であろう．

21.4　見える化に向けた標準化の動き

(1)　グローバルな見える化に向けた標準化の動向

日本企業だけでなくグローバルにも多対多の接続は困難と認識されており，見える化の基盤を標準化する動きが出ている．IDの面ではGS1による製品コードという製品コードが既にグローバル化している．さらに貿易単位が通関単位とも一致することからWCO(世界税関機構)のUCR(Unique Consignment Reference)があり，POやBLといった個社のIDを包括して利用することが提唱されている．NACCSでもUCRへの対応が既に完了している．

また，新たな貨物認識方法であるRFIDについてもGS1が提唱するGEN2やISOの規格が整備されつつあり，両者の調和も検討されている．さらに，データ共有のインタフェースとしてGS1が提唱するEPCISも，現在ISO化に向けて討議が開始された．

(2)　関係者間で標準的な仕組みを導入することで簡易に見える化が可能

グローバルな標準化の動向を正確に捉えて，サプライチェーンの関係者で標準的な仕組みを導入することで見える化の実現が現実的になっている．

わが国の経済産業省ではグローバルサプライチェーン可視化基盤協議会

(2010〜2012年)で検討を重ねて，その結果をAPEC(2012)の“APEC Implementation for Cargo Status Information Network for enhancing Supply Chain Visibility”として提案し，APECのマニュアルとしてオーソライズされている(参照URL：http://publications.apec.org/publication-detail.php?pub_id=1294)．グローバルサプライチェーンにおける見える化の重要性と，そのために必要な事項が整理されるとともに，各国でのRFIDを使ったベストプラクティスが紹介されている．貨物の見える化情報を関係者で共有するインタフェースにも言及しており，GS1推奨のEPCISが現地点の唯一の共有手法として紹介されている．

EPCISを使った事例として，海上輸送の船舶とコンテナの見える化の仕組みである北東アジア物流情報サービスネットワーク(NEAL-NET)が挙げられる．NEAL-NETは，日中韓物流大臣会合の行動計画の一つであり，日中韓の専門家によって船舶動静およびコンテナ動静に関する情報共有のための標準を構築し，2014年8月から日中韓のパイロット事業を開始した．

NEAL-NETでは，日中韓の港湾で船舶の入出港情報や海上コンテナの船舶への積卸およびターミナルへの搬出入が把握可能となっており，APECのマニュアルを参考にEPCISをベースに構築されている．

荷主・物流事業者が利用することが可能となっており，今後は3カ国における対象港湾の拡大に努力するとともに，NEAL-NETの取組みをさらにASEAN諸国等の他国・他地域にも普及させるために相互に協力することとしている．さらに，長期的には，物流情報を共有するサービスを海上分野から徐々に道路，鉄道，航空輸送，あるいは海陸複合一貫輸送分野に拡大するための方策について研究を開始することとしている．

21.5　見える化でサプライチェーンは変わる

(1)　実績情報をとることでさまざまな効果が発出

見える化によって，見えていない時点では想定されないさまざまな効果が発出することが期待されている．**図21.5**は見える化で実現可能な効果を示して

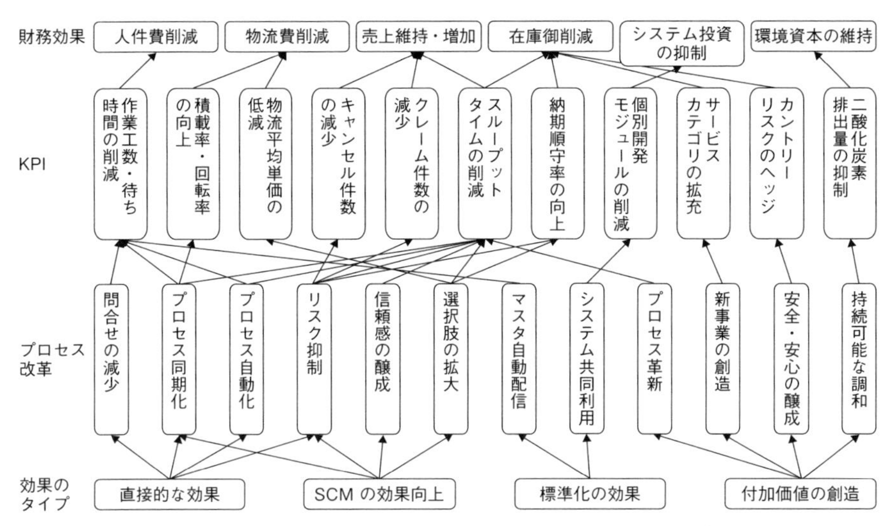

出典）　野村総合研究所(2010)：「平成 21 年度企業間情報連携基盤の構築事業」，経済産業省.

図 21.5　貨物の見える化により想定される効果

いる．

第一に問合せの減少やプロセスの同期化，プロセスの自動化といった直接的な効果がある．FOB であれば貨物が船積みされれば，売上計上を自動的に実施する，通関が切れたらトラックが搬出に向かうなどの効果である．

第二にリスクの抑制や信頼感の醸成といった SCM の効果向上がある．海外では海上輸送の遅延をフォワーダーも輸入者も織り込むと計画リードタイムは長くなる傾向があるが，実績情報が蓄積されて，遅延時間の分布が把握されるとリードタイムを短縮してもリスクは抑制される．また，出荷時間などのチョークポイントのデータが把握され，品質がわかれば，取引先に対して信頼感が醸成され，いわゆるサバ読みが減少する．

第三にマスタ自動配信やシステム共同利用といった標準化の効果がある．自社で情報システムを構築すると，他社との接続に多大なコストを要するし，国や港湾のコード等を自社オリジナルで作成しているとメンテナンスのコストは多大である．標準化されたシステムを活用し，各種マスタが自動メンテナンスされれば，そのコストは安価になる．

第四にプロセス革新や新事業の創造，安全・安心の醸成，持続可能な調和といった付加価値の創造である．売れ筋が刻々と変化するグローバルマーケットでは輸送期間が長い海上輸送ではリスクが高いが，見える化で貨物の現在位置が把握されれば，ヨーロッパ向けの貨物を売れ行きの良いアフリカマーケットにシフトするために，シンガポールで積み替えるといった対応も可能となる．また，カントリーリスクの高い国であっても港湾まで貨物が到着したことが確認可能となり，安全・安心が醸成される．

以上のように見える化によってさまざまな効果が期待できる．**図 21.5** に示した効果は例示であり，実際に見える化が進展するとさまざまな活用方法が表れて，多くの効果が享受できると期待したい．

(2)　実績情報を集計すれば計画精度の向上が可能

見える化によってオペレーションレベルでさまざまな活用ができることは前節に述べたとおりであるが，見える化の情報を集計すれば次の計画へと反映可能となり，計画精度の向上が期待できる．見える化によって構築された連結在庫などの実績情報のプラットフォームを企業内の各部門が活用すると，生産計画部門では連結在庫や販売実績に応じた需給調整，調達部門では部品発注管理が，製造部門では生産調整，物流・SCM 部門ではサプライチェーンのボトルネック把握や出荷調整，販売部門では精度の高い納期回答，といったサプライチェーンの主要部署で活用可能である．また，企画・マーケティング部門では製品企画や製品のイールド管理，開発部門では開発の優先付けや設計変更，総務・人事部門ではサプライチェーンのボトルネックに対応した人材配置，経理部門ではサプライチェーンのキャッシュフロー管理，保守・運用部門では補修部品の納期回答といった一見影響がないと思われがちな部署にも効果が発現する可能性が高い．

第 22 章 グローバルサプライチェーンネットワークとマネジメント

22.1　日本企業の国際化とグローバル展開の課題

日本企業は国内市場の成長限界が明確になった今日，その多くが海外市場への展開を図りつつある．進出先が先進国のみならず新興国や BOP と呼ばれる巨大な人口をもつ貧困国までに広がると，サプライチェーン全体がグローバルなネットワーク構造を呈するようになり，その全体を運営するための複雑で高度なマネジメントが求められるようになる．

ここで，「複雑で高度なマネジメント」の意味するところは次のような点である．まず，これまでのサプライチェーンのように原材料の調達→部品の生産→完成品の生産→販売→物流→顧客→最終市場といった直線的な構造ではなく，各段階で複数の地域において水平分業が行われ，それらの拠点相互に取引が行われる複雑なネットワークが形成されるということである．また，各国の拠点は特有な経営環境の下で運営されるためさまざまなリスクを伴うとともに，国をまたぐ取引関係も複雑になり，物流上のリスクも増大する．さらに，新興国や BOP 諸国への展開においては，「現在ある市場」ではなく「将来，成長するであろう市場」に対して先行投資的にロジスティクスネットワークを敷設・形成しなければならず，インフラの整備状況も含めて多くのリスクを織り込まなければならない．

ロジスティクスというと「後方支援」という後追い的なイメージがあるが，グローバルロジスティクスではむしろ先行的な行動姿勢が要求される．すなわちはじめにグローバルビジネス展開の将来的な目標イメージがあって，それを実現するための先行的な準備を論理的，体系的，計画的に展開することが求められる．こうした発想は多くの日本企業にはなじみがないように思われる．後述するとおり，これまで日本の企業は，日本の本社を中心として海外事業拠点を放射状に管理する傾向が強かった．日本流のやり方をいかに海外でも実現するかに腐心していた．しかし，自国起点でロジスティクスを伸ばしていくと予想外に負担を抱えることになる．

Boulding(1962)は，「強度喪失勾配(Loss of Strength Gradient：LSG)」という指標を提示し，母国起点で前線までの距離が前線の戦力に及ぼす影響を定式化した．

$$LSG=\frac{aq}{(1+qs)^2} \tag{22.1}$$

ここで，a：LSG を維持するための人数，s：拠点からの距離，q：補給システムの比例定数($0<q<1$)

この式は，同じ LSG を確保するためには，母国を中心として放射状に前線に補給するとロジスティクスの足が長くなるにつれて，その補給ルートを維持するために必要な経営資源が急激に増大することを示している．このように，日本の企業がグローバル展開を進めるうえで，急増するサプライチェーン上のリスクをいかにマネジメントするかが重要な課題となる．

22.2　グローバルサプライチェーンネットワークのマネジメント戦略

グローバルサプライチェーン(以下，グローバルSC)では，開発，部品(原材料)生産，調達，生産，販売，物流，決済などの一連の業務を世界に展開された拠点で行い，これらを一体としてマネジメントする必要がある．場合によってはメンテナンス・運用支援やリバースロジスティクス業務も伴うことになる．地球規模に広がった拠点で行われるこれらの広範な業務を連結し，そのネットワーク全体が有機的に連動して機能するようにマネジメントすることがグローバル SCM の目指すところである．

グローバル SCM においては，調達先，自社機能(調達，生産，販売，物流)，販売先，最終市場といったサプライチェーンの各段階を横断するのみならず，複数の事業部門を横断し，さらにグローバルに展開される現地子会社などの事業拠点を連結するネットワークを運営する必要がある．このようにグローバル SCM においては，世界各地に展開される機能的，事業的，空間的な組織を連結するグローバル SC ネットワークの構造化とそのグローバル SCM 戦略のあり方を議論する必要がある．

さらに，グローバル SC ネットワークは，**図 22.1** に示すように事業・組織戦略レベル，オペレーション管理レベル，物理的ネットワークレベルの 3 つのレベルから構成される．

まず，事業・組織戦略レベルでの問題は，グローバルに展開した国や地域でどのように事業を展開すればよいかである．すなわち，国や地域ごとに文化，制度，インフラなどの事業環境や市場特性が異なるし，そこで働く人々の考え方や性格も多様である．これらに適合して，地域ごとに異なる製品・サービスを開発し，経営環境に合わせてマネジメント手法を変えるという考え方がある．

また，逆に経営効率を高めるために世界を一つの市場とみなして極力同一の

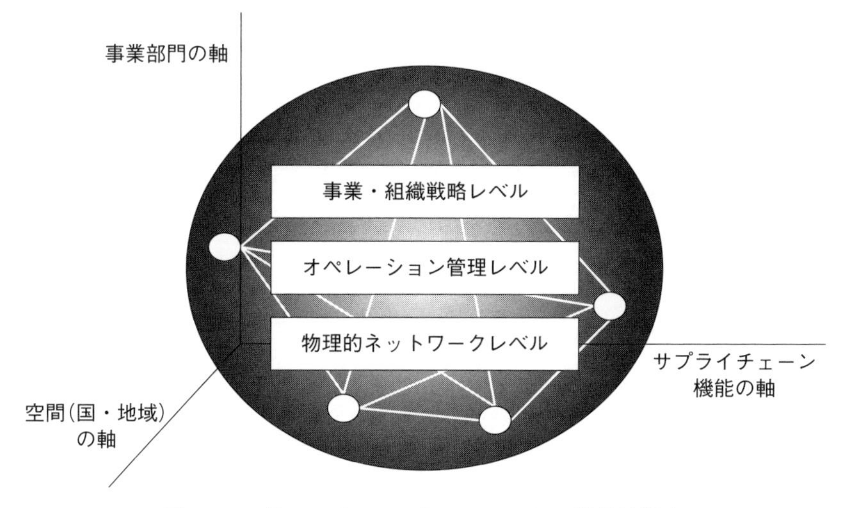

図 22.1　グローバル SC ネットワークの構造的視点

製品・サービスを提供し，標準化されたマネジメント手法を適用するという考え方もある．いわゆる現地適合戦略か，国際標準化戦略かという問題である．この2つの戦略は相反する側面をもち，これをいかにして戦略的に統合するかについてのさまざまな議論がなされてきた．

製品戦略としては1980年代の後半から始まったマスカスタマイゼーション戦略についての議論がある．マスカスタマイゼーションとは，大量生産による規模の経済と，個別の顧客ニーズに適合した製品の提供による顧客満足の向上を同時に達成する経営戦略を指し，具体的には基盤部品の共通化やモジュール部品の組み合わせによるニーズ適合の設計・製造戦略がある．

図22.2はグローバル製品戦略のための方策の体系である．フォルクスワーゲンのMQB(独：Modulen Quer Baukasten，英：Modular Transverse Matrix)は，共通化することでメリットが生まれる構成部品要素を「モジュール」化し，制約の少ない車台と組み合わせることで，幅広いサイズと車型で共通化を可能にする製品アーキテクチャである．さらに，次の段階では自動車を構成する要素のほとんどをモジュール化し，それらの組合せ方によってベースライ

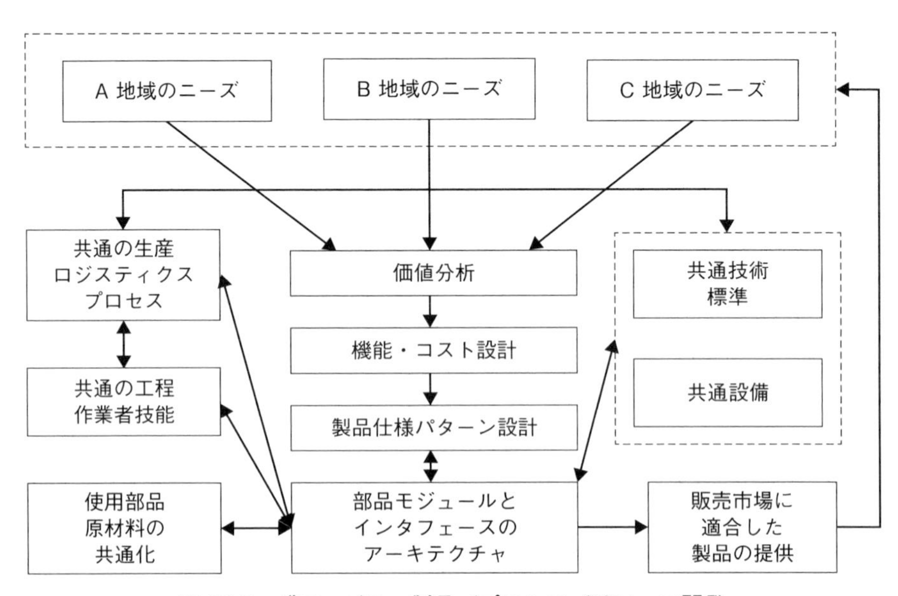

図22.2　グローバル・製品／プロセス／リソース開発

ンから多機能を備える車種までを幅広く実現することを目指している．まさにレゴブロックを組み立てて多様なデザインをつくるのと同じ発想である．

このように製造工程を進化させることで車体骨格は共通化しなくても，共通の工程と共通の設備で多様な車種を生産できる．こうすることで，世界のどの生産拠点においても共通の技術と共通の生産プロセス，共通の設備を活用して，販売市場に適合した車種を自在につくり分けることを可能にする製品・生産工程設計のアーキテクチャといえよう．設備が共通化すれば設備の調達コストも低下するし，生産技能が共通化すれば教育効果や人材活用のグローバルスケールでの融通性も高まる．各国への生産拠点の展開も迅速かつ効率的になる．

このグローバル製品戦略で着目すべきことは，本国で開発した製品・技術を進出国に移転，調整するのではなく，始めから世界各地域の製品・技術全体のアーキテクチャを体系的に構想していることである．また，物理的な製品のアーキテクチャのみならず工程や技術，設備・要員，調達先などのリソースの構成も同時に設計することである．それにより世界の各国・各地域のニーズに応じた車種を必要な数量だけモジュールの組合せによってつくり分けることが可能になるのである．

一方，日本企業の多くは現場能力や作業者の適応と修正能力に大きく依存している．それこそがわが国のものづくりの強みでもあるが，海外の生産現場でこうした姿勢，習慣を定着させることにはかなりの時間と労力を必要とすることも事実である．グローバルに，なおかつスピード感をもって拠点展開するためにはそれを可能にする「仕掛け」を事前に準備しておく必要がある．

次に，このようなグローバル事業全体をどのように組織的にマネジメントすべきであろうか．Bartlett 他(1998)は，多国籍企業の本社と海外における現地子会社との関係性について研究し，4つのパターンを示している．

① **マルチナショナル型**：海外市場に展開した各国で分権的に経営される現地子会社の集合体としての特徴をもつタイプである．各国の市場特性や経営環境に合わせた現地適応型の経営戦略をとる現地子会社の総体としての組織体制といえる．経営者は海外の事業を独立した事業体の集合とみなし，重要な資源，責任，意思決定は分散的に委譲されている．結果的に現地の市場特性や経営環境への適合性は高くなるが，企業として

の一体性は薄くなり，経営効率も低下する恐れがある．

② **グローバル型**：本社中枢に能力，責任，大部分の意思決定権限が集中する中央集権型の組織体制である．製品開発機能も本社にあり，海外子会社は生産や販売機能に特化している．海外での事業をグローバル市場への供給パイプラインとみなしている．グローバルな規模の経済によるコスト優位性の実現が重視される．経営効率性は高まるが，各国市場への適合性は弱くなる．製品や業務の標準化が前提となる．

③ **インターナショナル型**：公式的な経営計画と管理体制によって本社と海外子会社が密接に結びついている．海外の事業組織は本社の付属であるとみなされている．本社の優位な技術，知識と専門的能力を後進地域に移転することが重視される．能力や責任，意思決定は子会社に分散しているものの本社の管理を受ける．いわば本社-海外子会社の調整型連合体組織であり，調整業務に相当な負荷がかかる．

以上のような類型化を行ったうえで，Bartlett 他は理想的なグローバル企業の組織として次のトランスナショナル組織を提示している．

④ **トランスナショナル型**：上記の3つのタイプの要素をすべて兼ね備えた組織体制である．すなわち，戦略的にはグローバルな競争力，マルチナショナル的な柔軟性，グローバルレベルでの学習が可能である．各拠点は専門化され，分化された能力と資源を有し，部品，製品，人材，情報の流れの連結・補完関係をもつ．知識は共同で開発し交換され統合化されてビジネスチャンスをつかむ重要な武器として全社で活用される．ビジョンを共有しつつ個人のコミットメントを構築し，拠点間の調整を図りながらネットワーク型学習組織を形成する．

このパターンに当てはめてみると日本の国際的な展開を図っている企業の多くは，上記のインターナショナル型組織の特徴を示しているように思われる．

Doz 他(2001)は，さらに発展させてメタナショナル経営という概念を提示した．メタナショナル経営の考え方は，自国が最大の競争優位性をもっているという自国至上主義から脱却し，先進国だけでなく周辺の地域からもまったく新しいイノベーションが生まれると考えてこれを積極的に取り込み，現地適応で得たナレッジを他の地域でも移転・共有・融合し，そこから新たなイノベー

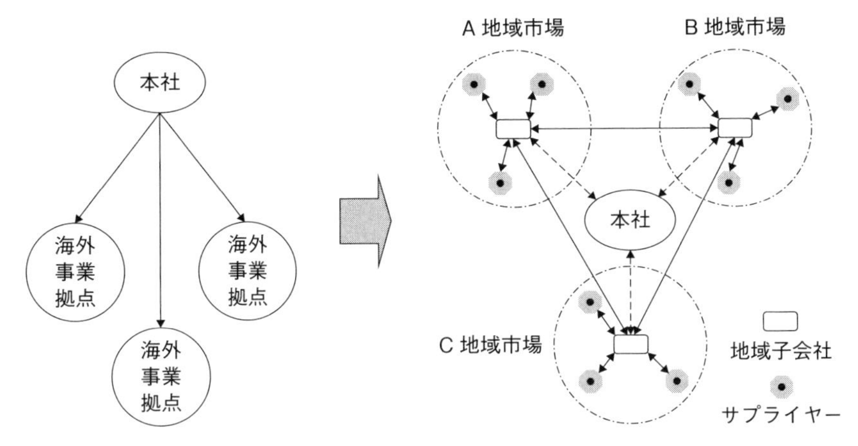

図 22.3　グローバル SCM における事業・組織戦略の方向性

ションを起こすことを目指す経営といえる．グローバル SCM の事業・組織戦略としてメタナショナル経営のようなグローバルベースの躍動的なイノベーションを創発する仕組みづくりが求められているのである．このようなグローバル SCM のネットワーク形成戦略の方向性を示したのが**図 22.3** である．

従来の本社中心・海外事業拠点管理の方向から，自律した各地域市場(顧客)やサプライヤーとのネットワークから生まれるイノベーションを取り込んで融合し，新たなイノベーションを創発するためのネットワークを形成する．そして，本社はその戦略オーガナイザー機能を有する．こうしたグローバル SCM 体制が今後の方向性となるだろう．

22.3　グローバルロジスティクスネットワークの構造決定要因

グローバル SC の広域化に伴い海外事業拠点を多極化し，これらを結ぶロジスティクスネットワーク(LN)は細かく輻輳化する．拠点間を結ぶ輸送の足は長くなり，物流コストの負担はますます大きくなる．通関や長距離の輸送に伴うリードタイムの長期化，これらのプロセスにおけるトラブルの発生など，コストやリスクが大きくなるため，こうした問題に対する対処も求められる．

一般的に，LN は拠点(ノード)を集約し，輸送経路(リンク)をまとめて「太く」するほうがロジスティクス全体の効率は向上する．拠点を集約することにより，規模の経済が働いてオペレーションコストが低下するうえに，分散の加法性(m 箇所に分散されている安全在庫を 1 箇所に集約すると全体の総安全在庫が $1/\sqrt{m}$ になる)によって安全在庫を圧縮することが可能となる．また，オペレーションを集約することにより大規模な設備投資も可能となる．ただし，在庫拠点をどこまで集約できるかは，受注後納品完了までに許される「許容納品リードタイム」の制約を受ける．許容納品リードタイムが長ければより広範囲の集約が可能であり，場合によっては受注生産や受注後部品調達も可能となるからビジネスモデルを変えることもできる．反対に，許容納品リードタイムが短いと拠点は市場の近傍に分散されることになる．

また，輸送のリンクを太くすると積載効率を高めて輸送コストを引き下げることができる．輸送のリンクを太くすることは在庫コストにも大きく影響する．いま，A，B，C という 3 種類の部品を日本から海外の組立工場に供給しているとしよう．海外生産拠点での使用スピードから，A，B，C を別々の船でコンテナ 1 本に満載になるように出荷するためには，1 週間に 1 回のサイクルで出荷する必要があるとする．これを A，B，C のロットサイズを分割して 3 種類まとめて 1 本のコンテナに混載するように改めると，出荷サイクルを 1 週間に 3 回に増やすことが可能となり，生産拠点で保有すべきロットサイズ(サイクル)在庫も 3 分の 1 に圧縮できることになる．

一般的に物流拠点の最適数は，輸送コストと在庫コスト，倉庫の固定費用，調達・受注処理費用のトータルコストの最低点で決められる．しかし，実際の LN の構造設計を行うにあたっては，一般的に以下のような要因を考慮する必要がある．これらの多様な要因を総合的に評価し，判断しなければならない．特に，生産拠点の選択は生産コストの廉価性に着目して行われやすいが，輸送コストや在庫リスクの高さが生産コストの節減効果を相殺してしまう恐れがあるから注意を要する．

① 調達先の立地や調達量・調達コスト

原材料や部品の調達に要するロジスティクスコストが高い場合は調達拠点に近い立地に生産拠点を設ける必要がある．調達先の立地とその広がりや調達量も勘案する必要がある．

②　生産要素のコスト

人件費や土地，エネルギーなどの生産要素のコストが安い立地での生産メリットが高ければ，そうした地域で生産が行われる．

③　生産技術

生産に必要な技術がある地域に集積している場合には，その地域に生産拠点が設けられる．

④　規模の経済

大量生産による規模の経済によるコストダウンの効果が大きい場合は，生産拠点が集約される．

⑤　製品の販売物流コストと販売先の立地分散の程度および販売量

当該製品の販売物流コストが高い場合は，販売市場に近い拠点で生産される．販売先の地域的分散の程度と販売量は販売物流の方式に影響し，DC(在庫型センター)やTC(通過型物流センター)の立地も変わってくることになる．

⑥　許容納品リードタイム

前述のとおり，許容納品リードタイムが短ければ在庫拠点は市場に近い地点に分散され，長い場合には集約される．十分に長いと，生産拠点や部品の調達拠点まで含めて集約が可能となる．

⑦　運賃負担力

製品の運賃負担力が高ければ輸送コストをかけることができるので，長距離からの調達や航空貨物輸送などの高速輸送手段を選択することが可能となる．

⑧　在庫コスト・在庫保有リスク

在庫コストや在庫保持リスクが低い場合には投機的な大量生産や大量在庫の投機的な配置が可能となるが，在庫コストやリスクが高い場合には延期的な生産や在庫の延期的・集約的配置，高速輸送手段による納品が求められる．

⑨　活用可能なロジスティクスインフラストラクチャー

グローバルロジスティクスにおいては活用可能な港や輸送ネットワークなどのロジスティクスインフラストラクチャー拠点の近傍に生産・物

流拠点を設置することが有利になる場合がある．

⑩　**拠点や輸送手段のリスク**

地震や事故，ストライキ，その他の遅延などのリスクに備えて，生産・物流(在庫)拠点や輸送ルート(手段)を分散させ，冗長性をもたせなければならない場合がある．ただし，これらの発生確率や発生した場合のコストの高さ，情報活用のあり方などを考慮する必要がある．

22.4　インバウンドロジスティクスネットワーク形成の考え方

前節で列挙した多様な要因をどのように組み合わせてグローバルロジスティクスネットワーク(以下，グローバル LN)を形成すればよいのか．

ロジスティクスネットワーク(LN)は生産を挟んで，インバウンド LN とアウトバウント LN に分けることができる．実際のグローバル LN を考えるときには，その両方を統合的に勘案しなければならないが，ここでは話を単純化するために，生産拠点は販売市場の近傍に立地するものとしたうえで，インバウンド LN を考えることにしよう．

考えるべき基本的な要因は，調達リードタイムの長さと調達ロットの大きさである．この２つの要因を組み合わせて LN の構造を決める．

まず，日本国内や中国の沿岸部などのように生産ボリュームがまとまっており，部品の調達ロットが大きく，しかも部品の調達先が生産拠点の近傍に集積していれば，調達先から生産拠点にまとまった量の部品を直接納品する形態がとられる．すなわち，「サプライヤーによる直接供給体制」がとられる．どのような調達先が完成品の組立拠点の近傍に多く集積するかというと，まず，運賃負担力の低い部品メーカーの生産拠点が集まる．そして調達規模の拡大に従って徐々に運賃負担力の高い部品の生産拠点も集まるようになる．

しかし，その段階に至っていない場合は，付加価値が高く運賃負担力の高い部品は，遠方(国外)から供給されることになる．その場合，前述したように複数の部品を１本のコンテナに混載し，満載(FCL)にして多頻度で組立拠点に供給される．いわば「長距離多頻度・大量混載輸送体制」がとられることになる．

ASEAN 地域などのように市場規模がまだ十分でなく，生産ボリュームはさ

		調達ロットサイズ	
		小さい(混載)	大きい(直送)
調達リードタイム	短い	発注企業による ミルクラン集荷体制	サプライヤーによる 直接供給体制
	長い	中継地混載・ 多頻度供給体制	長距離多頻度・ 大量混載輸送体制

図 22.4　調達ネットワーク形成パターン

ほどまとまらないが，組立拠点の周辺地域にサプライヤーが散在しており，1件のサプライヤー当たりの1回の調達量がトラック満載にならないような場合には，組立工場から各サプライヤーを巡回して集荷する「ミルクラン集荷体制」がとられるだろう．

組立工場の遠隔地にサプライヤーが散在しており，調達ロットも小さい場合には，サプライヤーから直接納品すると輸送効率が低下するし，納品頻度も少なくなってしまうから，サプライヤーと組立工場の間に中継地点を設け，そこに複数のサプライヤーからの調達部品を集約してからこれらを貨車やトラック，コンテナなどに混載して輸送ロットを大きくし，多頻度で輸送する「中継地混載・多頻度供給体制」がとられる．

以上を整理すると調達ロットと調達リードタイムの組合せで**図 22.4** のようなマトリックスになる．

調達ロットサイズは調達総量と調達頻度から求められる変数である．調達リードタイムはサプライヤーの分布状況や組立工場との距離に影響される変数である．つまり，前述したような多様な要因の組合せでインバウンドとアウトバウンドを含むLN全体の構造が決定されることがわかる．

第 23 章
グローバルロジスティクスネットワークの運用

23.1　グローバルロジスティクスネットワークの流れの管理

これまで述べてきたとおりグローバル SCM では，世界の市場における需要の変動や供給過程におけるさまざまな攪乱事象に対して俊敏かつ柔軟に対応するために，輻輳したグローバルロジスティクスネットワーク(以下，グローバル LN)全体をオーケストレーションする必要がある．**図 23.1** に示すように，グローバル LN を水道のパイプラインに見立てて，このパイプの中を流れる水を原材料・部品や仕掛品，完成品などさまざまに形を変える「在庫」と考えてみよう．

このパイプラインの中を流れるのはフロー在庫である．また，パイプラインの途中にはダムや貯水池などがあり，そこにストック在庫が保管されている．

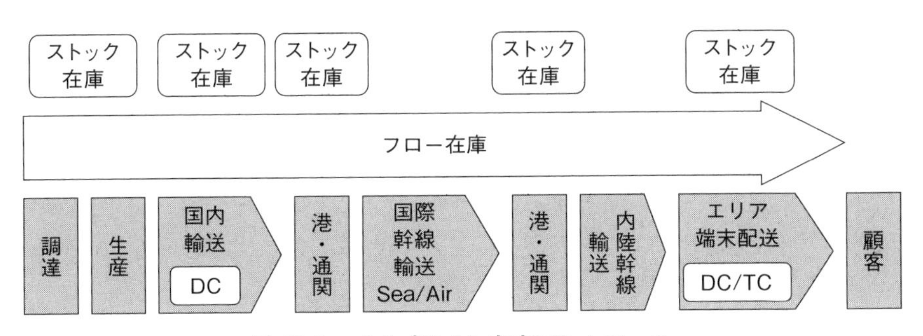

図 23.1　パイプライン在庫コントロール

需要の変動に対応しながら品切れ(断水)を起こさず，しかもなるべく新鮮な水を供給するためにパイプの流速(輸送スピードやストック在庫回転率)を上げ，しかも断水を起こさないようにダムや貯水池のバルブをコントロールする．これがグローバルLNの全体的制御のイメージである．

このパイプラインの特性はどこか細くなっているボトルネックがあると，パイプライン全体の流量がその通過スピードに制約される(制約理論)ことである．そのため広範なグローバルLN全体のどこにトラブルや障害(ボトルネック)が発生しているかウォッチしてその影響が近い将来グローバルLN全体にどのような影響を及ぼすか即刻察知して，事前に速やかな手当てをすることがグローバルLNマネジメントの役割となる．

このようなグローバルLNマネジメントの考え方はドメスティックなロジスティクスでも共通しているが，グローバルになると複雑な貿易・通関の手続と大がかりで足の長い国際幹線輸送のプロセスが加わる．そのために貿易・通関という厄介な「関所」で抱えがちなストック在庫と長期間，大量に抱える可能性の高い国際幹線輸送におけるフロー在庫をどうマネジメントして製品在庫の陳腐化を防ぎ，なおかつキャッシュ・コンバージョン・サイクル(CCC)を高めるかを考えなければならない．

グローバルLNマネジメントにおいては運用の計画，調整，実行(生産・物流)の全体期間が長期化する．トータルリードタイムは，需給調整計画リードタイム，生産リードタイム，物流リードタイムの合計になる．トータルリードタイムが長期化するとロットサイズ在庫が増大し，製品の陳腐化リスクも大きくなり，顧客サービスも低下するから，トータルリードタイムを短縮しなければならない．

需給計画リードタイムを短縮するには，まず月次計画調整体制を週次計画／日次調整体制へと短期化する必要がある．また，このような短サイクルでの柔軟な計画・調整体制をグローバルサプライチェーン(以下，グローバルSC)全体で実現するためには，世界中の調達，生産，物流，販売拠点の業務および入出荷と在庫に関する日次予測・実績データを高精度な状態でリアルタイムに入手し，需給調整計画システムに取り込んで活用できるようにしなければならない．またそれらのステイタスおよび計画情報を世界中の各拠点で共有し，相互に調整できなければならない．

生産リードタイムの短縮には，混流生産やセル生産方式など，小ロットで柔軟な生産体制を組めることが重要である．生産要素が低廉なグローバル適地生産を行うと規模の経済を享受すべく大ロット調達・生産に傾きがちであるが，そのために生産リードタイムを長期化させ，いわゆるダンゴ出荷をするとサプライチェーン全体で大きなコストや在庫リスクを抱える恐れがある．その対策として生産サイクルの短縮化が重要になる．

物流面でも，前章で述べたとおり拠点集約を行い，輸送ルートを集約して「太いパイプ」を形成する必要があるが，大ロットでダンゴ出荷・物流を行うのではなく，多くの種類の製品を1本のコンテナに混載する(後述のバイヤーズコンソリデーションや共同物流など)混流方式を取り入れる必要がある．こうした方式により物流効率を引き上げつつ，販売市場への製品の投入チャンスを高め(納品サイクルを短縮し)スピーディーな物流を実現する．

これら全体のグローバルLNの全体制御のイメージを示したものが**図23.2**である．まず，世界中の市場や調達・生産・販売の各拠点の業務／在庫状況や物流(港湾やDC/TC，輸送機関による移動など)の各ポイントのオペレーショ

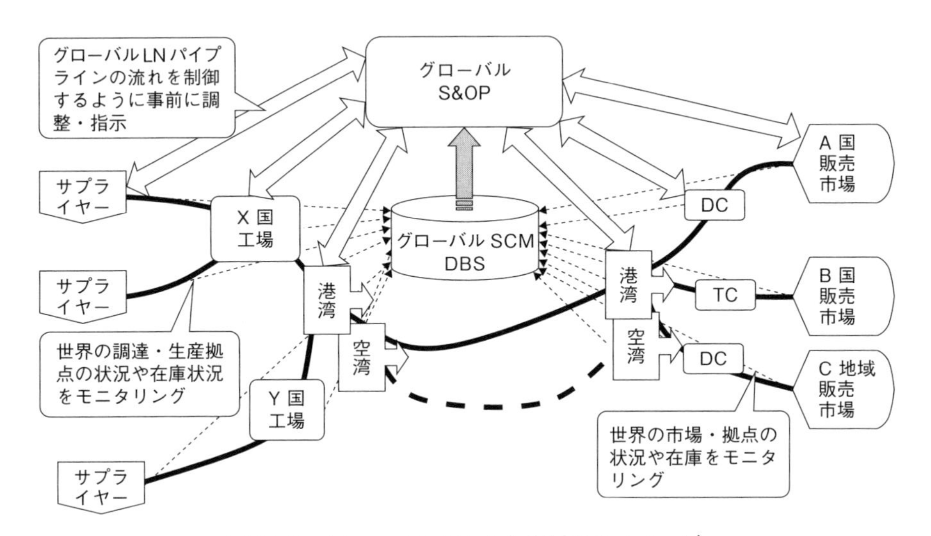

図23.2　グローバルLNの全体制御のイメージ

ンや在庫(フローとストック)状況をリアルタイムで入手し，グローバル SCM データベースを逐次更新する．この情報をもとに，予測・計画情報を見直し，サプライチェーンの各ステップに遡って近未来に何が起こるか早期にシミュレーションする．

これにより，グローバル SC ネットワークのどこにボトルネックがあるのか把握して対策に結びつけることが可能になる．グローバル S&OP のプラットフォームを活用して，市場で断水(＝欠品)を起こしたり，拠点活動の中断が発生しないように，なおかつ余分な在庫(＝経営資源の余剰)を発生させないようにグローバル SC の各プレイヤーや事業拠点の活動を調整・制御できるようにすることが目標となる．このスキームで重要な点は，インバウンド＋アウトバウンドロジスティクスの統合的同時制御のみならず，販売・マーケティングプロセスに対しても供給状況に連動して制御をかけることである．このような近未来在庫に対するプロアクティブなサプライチェーンネットワーク制御をグローバルレベルに実現することである．

しかし，現状でこのようなグローバル SC 全体をパイプライン制御するには多くの障害があることも事実である．まず，国際物流には港や税関，3PL(フォワーダーを含む)やキャリアなど多くの関係者が介在している．それらのプレイヤーは公共性も高く多数の関係者と仕事をしており，予想外のトラブルも多い．また，貨物船はいったん出航すれば，仕向地港に到着するまで輸送状況が追跡できない場合もあり，天候などの影響からリードタイムが不確定な場合もある．そのために多めの購買発注や，高めの安全在庫水準を設定する傾向がある．タイの洪水の例を挙げるまでもなく新興国の拠点では生産停止のリスクも大きくその対策コストが増大する．輸送品質の維持も困難であるため歩留りを見込んだ発注をする場合もある．

グローバル LN のダイナミック制御のスキームにより早期にネットワークの状況を把握できれば，このような事象に対する選択肢も増え対策も可能となる．例えば，海上輸送から航空貨物輸送への切替えといった代替輸送手段の選択や，他の DC からの代替製品の供給，調達先や調達部品の切替え，生産計画の組替え，販売先(仕向地)の切替え，販売戦略の見直しなど，プロアクティブな手を打つことができるようになる．

国際物流において複数の輸送手段を選択できるようにすることも大切である．広域幹線輸送ではトラックのみならず，海運(内航・外航・河川輸送)，鉄道，航空貨物便などの複数の代替手段を選択の視野に入れて長期的な国際複合一貫輸送の体制を整備し，常にレベルアップを図るようにしておく必要がある．新興国においてはわが国の予想を超えるようなインフラの整備や関連諸制度の改革がスピーディーに進むので注意を要する．日常的に現地の状況や政策などを現地の行政担当者や物流事業者，現地企業を含む他の荷主企業と情報交換しておく必要がある．

国際物流はグローバル 3PL やキャリアなどの専門企業に委託することになる．いわゆる荷主と国際物流専業者(含む NVOCC)との関係は，運賃交渉などの駆け引きを行う側面で捉えると利害対立する恐れもあるが，極力，より良いグローバル SCM を目指すパートナーの関係になることが望ましい．そのためには事前に具体的な数値でパフォーマンスの目標を示し，その KPI を使って定量的に実績評価を行うことが不可欠となる．

さらに近年では，例えば部品調達と生産ラインが直結した高度なサプライチェーンや貨物追跡システム，高レベルな物流品質の実現などを厳しい現地の実情のなかで実現するためのさまざまな仕組みの開発力や管理運営能力がグローバル 3PL に求められるようになっている．今後のグローバルビジネス環境では，日系荷主のみでなく外資系や現地の荷主の仕事も取り込めるような能力をもったグローバル 3PL でないと厳しい国際競争に晒されている荷主の要請には対応できなくなる．このように国際物流専業者とグローバル荷主企業は現在のみならず将来も含めた戦略的なパートナー関係を築けるようにしなければならない．

図 23.3 は，参考までにインコタームズにおける危険負担と費用負担の範囲を示したものである．

23.2　グローバルロジスティクス運用の制度的手法

ここまで述べてきたグローバル LN における輸送ネットワークの基本構造はハブ・アンド・スポークであり，これにポイント・ツウ・ポイント輸送が組み

規則		輸出国	通関	貨物輸送	通関	輸入国	説明（上段：危険負担　下段：費用負担）
いかなる単数または複数の輸送手段にも適した規則							
EXW	Ex Works						売主の施設等で物品を買主の処分に委ねた時点
	工場渡						運送契約と輸出通関手続は買主の義務
FCA	Free Carrier						買主が指名した運送人へ引渡された時点
	運送人渡	FCA 価格					運送契約は買主の義務，輸出通関手続は売主の義務
CPT	Carriage Paid to						売主が指名した運送人へ引渡された時点
	輸送費込	FCA 価格＋運賃					運送契約は売主の義務
CIP	Carriage and Insurance Paid to						売主が指名した運送人へ引渡された時点
	輸送費保険料込	FCA 価格＋運賃＋保険料					運送契約と保険契約は売主の義務
DAT	Delivered At Terminal						荷卸後，買主の処分に委ねた時点
	ターミナル持込渡	運送契約は売主の義務					輸入通関手続，関税等の支払いは買主の義務
DAP	Delivered At Place						荷卸の準備が完了した到着した輸送手段上で買主の処分に委ねた時点
	仕向地持込渡	運送契約は売主の義務					輸入通関手続，関税等の支払いは買主の義務
DPP	Delivered Duty Oaid						荷卸の準備が完了した到着した輸送手段上で買主の処分に委ねた時点
	関税込持込渡	運送契約は売主の義務					輸入通関手続，関税等の支払いは売主の義務
海上および内陸水路輸送のための規則							
FAS	Free Alongside Ship						物品が買主が指定した本船の船側に置かれた時点
	船側渡						輸出通関手続は売主の義務
FOB	Free On Board						物品が買主が指定した本船の船上に置かれた時点
	本船渡	FOB 価格					輸出通関手続は売主の義務
CFR	Cost At Freight						物品が買主が指定した本船の船上に置かれた時点
	運賃込	FOB 価格＋運賃					運送契約と輸出通関手続は売主の義務
CIF	Cost Insurance and Freight						物品が買主が指定した本船の船上に置かれた時点
	運賃保険料込	FOB 価格＋運賃＋保険料					運送契約，保険契約と輸出通関手続は売主の義務

図 23.3　インコタームズにおける危険負担と費用負担

合わされたものになる．ハブ拠点は調達市場と販売市場，それにハブ港湾(パブリック拠点)の能力規模，リードタイム，コストなどを勘案して決定されることになる．

例えば，ある香港のアパレル企業では中国やASEANのサプライヤーから製品を調達し，香港ハブを活用してハンブルグ港から欧州向けに供給している．このようなグローバルLNの分析と最適化をITで行っているのである．

グローバルLNのパイプライン制御を行うためには，例として以下のような下位システムを組み合わせて運用することが一般的になっている．

(1)　バイヤーズコンソリデーション

バイヤーズコンソリデーション(buyers consolidation)とは，特定の輸入者のために輸出地で複数のサプライヤーの貨物を輸入者専用のコンテナに詰め合わせて幹線輸送することでFCL(Full Container Load)貨物化して輸送効率を高める国際輸送方式である．CFS(Container Freight Station)チャージ，海上運賃，輸入通関諸費用が節減されるとともに，特定のサプライヤーごとにLCL(Less than Container Load)出荷するよりも次のような利点がある．①供給頻度を高めて輸入者側の在庫を圧縮，②リードタイムの一元管理が可能，③輸送中の貨物の管理が容易(単一名義の輸入コンテナによる)など．通常は，FCA(Free Carrier：運送人渡)で処理される．サプライヤーは輸入者によって指定された運送人に貨物を引き渡す．引き渡された貨物は保税倉庫へ搬入され，フォワーダーが便宜上の売主となり船積用書類(インボイスやパッキングリストなど)を作成する．サプライヤーとの決済書類は，FCR(Forwarder's Cargo Receipt)を使う．FCRではL/C決済には使えないのでL/C決済を行う場合はフォワーダーのB/Lが使用される．船積書類はフォワーダーを便宜上のShipperとする．

(2)　クロスドッキング

クロスドッキング(cross docking)は，物流拠点において複数の入荷商品を即時納品先ごとに荷合わせして出荷方面(納品先)別の仕分け発送を行う仕組みを指す．クロスドッキングが行われるセンターを「通過型物流センター(Transfer Center：TC)」もしくは「仕分センター」という．クロスドッキングを自動的に行うためには，クロスドックセンターに事前出荷明細通知(Advanced Shipping Notice：ASN)が配信されている必要がある．搬入された貨物はバーコードスキャンされ，自動仕分けソーターで仕分けられる．発注(納品)情報と貨物が情報上紐付けられており，処理貨物の情報と入出荷スケジュールがクロスドックセンターに配信されていて，荷合せ・仕分け作業のタイミングが事前に計画・調整されなければならない．在庫型センター(DC)との組合せで運用される場合もある．

(3)　拠点広域集約化(作業や在庫の集約)

EU統合やNAFTAなど地域経済統合が進んだことによって物流拠点集約化が起きた．安全在庫は分散の加法性によって集約するほど圧縮されるから，需要密度に対応した必要在庫回転率を基準にして在庫拠点は集約・再配置される．拠点作業も集約するほど自動化投資もしやすくなり効率化する．貿易上の壁が低くなるにつれて広域で拠点集約が起こり，輸送ネットワークも再編されることになる．

(4)　VMI(Vendor Managed Inventory)

川下の発注者が発注して川上のベンダーが納品するのではなく，川上のベンダーが顧客の拠点在庫を管理し，顧客側が必要なだけ出荷する．ベンダー側が倉庫の在庫出荷(出庫)状況を見ながら在庫補充を行う在庫管理方式である．生産，出荷拠点の近傍もしくは拠点内にVMI倉庫が設置される．通常の購買者側の発注による補充方式では，いわゆるブルウィップ効果によりサプライチェーン全体の在庫がかさ上げされ，在庫の変動も増幅されることになる．しかし，川上のサプライヤーが川下の実販売・出荷情報を用いて補充する方式に切り替えれば，情報の共有効果と在庫に関する意思決定の段階数の削減効果でブルウィップ効果は抑制される．また，発注者側は発注コストが削減されるうえに，在庫圧縮も享受できる．VMI倉庫の在庫の所有権をベンダーに残した場合は在庫リスクをベンダーが負担することになる．例えば，中国などでは，物流園区などを活用して保税VMI倉庫を設置し，サプライヤー名義の在庫として必要な製品のみ輸入することが行われる事例もある.

(5)　ミルクラン集荷(milk run)

購入者もしくは購入者から委託された物流業者がサプライヤーを巡回して集荷する物流方式である. ミルクランでは製造業者自身, 調達ロットサイズがトラックなどの輸送手段の積載量に満たない量の場合, サプライヤーが納入先に直接納品すると積載効率が下がるので, 1台のトラックで集荷し輸送効率を引き上げるのである. サプライヤーが限られた地域に集積している場合などに用いられる. ミルクランが用いられるか, サプライヤー直納方式か, 中継地物流かは, **第22章**で述べたとおり納品リードタイムの長さ(距離)と納入ロットサイズの大きさで決まる.

(6)　非居住者在庫

非居住者在庫(non resident inventory)が法的に認められている国々では, 非居住法人である本社が海外の現地法人を設立しなくても, 現地の在庫を一元的にコントロールする非居住者在庫の仕組みを活用して, 現地工場, 現地法人にかかる負担・コストを軽減できる. 日本でも2003年4月に関税法が改正され, 海外のサプライヤーがフォワーダーを介して日本で輸入製品を非居住者在庫とすることができるようになった. DDP(Delivered Duty Paid(named place of destination))とし, 納品までの在庫リスクをサプライヤー負担とすることができる.

(7)　国際複合一貫輸送

国際複合一貫輸送(international multimodal transport)とは,「複合運送人が, 物品をその管理下に置いた一国のある場所から, 荷渡しのため指定された他国のある場所までの複合輸送に基づく少なくとも2種類以上の異なった輸送方法による物品の運送」(国際物品複合運送条約1条2項)である. 単一の複合運送人が異なる輸送手段が連結されていてもその全輸送区間をカバーする単一の国際複合運送証券を発行し, その全区間の運送責任をもつことになる. パイプライン在庫の流れ全体に関する責任と情報の一元的な管理において基盤となる重要な制度といえる.

(8) TSU(Trade Service Utility)

近年, ロジスティクスと金融決済, ファイナンスの仕組みが組み合わされるようになってきた. 例えば, 輸送や倉庫オペレーションなどのロジスティクスサービスが高速化したため, 貿易決済のドキュメント処理が後追いとなり, 貨物の引渡しに支障を来す事例が発生するようになった. 決済を迅速化するためにL/Cベースの煩雑さと送金ベースの信用不安の両者を解決する仕組みとしてSWIFT(国際銀行間通信協会)と世界の主要銀行が開発したTSUは売買契約(P/O)情報を貿易業務フローの各段階でマッチングし, 迅速な決済を実現するシステムとして普及が期待されている.

以上の諸制度がどのように組み合わされてグローバルLN全体の一体的なマネジメントを支えているかを示したものが, **図23.4**である. まず, サプライヤーからミルクラン集荷された製品が, 保税地域に設けられたVMI倉庫において非居住者在庫として管理されている. この在庫が輸入者の必要に応じて出

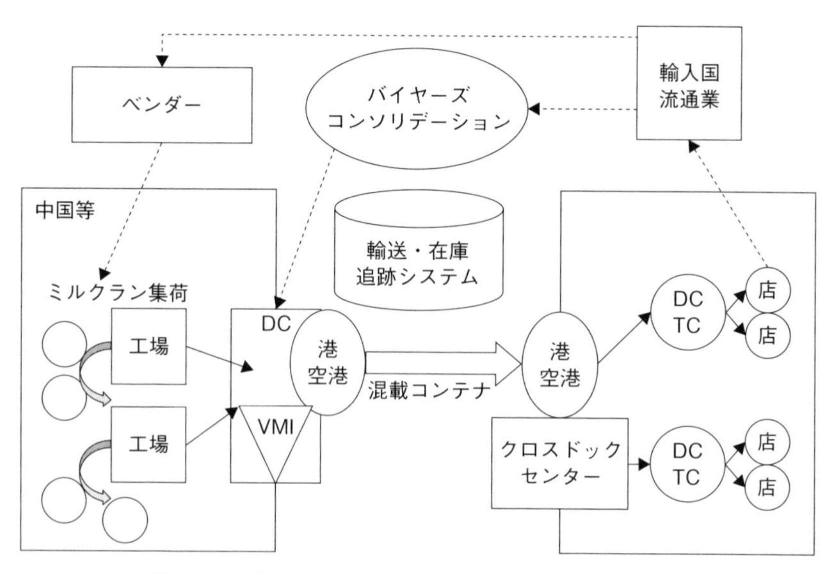

図23.4 グローバルLNの一体的管理を支える諸制度

庫され，バイヤーズコンソリデーションで輸入仕向地まで送り込まれる．輸入地の販売市場の動向に応じて在庫が振り向けられ，クロスドッキングによって店舗に納品される．この全体の流れが一元化された情報で制御されるようになりつつある．

第21章で述べられているとおり，グローバルSCのトラッキング情報はRFIDやICタグ技術の進化によって各ゲートを通過した時点で検知されるようになりつつあるが，これらの情報を一元管理する制度やシステムも整備されつつある．航路ごとに異なる船社間でも情報のシームレスな引継ぎが行われ，何らかの異常が検出された時点でアラートが鳴る仕組みや，グローバルLN全体のパイプライン情報をプレイヤーが共有して自律分散的に管理するとともに相互で必要に応じて調整する仕組みをつくることによって全体の管理コストを少なくすることができる．そのためには，計画情報，取引情報，決済情報，製品情報，オペレーション情報がデジタル情報で共有できる仕組みを構築しなければならない．

23.3　グローバルサプライチェーンネットワークのロバスト化

冒頭で述べたとおり，グローバルサプライチェーンネットワーク(以下，グローバルSCN)はさまざまなリスクを抱えることになる．地震や水害などの自然・地理的リスクや制度などの政治的リスク，消費者の嗜好・慣習や労働者の意識・行動・組織的特性などの文化・社会的リスク，事故やミスなどのリスク，為替や金融などの経済的リスクなど，多種多様なリスクが降りかかってくる可能性がある．

しばしば，サプライチェーンのリスクに言及されるとき，ピラミッド型やダイヤモンド型などの形態が議論されるが，今日のグローバルSCはこれまで述べてきたとおりネットワーク型の構造になっている．ネットワーク型の組織構造では，プレイヤーが複数のルートで相互に影響しあい，大きな変動を発現する場合があることが知られている．すなわち，ネットワーク型組織における負の現象が，あるノード(もしくはプレイヤー)に発生した場合に，そのノードに連結する複数のノードに波及し，ネットワーク全体が大きな影響を受けるリスクが存在するのである．こうした負の影響を抑制し，リスク耐性の高いロバストなグローバルSCNマネジメントについて整理してみよう．ここで，ロバスト（robust）とは強靱で壊れにくいという意味である．

①　見える化

- リスクに直面して混乱するのは現状と近未来の情報がプレイヤー間で分断され，互いに見えないからである．
- ものと情報を紐付け，ものの状態や動きを把握できるようにする必要がある．そのためには，コード体系の整理が不可欠である．これによって，グローバルSC上のパイプラインを流れる在庫の現状のトラッキングや各拠点業務のモニタリングが可能となる．
- グローバルLNの現状を把握できると，間もなく発生する事象に対する影響をシミュレーションすることができるようになり，関係者間で相互に調整しつつ早期の対応策を講じることが可能になる．これにより，近未来在庫のマネジメントも可能になる．
- しかし，大きなリスクに対しては予測可能な想定事象に対する対応を事前にシナリオ（BCP（Business Continuity Planning：事業継続計画））化し，行動原則を決めておかないと，関係者間で対応が混乱する．基準となる行動計画をもとに行動をモニタリングしてPDCAサイクルを回す必要がある．

②　共通化・標準化

- 部品の標準化：供給が断絶したときに，使用可能な代替品があれば補償することができる．VE（Value Engineering）により差別化要素部品と標準化部品を仕分け，モジュール化を促進する．設計図面の標準化やデジタル化を推進する必要もある．
- 業務の標準化：異なるプレイヤー間で協働できる体制をつくるためには，協働できるようにあらかじめ業務（工程）の標準化を進めておかなければならない．業務の標準化にあたっては，定常状態と非定常状態の区分を明確にし，それぞれの対応や使用システムも決めておく．
- 代替可能化：調達先や生産工程，輸送手段などの代替手段をあらかじめ想定して運用可能な状態を構築しておく必要がある．災害の発生などにより道路が寸断した場合に空輸の可能性を確保したり，公共の広場を緊急の荷捌き施設として活用可能な設計にしておくなど，能力，スペースの代替化を検討する．

③　**共有化**

- 情報共有化：共通化・標準化された製品，業務，拠点その他の経営資源に関する情報はプレイヤー間で共有する．
- 拠点共有：分散化した拠点を（事象に応じて）異なるプレイヤー間で共有する．
- プロセスの共有化：生産・物流などのプロセスの共同化・協働化を進める．
- インフラの共有化：道路・港湾・公的セクターのインフラの共有化（転用）をプレイヤー間（公的なセクターと民間組織など）で進め，非常時の利活用を可能とする．

④　**分散化・複線化**

- 規模の経済とリスクのバランスを図りつつ，開発，調達，生産，物流，販売市場の分散化や輸送ルート・手段の複線化を図る．調達先企業の分散化，地域分散化，市場の分散化によりリスク耐性を高めておく．場合によって現地化・地産地消化を進めて，サプライチェーンそのものをコンパクトにしておくことも考える．

以上のグローバル SCM 上のリスク対応方略については，**図 23.5** に示すとおり，製品・部品，業務プロセス（工程），拠点・経営資源のそれぞれに対して，相互に組み合わされて適用されるべきものである．

補足的に，グローバル SC のリスク管理に関する国際的な制度と標準を紹介しておく．

AEO（Authorized Economic Operator）制度は，サプライチェーンにおいて税関当局などが安全基準を遵守していると承認した輸出者，運送業者，倉庫業者などに対して税関手続の簡素化やセキュリティに関連する優遇などの便益を付与する制度である．また，TAPA（Transported Asset Protection Association：技術資産保護協会）は，ハイテク・高付加価値商品，貴重品などの保全

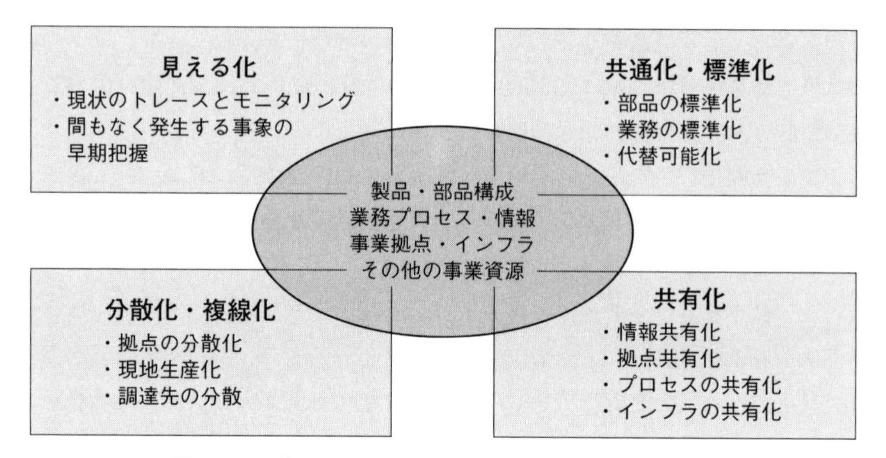

図 23.5　グローバル SCN のロバスト化のための方略

と企業の資産の保護を目的とする倉庫を対象とした認証機関で，ハイテク製品の保管・輸送中の紛失・盗難などによる損失防止を目的に，1997 年に米国で非営利団体(NPO)として設立され，該当する製品を取り扱う企業の物流センターのセキュリティレベルを審査し，認証を与えている．このような国際的認証制度もグローバル SC のリスク管理において承知しておくべき制度である．

本章は，コストリスクの大きいグローバル SCN のオペレーションについてマネジメントの観点から述べた．それは複雑なネットワーク構造ゆえの問題として論じた．最後にこうしたネットワークマネジメントの一般論として Granovetter(1973)の「紐帯論」を取り上げて結びとする．彼の説は，「弱い紐帯の強み」として知られ，これは「よく知っている」人間同士は同一の情報を共有することが多いため，新しい情報が得られる可能性は少ないが，関係性の遠い人からは新情報がもたらされる可能性が高いため大きな転機にはかえって役立つという説である．国際的ビジネスも人間関係から生み出されることを考えると，異質な社会とのつながりがリスクへの対応に重要な意味をもつことを念頭に置く必要があろう．

第 24 章
グローバル SCM と事業システム

24.1 SCM と事業システム

SCM はビジネスに組み込まれて初めて意義をもつことはいうまでもない．言い換えれば，ビジネスの仕組み，すなわち事業システムのあり方がサプライチェーンを規定していることになる．この事業システムの構造とそこに組み込まれているサプライチェーンの仕組みの関係を考え，そこからどのように競争優位性が生まれるのか検討することが本章の目的である．

ここで，加護野他(2004)は事業システムについて，「経営資源を一定の仕組でシステム化したものであり，どの活動を自社で担当するか，社外の様々な取引相手との間に，どのような関係性を築くかを選択し，分業の構造，インセンティブのシステム，情報，モノ，カネの流れの設計の結果として生み出されるシステム」と定義している．すなわち，顧客価値の設定から始まり，これを実現するサプライチェーンネットワーク全体のワークフローと機能分担，取引関係，資源活用と投資採算性確保のメカニズム，情報交換・蓄積，経営資源の組織化，人的組織の学習のための設計されたメカニズムを意味しているといえよう．このなかにサプライチェーンが組み込まれていることは明らかである．

事業システムの成立要件の構造を考えてみると，**図 24.1** のようにごく簡略に示すこともできる．

ビジネスにおいては，顧客の設定と顧客に対する実現価値の設計，製品・サービスへの具現化から始まり，顧客価値を実現すべく経営諸資源を組織化し，

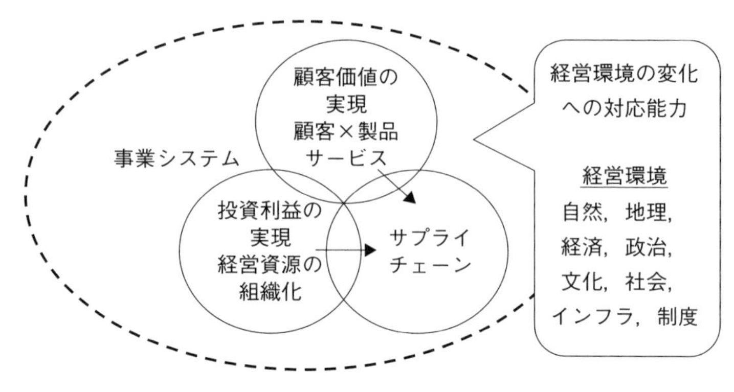

図 24.1　事業システム成立要件の構造

同時に投資利益の実現目標を達成できるサプライチェーンを形成する．その全体を事業システムと捉えることができる．そして事業システムはある経営環境の下に成立するのであり，経営環境が変化すれば事業システムも再構築し続けなければならない．逆に，事業システムが経営環境に影響を与えてもいるので，事業システムは経営環境との相互作用で経路依存的に進化するのである．そして進化の過程では製品やビジネスプロセスのイノベーションが創発される．

事業システムの要件として，ライバル企業の模倣に対するシステム防御特性が挙げられる．つまり，ライバルが自社の事業システムを模倣しようとするとき，ライバル企業の戦略に矛盾(既存事業とのトレードオフ)を来すような仕組みをつくり込んでいくことを指す．

さて，事業をグローバル展開するとき経営環境は本国のそれとは大きく変化する．市場も調達先も生産拠点・物流拠点もワールドワイドに広がり，調達先や取引先も拡大するので，自社の経営資源や能力を有効に活用できるような自社と顧客やパートナーとの関係性や機能分担の組織的な境界を設定しなおす必要がある．別の見方をすれば，取引先やパートナー，さらにはさまざまな影響をもたらす現地の行政組織による規制や業界標準をうまく組み込んで事業システムを組み立てるという考え方が求められてくる．

さらには，これからの有望なグローバル事業システムとして，垂直的な取引関係よりもむしろ，複数のサプライヤーや顧客や補完企業群が柔軟に活用でき，それらのパートナーとの間に複数の取引関係を成立させるようなプラットフォームビジネスが注目されている．カードビジネスやネット通販モールのようなビジネスがこれに該当する．こうしたビジネスの特徴は，複数の取引関係者を連結し，相互に間接ネットワーク外部性が働いて急速に事業を伸ばす性質が多くの事例で認められる点である．グローバルに事業展開を行うときには，複数の市場を結びつけ，世界中の多くの取引先と取引しつつ，取り扱い規模の拡大エンジンとして活用する市場と収益を獲得する市場とのメリハリをつけて事業展開する発想が重要になるだろう．

24.2　グローバル・バリューチェーン・オーケストレーション

グローバルサプライチェーンネットワークの進化の方向性としては，グローバルSCMオフショアリング戦略が挙げられる．すなわち，自らは生産拠点をほとんどもたず，外部製造拠点として成長著しい中国，ASEAN，インドなどの多数のサプライヤーを取り込み，欧米市場と日本市場，中国市場を結びつけ，バリューチェーン全体のオーケストレーションを行う企業がある．**図24.2**にそのビジネスプラットフォームを示すA社もそうした企業の一つといえよう．

A社は貿易商社から発足し，地域調達エージェントへと発展した．その進化の過程は興味深い．まず，複数の国で商品を調達し，顧客の販売戦略に合わ

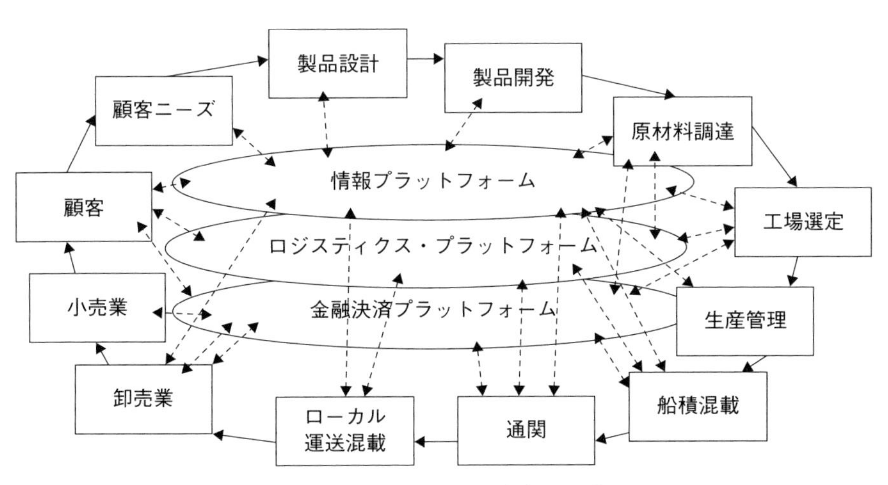

図24.2　A社のグローバルSCMとビジネスプラットフォーム

せてアソートメントパッキングを施して提供した．海外の量販店向けの工具セット組などが具体例である．次に，製造プログラムの管理・提供機能へと発展させた．顧客から製品企画を提示されて，それに合わせた製品仕様と生産拠点を決定するようになる．製造発注・納品管理を行い，顧客に納めるSCM代行機能である．

さらに，グローバルな調達，生産拠点のオフショアリングを進め，バリューチェーンそのものを分割して顧客に合わせてカスタマイズし，グローバル最適分散型製造を行うようになった．例えば，金型はA国，組立はB国の内陸部，金融決済と国際物流はC国といった具合である．最終的にはグローバルバリューチェーンをさらに拡大形成し，その全体のネットワークを運用する段階に入っている．A社が拠点投資してサプライヤー企業に運営させたり，M&Aを実施するなど，原料調達先や製品サプライヤーを拡大しつつサプライチェーンの質と量をレベルアップしている．そのケイパビリティの向上とともにますます取引先を世界に拡大している．世界的な量販店チェーンやネット通販売企業，世界的なメーカーもA社の取引先である．これらの広範な取引先と原材料メーカー，サプライヤーを結び一元的に管理できる情報システムを運用している．

製品企画の段階で，顧客企業の要望を製品仕様に落とし込み，部品パーツごとに世界の最適サプライヤーの製品を組み合わせて完成品に仕立てあげる．企画が決定したらA社でデザイン，パターン展開，技術サポートを行いながら，世界の生産拠点を同期的・同時並行的にオペレーションさせ，大量のオーダーでも短いリードタイムで同じタイミングで納期に間に合わせることができる(**図24.3**)．これをA社ではパラレルプロセッシングと称している．

A社は**第23章**で説明したグローバルロジスティクスネットワークの一体的管理を支える諸制度の組合せを活用し，確定発注情報にもとづき，多頻度・小口，混載，直接物流を行っている．オフショアリングでアウトソーシングした調達先の工程(生産・物流)能力の30〜70%を押さえて，これらのサプライヤーに対してパワーを発揮しつつ，投資リスクは回避している．A社の組織は地域別組織ではなく，商社としての間接管理機能本部を軽くするために事業部別組織ごとにバリューチェーンを形成し，事業部ごとの組織形態になっている．

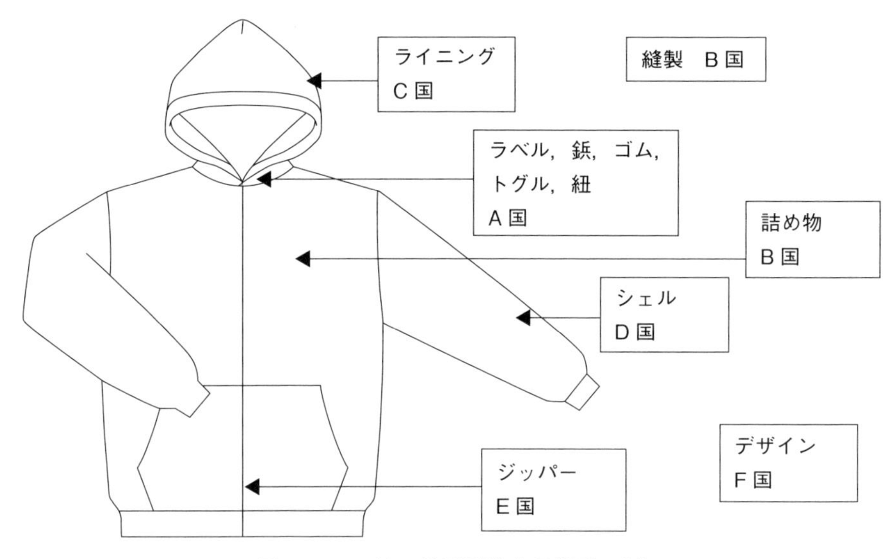

図 24.3　A 社の世界最適商品開発の例

本社事業部は支配人の下，技術サポート，マーチャンダイジング，原材料調達，品質保証，物流，貿易などの専門チームで構成され，これに地域支社が連携する体制となっている．前述のとおり，バリューチェーンを分割してモジュール化し，顧客の条件に合わせて組み合わせ，グローバルバリューチェーン全体のオーケストレーションを行っている．バリューチェーンのモジュール・パーツで不足する部分は M&A か取引(金融支援を含む)で形成し，充実を図っている．

図 24.4 に示すように，A 社のバリューチェーンマネジメントの特徴を描いてみると，原材料の調達から完成品の生産・納入まで時間軸のなかで巧みにリスクをコントロールしながら生産資源を運用していることが理解される．

A 社の事業システムがどのように働いて投資採算性の向上につながっているのかを示したのが**図 24.5** である．サプライチェーンの仕組みが有効な事業システムに組み込まれて投資利益の実現に結実していくメカニズムが理解される．

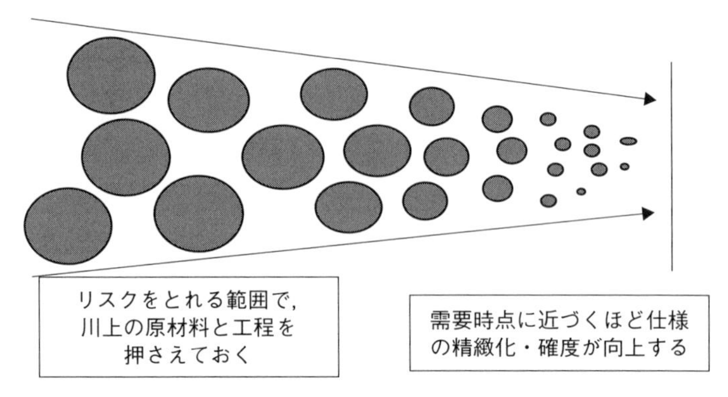

図 24.4　仕様の確定度合いと生産資源手配のリスク吸収メカニズム

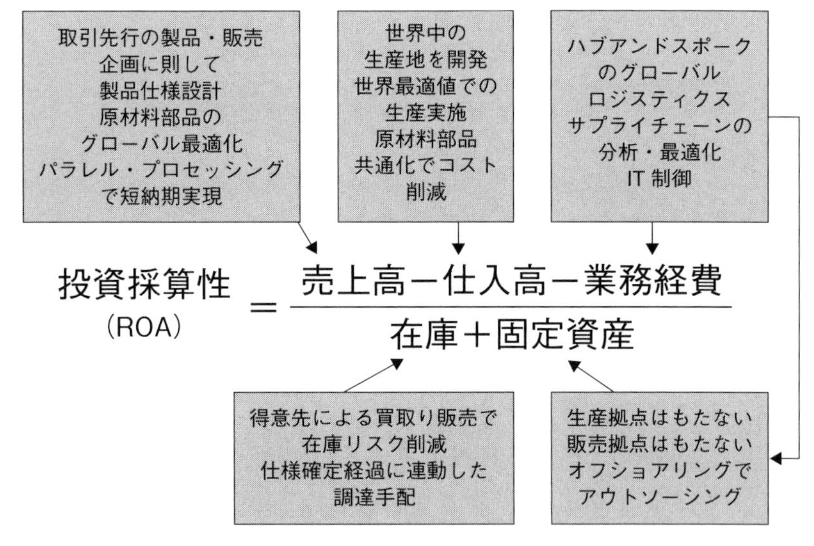

図 24.5　A 社の ROA 向上の事業システムシナリオ

24.3　事業システムとグローバルサプライチェーンの革新

事業システムの観点から見ると，グローバルサプライチェーンの革新はSCM だけでは達成されないことがわかる．

図 24.6 は，「製品開発—生産・物流拠点投資—生産準備—(量産・販売・物流)—代金回収—メンテナンス—再利用」といったライフサイクルサポート

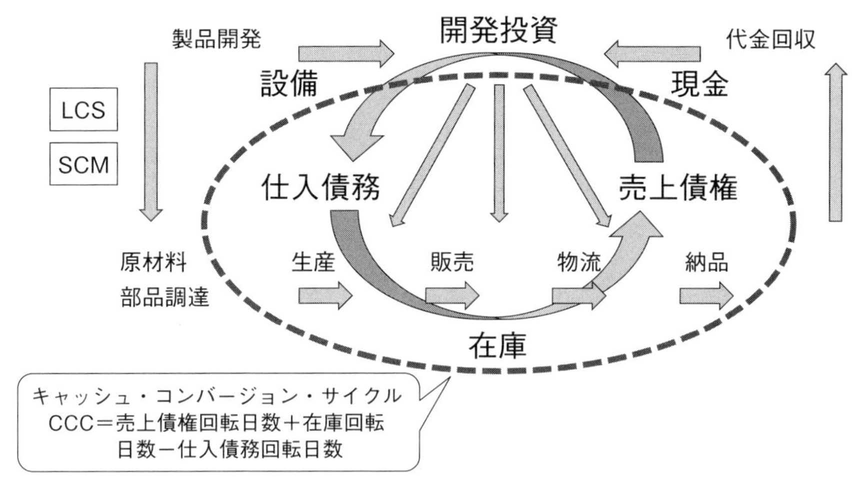

図24.6　ライフサイクルサポート(LCS)とSCMの統合

(LCS)・ロジスティクスと,「原材料調達―生産―物流―販売」といったSCMロジスティクスの2軸の活動が整合性をもって連動することによって，事業の資産が,「設備→在庫→売上債権→現金→再投資」という流れで円滑にモノが資金に変換され，キャッシュ・コンバージョン・サイクル(CCC＝売上債権回転日数＋在庫回転日数－仕入債務回転日数)が速くなってスループットを増大させることが理解されるだろう．

グローバルビジネスにおいては，現地市場のニーズに合致した製品開発が求められるし，生産拠点や物流拠点も始めから先行投資的に建設する必要性も国内に比べてはるかに高くなる．また，長い物流過程でのフロー在庫の負担も大きくなる．したがって，LCSとSCMを統合した事業システムの構築が不可欠といえる．

製品開発の拠点も，近年は多極化する傾向にあり，現地のニーズを反映した新たな製品開発や現地の生産条件に適合した新たな製造技術のイノベーションも起きるであろう．このように世界各地のマーケットで起こるイノベーションを統合し，共通化部品と特殊仕様化部品を組み合わせたモジューラーアーキテクチャのインタフェースが創発的に生まれる可能性がある(**第22章の図22.2**を参照)．

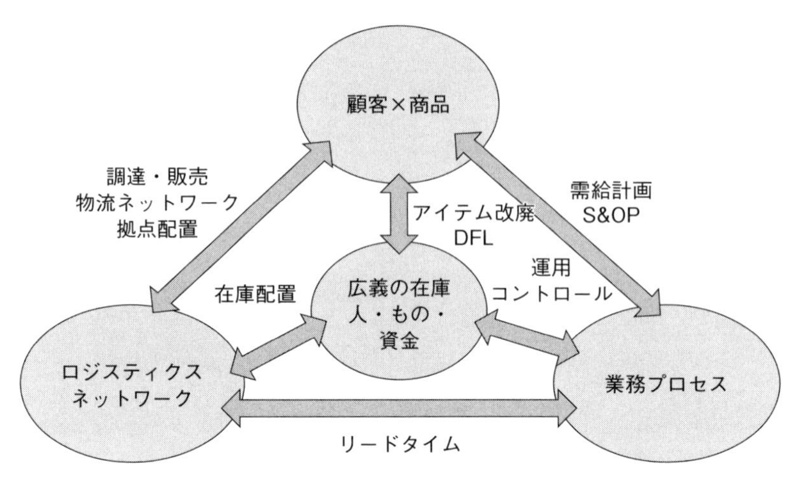

図 24.7　グローバル事業システムの構造的改善

設計，技術，製造，販売，メンテナンス・サービスの各プロセスの BOM を統合して，グローバル多拠点間で連結し，生産スケジューラーを活用して調整・連動させる仕組みも必要となる．

図 24.7 は事業改善(どの国・地域のどんな顧客にどのような製品・サービスを提供するか)と，それを実現するための開発・調達・生産・物流・販売・メンテナンス(顧客支援)・決済の各業務プロセスと，各国に配置されるそれらの業務拠点のネットワークがどのように関連しているかを示したものである．

これらの諸条件がうまく整合性がとれれば，在庫のみならず，人，設備，スペース，資金といった広義の経営資源のムダが圧縮され，資金回転も改善し事業競争力が強化される．これらの条件の整合性をとる矢印の課題に対して，具体的な改善・改革シナリオを策定し実行することが重要である．

24.4　グローバルサプライチェーンの価値創造と CSO の能力

グローバルサプライチェーンにおいては，現地での多様な顧客やパートナーとの関係においてイノベーションを起こし，グローバル SCN をオーケストレーションし，新しい価値を創出しなければならない．その中核を担うのがチーフサプライチェーンオフィサー(CSO)である．CSO が備えるべき能力は以下

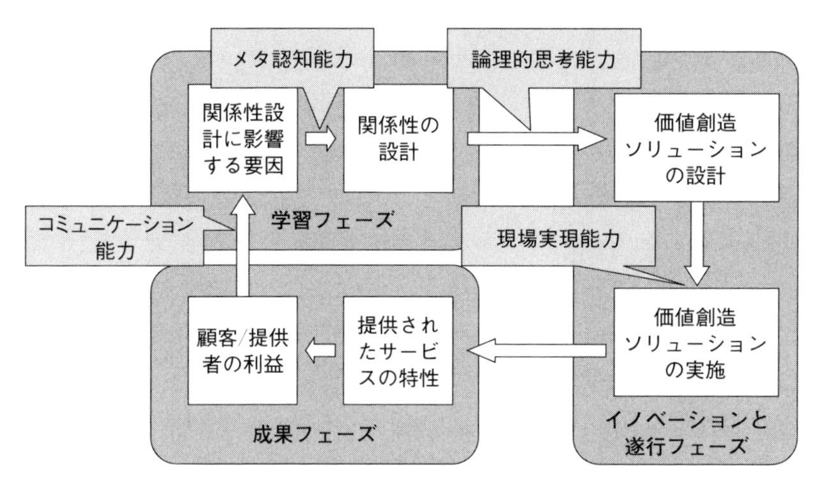

出典）　Atefeh Yazdanparast, Ila Manuj and Stephen M. Swartz (2010)："Co-creating logistics value: a service-dominantlogic perspective," *The International Journal of Logistics Management* Vol. 21, No. 3, p. 394 を参考に一部筆者が加筆・修正した.

図 24.8　サプライチェーン価値共創のサイクル

のとおりである(**図 24.8**).

①　**メタ認知能力**

自分の置かれた環境と自分の役割を正しく認識し，自己の心理状態・思考や行動を客観視し，行動の結果や相手の反応を見ながら自己の考え方や行動パターンを修正し続けるマネジメント能力と学習能力である.問題解決のアプローチを見出す「気づき」の能力ともいえる.「自社の能力の評価」,「有効方略の予測と実行」,「行動の点検」を習慣づけることが大切になる．常に全体のなかでの自分の働きを認識する．また，現実を俯瞰的に捉えて全体像を描いてみる．そのためには，さまざまな関係者の立場になって複眼的に想像し，それらの機能関係を把握する．状況と関係者の(機能)関係の理解から気づきが生まれる.

②　**コミュニケーション能力**

コミュニケーションとは意味の共有過程を通じて互いの態度変容を起こすこと．先入観をもたず，また，自分の考えを相手に押し付けない.相手の話をよく聞き，相手の置かれた状況を注意深く観察し，理解する.

相手も問題点を正しく理解していないこともある．相手の言うことをそのまま受け取らない．背景と文脈に注意し，意図，意味を考え，現場と事実で確認する．相手の課題について正しく認識したうえで，こちらも確認と仮説提案を繰り返す．相手を問題の協働解決者になってもらう．この過程が信頼関係を醸成する．

③　**論理的思考能力**

因果関係に着目し深層の問題を突き止める．相手のさまざまな発言，観察したさまざまな事実，既存の知識や知見を整理し編集することで本質が浮かび上がる．思考プロセスなどの手法に習熟し，仮説・検証サイクルを回す習慣をつける．

④　**実現化能力**

定常状態と非定常状態の区別を明確にし，すべての条件を組み込んだ重い仕組みやルールはつくらない．イレギュラー対応のシナリオは可能な限り想定しておく．つくった仕組みが運用できる前提を守るメタシステムを組み込む．

ロジスティクス価値は学習フェーズ→イノベーションと遂行フェーズ→成果フェーズがスパイラル状に巡回して創発される．上記４つのCSOが備えるべき能力は各段階の移行時に必要となる能力である．

第Ⅵ部

SCMにおけるチェンジマネジメント

第 25 章
SCM のチェンジマネジメント

25.1　SCM のチェンジマネジメントの困難さとその背景

SCM のチェンジマネジメント(変革管理)とは，SCM の継続的な設計とその実現とから構成される．チェンジマネジメントとは，業務や組織にかかわるさまざまな変革を，その必要性についての気づきから始まり，変革を推進し成功に導いていくためのマネジメント手法である．

SCM 革新は，継続的な変革という点ではいわゆる現場カイゼン活動と類似しているが，ボトムアップでの活動だけでは容易ではないという点で，通常の現場カイゼン活動と異なる困難がある．SCM 革新においては，以下に示すような陥穽(pitfall)が存在する．チェンジマネジメントの方法論は，こうした陥穽に陥らず円滑な変革管理を行うために必要となる．

(1)　部分最適の目的設定の問題

SCM はその問題構造が複雑であるため，「まず，こうしてみよう」や「とりあえず，やれるところからやってみよう」ということで当面の対症療法的で短期的な目的を設定してしまい，その目的に沿って活動を行ってしまうケースがある．例えば，「在庫削減」，「製造原価低減」などの KPI(業績評価指標)そのものが目的となることや，支援 IT の整備・導入自体が SCM プロジェクトの目的となることなどは，業種を問わず多くの失敗プロジェクトの発生要因となっている．

チェンジマネジメントの対象を絞り込む結果，狭い範囲での部分最適行動となり成果が出ないケースが多いのである．KPIの一つに注目する余り，対症療法が経営全体へ与える負の影響を考えず部分最適に陥ってしまうことは回避すべきである．次節で述べるように本格的なSCMへ向けては，通常業務改革や，大幅な組織改革が必要でSCM担当部門そのものの責任権限の範囲拡大や，経営における位置づけの高度化が求められる．

(2)　コンセンサス形成の困難性の問題

正しい目的設定がなされて新しいSCMの業務(オペレーション)が設計・構想されたとしても，組織全体のコンセンサスの形成が容易ではないために，実行段階で組織間の抵抗に遭い，総論賛成・各論反対に陥りプロジェクトが画餅に帰すことも多い．

これには大きく2つの問題が背景にある．オペレーションは実行可能だが，それでは当該部門のこれまでのKPIと反対の動きとなってしまう，もしくは取引先との間での取引慣行に抵触するといった「制度設計の問題」と，ITなどのオペレーションを支援するインフラ環境が整備されていないために，設計されたオペレーションの実行が難しいという「テクニカルな問題」の場合である．

顧客や調達先との間の取引における計画情報の共有や実行オペレーション変更は双方にメリットがなければうまくいかないことも多い．制度設計なしにスローガンだけで改革を行うことは難しいのである．同時に，「テクニカルな問題」も考慮に入れるべきである．例えば，理論的には受注オーダー単位で常に計画修正を行うことが正しいとしてもITのパフォーマンスからすると，例えば計画修正に数時間を要する場合は，オーダー単位での計画修正は現実的とはいえないわけである．

なお，コンセンサス形成のためには，まず自社内は無論，パートナーを含めた自社の現在の実力や状況について，気づきや共通認識を醸成することが，改革へのコンセンサス形成の入り口となる．この意味では**第28章**で紹介するLSC(SCMロジスティクススコアカード)は簡易ベンチマーキングの道具として効果的である．

(3)　SCM設計における定量的なアプローチの重要性

設計されたSCM関連業務がどのような経済効果を示すのか，定量的なモデルであらかじめ表現しておくことが重要である．SCMと業務パフォーマンスとの間での定量的な分析ができていない場合には，業務変革に伴う投資に見合う経済効果が存在するにもかかわらず投資意思決定ができない．また，逆に投資に過度な期待をして，結果に失望してしまいがちである．さらに，当初予定していた経済効果が顕在化しない場合に，「なぜ期待された経済効果が発現しないのか」の究明ができないこととなる．前提条件の何が想定と異なっていたのか，当初予定していた業務変革は実行されたのか，その他想定していた外部環境条件や内部構造条件が変化していないのか，定量的な検証ができることが継続的なSCM革新には極めて重要である．

(4)　継続的なSCM革新の統括体制の欠如

SCM設計や変更管理は，特定のITを導入すれば済む，もしくは組織の役割や責任(いわゆる在庫責任など)を変更すれば最適な状態となるというような単純な議論ではない．業務全体の最適性を維持し続けることが重要である．一方，SCM革新が，一過性のタスクフォースプロジェクトと捉えられ，たとえいったんは成果が出たとしても，業務革新の成果が消滅してしまうことも多い．

SCM設計における最適化とは環境変化に対し，継続的に適応し続ける動的な最適化のことである．需要不確実性や商品の多様性，原価構造などが外部環境により変化するとともにSCM自体も適応・変化し続ける必要があるのである．

25.2　求められる日本企業のSCM担当部門の位置づけの高度化

継続的なSCM革新の実現にはSCMの統括的な推進体制の整備が重要である．筆者の経験からは，日本ではIT部門や物流部門がSCMプロジェクトのリーダーを務めることが多く，またSCM管掌の役員が必ずしも明確ではないことが多いように感じられる．また，SCM改革プロジェクトの位置づけが日本で低いように感じられる理由は，それが単なる在庫投資の最適化や在庫調整の議論にとどまるケースが多いからではないだろうか．

さらに，日本企業のSCM担当部門からよく指摘されることに「SCM業務だけの改革では抜本的に生産性を向上させることは難しい．拡大しすぎた商品数の削減，共通部品化，生産供給ネットワークの最適化(生産ラインや生産拠点の配置，コア部品からサブ組立工程，製品組立工程配置)に関連する各種設備投資，そしてこれらをグローバルな視野で最適なオペレーションを設計すること，さらには各リージョンに何の商品をいつ投入すればよいのかというグローバルなマーケティング戦略，製品戦略，こうしたSCMの構造に対する戦略的な意思決定がSCMで発生する費用構造を決めているからである」という指摘がある．この指摘は極めて貴重である．

日本企業は現場が強いといわれる．しかしながら，単純に目標を定め現場に任せていれば自然とSCM構造の改善が進んでいくというわけではないのである．経営層がSCM構造設計領域についての継続的な改善の意思決定に果たすべき役割は大きい．特に，グローバルで“目に見えない範囲”を取り扱う際，また経営環境変化が著しいため，迅速な意思決定が必要な場合はなおさらである．

現在のSCMをリードする米国企業に対するガートナー社の2010年の調査報告書によれば，「SCMを統括する独立した部門をもつ製造業が86%，そのうちCEO直下の役員がSCMを担当しているケースが68%」になっている．つまり，SCM統括組織は，経営に最も近いところに設置されるようになってきているのである．

この場合のSCM統括役員の管掌領域は広い．SCM統括部門の管掌領域は，決して短期(12週先程度)の販売計画と生産計画との乖離の結果生じた在庫を事後的に調整する機能ではないのである．また，日本の場合，SCM部門の管掌領域そのものが，物流や生産領域にとどまり，販売やマーケティングとの接点が少ないことも問題である．

第1章で述べたように，世界をリードする企業のSCMはマーケティングと一貫となったものであり，そうなって初めて経営の柱としての収益に直接貢献できるものである．その差を縮めることが，SCMに向けてのチェンジマネジメントの喫緊の課題である．

25.3　オペレーションシステム設計における「問題構造の同定」の重要性

SCM革新におけるチェンジマネジメントは，オペレーションシステムの設計(デザイン)プロセスの一つと考えることができる．グリーン(1969)によれば，オペレーションシステムの設計については次の5つのステップが基本である．SCM革新におけるチェンジマネジメントのプロセスにおいても当該ステップが有効であろう．

① 問題の認識「問題に気がつくこと」

② 問題の定義，情報の収集，評価，組織化，関係の発見(すなわち「問題構造の同定」)

③ 仮説(解決策)の構築

④ 仮説(解決策)の評価

⑤ 意思決定，解決策の適用

第一ステップの問題に気づく機会は多様である．経験によるところも多いと考えられるが，経験を補う方法として近年，前述したLSCなどの各種プロセススコアカードや，**第26章**で紹介するSCORによる各業種別に見た工程別の業務ベンチマークの情報が入手できる．また，この5つのステップで最も重要なステップは，②の問題構造の同定である．また，さらにグリーン(1969)では，「得られたデータから，仮説と推論が組み立てられる．しかし，実際の思考過程においては，問題の定義や情報の位置づけは仮説を立てはじめる前には完成していないものである」とあるように，③までのステップは実際には試行錯誤を伴いながら，検討を進めていくことになろう．

このため，SCM革新におけるチェンジマネジメントでは，次のようなステップを踏むことが効果的と考えられる．

まず，SCMの問題構造の分析を行う．SCMの現状(SCMオペレーションと問題構造)を論理的に記述することによって，その構造をできる限り定量的に論理的に理解する．次に，変革後のSCMオペレーションの再設計を行う．問題構造の理解にもとづきSCMの設計を行う．さらに，再設計されたSCMオペレーションの評価を行う．この場合できる限り定量的に評価し，各種フィージビリティスタディを行うことが重要である．最後に，SCMのオペレーションを支える各種の仕組み（制度やIT）の再設計を行い，構造改革について組織的なコンセンサス（すなわち，SCM革新のアクションプラン）を得て改革を推進する．

SCM革新において問題構造を明確にすることは，必ずしも容易ではない．例えば，昨年より在庫水準が高くなってきているとしても，それが商品の多様性の結果であるということであれば，業務プロセスが問題なのではなく，商品の多様性自体の評価に視点を移すことも必要かもしれない．このため，SCM特有の問題構造を分析する方法論が必要となる．

25.4　SCMの問題構造を記述する論理的フレームワーク

次に，SCMにおける複雑な問題構造を分析・整理する際の論理的なフレームワークとして，藤野他（2001）で提案されたフレームワークを紹介する．これは，**図25.1**に示すような4つのレベル（階層）とそれらの間の3つの関係性から，SCMの問題構造を分析・記述するものである．

(1)　4つのレベル（階層）構造

当該フレームワークでは，SCMの問題構造を，以下の4つの階層構造から記述する．基本的に，各レベルはすぐ下のレベルの内容に依存する．

レベルⅠ：全体経済性（M）

- サプライチェーン全体の経済性（キャッシュフロー他）

レベルⅡ：SCMパフォーマンス指標（S：Structure）

- 販売金額，販売量，生産量，調達量
- 欠品，販売機会損失，納期遵守率，マークダウン率
- 在庫水準，不良在庫処理費用，各種調整費用

レベルⅢ：SCMオペレーションプロセス（B：Behavior）

- 需要情報の把握，伝達，供給状況の補足，伝達

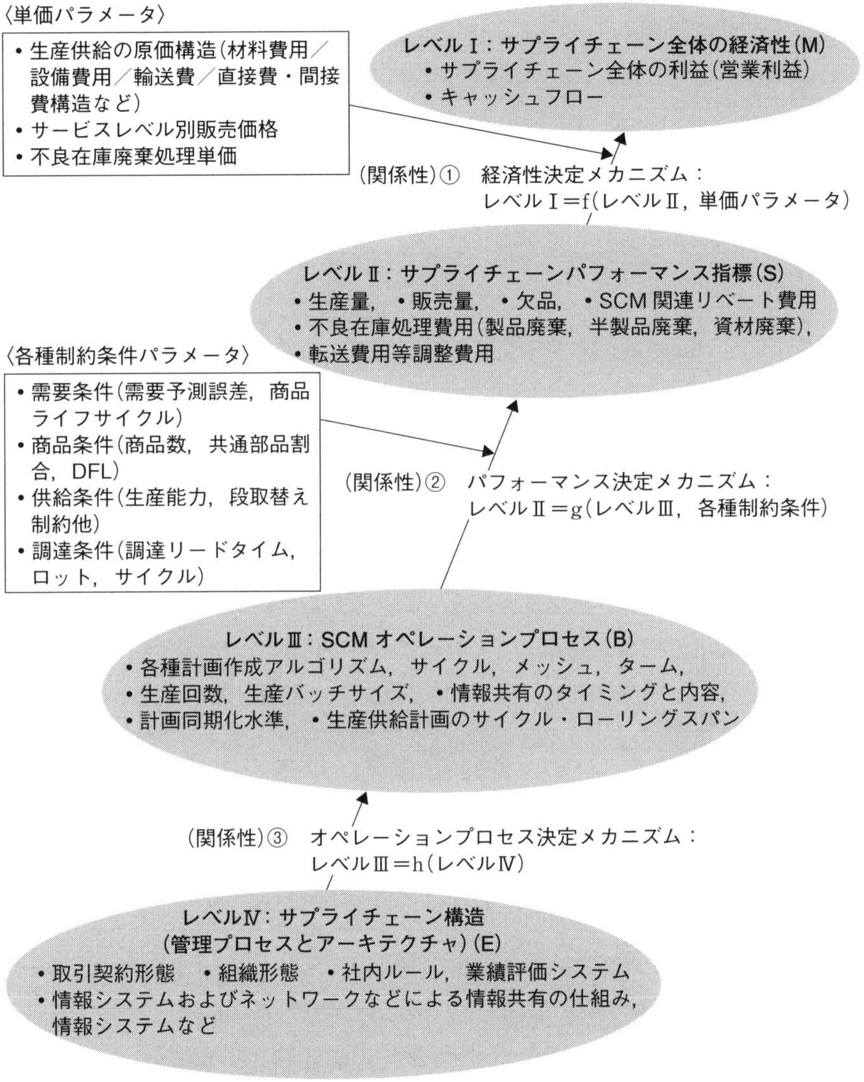

〈単価パラメータ〉

- 生産供給の原価構造(材料費用／設備費用／輸送費／直接費・間接費構造など)
- サービスレベル別販売価格
- 不良在庫廃棄処理単価

レベルⅠ：サプライチェーン全体の経済性(M)
- サプライチェーン全体の利益(営業利益)
- キャッシュフロー

(関係性)①　経済性決定メカニズム：
レベルⅠ＝f(レベルⅡ，単価パラメータ)

レベルⅡ：サプライチェーンパフォーマンス指標(S)
- 生産量，・販売量，・欠品，・SCM関連リベート費用
- 不良在庫処理費用(製品廃棄，半製品廃棄，資材廃棄)，
- 転送費用等調整費用

〈各種制約条件パラメータ〉

- 需要条件(需要予測誤差，商品ライフサイクル)
- 商品条件(商品数，共通部品割合，DFL)
- 供給条件(生産能力，段取替え制約他)
- 調達条件(調達リードタイム，ロット，サイクル)

(関係性)②　パフォーマンス決定メカニズム：
レベルⅡ＝g(レベルⅢ，各種制約条件)

レベルⅢ：SCMオペレーションプロセス(B)
- 各種計画作成アルゴリズム，サイクル，メッシュ，ターム，
- 生産回数，生産バッチサイズ，・情報共有のタイミングと内容，
- 計画同期化水準，・生産供給計画のサイクル・ローリングスパン

(関係性)③　オペレーションプロセス決定メカニズム：
レベルⅢ＝h(レベルⅣ)

レベルⅣ：サプライチェーン構造
(管理プロセスとアーキテクチャ)(E)
- 取引契約形態　・組織形態　・社内ルール，業績評価システム
- 情報システムおよびネットワークなどによる情報共有の仕組み，情報システムなど

図25.1　SCMの問題構造記述の論理的フレームワーク：4つのレベルと3つの関係性

- 生産供給計画(立案サイクル，タイミング，スパン，アルゴリズム(生産頻度，生産バッチサイズ))
- 各種計画(販売計画，出荷計画，生産計画，調達計画など)の同期化のタイミングと頻度

- 実行指示のタイミングと頻度

レベルⅣ：SCM の構造（E：Enabler）

- 制度面
  —組織形態と責任権限
  —社内ルール，各部門の業績評価の考え方
  —取引契約の形態・取引慣行
- IT などの SCM オペレーションの支援基盤

(2)　3 つの関係性（メカニズム）

4 つのレベルの間には，3 つの関係性 f，g，h が存在する．レベルⅠ＝f(レベルⅡ，単価パラメータ），レベルⅡ＝g(レベルⅢ，各種制約条件パラメータ），レベルⅢ＝h(レベルⅣ)である．関係性 f は通常の会計計算，関係性 g は在庫理論や生産理論などを基礎とした SCM 定量シミュレーションモデルによる計算，関係性 h は例えば CRT(**第 27 章**を参照)の活用による構造分析が有効と考えられ，よく用いられている．

ここで，単価パラメータとは，サービスレベル別販売価格，各種不良在庫処理単価，製造原価構造(資材原価，直接費・間接費用構造，設備費用，他)などである．

また，各種制約条件パラメータとは，商品条件(商品数，共通部品割合，DFL)，需要条件(商品のライフサイクル，需要予測の不確実性など)，供給条件(供給網の空間的なネットワーク条件，段取替え条件，生産量変動に対する柔軟性など)，および調達制約条件(調達リードタイム，ロット，サイクル)のことを指している．

なお，取り扱う業種や企業，範囲(地域内，国内，グローバル)によってもパラメータの詳細は異なることはいうまでもない．他業種や他企業のベストプラクティスを単純に真似しても効果的ではない理由はこの点にある．

25.5　SCM 論理フレームワークを活用した SCM 革新のステップ

25.3 節と **25.4 節**を組み合わせることによって，SCM 革新のステップは，大きく4つのステップから構成される．

- **第1ステップ：SCMの問題構造の分析**

まず，対象となるサプライチェーンにおいて，前節の4つのレベル，全体経済性(M)，SCMパフォーマンス指標(S)，SCMオペレーションプロセス(B)，SCMの構造(E)と，関係性f，g，hの相互連関を分析する．**25.3節**で述べた②情報の収集，評価，組織化のプロセスである．

重要な点は，それぞれのレベルの要素の一つが独立に下部のレベルの要素から決定されているという理解をしないことである．例えば，レベル2の各要素は，レベル3の要素全体からレベル2全体として決まっているのである．

AS-IS(現状)分析では業務のみを整理し，SCMのパフォーマンスを定量的なモデルで理解することがなされていないケースも散見されるが，現状の経済的パフォーマンスとオペレーションの関係を定量的に理解することは極めて重要である．このため，SCMの業務オペレーション全体を表現する定量モデルを構築し，業務全体を対象とした議論を常に行うことが重要となる．

- **第2ステップ：変革後のSCMオペレーションの再設計**

次に，③仮説の構築にあたるステップに進む．このフレームワークでは，レベル3のSCMオペレーションプロセス(B)において，いわゆる変革後のSCM業務プロセスの設計を行う．いわゆるTO-BE(あるべき姿)モデルの構築である．

- **第3ステップ：再設計されたSCMオペレーションの経済性評価**

再設計されたSCMオペレーションが，SCMパフォーマンス指標(S)にどのような影響を与えるのか，シミュレーションモデルにより定量的に評価する．さらに全体経済性(M)から見た評価を行う．

単なる在庫低減などのSCMパフォーマンス指標(S)のパラメータを改革の目標とすることは通常効果的ではない．在庫水準の決定には商品のライフサイクルや原価構造などの単価構造が大きく影響する．原価率の高い商品と低い商品では，同じSCMパフォーマンスであっても(例えば，在庫水準)，全体の経済性は大きく異なるのである．

実際は，シミュレーションモデルの各種パラメータを調整し，新しいSCMオペレーションプロセス(B)の全体経済性(M)を評価することで，全体経済性(M)を最大にするSCMオペレーションプロセス(B)を発見する．

TO-BEモデルも，経験的に構築するのではなく定量的な経済性の評価が極めて重要である．

・**第4ステップ：SCMの構造(E：Enabler)の設計**

そして，最後にSCMオペレーションプロセス(B)を実現するためのSCMの構造(E)の設計を行う．もちろん，SCMの構造(E)は，長年の取引慣行などの企業レベルでは調整できない可能性もある．この場合は，SCMの構造(E)の設計を働きかける(例えば，取引先に取引形態の変更を求めるなど)とともに，与えられたSCMの構造(E)条件のなかで，最も全体経済性(M)に対し，効果的と考えられるSCMオペレーションプロセス(B)を発見することが重要となる．

25.6　SCMオペレーションプロセスの分析枠組み

前節の改革ステップのなかで，最も重要な部分は，SCMオペレーションプロセス(B)をどのように分析し再設計するかであろう．前節では，SCMオペレーションプロセス(B)については例示としていくつかのSCMオペレーションプロセスを列挙したが，SCMオペレーションプロセス(B)の分析フレームワークについて体系化することが必要であろう．

ここでは，SCM関連業務の機能分析軸を，藤野他(2001)より生体とのアナロジーで整理する．さらに，**第Ⅰ部**で紹介したSCMの理論的枠組みとの対応関係を同時に整理したい．なお，詳細なオペレーションプロセスの設計は，続く章で扱うSCORや，LSCやGSCなどのスコアカードを参照していただきたい．

①　感覚系機能A：市場動向のきめ細かい把握

市場動向(実需)の情報を，正確に，リアルタイムに，きめ細かく把握する．

② 感覚神経系伝達機能 A：市場動向の伝達

把握された市場動向(実需)を，部門，企業の壁を越えて，タイムラグなく，サプライチェーン全体に迅速かつ正確に伝達する．

③ 感覚系機能 B：供給活動の進捗状況の把握

販売・生産・調達活動の進捗状況を正確に，リアルタイムに把握する．さらに，企業内における工場や物流センター内の在庫状況だけでなく，生産工程上の仕掛り状況や企業間の活動である配送途上の状況までを含め，サプライチェーン上の生産・物流情報を常にトラッキングしておく．

④ 感覚神経系伝達機能 B：供給活動進捗状況の伝達

生産・供給活動進捗状況を，部門，企業の壁を越えて，タイムラグなく，サプライチェーン全体に迅速かつ正確に伝達する．

⑤ 小脳機能：(短スパン短サイクルでの)計画調整(後述する SCOR では，Plan)

サプライチェーン全体の同期化を維持しつつ，同時・短サイクル・短時間での同期計画の計画(販売計画，生産計画，調達計画)調整を行う．この同期化を維持する計画調整によって，予測と実需のギャップにできるだけ機敏に対応し，サプライチェーン全体を市場変化に適応した状態に維持し続ける．

⑥ 運動神経系機能：変化する計画の確実な実行指示

計画にもとづく実行指示を実行系プロセスに迅速かつ正確に伝達する．企業単位では，高頻度で調整される計画を確実に，タイムラグなく，店舗や工場などの現場へ指示することが重要である．また，サプライチェーン全体では，サプライヤーへも最新の生産計画情報を，タイムラグなく正確に伝えることで，サプライヤーの対応能力を向上させることが重要である．

⑦ 筋肉機能：計画の確実な実行(後述する SCOR では，Source，Make，Deliver)

計画にもとづく実行指示を受け，確実に作業として実行する．

⑧ 大脳機能：経験にもとづいた環境変化の予測・マーケティング戦略などとの調整，供給ネットワークの設計(S&OP)

表 25.1　SCM の理論的枠組みと SCM オペレーションプロセス，SCM 構造との関係

		情報の流れ			ものの流れ					
		①ブルウィップ効果とその解消	②必要在庫の観点からの情報共有の効果	③ダブルマージナライゼーションの解消の手立てと未来情報の共有	①見える化とトレーサビリティ	②ボトルネックと生産多サイクル化／補充プロセスの最適化	③変動を源泉とするリードタイム延長	④DFLと全体最適	⑤リスクプーリング戦略	⑥サプライチェーンの途絶とレジリエンシー
SCM オペレーションプロセス(SCOR では，PLAN, SOURCE, MAKE, DELIVER)	①感覚系機能 A：市場動向のきめ細かい把握	○			○					○
	②感覚神経系伝達機能 A：市場動向の伝達	○			○					○
	③感覚系機能 B：供給活動の進捗状況の把握		○		○					○
	④感覚神経系伝達機能 B：供給活動進捗状況の伝達		○		○					○
	⑤小脳機能：(短スパン短サイクルでの)計画調整(SCOR では，Plan)	○				○				○
	⑥運動神経系機能：変化する計画の確実な実行指示						○			○
	⑦筋肉機能：計画の確実な実行(SCOR では，Source, Make，Deliver)						○			○
	⑧大脳機能：経験にもとづいた環境変化の予測・マーケティング戦略との調整(S&OP)			○						○
各種制約条件(商品，需要，供給，調達)	①需要条件(需要予測誤差，商品ライフサイクル) ②商品条件(商品数，共通部品割合，DFL) ②供給条件(生産能力，段取り替え制約他) ③調達条件(調達リードタイム，ロット，サイクル)	○				○		○	○	
SCM の構造 ①管理プロセス条件(SCOR では，Enable)	①制度面 (組織の役割と責任・権限，業績評価の考え方，取引形態) ②業務を支援する IT 基盤のパフォーマンス	○		○						○
SCM の構造 ②SCM アーキテクチャ	〈市場変化に対応できるしなやかな SCM 構造〉 ①供給ネットワークの再設計(拠点最適化) ②商品ポートフォリオの再設計 ③デカップリングポイントの適切な設定(差別化遅延戦略)							○	○	○

まず，商品企画，ブランド戦略，構造的な需要予測など経験にもとづいた環境変化への先行的対応．具体的には，過去の販売実績，特に製品の多様な属性分析を踏まえた販売動向の特性，プロモーション活動の効果などを需要予測・商品企画へと定量的に反映する予測手法の開発などの業務機能である．さらに，SCMの構造(E)には，商品数の削減，部品共通化，生産供給ネットワークの最適化や見直し，そしてグローバルな製品・マーケティング戦略なども，重要な機能として挙げられる．

⑨　市場変化に対応できるしなやかな構造

スループットタイム(資材調達から製品の販売，キャッシュ回収までの時間)の極小化を行うことにより市場の変化に影響を受けにくい(陳腐化する在庫が少ない)活動体制をとる．

なお，参考までに，**第I部**で取り上げたSCMの理論的枠組みと，本章で述べたチェンジマネジメントにおけるオペレーションプロセス，SCMの構造(E：Enabler)についての対応関係を表に整理したものが**表25.1**である．SCMのオペレーションプロセスやSCM構造の設計作業に際しては，**第I部**の理論的枠組みを活用した設計を行うことが効果的である．

第 26 章
SCM 改革のツール：プロセス参照モデル SCOR

26.1　プロセス参照モデルの有用性

サプライチェーンは一つの組織や企業で完結することはなく，多くの組織や企業をつないだビジネス全体の概念である．したがって，その変革には多くのステークホルダーが関与し，変革活動も多くの組織および企業からメンバーが集うクロスファンクショナルチームによるプロジェクトとなる．

このような SCM 改革プロジェクトの成否は，それに携わるプロジェクトメンバーの共通認識および目的意識の共有度合いが大きく影響する．したがって，プロジェクトの初期の段階でサプライチェーン全体を把握して共通認識を形成することが，極めて重要な意味をもつ．

サプライチェーンの全体像を見える化して把握する，プロジェクトメンバーで共通認識をもつ，ということは，言うは易く行うは難しである．例えば，サプライチェーンの全体像を描くこと一つをとってみても，サプライチェーンの End-to-End をどこからどこまで考えれば良いか，どのような形式で描けば良いか，その抽象レベルはどの程度で考えれば良いか，などの前提を最初にメンバー同士で決めてから作業に取り掛からなければ，いくら作業を進めてもサプライチェーンに関する共通認識の形成は困難である．このように，SCM 改革プロジェクトでは，サプライチェーンの全体像を描く前に，さまざまな条件や方法を決める必要がある．これらを怠ると，後々になってから認識のずれが表面化して議論が噛み合わなくなるなど，プロジェクトが円滑に進まない要因を生んでしまうことになる．

クロスファンクショナルチームのメンバーが集まって共通認識を形成するための最も簡単で効果的な方法は，一つのツールを使って一緒に同じ作業をすることである．SCM改革のようなプロセスの全体最適を狙うプロジェクトにおいて，この作業に有効なツールがプロセス参照モデルである．

プロセス参照モデルには，抽象度に応じたプロセス定義や機能の構成などが汎用的な表現で規定されているので，それを用いて現状のサプライチェーンを写像することができる．したがって，このプロセス参照モデルを使うことで，クロスファンクショナルチームによるプロジェクトの最初の難関である，共通認識の形成を効率的かつ効果的に行うことができる．

また，プロセス参照モデルを使うことで，検討に漏れがなくなり，先進のプラクティス情報にも触れることができる．これにより，将来の方向性と具体的な施策を発想する際のヒントとしても大いに役立つものである．

SCMのプロセス参照モデルでは，APICSサプライチェーンカウンシル（APICS Supply Chain Council：APICS SCC）が開発し提唱しているSCOR（Supply Chain Operations Reference model）（SCC，2012）がデファクトスタンダードであり，グローバルなビジネス環境下におけるSCMの共通言語となっている．

26.2　SCORの概要

APICS SCCは1996年に米国にてSupply Chain Council（SCC）として設立され，2014年7月にAPICS（米国に本部をもつ生産管理・SCMの団体）と合併し，旧SCCがAPICS SCCとなり現在に至る団体である．

SCCは設立当初より，サプライチェーンの変革プロジェクトを成功に導くための手法を開発し，啓蒙，教育を行っている．その活動の軸となっているのがプロセス参照モデルのSCORである．SCORはユーザーからの改善要望と，時代とともに変化するビジネス環境に応じて改訂を重ねてきている．また，サプライチェーンを対象としたモデルであるため，SCORの適用対象となるビジネスおよび業界は非常に多岐にわたる．そのため，SCORは汎用性を重視し，あらゆる業界のサプライチェーンで使用可能となる抽象度を維持している．

SCMの改善活動で使える既存の改善手法としてBPR（ビジネスプロセスリエンジニアリング）やベンチマーキングなどがあるが，これらの活動においてもSCORを使うことで一貫性をもたせることが可能となる．このように，SCORは各種改善手法とも統合できる枠組みで構成されている．

SCORは3段階の階層構造でプロセスを定義しており，最も抽象度の高いレベル1プロセスは，**図26.1**に示すような1つの計画プロセス，4つの実行プロセス，1つのマネジメントプロセスの計6つのプロセスからなる．

- 計画プロセス：Plan（計画）
- 実行プロセス：Source（調達），Make（生産），Deliver（受注・納入），Return（返品）
- マネジメントプロセス：Enable（イネイブル）

これらのレベル1プロセスは，それぞれがレベル2プロセスへと分解される．計画プロセスのレベル2は，計画する対象によって分解される．

Planのレベル2プロセスは次の5つである．

- sP1：Plan Supply Chain（サプライチェーン計画）

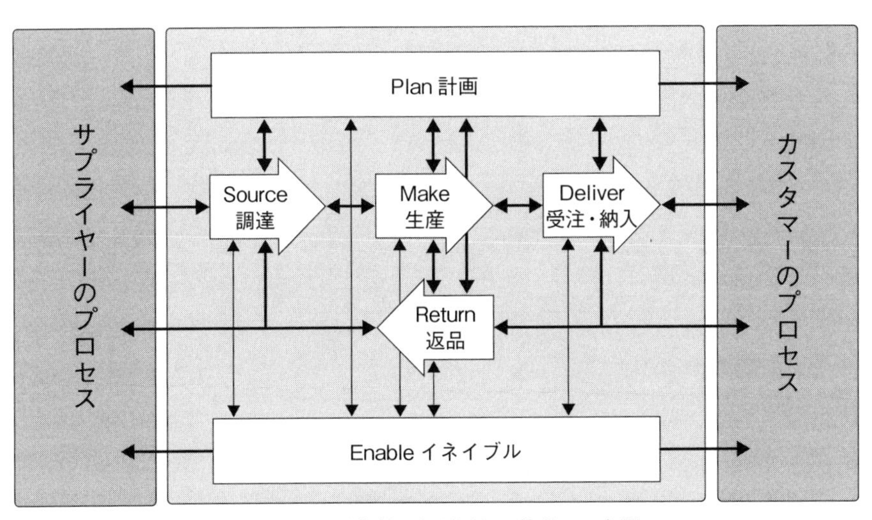

出典）SCC SCORワークショップ資料より引用し，筆者にて和訳．

図26.1　SCORレベル1プロセス

- sP2：Plan Source（調達計画）
- sP3：Plan Make（生産計画）
- sP4：Plan Deliver（受注・納入計画）
- sP5：Plan Return（返品計画）

実行プロセスのレベル2は，対象のサプライチェーンで扱っているプロダクトの特性で分解される．例えば，レベル1プロセスのsS：Source（調達）において，汎用品の調達はsS1，特注品の調達はsS2，受注設計品の調達はsS3．レベル1プロセスのsM：Make（生産）においては，見込生産はsM1，受注生産はsM2，受注設計生産はsM3．Deliver（受注・納入），Return（返品），Enable（イネイブル）も同様にレベル2へ分解される（**図26.2**）．

そして，レベル3プロセスはレベル2プロセスの内容を業務手順に沿って細分化して定義されている．

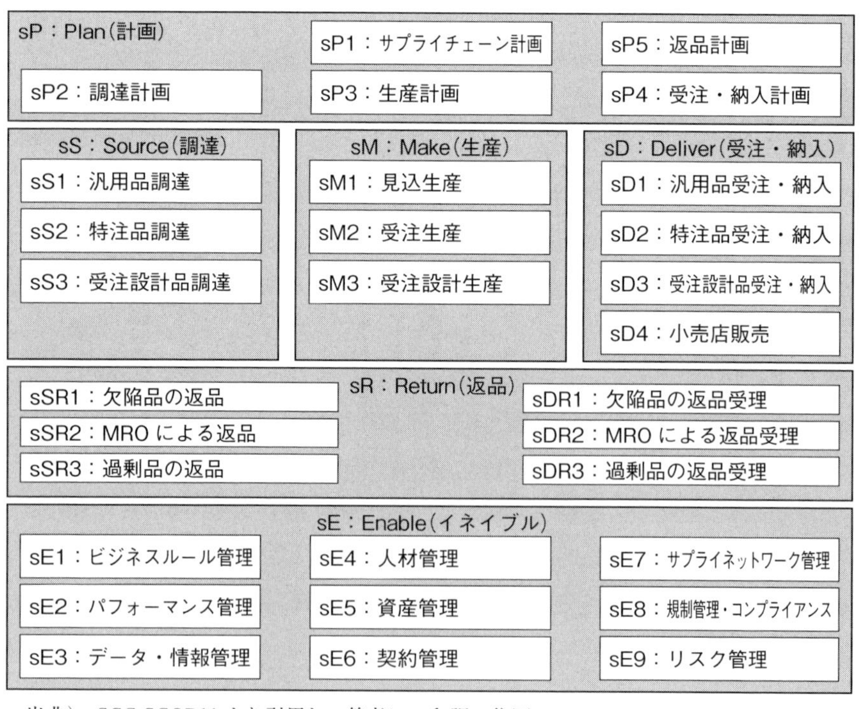

出典）　SCC SCOR11より引用し，筆者にて和訳，作図．

図26.2　SCORレベル2の体系

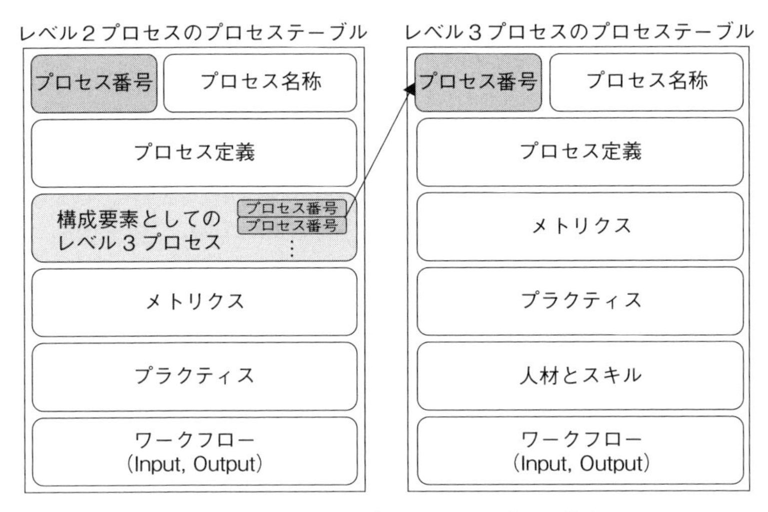

図 26.3　SCOR のプロセステーブルの構成

このように，SCOR はサプライチェーンのプロセスをレベル 1 から 3 まで階層的に定義したモデルである．SCOR は汎用性を維持するため，レベル 3 までの定義に留めているが，実際に個別企業のプロセスを扱う際には，さらに詳細なレベルとして，レベル 4，レベル 5+へとユーザーが独自に展開して使う．

SCOR のプロセス定義には，プロセスの説明はもちろんのこと，そのプロセスにおける評価指標としてメトリクス(metrics)，プロセスを実行する際のプラクティスと人材に関する情報も含まれている(**図 26.3**)．

26.3　サプライチェーンのプロセス記述

SCM 改革において，その検討対象と制約条件に関して共通認識する必要があることは **26.1 節**で述べたとおりである．その際，まず SCOR のプロセス記号を用いて，サプライチェーンの全体像を紙一枚に書き表す作業を行うことが有効である．この作業を通じて，クロスファンクショナルチームのメンバーが，それぞれの立場をお互いに理解し合いながら，SCM 改革のターゲットとなる範囲について共通認識することができる．

さらに，**図 26.4** に示すように SCOR レベル 2 のプロセス定義を用いてサプ

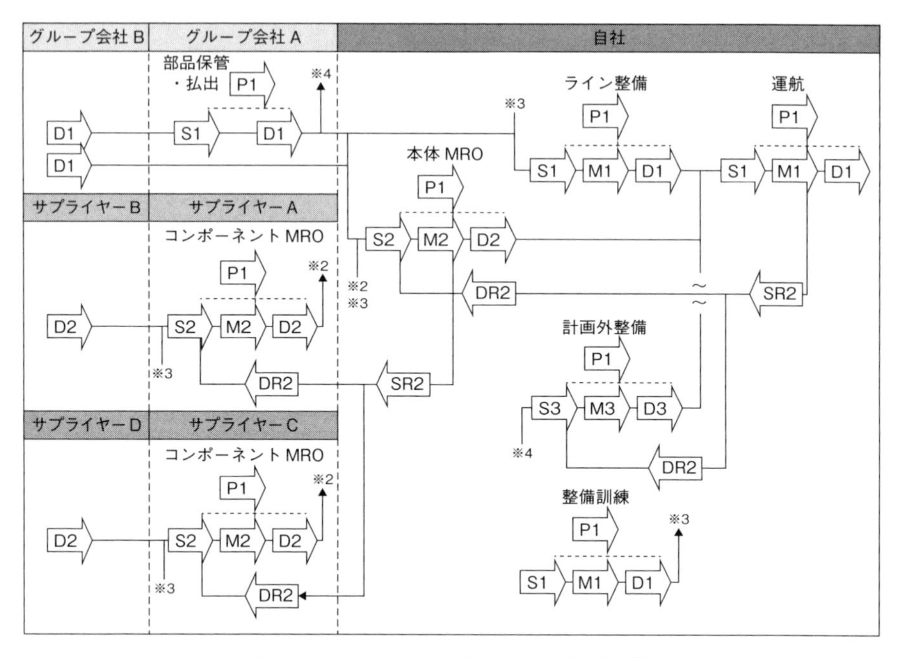

図 26.4　SCOR レベル 2 による記述例

ライチェーンの特性を浮き上がらせる作業を行う．これにより，メンバーはそれぞれの業務内容を理解し合うことができる．そして，サプライチェーンにおける問題や課題が浮き彫りになり，議論のスタート地点に立てるのである．

レベル 2 でサプライチェーンを記述しながら問題や課題があるプロセスを共通認識した後，その業務プロセスや情報のやり取り，内容についてより詳細な議論が必要になる．そのような箇所については，レベル 3 プロセスへと展開して，より具体的かつ詳細な議論を行うのである．

26.4　メトリクスによるサプライチェーンの性能評価

SCOR にはサプライチェーンおよびサプライチェーンを構成する各プロセスを評価する指標としてメトリクスが定義されている．これらのメトリクスを用いることで，サプライチェーンや各機能を客観的かつ定量的に評価することができる．

SCORのメトリクスは5つの評価軸で体系化されている．市場やお客様への対応に関する評価軸は，信頼性，応答性，機敏性の3軸，自社内のオペレーションに関する評価軸は，コスト，資産効率の2軸である．これらの評価軸ごとにサプライチェーン全体を測定対象としたレベル1メトリクスが設定されている(**表26.1**)．

レベル1メトリクスはプロセスと同様に階層構造として定義されている．例えば，信頼性のレベル1メトリクスである完全オーダー達成率は次のとおり，レベル2メトリクスに展開される．

【レベル1】　RL.1.1：完全オーダー達成率
【レベル2】　├RL.2.1：誤出荷率
├RL.2.2：約束納期遵守率
├RL.2.3：ドキュメントミス率
└RL.2.4：損傷率

SCORのレベル1メトリクスとレベル2メトリクスは非常に汎用的な指標であり，あらゆる業界で利用可能であるため，これらを用いたベンチマーキングサービスが存在する．

APICS SCCでは，**図26.5**に示すSCORmarkというベンチマーキングサー

表26.1　評価軸とレベル1メトリクス

評価軸	レベル1メトリクス(指標)
信頼性	完全オーダー達成率(RL.1.1)
応答性	オーダー充足リードタイム(RS.1.1)
機敏性	需要増対応日数(AG.1.1)
	需要増適応率(AG.1.2)
	需要減適応率(AG.1.3)
	総バリュー・アット・リスク(AG.1.4)
コスト	サプライチェーン総コスト(CO.1.1)
資産効率	キャッシュ・トゥ・キャッシュ・サイクルタイム(AM.1.1)
	固定資産利益率(AM.1.2)

出典)　SCC SCOR11より引用し，筆者にて和訳．

Sample SCORmark Deliverables　　SCORmark

SCORmark Level1 Scorecard			Performance Versus Comparison Population					
Key Perspectives	Attributes	Metrics	Major Opportunity	Disadvantage	Parity	Advantage	Superior	Your Org.
Customer Facing Metrics	Reliability	Perfect Order Fulfillment (%)	▲		95.6%		99.9%	77.0%
	Responsiveness	Order Fulfillment Cycle Time (days)	▲		2.4		1.1	7.0
	Flexibility	Upside Supply Chain Adaptability* (%)	▲		22.0%		45.0%	3.00%
		Downside Supply Chain Adaptability* (%)		▲	7.5%		15.0%	3.0%
Internal Facing Metrics	Cost	Total Cost to Serve as % Revenue**		▲	15.7%		5.1%	24.4%
	Assets	Cash to Cash Cycle Time (days)			28.1▲		1.0	26.8

▲ Your Organization　You are being compared to the Consumer Goods Industry.
There are between 20-25 submissions meeting the specified criteria.

出典）SCC SCORmark_SampleReport.

図 26.5　SCORmarkのサンプルレポート

ビスを会員向けに提供している．これは，自社のレベル1およびレベル2のメトリクスを測定し，その結果をSCORmarkのサービスへインプットすることで，その企業の業界におけるパフォーマンスの相対的位置づけがわかるというものである．

SCORのメトリクスを使うことで，ベンチマーキング結果とサプライチェーン戦略より，サプライチェーンの目標値を設定することができる．例えば，サプライチェーン戦略上，信頼性の性能は業界トップクラスにもっていく必要があるとした場合，ベンチマークデータより，ベストインクラスの性能が99.9%とわかり，目標はそれ以上の値を目標値として設定することになる．現状の数値が77%であれば，そのギャップは22.9%とわかる．そのギャップが発生している真因を追究して，埋めることがプロジェクトの活動となる．このように，SCORのメトリクスを使うことでベンチマーキングが可能となり，論理的に

SCM 改革の目標値を設定することができる．

26.5　SCOR を活用した SCM 改革プロジェクト

前述のとおり，SCM 改革はクロスファンクショナルチームによるプロジェ

表 26.2　SCOR プロジェクトロードマップ

フェーズ		活動内容	主要成果物
0	体制整備	➢プロジェクトオーナーの想いを明確化 ➢ステークホルダーへの働きかけ	• 組織的なサポート体制
1	プロジェクト企画	➢レベル 1 でプロジェクトの対象範囲を明確化 ➢検討の優先順位と目標の明文化	• サプライチェーンの定義 • サプライチェーンの優先順位 • プロジェクト企画書
2	メトリクスによる定量分析	➢競争要件の明確化 ➢メトリクスを用いた定量評価とベンチマーキング ➢サプライチェーン戦略をプロセスの目標へ展開	• 競争要件 • スコアカード • 改善目標値
3	マテリアルフロー分析＆施策立案	➢レベル 2 でサプライチェーンを表記 ➢サプライネットワークにおける問題や課題を共有 ➢プラクティス情報を参考に，サプライネットワークの To-Be 構想を立案	• As-Is の地理マップとスレッドダイヤグラム • 問題分析 • To-Be の地理マップとスレッドダイヤグラム
4	業務＆情報フロー分析＆施策立案	➢レベル 3 で業務プロセスを表記 ➢業務プロセスにおける問題や課題を共有 ➢プラクティス情報を参考に，業務プロセスの To-Be 構想を立案	• トランザクション分析結果 • レベル 3，レベル 4 + プロセス • ベストプラクティス分析結果
5	プロジェクトポートフォリオの作成	➢個別構想案の効果算定 ➢個別プロジェクトの活動企画策定 ➢全体のシナリオ作成	• 改善機会分析 • 個別プロジェクトの定義 • 組織への活動展開企画

出典）　SCC SCOR ワークショップ資料より引用し，筆者にて和訳．

クトとなるため，まずはチームビルディングが重要となる．

SCORは，SCMのオペレーションとマネジメントに関するデファクトスタンダードなプロセス参照モデルであるため，これをプロジェクトのメンバーがマスターしておくことで，共通言語として使うことができ，チームビルディングが効率的に行え，効果的な議論を行うことが可能となる．

SCORを活用した典型的なSCM改革プロジェクトのロードマップは，**表26.2**に示すとおりである(ボルストフ他，2005)．

このように，SCM改革を実践する際，

- クロスファンクショナルチームのメンバーをつなぐ共通言語として
- 認識を一つにする作業のツールとして
- 現状分析を行い問題や課題の真因追究のツールとして
- あるべき姿を発想する際の情報元として

など，さまざまな場面でプロセス参照モデルのSCORが役に立ち，これによって，より効果的かつ効率的に活動を推進することが可能となる．

第 27 章
制約条件の理論にもとづくSCM改革：CRT事例紹介

27.1　制約条件の理論とは

制約条件の理論，あるいは制約理論(Theory of Constraints：TOC)は，企業や組織のゴールを明確にすることに始まり，ゴール達成を阻害している制約条件に焦点をあて，その最大限の活用と改善のみがゴールに近づく全体最適のアプローチであることを教える．もともとはOPT(Optimized Production Technology)という生産スケジューリングソフトに始まる．OPTでは，スケジューリングの良し悪しは生産システム中に存在するボトルネック工程の活用の仕方によって決まるとされる．残りの非ボトルネック工程はこのボトルネック工程に従属させたスケジュールをつくればよく，これによって全体最適なスケジュールが得られるというものでる．このボトルネック工程に着目し，活用するロジックをシステム改善や企業経営の場へと発展・拡張させていくことでTOCの体系が構築されてきた．

TOCを一躍有名にしたものが，ビジネス小説『ザ・ゴール』である(ゴールドラット，2001)．『ザ・ゴール』はOPTの背後に潜むコンセプトをわかりやすい形で公表することでTOCの基本的な考え方を普及させようと企図されたものである．その後，同様の小説形式を主体としてさまざまな分野に派生し，企業経営における全体最適化にもとづくシステムの運用，改善・改革のための経営哲学としてその範囲を拡大してきた．制約条件の理論との名前は，OPTのスケジューリング理論が工場のボトルネック工程，つまり生産の制約条件に着目していたことに由来する．

SCMへの関心が高まり始めたころ，SCMとは本来独立した概念であるTOCが紹介され，そのなかに見られる全体最適化指向とSCMの概念上の類似性が注目された．そのため，両者を関連させて論じられることが多くなり，TOC＝SCMとの誤解を招いていることも事実である．もともと生産システムの全体最適化を指向したTOCのロジックや制約条件は，いわば自身の手の届く範囲のものである．サプライチェーン上の複数の異なる組織間のWin-Win関係をベースとした全体最適とは大きく指向性が異なる．制約条件が明らかになったとしても，それを変えることができないといったさらに大きな制約がSCMには存在するからである．

ただし，SCM戦略を策定，実行するうえで，ゴールは何か，そのゴールを阻害している制約条件は何かを常に的確に捉えておくことはSCMの全体最適を達成するうえでも必要不可欠な考え方であろう．本章では，TOCとSCMにおける全体最適化の違いを踏まえたうえで制約条件に着目したTOCのシステム改善や問題解決手法の考え方を紹介する．

27.2　TOCの基本原理とスループットの世界

TOCでは「お金を稼ぎ出すこと，利益を得ること」を営利企業のゴールに据え，企業のゴールに向かっている活動のみが評価されるため，このときの評価基準に関する理解が不可欠となる．OPTのロジックにおいて，ボトルネック工程に他を従属させるということは，非ボトルネック工程では手待ちや遊休時間を発生させることになる．その工程における稼働率，単位時間当たりの生産性，労働性といった従来の原価計算制度にもとづく能率・コスト指標が低下することになる．

それでは，企業や組織がゴールに向かっていることを判断するために必要とされる評価指標は何か．TOCではそのための指標として**図27.1**に示すような優先順位の評価指標3つを提唱している．

図中の数値はスループット，在庫費用，経費といった3つ評価指標の優先順位を示し，スループットの増大には理論的な限界がないのに対し，在庫費用や

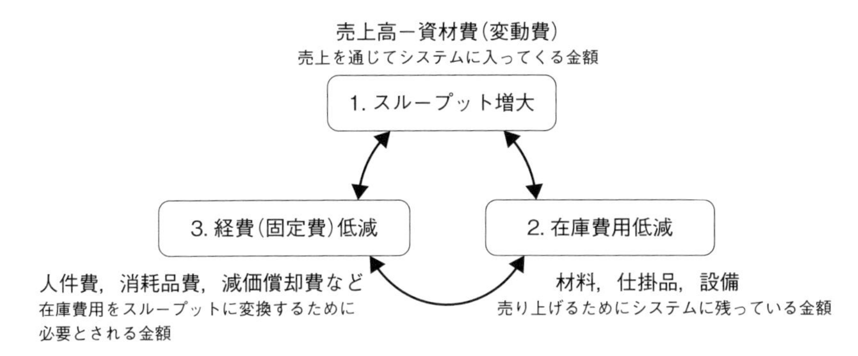

図27.1　TOCにおける評価尺度

固定費はゼロ以下にはできないためであるとされている．

スループットとは，製品を販売することで企業に入ってくる金額，つまり売上高から資材費を引いたもので，会計用語では貢献利益あるいは限界利益と訳されるものに相当する．

TOCの基本原理は，「システムのパフォーマンスは制約条件によって決定され，この制約条件の最大限の活用と改善・強化だけがシステムのパフォーマンス向上につながる」というものである．システムを鎖に喩えて考えてみよう．一本の鎖の強度は何によって決まるだろうか．言うまでもなく鎖を構成する輪の中で最も弱い部分である．他の部分がいかに強い輪で構成され，補強されようとも，一番弱い輪を強化しない限り，鎖全体の強度は向上しない．この一番弱い輪が制約条件に相当する．鎖というシステムにおける強度（パフォーマンス）は一番弱い輪（制約条件）によって決定され，制約条件の改善・強化のみがシステム全体のパフォーマンス向上に寄与する．

この鎖の強度といったものの見方に相当する評価基準がスループットである．企業全体のスループットは鎖の強度同様，最も弱い制約条件に影響される．スループット増大のためには制約条件を明らかにし，改善・強化することが唯一の手段となるのである．

ところが，システムのパフォーマンスを鎖の重量と捉えるとどうだろう．いずれの輪の重量を変化させても鎖全体の重量は変化する．各工程のコストを最小にすれば全体のコストは最小になるという発想の下で，個別の工程や部門，

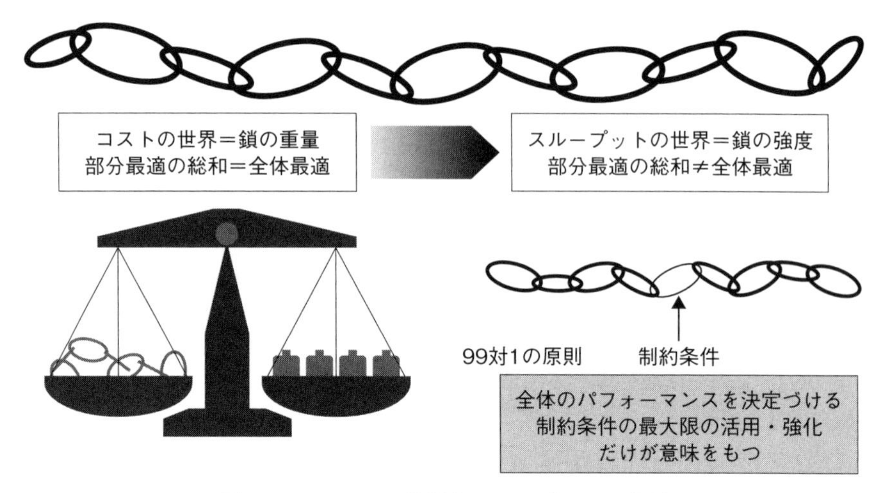

図 27.2　コストの世界とスループットの世界

組織ごとの能率，コスト指標を設定して管理を行うのが「コストの世界」である．TOCでは，この鎖の重量に相当するパフォーマンス評価基準を伝統的な標準原価計算にもとづくものとして否定し，強度に相当する「スループットの世界」への発想の転換を強く主張している．個別改善を積み重ねることで，全体が良くなるという神話は，少なくともスループット増大という観点からは成立しないことは先の鎖の例からも明らかであろう(**図 27.2**)．

27.3　システムのゴールと制約条件

スループットの世界の価値観と制約条件に着目した改善アプローチをマネジメントサイクル化したものが**図 27.3** に示すような5つのステップ(Five Focusing Steps)である．

TOCの貢献の大きな一つは，スループットという評価基準を設定し，この増大をゴールに据え，制約条件と結びつけたことで，何に対する制約であるのかを明確に捉える枠組みの体系化にあると考えられる．このような全体成果目標の性能を決めている制約条件に着目するという考えは，あらゆる問題における全体最適化に適用できるであろう．

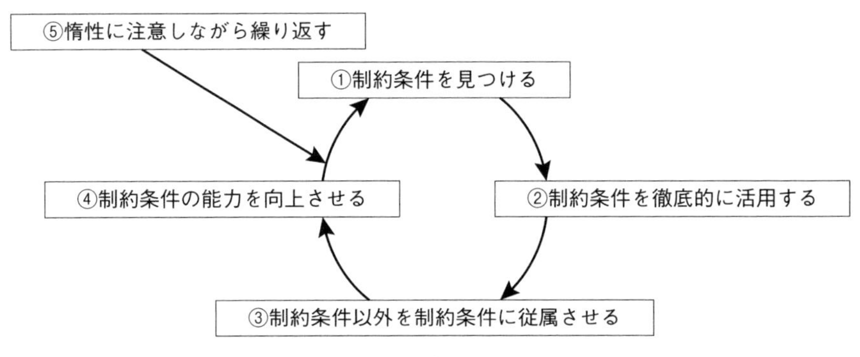

図27.3　5つのステップ（Five Focusing Steps）

さて，この5つのステップの遂行に際しては，いかに制約条件を見つけるかが鍵となる．OPTにおけるボトルネック工程などの制約条件はいわゆる物理的な能力制約と位置づけられるもので，各種ハードウェアやソフトウェア，ICTの利活用によりその特定や解消も比較的容易であると考えられる．

ところが，現在のスループットを決めている制約条件が市場や技術的な問題であったり，方針制約と呼ばれる組織慣習や制度上の問題であったりすることも多い．また，SCMにおいては，制約条件そのものを変えられず，解消できない場合も存在するであろう．TOC流の改善アプローチが即SCMには適用できない難しさがここにある．ただし，そのような場合においても，制約条件そのものがどこにあるのかを組織やサプライチェーン全体として認識することがまず重要となる．また，制約条件を変えたり，解消したりすることができなくとも，どのようにすれば制約条件が活用でき，他を制約条件に従属させることができるのかといったことを検討するステップ②と③を実行し，現状の能力下で最大限の活用を図る仕組みづくりをすることで制約条件そのものが制約条件でなくなることも多いともいわれている．

現実には制約条件は物理的な能力制約であることよりも方針制約であることのほうが多いといわれる．また，制約条件が市場にあるような場合においても，その真の要因を突き詰めていくと組織内部の方針制約に行き着く場合も少なくない．方針制約の解消にはマインドウェアの変革が必要とされる．これは，「つくったものを売る」時代の大量生産方式の図式から「売れるものをつくる」

時代のリーン生産方式への移行やコストの世界からスループットの世界への発想の転換と同様に，ものの考え方・捉え方に関する抜本的なシフトが求められる．

方針制約の代表的な例が小説『ザ・ゴール』やさまざまなTOC関連著作のなかで指摘される標準原価計算制度である．外部への情報開示の枠組みとして原価計算制度はなくてはならない存在ではあるものの，経営上の意思決定を行うためには財務会計以外に，管理会計の立場からのものの見方が必要であり，そのための体系としてTOCではスループット会計が提唱されている．

「制約条件の1時間が工場全体の1時間」との理念の下，制約条件となる工程上の時間当たりスループットに着目した意思決定法である．スループットは先に述べたとおり，売上から原材料費といった変動費のみを控除した指標であり，それら変動費以外を製品にコスト配賦しない．また配賦しても意味がないというものである．意思決定から製品原価の概念，ひいてはコストの世界を徹底的に排除しようとしたもので，製品別のコストを発生させるアクティビティを定義し，より正確にコストを製品に紐付けようとするABC(Activity Based Costing)もまた，方針制約の一つとして批判されている．

27.4　方針制約へのアプローチとしての思考プロセス

これまでの流れは主として物理的な制約条件を対象とした生産マネジメントへのTOCの適用を意識したものであった．しかしながら，サプライチェーン改革など複数の部門・組織が複雑に絡むことによって，総論では賛成されるものの各論に入ると多くの対立や問題が生じ，なかなか議論が進まないなど，方針制約によってさまざまな弊害が生じているといったことはよくあることであろう．

しかしながら，これら数多く存在する問題や不具合，好ましくない状況をかたっぱしから対症療法的に解決することは，個別の部分最適を積み上げることに相当しかねない．頭が痛いから頭痛薬を飲む，熱が出たから解熱剤を飲むといったことでは，個々の症状を抑えることは可能であろうが，それらの症状を引き起こしている病原を特定し解消しなければ，同じような症状が再び現れてしまう．病原を特定し，それを解消すること，多くの不具合を引き起こしている根底に潜む解決すべき問題を見つけ出すことが重要となる．

“何が” 問題で，“何を” 変えなければならないのか，システムが抱える根本的な問題，すなわち制約条件を探るための方法論が小説『ザ・ゴール』の続編である『ザ・ゴール 2』で紹介されている思考プロセスという一連の問題解決手法である(ゴールドラット，2002)．

CRT(Current Reality Tree：現状問題構造ツリー)は思考プロセスにおける最初のプロセスで，現状を正しく把握し，そのなかから根本的な解決すべき問題点を抽出するための思考技法として位置づけられる．現状において問題として認識されている要素，好ましくない状況・結果(UDE：Undesirable Effect)のほとんどは症状であって，症状の多くはより少数の中核問題と呼ばれる方針上の制約条件によって引き起こされている．また，各 UDE は原因と結果(A ならば B)という強い因果関係で結びついており，それら一つひとつを探求していけば多くの UDE を生じさせている中核問題にたどり着くというのが CRT の基本的なアイデアである．変えなければならない対象としての中核問題を解決すると，ここから派生していた多くの UDE も消えてなくなる．つまり，この制約条件を解消することで多岐にわたる症状に対する個別の対症療法が必要なくなることを意味する．

中核問題そのものの特定のみならず，**図 27.4** に示す if～then といった因果ロジックをベースにした論理的妥当性の下に中核問題がどのような経緯でいかなる不具合を生じさせているのかを目に見える形で明らかにすることも CRT の大きな目的の一つである．

現状における問題構造の見える化を通じ，それを共通認識として共有することで，個別の改善活動・努力のベクトルを効果的に合わせ，システム全体としての問題解決への推進力を効果的に向上することが可能になる．

27.5　CRT の作成手順と事例紹介

以降，簡単な作成手順とともに，自動車業界の A 社の CRT 事例を紹介する．**図 27.5** は，実際に作成された CRT の一部を抜粋したものである．図に示すよ

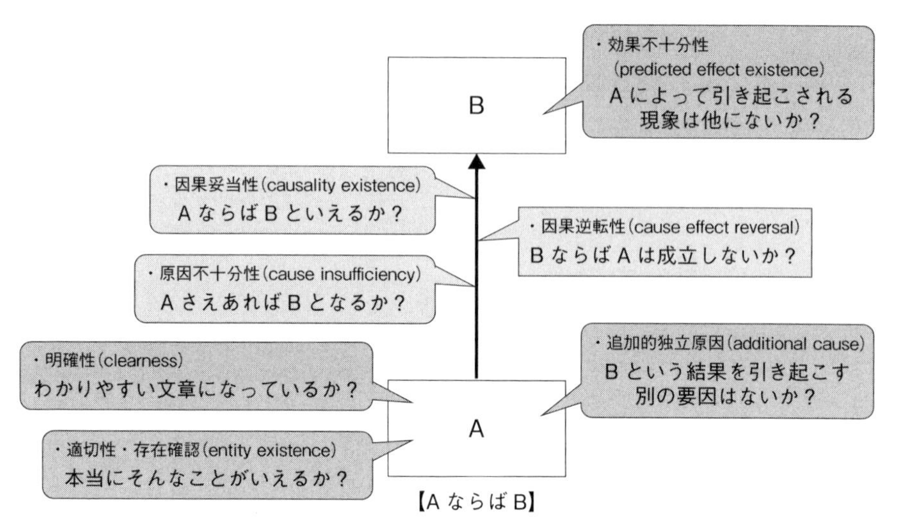

図 27.4　CRT 構築に向けた if〜then ロジック

うに，CRT はボックスと矢印とで構成される．ボックス内のステートメントが UDE であり(あるいは追加ステートメント)，CRT の作成手順は，対象となる課題を設定した後，メンバーが日ごろから感じたり，直面している問題点や不具合，好ましくない状況を UDE として列挙することから始まる．この作業段階では，数多く挙げられた UDE として記述されている内容についての共通理解をグループ内で得ておくことが重要となる．同一のステートメントであっても，解釈の仕方が異なると，その後 UDE 間の因果関係を追うことが難しくなってしまうためである．

すべての UDE について共通理解が得られたら，列挙された UDE 間に原因と結果という関係性が成立しないかをチェックしていく作業へと移行する．UDE のなかから関連がありそうなものを抜き出し，原因系を下側に，結果系を上側に配置していく．その際，直接的な因果関係が見つかれば if〜then ロジックを用いて両者を暫定的に矢印で結びつける．2 つの UDE が矢印で結ばれている場合，矢印の始点にある UDE が原因となり，終点にある UDE が結果として生じていることを表している．このような if〜then といった因果関係に論理の飛躍があったり，新たな原因，結果が考えられたりする場合は，適

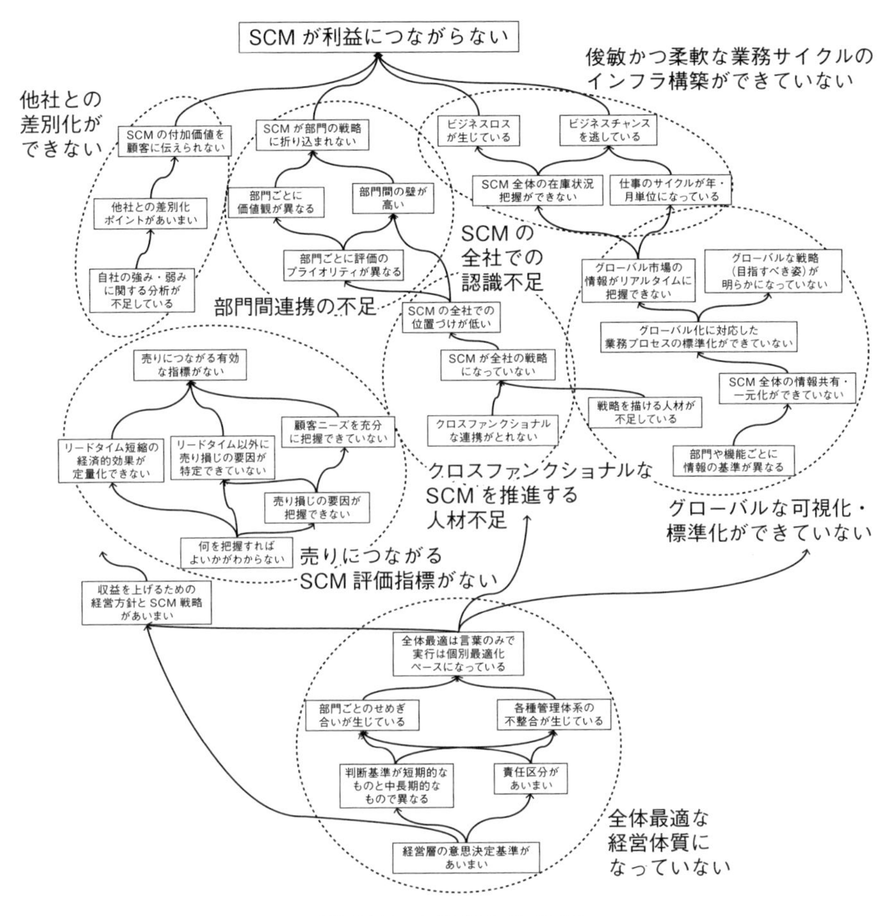

図27.5　A社によるCRT

宜ステートメントを追加することでツリーを構築していく．

各ステートメントを矢印で結びつけたり，新たなステートメントを追加したりした際には，**図27.5**のif～thenロジックが成立していることを声に出して読み上げ，論理の飛躍や視点の漏れがないかをメンバー間で検証していく．このような作業を繰り返すことにより，下側にif，つまり原因側に向けてツリーを掘り下げていくことにより，上にたどることによりほとんどのUDEをカバーするステートメントを発見することができれば，それが変えなければならない対象としての中核問題である．

(1) CRT 事例：自動車業界 A 社のケース

図 27.5 に示した CRT は「SCM がなぜ利益に結びつかないのか？」というテーマの下，自動車業界における A 社にて実際に作成された CRT である．

ここでは，「部門間の壁が高い」，「部門ごとに価値観が異なる」といった部門間協調に関する UDE や，「SCM の付加価値を顧客に伝えられない」，「他社との差別化ポイントがあいまい」，「顧客ニーズを充分に把握できていない」などの顧客・市場に関連した UDE，「SCM 全体の在庫状況が把握できない」，「SCM 全体の情報共有・一元化ができていない」などの情報技術に関連した UDE，「全体最適は言葉のみで実行は個別最適化ベースになっている」，「売りにつながる有効な指標がない」など経営戦略に関連したものなど総計 48 個が初期の UDE として挙げられた．

本事例では，追加されたステートメントを含め最終的に 70 を超える UDE から構成される CRT が完成され，「経営層の意思決定基準があいまい」との中核問題が抽出された．この中核問題を中心とし，組織として全体最適な経営体質になっていないことが，グローバルな可視化・標準化や売りにつながる SCM 評価指標の確立を阻害し，全社的な SCM に対する認識の低下や SCM を推進する人材の育成，部門間連携不足を招く．また，俊敏かつ柔軟な業務サイクルのインフラ構築や他社との差別化ポイントがあいまいになってしまうことなど，各現場にどのような問題を派生させているか，といった問題構造の解明が行われた．

これまでにも SCM を成功させるために“何を”変えなければならないかといった対象としての中核問題を探るために数多くの CRT 作成に携わってきた経験からは，取り上げるテーマによって取引先や業界特性，市場環境などの外部要因がさまざまな形で UDE として挙げられるが，掘り下げていくと，組織や経営といったマネジメント上の問題が中核問題として導かれることが多い．

(2) CRT 事例：東京工業大学ストラテジック SCM コース講師陣有志によるケース

では，なぜ日本では SCM が経営の柱になりにくいのか．わが国が抱える根本的な問題にメスを入れるべく，東京工業大学ストラテジックSCMコースの開設にあたり，講師陣有志でCRTの作成を行ったものが**図27.6**である．先のA社のCRTにも登場した「SCMに売りにつながる指標がない」，「経営者の認識が弱い」などのマネジメント上のUDEをあえて上側の結果系に配置することでさらなる掘り下げを試みた．その結果，「過去多くのSCMへの取り組みが失敗に終わった」，「これまでは問題が顕在化してこなかった」，「SCMが体系化されていない」，「部門横断的な調整ができていない」，「経営者がSCMを物流の延長線上に考えている」などの初期UDEが挙がった．

全体的な構造として，わが国の流通構造や政策に関する問題点を浮き彫りにするとともに，消費者性向に過剰に反応した小売業態や商慣習，その反応に対してこれまた過剰に適応してきた物流，生産の存在が挙げられた．わが国の強みともされる強力な現場力の存在によりこれまではなんとかなってきたが，その積み重ね，過去うまくいっていたことが結果として経営者をして根本的解決を避け，現場の知恵で市場に対応するというミクロな部分最適に任せておくことにつながってしまっているのではないか，との結論を得た．

また，同時にスケーラブルなITを効率的かつ効果的に使いこなすための標準化ができていないこと，SCMの体系化がなされていないことによりSCMの全体最適化，部門横断的な協調が阻害されていることの要因として，現在の教育の下では科学的，戦略的なSCMが醸成されにくく，またそのためのリテラシー育成にも対応できないのではないかとの問題構造が作成メンバーの共通認識として確認された．

東京工業大学ストラテジックSCMコースは，右下にある「SCMリテラシー」に関係した問題に対する打ち手として開設されたものでもある．これからアジアを始め世界で競争していく日本企業が現場の強みを活かしながらも，科学的なSCM戦略を組織的に駆使できる人材の育成・輩出の必要性にもとづくものである．当コースでも受講期間中を通じ，グループワークとしてCRT作成に取り組んでいただいている．

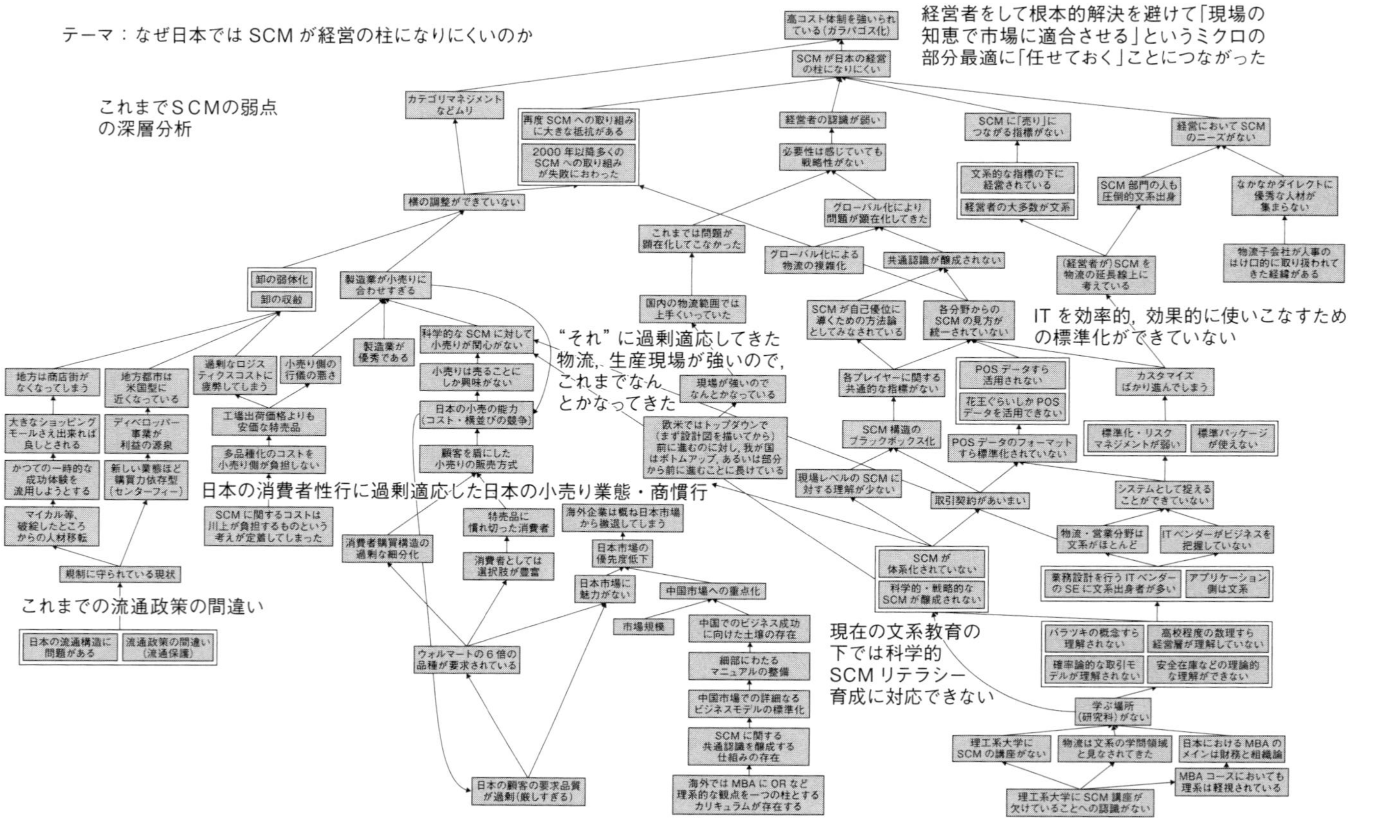

図27.6 日本においてなぜSCMが経営の柱になりにくいのかのCRT図

27.6　CRT の活用法と留意事項

TOC は，JIT を始めとするわが国の改善哲学を組み込みながら広く経営哲学としてその範囲を拡大してきた歴史がある．思考プロセスにおける CRT もまた，トヨタにおける“なぜなぜ分析”や QC 七つ道具における特性要因図，また PM 分析とよく似た側面を有している．問題を分解することなく大局的に捉え，個別の問題に対しての原因を有機的につなぎ合わせていくための体系として捉えられるのではないだろうか．

チェンジマネジメントの入り口としては，非常に多くの時間と労力を要するものであるが，組織全体として抱える問題構造の発見・認識には非常に適したツールである．是非一度 CRT を作成し，自社の抱える中核問題とそこから派生的に生じている諸問題の構造を見える化を行ってみてはいかがだろうか．組織としての改革の方向性に関する共通認識を醸成するうえでは大きな第一歩となるはずである．

SCM に限らず，CRT を展開してみると，全体最適を謳っていても部分最適が，ねじれ現象として露見してくる．しかしながら，CRT の活用に関しては留意しておくことがある．CRT で中核問題が見つかったとしても，それに対して短兵急に対策をとることは，トップの迅速な決断がない限り，無理であることがほとんどである．ましてやその了解や説得なしにアクションをとろうとすることは経営の琴線に触れることが多く，たいへん危険なことである．それよりも当面，中核問題は変えられないとして，それを Five Focusing Steps の制約条件に置き換えて考えると，その最大限の活用や，制約条件があることを前提として非制約条件を制約条件に従属させることで，問題はかなり軽減されることも多い．

第 28 章
チェンジマネジメントの入り口：LSC

28.1　簡易ベンチマーキング手法としてのLSC

効率的なSCMの構築に際しては，これまでの商習慣や仕事の仕方を変えなくてはならないなどの組織的な阻害要因を乗り越えることが必要とされる．このような阻害要因を打ち破り，組織内の改革への共通認識を醸成する方法の一つに敵(ベストプラクティス)を知り，己を知るといったベンチマーキングと呼ばれる手法が存在する．サプライチェーンという用語も，かつてトヨタ生産方式がベンチマークの対象となり，欧米により徹底的に研究され，リーン生産方式として体系化されるなかで生まれたという経緯もある(ウォマック他，1990)．

しかしながら，一般的にベンチマーキングには時間もコストもかかる．それをなるべく簡易的に行うためのツールの一つがスコアカードと呼ばれるツールである．スコアカードとは，欧米での開発に始まり，企業や組織の戦略や仕事の仕方，そしてITの活用の仕方といったパフォーマンスドライバーと在庫回転日数や納期遵守率といったパフォーマンスそのものに関係した評価項目を用意し，これを自己評価することによって自社の強み・弱みを知り，組織改革や有効なITの導入促進を図ろうという簡易ベンチマーキングを企図したものである(嵐田他，2004)．

SCMに関連したスコアカードは，アパレル産業におけるQRスコアカードや，食品業界における標準ECRスコアカードを始めとし，これまで数種のものが存在してきたが，それらは主としてITの普及を狙ったものであったり，かつ特定の業種に特化した非常に詳細な評価項目からなるものであったりと，SCM全体最適の立場からの包括的な視点による改革へのインセンティブを与えるまでには至っていないものが多かった．例えば2000年，頃経済産業省（旧通商産業省）のプロジェクトで開発されたQRスコアカードはアパレル業界を対象としたものであるが，その評価項目が非常に詳細であったがために，回答への躊躇からか十分なデータ数の確保に至らず，肝心のベンチマークが行えないなどの状況に陥ってしまった．

そこで，数多く存在する既存スコアカードを参考にそれらの分類・体系化を行い，改革の方向性の具体性を失わない程度に抽象化することで，業種・業界によらない共通性・汎用性を有する簡易ベンチマーキングツールを企図し，（公社）日本ロジスティクスシステム協会と東京工業大学が共同で開発したものがSCMロジスティクススコアカード（LSC）である．LSC最大の特徴は，他のスコアカードにはない，幅広い業界・業種を含んだ豊富なデータベースの構築とそれにもとづく診断を可能にしているということである．

LSCを活用することで自社の強み・弱みを客観的に把握することに加えて，同一企業内や取引先との相互評価を通じて，認識のギャップを知ることもできる．組織内やパートナー間における認識のギャップを把握することは，SCM改革の入り口となる重要なステップである．そのギャップを埋めることで共通認識の醸成を図るといったアプローチの活用が多くなされている．LSCは2001年から運営され，現在は日本語の他に英語，中国語，韓国語，タイ語，フィンランド語などにも翻訳され，海外での活用事例も多い．日本語版では約1,300社のデータベースが構築されている．さらに，後述する診断システムに登録することにより，業種・業界内での順位や現在のポジショニングがこれら豊富なデータベースのなかで把握可能となり，このベンチマーク情報によって改革の必要性や方向性の説得材料としても使用できる．

28.2 LSC評価項目と業種別平均得点

LSCは，「1．企業戦略と組織間連携」，「2．計画・実行力」，「3．ロジスティクス・パフォーマンス」，「4．情報技術の活用の仕方」といった4つの大項目を柱とする22の評価項目からなる．LSC自体は本書の**付録1**を参照されたい．各評価項目にはそれぞれ5段階のレベル表現(レベル5が当該項目のベストプラクティスに相当)が与えられている．各項目のレベル表現を参照しながらレベル1から読み進め，各レベルのすべての条件を満たすところまでをその評価項目の得点とする．その際，例えばレベル2とレベル3の中位に位置すると思われる場合には2.5点などとする．このような簡単な自己評価によって自社や当該事業におけるSCMの現状のレベルを客観的に認識し，またベストプラクティスとの対比で改革の方向性を探ることを可能にするといった簡単なものである．

表28.1はLSC各評価項目の平均得点を業種別に示したものである．表中，平均が3.3点以上を黒塗りの白文字で，2.5点以下を灰色にしてある．自身の得点を業種平均と比較するだけでも簡易的に自社の強み・弱みを把握することができよう．業種特性が大きく異なることから，素点での業種間比較には留意が必要ではあるものの，業種別には自動車業界の優位性が読み取れる一方，項目別には3-②や3-⑤「トータル在庫の把握と機会損失」が総じて一番低く，わが国SCMの現状あるいは弱点をうかがい知ることができよう．

28.3　LSCによるSCM性能と経営成果

LSCによって測定されるオペレーションレベルでの性能が，事業や企業の財務的なボトムライン，すなわちキャッシュフローやROAにいかに結びつくかについて見ていく．そのためにまずは日経の企業ランキングなどでも用いられている因子分析という統計的手法を用いてLSC評価項目間の構造について分析を行った．その結果，SCM性能を決定づけていると考えられる3つの指標が抽出された．これは信頼できるデータベースが蓄積されて初めて可能なものであり，現在約1,300社分のLSCデータにもとづくものである．

その構造は，市場の変化に対する俊敏かつ柔軟な対応力としての「変化対応力」(ほぼ大項目の「2．計画・実行力」と「3．ロジスティクス・パフォーマンス」に相当)，SCMを構築するための組織間連携のあり方やその計画実行力としての「SCM組織力」(ほぼ大項目「1．企業戦略と組織間連携」に相当)，ま

表 28.1　LSC 各評価

大項目	評価項目＼業種	①日配品・飲料	②加工食品・素材系
1 企業戦略と組織間連携	1-① 企業戦略の明確さとロジスティクスの位置付け	2.86	2.57
	1-② 取引先との取引条件の明確さと情報共有の程度	3.02	2.88
	1-③ 納入先との取引条件の明確さと情報共有の程度	3.01	2.95
	1-④ 顧客満足の測定とその向上のための社内体制	2.78	2.64
	1-⑤ 人材育成とその評価システム	2.60	2.72
2 計画・実行力	2-① 資源(輸送手段)や在庫・拠点のDFLに基づく最適化戦略	3.00	2.81
	2-② 市場動向の把握と需要予測の精度	3.33	2.88
	2-③ SCMの計画(受注から配車まで)精度と調整能力	3.20	2.70
	2-④ 在庫・進捗情報管理(トラッキング情報)精度とその情報の共有	2.73	2.80
	2-⑤ プロセスの標準化・可視化の程度と体制	2.52	2.54
3 ロジスティクス・パフォーマンス	3-① ジャストインタイム(フロア・レディ)の実践	2.80	2.49
	3-② 在庫回転率とキャッシュツーキャッシュ	2.33	2.38
	3-③ 顧客リードタイムと積載効率	3.12	2.95
	3-④ 納期・納品遵守率／物流品質	3.19	3.03
	3-⑤トータル在庫の把握と機会損失	1.91	2.17
	3-⑥ 環境対応	2.55	2.31
	3-⑦ トータルロジスティクスコストの把握	2.72	2.45
4 情報技術の活用の仕方	4-① EDIのカバー率	3.06	2.72
	4-② バーコード(AIDC)の活用度	2.14	2.05
	4-③ PC, 業務・意思決定支援ソフト(ERP, SCMソフト等)の有効活用	3.65	3.29
	4-④ オープン標準・ワンナンバー化への対応度	2.43	2.42
	4-⑤ 取引先への意思決定支援の程度	2.52	2.31
	大項目1平均点	2.85	2.75
	大項目2平均点	2.96	2.75
	大項目3平均点	2.69	2.55
	大項目4平均点	2.77	2.56
	全項目平均点	2.80	2.64
	サンプル数	65	77

項目の業種別平均得点

製造業								物流業			その他(含卸・小売)	全サンプル
③素材系化学	④消費財系化学	⑤繊維・製紙	⑥医薬品	⑦一般用電機機器	⑧業務用機器	⑨自動車・輸送機	⑩自動車・電機部品	⑪物流子会社	⑫3PL	⑬独立系		
3.08	2.99	2.86	3.02	3.15	2.72	3.44	3.16	3.20	3.31	3.09	2.85	3.04
3.23	2.90	3.17	3.06	3.32	3.04	3.45	3.16	3.23	3.20	3.15	3.13	3.16
3.18	2.78	3.02	2.98	3.16	3.04	3.59	3.18	3.32	3.38	3.17	3.11	3.15
3.13	2.98	3.00	3.01	3.09	2.95	3.26	3.13	3.00	3.09	2.97	2.77	2.97
3.02	2.62	2.67	2.82	2.99	2.72	2.99	2.95	2.88	2.82	2.73	2.69	2.82
2.98	2.73	2.78	2.82	3.33	2.82	3.70	3.00	3.06	3.09	3.00	2.95	3.00
3.09	2.94	2.87	2.92	3.23	2.97	3.39	3.04	2.40	2.40	2.40	2.90	2.85
3.06	2.57	2.57	2.66	3.03	2.84	3.51	2.66	2.87	2.66	2.63	2.72	2.82
2.83	2.61	2.65	2.72	2.87	2.60	3.15	2.64	2.96	3.16	2.83	2.87	2.82
2.71	2.44	2.53	2.66	2.98	2.75	3.29	2.75	2.96	2.94	2.76	2.61	2.76
2.69	2.43	2.45	2.48	3.08	2.59	3.68	2.81	3.10	3.15	2.86	2.86	2.85
2.44	2.36	2.36	2.48	2.54	2.30	2.72	2.43	2.34	2.32	2.37	2.57	2.42
2.85	2.76	2.71	2.69	3.04	2.58	3.15	2.88	3.06	2.93	2.92	3.03	2.94
3.31	2.83	2.70	3.14	3.08	2.90	3.29	3.03	3.37	3.31	3.17	3.09	3.15
2.28	2.11	2.25	2.23	2.58	2.05	2.79	2.43	2.73	2.78	2.68	2.52	2.44
2.87	3.11	2.28	2.84	3.18	2.67	3.34	3.51	3.14	2.95	2.58	2.38	2.84
2.82	2.49	2.48	2.52	2.76	2.40	3.03	2.60	2.82	2.99	2.90	2.64	2.71
2.55	2.52	2.68	2.67	3.22	2.47	3.79	2.86	2.93	3.01	2.61	2.96	2.83
2.30	2.07	2.53	2.31	2.96	2.51	3.70	2.59	2.97	3.07	2.37	2.61	2.58
3.49	3.29	3.35	3.32	3.63	3.45	3.84	3.26	3.54	3.40	3.17	3.40	3.42
2.41	2.56	2.77	2.60	2.74	2.65	3.25	2.65	2.68	2.58	2.41	2.53	2.60
2.50	2.31	2.48	2.37	2.93	2.49	3.34	2.72	2.93	3.01	2.64	2.64	2.67
3.13	2.85	2.94	2.98	3.14	2.89	3.34	3.13	3.12	3.16	3.02	2.91	3.03
2.93	2.65	2.68	2.76	3.09	2.79	3.40	2.86	2.85	2.86	2.72	2.81	2.85
2.75	2.59	2.45	2.62	2.90	2.51	3.14	2.85	2.94	2.94	2.76	2.72	2.77
2.66	2.55	2.76	2.65	3.10	2.73	3.58	2.83	3.01	3.02	2.64	2.83	2.82
2.86	2.66	2.70	2.74	3.04	2.71	3.35	2.91	2.98	2.99	2.79	2.81	2.86
89	98	30	90	88	83	32	110	189	95	157	117	1320

た，情報技術の有効な活用度を示す「情報技術活用力」(ほぼ大項目「4．情報技術の活用の仕方」に相当)である．データ数が増える度に同様の分析を行っても，サンプル数が100社を超えるところからこれらの構造は安定したものになっている．このことからも，これら3つの指標がわが国の企業におけるSCM構築に対する考え方，アプローチを示しているものと考えられる(鈴木他，2009)．

これら3つのSCM性能指標を「見える化」といった観点から整理すると，「変化対応力」は見えるものを効率的に活かす能力と捉えられる指標であり，現場力やロジスティクス力といったパフォーマンスに相当する．これに対し，「SCM組織力」は組織としてのビジョンの設定や共通認識のあり方といった「見える」ようになったものをしっかりと見る能力としてのマネジメント力，すなわち組織能力に相当する．「情報技術活用力」は見えなかったもの，見難かったものを見えるようにするための仕掛け，仕組みづくりとしてのICT活用能力と位置づけられよう．

データベースに含まれる企業について，棚卸資産回転日数やキャッシュフロー，ROAといった財務的な経営成果指標との関連性を分析すると，3つの性能得点と経営成果指標との間に統計的に強い正の関係性が観測される．これは，それぞれの因子について性能が高まると，棚卸資産回転日数やキャッシュフロー，ROAの向上に確実に結びつく，ということを意味する．なかでも一番高い相関を示すのが「SCM組織力」である．すなわち，SCMに向けての戦略やそれを実現するための組織体制の重要性が，経営成果に結びつけるためのキーになるということである．

加えて興味深いのは，各企業の因子のスコアをその平均である3(ほぼLSCのレベル3に相当)を境にして，それ以下の企業群とそれ以上の企業群に層別すると，下位の群では経営成果との相関があまり見られないのに対して，上位群は著しく高い正の相関が見られることである．すなわち，レベル3までにある限り，いくら努力しても経営成果に結びつかず，レベル3を超えて初めてレベルアップに比例した経営成果が期待できるというものである．

では，レベル3とはどのような状況であろうか．大まかにいえば，企業としてSCMへ向けての明確なポリシーがあり，それにもとづく種々のオペレーション活動が市場動向の変化にリンクしているようなレベルである．いくら効率的に保管し，効率的に輸送していても，市場動向とロジスティクス活動が計画実行面でリンクしたものでない限り，どこかに不効率のしわ寄せが行き，最終的な経営成果には結びつかない．効果的なSCMの実現には，まずはLSCの大項目「1．企業戦略と組織間連携」の平均スコアをレベル3以上にすることが越えるべきハードルといえよう．

28.4　LSC診断システムとその活用事例

LSCに関しては，診断システムに登録することにより，評価項目の単純得点だけでなく，上記3つのSCM性能に変換したスコアにもとづく業種・業界内のランキングやポジショニングがベンチマーク情報として得られるようになっている．

図28.1，**図28.2**は日本企業のデータベースにもとづく現在のLSC診断システムの業種区分とその出力の一部イメージ図である．LSC各評価項目の得点を対応する業種・業界平均と同時に示したレーダーチャートや大項目別のランキング情報に加え，前述の3つのSCM性能指標のスコアを他社と比較したポジショニング図やランキング情報を総括した診断結果サマリー表がベンチマーク情報として提供される．

診断システムへの登録はあらかじめ守秘義務などを確認したうえで自己診断した評価項目のスコアを提出すれば診断結果が提供される．

LSCによる自己評価，診断は，あくまでSCM改革，チェンジマネジメントの入り口に相当するものであり，これをさらに有効に使う方法として，ギャップ分析がある．LSCは敵を知り，己を知るための簡易的なベンチマーキングツールであるが，企業内や取引先との間で“己”についての認識のギャップがある場合も少なくない．SCM改革を推進する場合，いくら企業戦略としてSCMを謳っていても，社内，取引先間での認識ギャップの壁があれば，それにより活動が空回りしてしまうことも懸念される．同一企業内の部署，階層の異なるメンバーでの自己評価，あるいはパートナー同士の相互評価を行い，まずは己についての認識ギャップを定量的に視覚化するためのツールとしても広

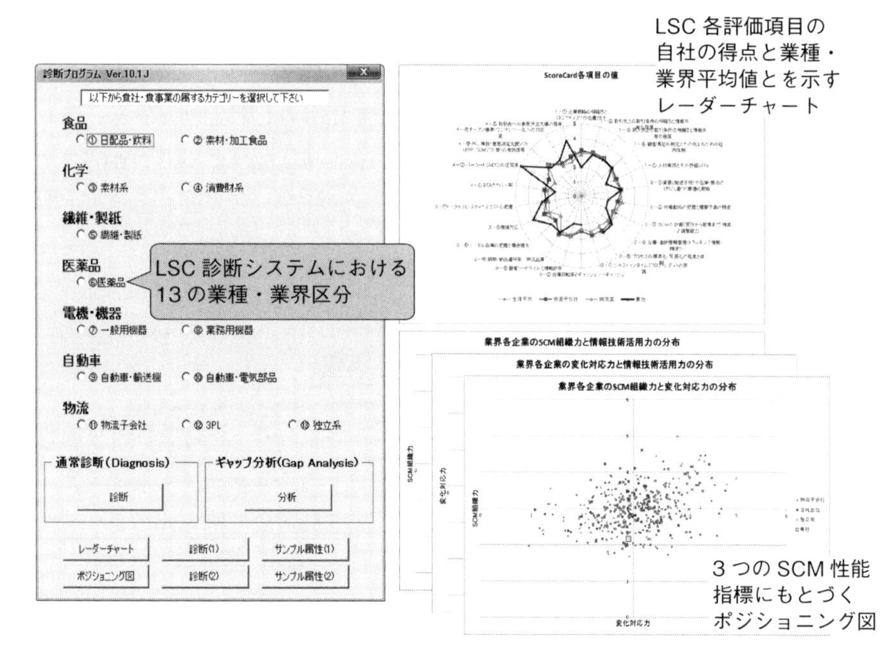

図 28.1　診断システムの業種区分とベンチマーク情報

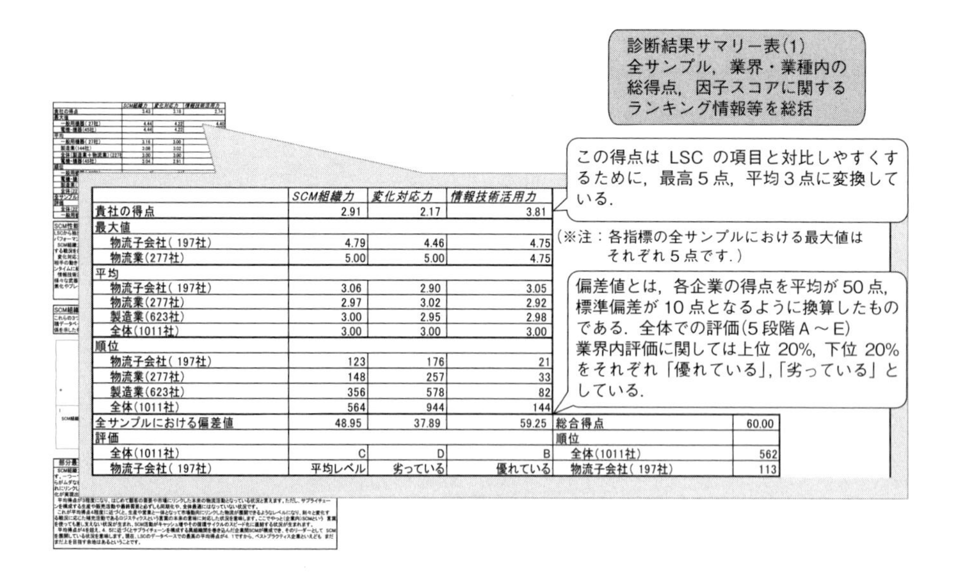

	SCM組織力	変化対応力	情報技術活用力
貴社の得点	2.91	2.17	3.81
最大値			
物流子会社(197社)	4.79	4.46	4.75
物流業(277社)	5.00	5.00	4.75
平均			
物流子会社(197社)	3.06	2.90	3.05
物流業(277社)	2.97	3.02	2.92
製造業(623社)	3.00	2.95	2.98
全体(1011社)	3.00	3.00	3.00
順位			
物流子会社(197社)	123	176	21
物流業(277社)	148	257	33
製造業(623社)	356	578	82
全体(1011社)	564	944	144
全サンプルにおける偏差値	48.95	37.89	59.25
評価			
全体(1011社)	C	D	B
物流子会社(197社)	平均レベル	劣っている	優れている

総合得点	60.00
順位	
全体(1011社)	562
物流子会社(197社)	113

図 28.2　SCM 性能 3 指標によるベンチマーク情報

く活用されている.

これまで日常的に使ってきた言葉や会話のなかに，そして何となく感じてきたがそれが何か特定できなかった認識ギャップを，目に見える形で表出させる効果がある.

図28.3はある企業(A社)におけるSCM推進部と受注管理部といった異なる事業部それぞれから上司1名，部下各2名の計6名による認識のギャップを視覚化したものである．部署は違っても上司同士や部下同士は似たような評価をしている一方で，上司と部下の間には比較的大きな認識ギャップが存在していることが読み取れる結果となっている.

わが国の企業における共通的な傾向として，部署は違っても階層が同じであればギャップは少なく，階層によるギャップのほうが比較的大きく，階層が高いほど評価が甘くなるという傾向が観測されている．これは，海外企業とはまったく逆の現象である．海外では，それだけ現場を指示どおりに動かすことがたいへんで，わが国の現場力の強さを示した結果とも捉えられる．その一方で，戦略・計画レベルでは立派であっても，実施する段階でうまくそれがブレークダウンされていないか，戦略そのものが実務に近い階層まで共有できていない

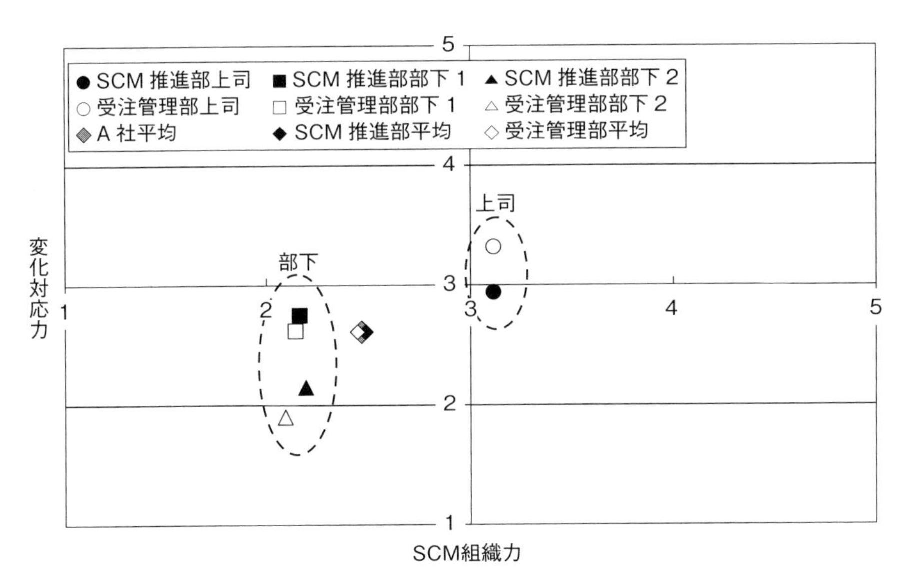

図28.3　認識ギャップの視覚化

こともこのような傾向の原因として考えられる.

SCMは取りも直さず企業としての戦略そのものであり，現場の強みは武器として確保しつつも，現場のみに頼って達成し得るものではない．確固たる戦略と組織としての共通認識の醸成が効果的なSCM構築に向けた重要な要件といえる.

さらに，SCM性能に関する海外企業との比較といった観点からは，わが国のスコアは残念ながら，必ずしも高くない．納期遵守率やリードタイムなどの現場力に支えられたロジスティクス・パフォーマンスには優位性が見られるものの，経営成果との関連性において重要な役割を担うSCM組織力や大項目「1．企業戦略と組織間連携」の弱さが露呈する結果となっている．個別の改善活動や現場力の質・精度は海外に比べて優位性がある一方で，サプライチェーン全体としての成果や収益性では遅れをとっていることの要因の一つが垣間見える.

また，**図28.4**に示すように，組織能力やICT活用能力はそれぞれ単独では経営成果に結びつかない．とりわけ組織能力がある一定レベルに達していなけ

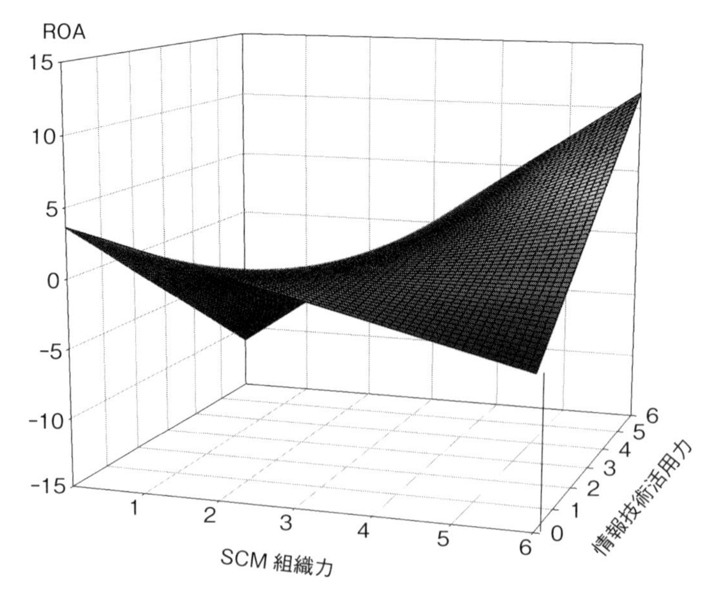

図28.4　SCM組織力，情報技術活用力とROA

れば，いくらICTを活用しても逆にROAを損ねてしまうという結果も得られている．これは，組織能力の向上なくして，闇雲にIT投資をしても逆に経営を悪化させてしまうといったいわゆるITパラドックスを説明するものである．海外企業，とりわけ外資系企業では先のSCM性能に関して大項目「1. 企業戦略と組織間連携」と「4. 情報技術の活用の仕方」が互いに表裏一体の不可分な関係性にあるといった傾向が観測される．従来の仕事の仕方を効率化するためのツールとしてのICTといった位置づけではなく，より戦略に根差したスケーラブルなICTの活用が求められよう．

28.5　経営のグローバル化に伴うLSCの改訂：GSCの開発

2001年から運用してきたLSCであるが，SCMを取り巻く環境変化はますます激化している．経営のグローバル化に加え，ますます多様化する消費者ニーズを的確に捉え，それに俊敏かつ柔軟に対応するためには，販売・マーケティング部門や生産・開発部門とロジスティクス部門との連携や顧客ニーズの的確な把握と顧客価値の創造，これまでの商習慣を変えていくための取組みやより広範囲，大規模な情報の利活用が不可欠となる．以上のことから，この度LSC評価項目の見直しを行い，**第4章**で紹介したグローバルSCMスコアカード(GSC)(日本語版，英語版)が開発された(**付録2**を参照)．

評価項目はLSCの22項目からGSCでは30項目へと追加されているが，グローバルなSCM視点の強化，SCMステークホルダー間の連携強化，最近のIT関連の進化の取り込みなどを中心に，開発・調達から販売・マーケティングに至る，より包括的な視点からのサプライチェーン全体のつながりを詳細に評価できるように改訂されている．LSCとともに簡易ベンチマーキングのためのツールとして活用いただき，自身の強み・弱みを客観的に把握することでSCM改革に関するチェンジマネジメントの入り口に立つためにも一度診断を受けてみることをお勧めする．

なお，診断ならびにベンチマーク情報の提供は無料である．ホームページ(http://www.me.titech.ac.jp/suzukilab/lsc.html)の情報も参照のうえ，次のメールアドレス(lsc@ie.me.titech.ac.jp)までご連絡いただき，是非ご活用いただきたい．

付　録

付録1　SCMロジスティ

大項目1. 企業戦略と組織間連携

中項目	回答欄	レベル1	レベル2
①企業戦略の明確さとロジスティクスの位置づけ		企業トップのSCMやロジスティクスについての戦略・方針がなく，改革を担当する部署もない．	ロジスティクス改革の担当部署はあるが，活動は部どまりで，トップの積極関与や明確な戦略はない．
②取引先(サプライヤー)との取引条件*1の明確さと情報共有*2の程度 *1　納期・値引・在庫負担・運送条件 *2　計画内示，在庫情報など		主要取引先と取引内容の合意形成や情報共有がなく，単独で意思決定がされている．	主要取引先と，取引内容の合意形成が一部あるが，検討段階のものもある．
③納入先(顧客)との取引条件*1の明確さと情報共有*2の程度 *1　納期・納品条件，在庫負担，返品条件など *2　需要・在庫情報，内示予測など		主要納入先と取引内容の合意形成や情報共有がなく，常に受身の立場での意思決定がなされている．	主要納入先と，取引内容の合意形成が検討段階にある．
④顧客満足の測定とその向上のための社内体制		自社のコアとなる顧客について，明確な定義がなく，クレームがあってもその場しのぎの対応になっている．	顧客の定義は明確にしているが，定期的な満足度調査はなく，クレームなどの顧客の声の蓄積もしていない．
⑤人材育成とその評価システム		顧客や全体最適の視点での仕事の仕方に必要な人材育成プログラムは特に用意されていない．	啓発や意識づけのスローガンはあるが，具体的な人材育成プログラムは存在しない．

大項目2. 計画・実行力

中項目	回答欄	レベル1	レベル2
①資源(輸送手段)や在庫・拠点のDFLにもとづく最適化戦略		手持ちの資源や拠点について問題意識や戦略は特にもっていない．	問題は感じているが具体的見直しの戦略・戦術はできていない．
②市場動向の把握と需要予測の精度		営業の経験だけに任せている．	特定商品についてのみ過去の売上数量を参考にし，営業の経験を加味して需要予測を行っている．
③SCMの計画(受注から配車まで)精度と調整能力		在庫をもつことを前提にして，販売，補充，配送の計画が個別になされ，連動していない．	各計画が月レベルでだいたい連動している．
④在庫・進捗情報管理(トラッキング情報)精度とその情報の共有		補充活動の進捗や在庫情報のトラッキングは特にやってなく，結果の管理のみ．	だいたい日レベルの進捗管理や月レベルでの在庫管理を行っている．
⑤プロセスの標準化・可視化の程度と体制		仕事の仕方の標準化や可視化は活用もまだあまりできていなく，ブラックボックス化している活動がある．	だいたいの仕事の仕方は標準化されているが，全体の仕事の流れは必ずしも可視化されていない．

大項目3. ロジスティクスパフォーマンス

中項目	回答欄	レベル1	レベル2
①ジャストインタイムの実践		ジャストインタイムという考え方や意識は，組織内にない．	ジャストインタイムという考え方はあるものの生産・補充・荷役・配送に生かされていない．

クススコアカード(LSC)

(メーカー版 Ver. 4R　2005年10月26日)

レベル3	レベル4	レベル5
トップ(担当役員)の下に，ロジスティクスやSCM改革組織はあるが，全社的な浸透までには至っていない.	明確な戦略の下でトップ(専務・常務クラス以上)が主導し，改革が進みつつある.	社長のリーダーシップと明確な戦略の下に，環境変化に即応可能な全社的体制ができている.
主要取引先とは，明文化された合意はあるが，互いにメリットを享受するWin-Winの取組みまでは至っていない.	明文化された取引の合意があり，一部は情報共有にもとづくWin-Winを目指した連携の取組みを開始している.	明文化された取引の合意とともに，戦略と情報共有にもとづくWin-Winの連携体制が確立されている.
主要納入先とは，明文化された合意はあるが，互いにメリットを享受するWin-Winの取組みまでは至っていない.	明文化された取引の合意があり，Win-Winの連携のための情報共有は，顧客の主導の下で一部行っている.	明文化された取引の合意とともに，戦略と情報の共有にもとづく連携体制が確立されている.
定期的に顧客満足度調査を行っているが，その対応については営業任せになっていて社内連携は低い.	定期的・定量的な顧客満足度調査が行われ，その向上のための社内関連部門の連携ができている.	レベル4に加えて，顧客とその顧客の満足度評価を共有し，商品企画に活かすパートナーシッププログラムがある.
リーダーシップや創造的提案能力を育成するプログラムがあり，実践されている.	レベル3に加えて，その能力や成果にもとづく評価システムが連動し，組織のエンパワーメント向上につながっている.	レベル4に加えて，知識やノウハウをチームや組織で共有するためのナレッジマネジメントの仕組みがありうまく機能している.

レベル3	レベル4	レベル5
自社の拠点(工場・DC・TC)や輸配送手段の見直しにもとづき最適化を図る戦略を持ち進めている.	レベル3のシナリオが顧客や取引先を巻き込んだものになっている.	サプライチェーンを見渡し商品設計・構成の変更まで含めた変化対応のための共同化やカテゴリーマネジメント戦略がある.
主要商品については，営業と関連部門を巻き込んだ過去の数値と市場動向を分析したうえで予測している.	レベル3を商品全体に，または，主要製品についてはアイテム別に展開し，また需要予測のシステム化ができている.	レベル4を，パートナーと協働で行い，市場動向の変化にフレキシブルに見直しができる.
各計画が週レベルで連動し，週内の調整は個別になされている.	各計画を週レベルでローリングさせながら連動し，川下の計画では日レベルで連動した調整ができる.	日レベルで連動しながら計画・調整ができ，取引先や顧客との時間レベルでの調整が可能である.
自社内であれば在庫情報を含めてすべての活動の進捗の日レベルで追跡できる体制にある.	取引先の補充・在庫情報を含めて，日・時間レベルの追跡ができる体制にある.	顧客・取引先を含めてサプライチェーン全体での補充・在庫情報が追跡でき，戦略的にその情報共有している.
標準化や可視化は十分なされているが，取引先とのインタフェース部分の活動が可視化できていない.	インタフェース部分を含めた仕事の流れが標準化，可視化され，自社内の仕事の改善・改革が行われている.	レベル4に加えて，事業ごとにパートナーと連携した供給連鎖のプロセスが見え，同時に改革が行われている.

レベル3	レベル4	レベル5
シングル段取，外段取，フロアレディというような対策が個々の活動についてある.	配送計画からピッキング順序を決め配車というような情報の流れと同期化したジャストインタイムの取組みがある.	レベル4の取組みが取引先，顧客を巻き込んだものになっている.

中項目	回答欄	レベル 1	レベル 2
②在庫回転率とキャッシュツーキャッシュ		双方の指標を，ともに測定してなく，回転率は低く，資金の回転にも苦しんでいる．	拠点別にトータルの在庫回転率は把握しているが，キャッシュの流れとリンクしたマネジメントにはなっていない．
③顧客(受注*から納品まで)リードタイムと積載効率 ＊見込産業の場合は，計画立案から納品まで		受注から納品までのリードタイムが長く，顧客からの短縮の要請を頻繁に受けている．	顧客別のリードタイムは把握しているが，短納期のものは在庫で対応し，リードタイム削減の取組みはしていない．
④納期・納品遵守率／物流品質		納期遵守率(納期遵守件数／オーダー件数)，納品率(正確納品件数／オーダー件数)を把握してなくクレームも多い．	納期遵守率，納品率を把握しているが，共に95%以下．
⑤トータル在庫の把握と機会損失		事業所または自社内の手持ち在庫しか把握してなく，売り損じに伴う機会損失も推計していない．	自社内の在庫把握にプラスして，機会損失も推計している．
⑥環境対応について		環境問題への関心は薄く，会社・事業部など組織として特に対策もしていない．	ISO 14000 取得などを含めた，全社的な環境問題の取組みをしている．また，社内に環境に関連した組織が存在し，社外への対応と社員への啓発を実施している．
⑦トータルロジスティクスコスト*の把握について ＊受発注管理コスト(含む運賃)，在庫維持コスト，計画管理コスト，情報システム管理コストなどのロジスティクスに関するトータルコスト		販売管理費や製造原価は把握している．しかし，自社のロジスティクスに関係したコストは正確には把握していない．	自社内のロジスティクスに関係したコストに関して，自家物流費，支払物流費，保管費などは把握している．

大項目 4.　情報技術の活用の仕方

中項目	回答欄	レベル 1	レベル 2
① EDI のカバー率		どの顧客・取引先ともネットワークで結ばれていない．	一部顧客・主要取引先の要求に応じて EDI を導入しているが，あくまで受身の立場である．
②バーコード(AIDC)の活用度		バーコードを用いた管理は行っていない．	バーコードを用いた検品などを行っているが，そのデータを他目的に活用するような使い方になっていない．
③ PC，業務・意思決定支援ソフト(ERP，SCM ソフトなど)の有効活用		業務にパソコンも活用していない．	業務システムの一部にパソコンを活用している．
④オープン標準・ワンナンバー化への対応度		情報技術の活用にオープン標準の採用や，有効活用のためのワンナンバー化は視野にない．	レベル 1 について，その必要性は理解している．
⑤取引先への意思決定支援の程度		取引先や顧客のシステムや意思決定の仕方の根拠は知らないし，関心もない．	取引先や顧客の意思決定の仕方はだいたいはわかっているが，使用システムについては把握していない．

レベル3	レベル4	レベル5
取引先別，カテゴリーアイテム別に在庫回転率を把握している(把握の精度は週単位で，実績は年12回転以下).	レベル3を日単位の管理精度で行い(実績は12回転以上)，キャッシュフローにリンクしたマネジメントになっている.	時間単位の管理精度で年24回転以上の実績で，キャッシュツーキャッシュも10日以内のレベルにある.
顧客別・アイテム別にリードタイムを把握・管理し，積載効率を高める配車計画とリンクさせている.	レベル3に加えて，平均リードタイムが2日以内で，常にリードタイム短縮努力がなされている.	レベル4に加えて，積載効率が平均80%以上を実現し，直送を積極的に活用している.
いずれも95～99%にあり，納期遅れ，欠品・誤配，破損の発生源のデータの収集が行われている.	いずれも99%以上であり，発生源データにもとづき，ポカヨケなどの未然防止対策が継続的にとられている.	レベル4に加えて，取引先・顧客と連携し，指標を維持し効率化を図るための検品レスなどの取組みを推進している.
取引先を含めた在庫は把握し，自社の機会損失を推計している.	取引先から自社そして顧客までの在庫量を把握しているが，機会損失は自社分だけ推計している.	自社を含めたサプライチェーン全体の在庫が把握でき，最終需要の機会損失まで推計できる.
レベル2に加え，事業所における排出物をゼロにすることに向けての取組み(ゼロエミッション活動)が行われている.	レベル3に加えて，環境負荷を考慮したロジスティクス改革(輸送手段の選択，経路の最適化，グリーン購入など)を実施している.	レベル4に加えて，商品設計や商品開発まで遡り，DFE(環境対応設計)などライフサイクルを考慮したDFLレベルでの環境負荷削減への評価，設計がなされている.
レベル2のことを，取引先別，顧客別に大まかに把握し，収益管理に活用している.	ABCなどの分析により管理費を含めた自社のトータルロジスティクスコストに相当するものを，取引先別に把握し，収益管理だけでなく改善や改革に活かしている.	レベル4に加えて，自社だけでなくサプライヤー，得意先を横串にしたトータルロジスティクスコストが把握できており，その削減によるゲインシェアリングシナリオができている.

レベル3	レベル4	レベル5
EDIの使用率は50%以上であるが，大半が自社または顧客・取引先の専用標準である.	レベル3において，EDIのやり取りのほとんどが社内システムとリンクし，手作業を伴わない.	一部例外を除いてほとんどが社内システムとリンクしたEDI化がなされており，オープン標準の採用や移行にも積極的である.
読み込みデータを他のシステムで活用するなど情物一致の効果も出している例がある.	レベル3の効果を拡大させるために，バーコードや他のAIDCを業務改革とセットで情物一致の手段として捉えている.	レベル4に加えて，2次元シンボルやICタグの最適な組合せの下で，EDIとのリンクによるサプライチェーンレベルでのロジスティクス改革が実行あるいは視野に入っている.
日常管理的な業務システムの大半はパソコン等コンピュータ化されている.	レベル3に加え，サプライチェーンの計画や最適化に関して意思決定支援のツールとして情報技術を活用.	ERPやSCMソフト，CRMなどの情報技術を活用しており，その有用性を更に高めるため，アウトソーシングすることなども視野に入れている.
自社内についてはコード類のワンナンバー化や情報技術の能力を引き出す業務のシンプル化を行っている.	レベル3を取引先を含めて実現し，EDIなどのオープン標準の採用または検討している.	レベル4を，顧客を含めて実現し，オープン標準採用にもイニシアティブをとっている.
取引先や顧客の使用システムも把握しているが，Win-Winを実現するための提案や動きはしていない.	Win-Winを実現するための相互のシステムの運用方法や意思決定の変更などの提案を始めている.	Win-Winを実現し，常にその改善・改革のためのイニシアティブをとり，取引先や顧客に提案・支援を行っている.

付録2　グローバル SCM

大項目1. 企業戦略と組織間連携

中項目	回答欄	レベル1	レベル2
①企業戦略の明確さと SCM の位置づけ(経営トップまたは戦略・企画部門との連携)		経営層(担当役員以上)に SCM についての戦略・方針がなく，改革を担当する部署もない.	SCM 改革の担当部署はあるが，活動は部門内に限定され，経営層(担当役員以上)の積極関与や明確な戦略はない.
②取引先(調達先・サプライヤー)との取引条件*の明確さと情報共有**の程度 ＊納期・値引・在庫負担・運送条件 ** 計画内示，在庫情報など		主要取引先(サプライヤー)と取引内容の合意形成や情報共有がなく，単独で場当たり的な意思決定がなされている.	主要取引先(サプライヤー)と，取引内容の合意形成が一部あるが，不明確なものや検討段階のものもある.
③納入先(顧客)との取引条件*の明確さと情報共有**の程度 ＊納期・納品条件，在庫負担，返品条件など ** 需要・在庫情報，内示予測		主要納入先(顧客)と取引内容の合意形成や情報共有がなく，常に受身の立場での意思決定がなされている.	主要納入先(顧客)と取引内容の合意形成が一部あるが，不明確なものや検討段階のものもある.
④販売・マーケティング部門とロジスティクス部門(機能)との連携		販売・マーケティング部門とロジスティクス部門とは，いずれか一方向の関係で，一切連携がない.	販売・マーケティング部門とロジスティクス部門とは，調整などの話し合う場はあるが場当たり的である.
⑤生産・開発部門とロジスティクス部門(機能)との連携		生産・開発部門とロジスティクス部門とは，何れか一方向の関係で，一切連携がない.	生産・開発部門とロジスティクス部門とは，調整などの話し合う場はあるが，場当たり的である.
⑥顧客ニーズ・満足度の測定とその活用に関する社内体制		自社のコアとなる顧客について，明確な定義がなく，クレームがあってもその場しのぎの対応になっている.	コアとなる顧客の定義は明確にしているが，定期的な顧客ニーズや満足度に関する調査はなく，クレームなどの顧客の声の蓄積もしていない.
⑦人材育成とナレッジマネジメントの質		顧客や全体最適の視点での仕事の仕方に必要な人材育成プログラムは特に用意されていない.	啓発や意識づけのスローガンはあるが，具体的な人材育成プログラムやナレッジマネジメントの仕組みは存在しない.
⑧商慣習革新への取組み		現状の商慣習を見直そうとする問題意識はない.	現状の商慣習に対して問題意識はもっているが，特にアクションをとることには消極的である.

大項目2. 計画・実行力

中項目	回答欄	レベル1	レベル2
①資源や在庫・拠点の最適化戦略		手持ちの資源や拠点について問題意識や戦略は特にもっていない.	問題は感じているが具体的見直しの戦略・戦術はできていない.

スコアカード(GSC)

(Ver. 1.6　2014年9月2日)

レベル3	レベル4	レベル5
経営層(担当役員以上)の下に，SCM改革や企画の部門はあるが，スタッフとしての活動がメインで全社的な浸透までには至っていない.	明確な戦略の下で経営層上位(専務・常務クラス以上)が主導し，全社最適に合致した管理指標(KPI)を設定したうえで，製配販に横串をさした改革や活動が進みつつある.	社長(CEO・COOクラス)のリーダーシップと明確な戦略の下に，グローバルにかつ環境変化に即応可能な全社的体制ができている.
主要取引先(サプライヤー)とは，明文化された合意はあるが，互いにメリットを享受するWin-Winの取組みまでは至っていない.	主要取引先(サプライヤー)とは，明文化された取引の合意があり，SRMが導入・確立されており，一部は情報共有にもとづくWin-Winを目指した連携の取組みを自社主導の下で一部行っている.	明文化された取引の合意とともに，戦略と情報共有にもとづくWin-Winの連携体制が主要取引先ばかりでなく，海外を含めた末端の取引先(サプライヤー)まで確立されている.
主要納入先(顧客)と明文化された合意はあるが，互いにメリットを享受するWin-Winの取組みまでは至っていない.	主要納入先(顧客)と明文化された取引の合意があり，CRMが導入・確立されており，Win-Winの連携のための情報共有も，顧客の主導の下で一部行っている.	明文化された取引の合意とともに，戦略と情報の共有にもとづく連携体制が海外を含めたほぼすべての顧客との間で確立されている.
販売・マーケティング部門とロジスティクス部門とは，需給の予測や計画・実行のための定期的な会議の場があり，ある程度うまく機能している.	販売・マーケティング部門とロジスティクス部門とは，需給の状況を共同で確認できるシステムがあり，合意の下でそれぞれ計画に反映させ，不測の事態に機動的なアクションがとれるようになっている.	レベル4に加えて，商品企画・設計・開発の段階から，サプライチェーン効率化のためのアイデアの提言や，ロジスティクスの観点からDRに参加している.
生産・開発部門とロジスティクス部門とは，調達・生産・輸配送・在庫の予測や計画・実行のための定期的な会議の場があり，ある程度うまく機能している.	生産・開発部門とロジスティクス部門とは，生産計画と連動したロジスティクス効率化計画を実施する状況にあり，不測の事態に機動的なアクションがとれるようになっている.	レベル4に加えて，商品企画・設計・開発の段階で，DFLの観点から商品設計や生産・流通設計に参加し，サプライチェーン全体最適化に寄与している.
定期的に顧客ニーズや満足度調査を行いVOCの運用もしているが，その対応については重要クレームを除いて営業任せになっていて社内連携は低い.	定期的・定量的な顧客に関する調査が行われ，ニーズへの対応や満足度向上を始めとし，VOCを活かす社内関連部門の連携ができている.	レベル4に加えて，隠れた顧客ニーズを発掘し商品開発するマーケティングや開発と一体となったSCMが構築できている.
リーダーシップや創造的提案能力を育成するプログラムの下で実践され，属人的なスキルを見える化するための取組みもある.	レベル3に加えて，グローバル化まで視野に入れたその能力や成果にもとづく評価システムが連動し，組織のエンパワーメント向上につながっている.	レベル4に加えて，知識やノウハウをチームや組織で共有するためのナレッジマネジメントがうまく機能し，グローバルに活躍できる人材が十分育成されている.
社内で問題意識を共有し，一部取引先にも見直しへの取組みを働きかけているが改革は限定的である.	レベル3に加えて，サプライチェーン関係全体への取組みに向け改革を進めている.	業界全体に働きかけ商慣習の革新を越えて，ダブルマージナライゼーション回避などのサプライチェーン全体最適化へ向けての戦略がとられている.

レベル3	レベル4	レベル5
自社の拠点(工場・DC・TC)や輸配送手段の見直しや共同化にもとづく最適化を図る戦略をもち進めている.	レベル3のシナリオがグローバル視点でも展開され(例えばリスクプーリング，差別化遅延戦略)，かつ顧客や取引先を巻き込んだものになっている.	グローバルサプライチェーンを見渡し商品設計・構成の変更まで含めた変化対応のための最適化が，継続的に行われている.

付録2 GSC

中項目	回答欄	レベル1	レベル2
②輸配送計画・管理力		効率的に運ぶための施策は特になく，ただ安く運ぶだけが関心事になっている．	積載効率や帰り便の活用などの効率を上げる施策は一応とられているが，システム化は十分にされていない．
③戦略的調達力		調達について全社的な方針や戦略は特になく，予算は前年基準などで運用されている．	経営方針には調達のビジョンなどが謳われているが，実際の調達活動とのリンクはあまり明確にされていない．
④市場動向の把握と需要予測の精度		営業の勘や経験だけに任せている．	特定商品についてのみ過去の売上数量を参考にし，営業の経験を加味して需要予測を行っている．
⑤SCM の計画(顧客起点の生産・販売・物流全工程)精度と調整能力		在庫をもつことを前提にして，販売，補充，配送の計画が個別になされ，連動していない．	主要な商品グループごとに各計画が月レベルでだいたい連動している．
⑥在庫・進捗情報管理(トラッキング情報)精度とその情報の共有		補充活動の進捗や在庫情報のトラッキングは特に実施しておらず，結果の管理のみ．	だいたい日次レベルの進捗管理や月次レベルでの在庫管理を行っている．
⑦プロセスの標準化・見える化の程度と改善・改革力		業務の標準化も実施できておらず，属人的でブラックボックス化している活動がある．	おおむね業務の標準化はされているが，事業全体の仕事の流れは必ずしも見える化されていない．
⑧サプライチェーンリスクの見える化と対応		天災・人災を含めたサプライチェーンリスクに対する認識は不十分であり，何も対応をとっていない．	地震等の天災や火災などによる BCP/BCM の必要性は認識しているが，コンティンジェンシー計画は必ずしも体系化されていない．

大項目3. SC(サプライチェーン)パフォーマンス

中項目	回答欄	レベル1	レベル2
①品質保証のレベルと顧客価値の創造		商品や提供サービスに関する品質クレームが多発し，不良の流失防止策が講じられていない．	品質保証の体系や品質向上の取組みはあるが，源流管理の考え方がなくクレームが依然として多発している．
②サプライチェーン総コスト(特にトータル物流コスト)*の把握と削減について *受発注管理コスト(含む運賃)，在庫維持コスト，計画管理コスト，情報システム管理コストなどの物流に関するトータルコスト		販売管理費や製造原価は把握しているが，自社の物流コストは正確には把握していない．	自社内の物流コストは，自家物流費，支払物流費，保管費など把握しているが，商品別には把握していない．
③顧客(受注*から納品まで)リードタイムの短縮 *見込産業の場合は，計画立案から納品まで		受注から納品までのリードタイムが長く，顧客から短縮の要請を頻繁に受けている．	顧客別のリードタイムは把握しているが，短納期のものは在庫で対応し，リードタイム削減の取組みはしていない．

レベル3	レベル4	レベル5
レベル2の効率化のための施策が配車計画とも連動してシステム化されている.	レベル3のシステムに最適化の考えが組み込まれ，拠点配置と連動したミルクラン(巡回混載)やクロスドッキング(集荷混載)などの戦略的施策がとられている.	レベル4に加えて，キャリアの動きがリアルタイムで見える化され，安全管理やリスクマネジメントにも活用されている.
調達活動のあり方が経営方針の中で明確に位置づけられ，実際の調達活動にそれが反映されているが，具体的な戦略・戦術として展開されていない.	全社的な明確な経営方針の下で，内外作・購買加工区分の意思決定や，コストそしてBCP/BCMの観点からの集中・分散の調達・購買戦略などが展開され電子調達などの効率化も採用されている.	グローバル調達を含めた全社的SCMやリスクマネジメントの方針および中長期計画の下で展開，期ごとにフォローと計画のローリングが行われ，顧客対応の調達の業務プロセスや組織の改善・改革が行われている.
主要商品については，営業と関連部門を巻き込んだ過去の数値と市場動向を分析したうえで予測している.	レベル3が商品全体で行われ，主要製品についてはアイテム別に実需の見える化ができ，それにもとづく需要予測のシステム化や，CPFRについても一部導入できている.	レベル4が，全面的にパートナーと協働で行われ，グローバルでも同様な展開と市場動向の変化にフレキシブルに見直しができる体制になっている.
各計画が週レベルで連動し，週内の調整は個別になされている.	月次レベルで主要商品グループごとに生産～販売～納品段階の全工程が見える化できており，それにもとづく各実行計画を週レベルでローリングさせながら連動し，川下の計画では日レベルで連動した調整ができる.	グローバルレベルでS&OPのような全社的なシステムが整備され，数量だけでなく予算面からの調整が可能になっており，日次レベルで連動しながら計画・調整ができ，取引先や顧客との時間レベルでの調整が可能である.
自社内であれば在庫情報を含めてすべての活動の進捗の日次レベルで追跡できる体制にある.	取引先の補充・在庫情報を含めて，日・時間レベルの追跡ができる体制にある.	顧客・取引先を含めてグローバルサプライチェーン全体での補充・在庫情報が追跡でき，戦略的にその情報共有している.
個々の事業所レベルでは標準化や見える化はおおむねできているが，取引先や顧客とのインタフェース部分の活動やそのコストの見える化はできていない.	直接の顧客や取引先に限定的ながらサプライチェーンの業務の流れが標準化，見える化され，自社内の業務の継続的な改善・改革が行われている.	主要な商品についてサプライチェーン全体の見える化ができており，事業ごとにサプライチェーンメンバーと連携した改革も行われている.
地震等の天災や火災などによるBCP/BCMの必要性は認識し，自社のコンティンジェンシー計画をもっているが，サプライチェーンを見渡したものにはなっていない.	主要商品についてサプライチェーンリスクの内容ごとに，どこにボトルネックがあるかの見える化ができていて，その対応へのコンティンジェンシー計画も一応策定され衆知されている.	レベル4に加えて，グローバルサプライチェーンにおける関連会社を含めたISO 26000にある環境，人権，テロ，法令遵守などのあらゆるリスクの洗い出しを行い，デューデリジェンスが徹底されている.

レベル3	レベル4	レベル5
品質保証の体系や品質向上の取組みがあり，クレームや事故が減りつつあるが，源流管理はできていない.	不良の発生防止や流出防止の体系・取組みや源流管理の考え方の下で整備され，クレームが十分低く抑えられている.	レベル4に加えて，常に顧客価値創造に向けた新たな品質をつくり込む体制が機能している.
原材料，製造原価とともに，物流コストについても取引先別，顧客別に大まかに把握し，商品別の収益管理に活用している.	ABCなどの分析により間接費を含めた自社のサプライチェーン総コストに相当するものを商品別に把握し，収益管理だけでなくコスト削減のための改善に活かしている.	レベル4に加えて，自社だけでなく取引先(サプライヤー)，顧客を横串にしたサプライチェーン全体でのコストが把握できており，ターゲットコスティングによるコスト削減の改革が進められている.
顧客別・アイテム別にリードタイムを把握・管理している．ただしリードタイムを構成する内容までの分析とそれに着眼した系統だった短縮の取組みにはなっていない.	顧客別，アイテム別に顧客リードタイムとその構成まで把握し，そのなかでのボトルネックに着眼した短縮の取組みがなされている.	レベル4に加えて，ボトルネック短縮の取組みがグローバルな観点からのパートナーと連携した取組みになっており，さらに積載効率などの効率を高める活動にも連動している.

中項目	回答欄	レベル1	レベル2
④ジャストインタイムの実践と補充サイクルタイム短縮		ジャストインタイムという考え方や意識は，組織内にない．	ジャストインタイムという考え方はあるものの生産・補充・荷役・配送に生かされていない．
⑤パーフェクトオーダーの実現		納期遵守率(納期遵守件数／オーダー件数)，納品率(正確納品件数／オーダー件数)を把握しておらずクレームも多い．	納期遵守率，納品率を把握しているが，納期遅れや数量ミスが低減できていない．
⑥トータル在庫の把握と機会損失の低減		事業所または自社内の手持ち在庫しか把握しておらず，売り損じに伴う機会損失も推計していない．	自社内の在庫把握に加えて，機会損失も推計している．
⑦環境対応と環境を含めたCSRの体制とレベル		環境対応や，安全やコンプライアンスへの関心が気薄であり，会社・事業部など組織として特に対策もしていない．	モーダルシフトやグリーン調達などの個別の環境問題へ施策が部分的にはあるが，SC視点での対応や，安全やコンプライアンスなどを含めたCSRの取組みにはなっていない．

大項目4．情報技術の活用

中項目	回答欄	レベル1	レベル2
①EDIの活用とカバー率		どの顧客・取引先ともネットワークで結ばれていない．	一部顧客・主要取引先の要求に応じてEDIを導入しているが，あくまで受身の立場である．
②自動認識技術(AIDC技術)の活用		バーコードを用いた管理は行っていない．	バーコードを用いた検品などを行っているが，そのデータを他目的に活用するような使い方になっていない．
③業務・意思決定支援ソフト(ERP，SCMソフト，S&OPなど)の有効活用		PCレベルの業務支援ソフトしか活用していない．	業務の一部に自動化するソフトが活用されている．
④データウェアハウジング(DWH)と情報活用		データウェアハウジングの発想そのものがない．	データウェアハウジングの発想はあるが，その多くは紙媒体で情報の量やその更新に問題を抱えている．
⑤商品ライフサイクルマネジメントと構成管理		コンピュータの活用以前に，ライフサイクルマネジメントという発想そのものがなく，品種や部品コードなども場当たり的に付与されている．	品種や部品コードの一元化については努力はなされているが，商品やサービス全体の設計やBOMの構成管理までには至っていない．
⑥オープン標準・ワンナンバー化への対応		情報技術の活用にオープン標準の採用や，有効活用のためのワンナンバー化は視野にない．	レベル1について，その必要性は理解しているが，実行できていない．
⑦取引先や顧客への意思決定支援の程度		取引先や顧客のシステム，および意思決定の仕方を理解していないし，特に関心もない．	取引先や顧客の意思決定の仕方をだいたい理解しているが，使用システムについては把握していない．

レベル3	レベル4	レベル5
ジャストンインタイムに向けてのオペレーションにかかわる効果的・効率的な改善や，小ロット化，シングル段取化，外段取化などの対策や改善は個々の活動についてある．	生産だけでなく，配送計画からピッキング順序を決め配車というような情報の流れと同期化したジャストインタイムの改善の継続的な取組みが全社で行われている．	レベル4の取組みがグローバルSCを構成する取引先，顧客を巻き込んだものになり，海外の事業所にも確実に定着している．
顧客と交わしたSLAについては概ね満たしている．納期遅れ，欠品・誤配，破損の発生源データの収集も行われているが，必ずしも系統的でなく対策やパーフェクトオーダー率向上は図られていない．	遅れや数量間違い，破損などの発生源データが系統的に収集され，ポカヨケなどの未然防止対策が継続的にとられ，確実にパーフェクトオーダー率向上に結びついている．	レベル4の活動が，取引先・顧客と連携したものとして広がり，同時にトータル在庫削減の活動と連動し在庫削減にも結びついている．
自社を含めた一次納品先(卸など)の在庫は把握し(週または日レベルで)，自社の機会損失を推計しているが，最終顧客(小売など)の在庫は把握できていない．	レベル3に加えて，二次顧客(小売)段階の一部の在庫を日レベルで把握し，機会損失も推計できている．	取引先の原材料から自社を含めたサプライチェーン全体の在庫がリアルタイムベースで把握，最終需要の機会損失まで推計でき，最適在庫を維持するためのアクションが定常的にとられている．
環境を含めたCSRの意識や文書は存在し，一部は定量的な目標を掲げて改善活動が実施されている．	サプライチェーンの視点でのCSRの取組みの体系が一応整備され，外部に向けての活動の発信も行われている．	レベル4の取組みが，グローバルSCの下で展開され，それぞれの柱についての目標について毎年PDCA(Plan-Do-Check-Act)のサイクルが確実に回されている．

レベル3	レベル4	レベル5
EDIの使用率は50%以上であるが，大半が自社または顧客・取引先の専用標準である．	レベル3において，EDIのやり取りのほとんどが社内システムとリンクし，手作業を伴わない．	一部例外を除いてほとんどが社内システムとリンクしたEDIであり，オープン標準の採用や移行にも積極的である．
2次元バーコードや他のAIDC技術も併用し，読み込みデータを他のシステムで活用するなど，一部ではあるが情物一致の効果も出している．	レベル3の活用を拡大させるために，業務改革と一体で情物一致やトラッキングの手段としてAIDC技術の活用を進めている．	サプライチェーン全体において，AIDC技術をフル活用し情報の一元化・見える化を実現している．
日常管理のルーティン的な業務はシステム化され大半はコンピュータ化されている．	レベル3に加えて，基幹業務パッケージや連動した意思決定支援ツールが導入されているが，必ずしも全社的な整合性はとられていない．	レベル4に加えて，グローバルレベルで整合性のとれたS&OPのような経営の意思決定をスピードアップするシステムがあり，その利活用が高度に実現できている．
部分的に必要なコンピュータによるデータベース化はできているが，その統合化やスピーディな活用までには至っていない．	だいたいの統合的なデータウェアハウジングのシステム化ができて，SCMや経営の意思決定のスピード向上にかなり寄与している．	グローバルを含む全社レベルで整合のとれた統合データウエアハウジングシステムがあり，最新データの更新や，過去の履歴も必要に応じて見ることができ，経営の意思決定のスピード向上に多大に寄与している．
取扱商品・サービスのBOMなどの構成管理の体制は，一部コンピュータによる管理体制はできている．	レベル3の取組みが，ライフサイクルレベルで一貫した整合性のとれたものとなっており，主要商品・サービスについては何かを変更すると連動して自動更新される仕組みになっている．	レベル4の体制が取扱品目全体に及び，コストダウンや最適化を図るための活動と常に連動している．
自社内についてはコード類のワンナンバー化や情報技術の能力を引き出す業務のシンプル化を図っている．	レベル3を取引先を含めて実現し，EDIなどのオープン標準を採用または検討している．	レベル4を，顧客を含めて実現し，オープン標準採用にもイニシアティブをとっている．
取引先や顧客の活用システムは把握しているが，Win-Winを実現するための提案や動きはしていない．	Win-Winを実現するために相互のシステムの運用方法や意思決定についての変更などの提案を始めている．	Win-Winを実現し，常にその改善・改革のためのイニシアティブをとり，取引先や顧客に提案・支援を行っている．

付録3　SCM 用語集

（注：[　] 内は関連する章など）

【英数字】

1/3 ルール(a third rule of freshness date)：食品流通業界特有の商慣習として，食品の製造日から賞味期限までを 3 分割し，「納入期限は，製造日から 3 分の 1 の時点まで」，「販売期限は，賞味期限の 3 分の 2 の時点まで」を限度とするもの．[12]

20%–80% ルール(20%–80% rule)：例えば，ABC 分析の際上位 20% の品目が全体の 80% を占めるという経験則．パレートの法則に相当．[18]

3PL(Third Party Logistics)：サプライチェーンの情報コーディネーターの役割を果たす売り手でもない買い手でもない第三者を指す．トラックなど輸送手段を保有するアセット系と保有しないノンアセット系がある．[1][9]

3S：フォードシステムで導入された標準化(standardization)，単純化(simplification)，専門化(specialization)の 3 つ頭文字をとったもので効率化の原点．[1]

4P：マーケティングの戦略の組合せ(マーケティングミックス)の要素として，Product(製品)，Price(価格)，Promotion(販売促進)，Place(場所，流通)の 4 つの頭文字をとったもの．[9][10]

4PL(Fourth Party Logistics)：定義は曖昧であるが 3PL の進化形を指し，例えば複数の 3PL 業者のネットワークを構成したり，荷主の会社全体のロジスティクスをプロデュースするような存在を指す．[1][9]

ABC(Activity Based Costing)：活動基準原価計算と呼ばれる管理会計の方法．特に実態を把握しにくい間接費を，機械的に配賦するのではなく，コスト格差を生む単位でアクティビティを定義することによって正確に算出する方法．[4]

ABC 分析(ABC analysis)：取扱い品目を金額(数量)の大きい順の並べ，その累積曲線を描き，金額(数量)の大きい品目から A, B, C にグループ分けし管理の仕方を変える分析法(A が重点管理品目)．[18]

AEO(Authorized Economic Operator)：サプライチェーンにおいて税関当局等が安全基準を遵守していると承認した輸出者，運送業者，倉庫業者などに対して税関手続の簡素化やセキュリティに関連する優遇等の便益を付与する制度．[24]

AHP(Analytic Hierarchy Process：**階層化意思決定法**)：複数の代替案から意思決定における計量化の困難な定性的要因の評価について，階層をなす要因間の一対比較を順次行うことによってウェイト付けを定量化する手法．[4][17]

AIDC(Automatic Identification and Data Capture)：バーコード(1 次元，2 次元)，RFID(または IC タグ)などの情物一致のための自動認識技術の総称．[**付録**]

APICS（American Production and Inventory Control Society）：1957 年に米国で生産管理・在庫管理の知識体系の構築と教育を行う団体として発足．2014 年現在，全世界で約 4 万人の会員を有し，SCM に関する知識体系の教育と国際的な資格の認定を行う．[26]

APICS サプライチェーンカウンシル（APICS Supply Chain Council：APICS SCC）：1996 年に米国で SCM 改革の手法やツールを開発し普及させる非営利団体サプライチェーンカウンシルとして発足．2014 年に APICS の傘下に入り，APICS サプライチェーンカウンシルとなる．[26]

APS（Advanced Planning and Scheduling）：MRP の限界を打破した，より現実的で精度の高い生産計画・スケジューリング手法の総称．あるいは，それを実現するためのソフトウェア．[6]

ARIMA（Auto-Regressive Integrated Moving Average）：時系列データから自己回帰，移動平均，季節変動などの需要のパターンや式を同定する包括的なモデル．[5]

AS-IS 分析（AS-IS analysis）：現状をモデリング言語などで記述すること．[25]

BCP／BCM（Business Continuity Plan：事業継続計画，Business Continuity management：事業継続マネジメント）：天災等の内外の脅威に対して，事態を予測し事業を継続させるための効果的な防止策・回復策を図る計画とマネジメント．[1][14]

BOM（Bill Of Materials）：部品構成表．一般には製品がどの部品のいくつから構成されるかの親子関係を含めて示すのに使われる．生産管理とスケジューリングの中核に位置するもの．[6]

BPO（Business Process Outsourcing：ビジネスプロセスアウトソーシング）：自社の競争力につながらない，付加価値の低い業務についての業務委託．最近では人件費の安い新興国へ委託するケースも増えている．[8]

BPR（Business Process Reengineering）：現状のビジネスや業務をプロセスの視点から根本的に見直し，あるべき姿を導き出す改善手法．ハマーとチャンピーの『リエンジニアリング革命』により世界的に普及．[26]

CFT（Cross Functional Team）：部門横断型チーム．新商品開発などのプロジェクトで，異なる専門や知識をもつ多くの機能別部門からなるメンバーによるチーム活動．[1][10][26]

CONWHIP（Constant Work in Process）：かんばん方式の運用は困難なことから，かんばん方式のプル方式のメリットを引き出しつつ簡易化するために工程全体で在庫を一定に保つ方式（1 個完成したら 1 個投入）．[19]

CPFR（Collaborative Planning Forecasting & Replenishment）：メーカーと小売が協働して，メーカー・小売双方の将来予測や見込みを共有しながら商品の計画立案から販売（需要）予測，商品補充まで行う取組み．ダブルマージナライゼーションを防ぐことにもつながる．[2]

CPS(Cyber Physical System)：仮想現実融合システム．[19]

CRM(Customer Relationship Management)：情報システムを応用して企業が顧客と長期的な関係を築く手法のこと．顧客を常連客として囲い込んで収益率の極大化を図ることを目的としている．[**付録**]

CRP(Continuous Replenishment Program)：POS 情報などを介してベンダー側と情報共有したうえであらかじめ協定した在庫水準を維持するためにベンダー側が在庫補充を担うモデル．[1]

CRP(Capacity Requirement Planning)：能力所要量計画．ある作業区でやらなければならない作業時間の合計が上限を超えてしまう場合，工数の山崩しを行い調整する．[6]

CRT(Current Reality Tree)：TOC 思考プロセスにおける最初のプロセス．現状を正しく把握し，その中から解決すべき根本的な問題点を抽出するための思考技法．諸問題間の因果関係に着目し構築される．[27]

CSR(Corporate Social Responsibility：企業の社会的責任)：環境や安全，そしてコンプライアンス(法令遵守)などについての活動の見える化とレベルアップの取組み．[1][14]

DCM(Demand Chain Management)：サプライチェーンマネジメント(SCM)が供給者(製造業)志向のプッシュ型であるという考え方に対峙する市場需要(小売業)志向のプル型のマネジメント概念．小売業による SCM の別称．[11][13]

DFL(Design for Logistics)：多様化や変化に対応しながらロジスティクスの効率化を維持するために，製品・荷姿の再設計や，補充や物流プロセスの再構築まで遡った対策・考え方の総称．[3]

DR(Design Review：デザインレビュー，設計審査)：設計過程の節目で部門横断的メンバーにより，性能，機能，信頼性などについて審査し問題点の摘出や改善を行うこと．[10]

ECR(Efficient Consumers Response)：米国において加工食品業界で 1990 年初めに始まった SCM の取組み．1990 年後半にはわが国にも波及．[1]

EDI(Electronic Data Interchange：電子データ交換)：帳票等の商取引で必要なデータをデジタル化してネットワークを介して交換．交換メッセージには取引先グループ内でしか通用しない専用標準とオープン標準がある．オープン標準には国内標準として C Ⅱ 標準，国際標準として UN/EDIFACT がある．[21][**付録**]

EOQ(Economic Order Quantity：経済発注量)期当たりの発注コストと在庫コストの和を最小にするロットサイズ．[3][18]

EPCIS(Electronic Product Code Information Service)：電子タグを用いた見える化のシステムに有効な標準仕様．電子タグ向けに開発されたが，他の情報媒体を使ったデータも利用可能である．[21]

ERP(Enterprise Resource Planning)：MRP から MRP Ⅱ(MRP に加えて生産に必要なリソース：人員，製造設備，物流設備も計画対象とする)と計画対象を広げ，

ERPでは企業活動に必要なすべてのリソースをカバーするとした統合業務パッケージ.［6］

Factory Physics：生産や補充活動のメカニズムを待ち行列理論で定式化，補充活動につきものの変動(自然なばらつき，故障，段取など)がリードタイムやスループット(出来高)に与える影響を理論的に定式化.［19］

FCS(Finite Capacity Scheduling：有限能力スケジューリング)：MRP/CRPの結果から計画期間の製造オーダーの着手順序をディスパッチングスケジューリングより立案，小日程計画と同義で用いる場合もある.［6］

Five Focusing Steps：TOCにより提唱されているシステム改善のためのマネジメントサイクル．制約条件を発見することに始まり，その能力を最大限に活用しながら継続的な体質強化を図るための方法論.［27］

FTA/EPA：関税撤廃や引き下げを内容とするFree Trade Agreement(自由貿易協定)と，加えて経済取引の円滑化，経済制度の調和などを包含したEconomic Partnership Agreement(経済連携協定)の略.［1］

GS1(Global Standard One)：グローバルサプライチェーンの見える化を推進するため，バーコードやRFID，電子商取引などに関連した国際規格を設計・策定する国際組織.［21］

ISO 26000：「組織」ならびに，組織の「影響力の範囲」(バリューチェーンやサプライチェーン)についてのSR(社会的責任)の世界標準(ガイドライン文書).［1］［8］

Industrie 4.0：第4の産業革命と呼ばれるドイツの国家的戦略構造．スマート工場などとモノとモノをつなぐインターネットIoTを連携させ，CPS(Cyber Physical System：仮想現実融合システム)の下でバリューチェーン全体の最適化，価値創造を目指す.［19］

IoT(Internet of Things)：モノとモノをつなぐインターネット，同様にサービスの場合はIoS，人の場合はIoPと呼ばれる.［19］

ITパラドックス(IT paradox)：IT投資が大きく膨らむ一方で，投資に見合うだけの生産性向上や経営成果が伴わない状況に対する批判.［28］

JIT(Just-In-Time)：“必要なものを”，“必要なときに”，“必要なだけ”補充するというTPS(トヨタ生産方式)の考え方．そのための手段としてかんばん方式が知られているが，その運用には常に弱いところ，すなわちボトルネックを顕在化しそれを取り除く改善努力，体質強化が求められる.［1］［19］

LCS(Life Cycle Support)：製品やシステムの技術開発，設計，製造，物流，運用支援，廃棄までのライフサイクル全般の支援体系．組織，データ，プロセス，ビジネスシステムを統合し，製品情報を企業内や関係者に提供．1990年代のCALSは電子化を手段とした米国DODの取組みとして有名.［24］

LLP(Lead Logistics Provider or Partner)：荷主の会社全体のロジスティクスを包括的受託するような存在を指す．3PLの進化形という意味では4PLに近い.［1］

［9］

LSC（SCM logistics score card）：SCM に関連したオペレーションについて 22 の評価項目からなる簡易ベンチマーキングツール．各評価項目のレベルを自己・相互評価することで自社の強み・弱みを客観的に把握することが可能．［28］［**付録**］

MPS（Master Production Scheduling）：基準生産計画．需要量と引き当て可能な製品在庫ならびに安全在庫量から必要生産量を定めたもの．［6］

MRP（Material Requirements Planning）：資材所要量計画．最終製品の必要量が与えられた場合，BOM をもとに，資材の必要量（所要量）を計算する．また，調達リードタイム，組立・加工リードタイムから，発注時期，組立・加工時期を計算し，発注オーダー，組立・加工オーダーを生成する．［6］

NACCS（Nippon Automated Cargo and Port Consolidated System）：わが国税関その他の関係行政機関に対する手続，および関連する民間業務をオンラインで処理するシステムを提供する総合的物流情報プラットフォーム．［21］

OR（Operations Research）　**→オペレーションズリサーチ**を参照．

PB（Private Brand）：メーカーのブランドである NB（National Brand）の対語で，小売店・卸売業者が企画し，独自のブランド（商標）で販売する商品のこと．［2］［13］

PSI：（Production, Sales, Inventory）：生販在（生産，販売，在庫の略称）．SCM 以前のマネジメント概念．生販在調整会議で，3 つの部門間の利害調整を行う．［6］

ROA（Return On Assets）：総資産利益率．当期純利益を総資産で割った数値．収益性を表す代表的な財務指標でこれを高めることが SCM の目的とされる場合が多い．［4］

QR（Quick Response）：SCM の嚆矢として位置づけられる ECR と並ぶ米国におけるアパレル業界での取組み．［1］

QR コード（Quick Response）：1994 年にデンソーウェーブによって開発されたマトリックス型 2 次元コード．高速読み取りができ，バーコードよりも読み取りのデータ量が大きいのが特徴である．［21］

RFID（Radio Frequency Identification）：電波（電磁波）を用いて RF タグのデータを非接触で読み書きするもので，RF タグは電波（電磁波）で内蔵したメモリのデータを非接触で読み書きする情報媒体．［21］

RFM 分析（RFM analysis）：R（Recency：直近性），F（Frequency：頻度），M（Monetary：金額）を用いて，欠品リスク（≒機会損失リスク）と不良在庫リスクを評価して在庫のもち方を判断する分析法．［18］

S&OP（Sales & Operations Planning）：商品群レベルで販売，配送，生産，在庫の一連の統合化された情報（量・金額）がレビューでき（通常月次），それにもとづく事業計画に対する経営上の意思決定をシミュレーションできる計画の考え方であり，事業プランと実行計画を結び不測の事態にもスピーディな対応を可能にする．［7］

SCE(Supply Chain Execution)：サプライチェーンの実行系ソフトで計画系の対義語. [6]

SCOR(Supply Chain Operations Reference model)：APICS SCCが開発し提唱しているSCMに関するデファクトスタンダードなプロセス参照モデル. [26]

SCP(Supply Chain Planning)：サプライチェーン計画. サプライチェーンのすべての計画系を総称してSCPとしている. APSより広い概念で, 販売計画や在庫補充計画も含む. [6]

SMED(Single-Minute Exchange of Die) →**シングル段取**を参照.

SPA(製造小売)：製造から小売までを一貫して行う小売業. アパレル業界におけるSPA(Speciality store retailer of Private label Apparel)を語源とする. [2][13]

SRM(Supplier Relationship Management)：企業とサプライヤー間の取引に関するプロセスおよびそのプロセスの改善のこと. サプライヤーとの理想的な協調関係を構築することで, 戦略的な調達・原価低減も可能とし, 開発設計段階での協業なども含まれる. [8]

TAPA(Transported Asset Protection Association：技術資産保護協会)：ハイテク・高付加価値商品, 貴重品などの保全と企業の資産の保護を目的とする, 倉庫を対象とした認証機関. [24]

TO-BE分析(TO-BE analysis)：AS-ISのモデルから, あるべき姿のモデルを描くこと. [25]

TOC(Theory of Constraints)：企業や組織のゴールを阻害する制約条件の最大限の活用と強化のみがゴールに近づく唯一の方法論であることを教える企業経営におけるシステムの運用, 改善・改革の哲学. [27]

TSU(Trade Service Utility)：決済を迅速化するためにL/Cベースの煩雑さと送金ベースの信用不安の両者を解決する仕組みとしてSWIFT(国際銀行間通信協会)と世界の主要銀行が開発した貿易決済のシステム. [23]

VMI(Vender Managed Inventory)：OS情報などを介してベンダー側と情報共有したうえでベンダー側が在庫補充を担うモデルで, 在庫水準もベンダー側が責任をもつところがCRPと異なるとされる. [1][23]

VOC(Voice of the Customer)：顧客の声をアンケートや苦情, インタビューなどで収集し, 分析するシステム. [10]

VRP(Vehicle Routing Problem) →**運搬経路問題**を参照.

What ifシミュレーション(What if simulation)：このような手を打つとどのような結果が得られるか, というシミュレーション用語. [7]

【あ 行】

安全在庫(safety stock)：必要とされる平均的な予測需要量に対して欠品を防ぐためにプラスしてもつ在庫. 一定の許容欠品率に対して補充リードタイムの平方根と

需要の標準偏差の積に比例する量となる．[3][5][18]

移動平均法(moving average method)：過去の一定の期間(次数)の実績値の平均から次期の予測を行う方法．[5]

インタフェースコスト：物流に代表される組織間のインタフェースで発生するコストであり，受発注などの情報授受や処理のためのコストを含む．情報共有されていない状況ではさまざまなハンドリングに伴うコストが発生している状況．いわゆる物流コストで把握できていない部分が多く占める．[1][4]

運搬経路問題(Vehicle Routing Problem：VRP)：特に陸上のトラック輸送についていわゆる配車計画(スケジューリング)といわれる貨物とトラックと配送先とのマッチングを行う問題．IBMのVSPを嚆矢として多くソフトがある．[16]

エシェロン在庫(echelon stock)：自分の手持ち在庫にそこを通過し移動中を含むまだシステムにある在庫の総計．これを把握できることが究極の在庫管理といえる．[2][18]

オペレーションズマネジメント(operations management)：生産システムを構成するオペレーションのQCDES(品質，コスト，納期あるいはスピード，環境，安全)に関する効果的，効率的なマネジメント．[1]

オペレーションズリサーチ(Operations Research：OR)：数理科学的な方法を用いて組織や企業の経営的な諸問題の解決や意思決定，計画策定を助ける方法．需要予測，在庫最適化，配送・生産拠点の最適配置，配車や輸送ルートの最適化などSCMに関する分野の適用も多い．[15]

オムニチャネル(omni channel)：オムニチャネルの「オムニ」とは「すべての」，「あらゆる」という意味．単にいくつかの販路を組み合わせることはマルチチャネルといい，オムニチャネルはあり得るすべての販路を複合活用する．[11]

【か　行】

買取品の返品(return goods system)：欧米でも製品(商品)自体に瑕疵や異常があった場合や契約にもとづく返品慣行があるが，わが国では一度買い取った後(取引成立後)に買取側の一方的な都合により購買支配力による優越的地位を発揮して行う返品．[12]

カテゴリーソーシング(category sourcing)：より多くの品目・種類をより少ない人員で効果的に調達すべく個々の品目単位ではなく，類似の品目をまとめてカテゴリー単位で行う調達．[8]

カテゴリーマネジメント(category management)：カテゴリーごとのリターンを最大化するためのサプライヤーや担い手との調整や連携．[8]

可動率(availability)：工程が正常に稼働している割合．$MTBF$(平均故障時間間隔)，$MTTR$(平均修復時間)としたとき，$A = MTBF/(MTBF + MTTR)$で与えられる．さらに付加価値を生んでいない段取，チョコ停，不良などの時間を除いた指標として設備総合効率(OEE：Overall Equipment Efficiency)がある．[19]

完全オーダー達成率(perfect order fulfillment) →**パーフェクトオーダー率**を参照．

管理会計(managerial accounting)：経営管理者の意思決定や組織内部の意思決定に役立てることを目的したもので，その代表例が原価の標準を設定し実際との差異から原価をコントロールしようとする会計．[4]

キャッシュツーキャッシュ(Cash to Cash)：現金収支であるキャッシュフローのサイクルタイム．(売掛金回転日数＋在庫回転日数－売掛金回収日数)で定義される．[付録]

拠点配置最適化(optimal facility location)：輸送問題の応用として，需要地や供給拠点の量的・地理的な変化，輸配送量や輸送ルート，モーダルシフトなど輸送手段の変化を条件として，輸送コストと在庫にかかわるコストを最適化するように配送や保管・中継の拠点の配置を検討する．[16]

組合せ最適化(combinatorial optimization)：ミルクラン輸送や，航空輸送において機体や乗務員の割付とスケジュール作成など，多数の資源の組合せのなかから最適解を見つけ出すための一連の手法．[16]

グリーン購買(green procurement)：製品の原材料・部品や資材，サービスなどを調達する際，環境負荷の小さいものを優先的に選んで購入する取組み．[9]

グリーン物流(green logistics)：環境にやさしい物流システム．共同輸配送，モーダルシフト，低公害車やデジタル式タコグラフの導入，輸配送システムの構築などによる環境にやさしい物流．[14]

クロスドッキング(cross docking)：物流拠点において複数の入荷商品を即時納品先ごとに荷合せして出荷方面(納品先)別の仕分け発送を行う仕組み．[23]

クロスファンクショナルチーム →**CFT**を参照．

クロスメディア(cross-media)：複数のメディア(媒体)の利用形態を指すマルチメディアに対して，クロスメディアはさらに相乗効果を得る多元的活用としての複合マーケティングメディアをいう．[11]

経済発注量(Economic Order Quantity) →**EOQ**を参照．

系列取引(keiretsu transaction)：自社の取引を有利に進めるための自社のためだけの排他的で長期的な取引関係．[12]

原価企画(target costing)：商品企画の段階で，商品の販売価格を戦略的に決めた後，利益を確保するための目標原価を定めそれを達成するためのVEなどをとおしたコストのつくり込み活動．[付録]

源流管理(Do it right at the source)：商品ライフサイクルの源流，すなわち設計・開発の段階で潜在的な品質問題を取り除き品質をつくり込む活動．手法としてはDR(デザインレビュー)やFMEAなどがある．調達でいえばサプライヤーとの協業の下で品質やコストをつくり込む活動．[8]

コーポレートガバナンス(corporate governance)：企業統治．適正な利潤の追求と持続的な成長を求めた効率性の企業経営目標に対し，一方で健全性と社会的信頼を確保するための会社機構・内部統制・リスクマネジメントの確立を図ること．[14]

コンティンジェンシー計画(contingency plan)：あらかじめリスクの内容とその影響の大きさを想定したうえでの対策．[1][3]

【さ　行】

サービス・ドミナント・ロジック(service dominant logic)：Goods(もの)の支配論理から経済活動をすべて「ものを伴うサービス」を含めてサービスとして捉えて顧客価値を最大化する考え方．[10][13]

サイクル在庫　→ロットサイズ在庫を参照.

差別化遅延戦略(postponement strategy)：リスクプーリング戦略の一つ．共通部品やモジュールで在庫をもつことで，最終製品にする時期を実際の需要に引き付ける戦略．[3]

時価会計(current value accounting)：貸借対照表の資産と負債を毎期末の時価で評価し，財務諸表に反映させる会計制度．[4]

事業システム(business system)：顧客価値の設定とこれを実現するサプライチェーンネットワーク全体のワークフローと機能分担，取引関係，資源活用と投資採算性確保のメカニズム，情報交換・蓄積，経営資源の組織化，人的組織の学習のための設計されたメカニズム．[24]

重回帰分析(multiple regression analysis)：目的変数に対して複数の説明変数がある線形モデルの下で，データから目的変数に対する関係を表す偏回帰係数を求め，統計的な有意性を検証する手法．[5]

集荷混載：工場からセンターに大ロットで輸送しそこで店舗等の配送先別に品揃えをして混載し輸送する方法．配送距離が長いときに有効とされる．クロスドッキングとほぼ同義．[3]

需要予測(demand forecasting)：将来な需要量を予測すること．需給のバランスをとる在庫量の決定だけでなく，生産計画や従業員の配置計画など多くのサプライチェーン上の計画の基となるデータを提供．[5]

巡回混載(milk run)：ミルクランとも呼ばれる．少量の輸送に複数の部品メーカーを巡回して集荷することで，積載効率を上げる方法．集荷混載に比べて距離が短い場合に有効とされる．[3]

シングル段取(Single-Minute Exchange of Die)：段取時間を外段取化(設備を停止せずにあらかじめ準備)や残った内段取の改善により 10 分以内の段取またはその取組み．海外では SMED と呼ばれる．[3]

新聞売り子問題(news boy problem)：1 個当たりの品切れコストと売れ残りコスト，そして需要分布関数が与えられているとき，コスト最小，利益最大にする最適仕

入量を決める問題.［2］

数理計画法(mathematical programming)：OR 手法のなかで極めて小規模の問題から変数が 100 万個を超えるような大規模な問題に至るまで，最適化を目的とした問題で中心的に用いられている一群の手法.［16］

数理モデル(mathematical model)：OR など，社会的現象を操作プログラムに合わせて数理的に再現し，仮説検証や最適化などを行うために，対象とする組織の活動や構造を数理的な関係式に写像したもの.［15］

スペンドマネジメント(spend management)：製造原価および販売管理費を問わず，企業グループの支出を一元的に俯瞰し，その最適なありようを検討するもの.［8］

スループット会計(throughput accounting)：TOC により提唱されている管理会計制度．スループットは(売上)－(変動費)．スループット増大に向け，制約条件の時間当たりスループットに着目した意思決定法.［27］

正規分布(normal distribution)：平均 μ，標準偏差 σ の 2 つのパラメータで決まる分布であり，釣鐘型で平均に対して左右対称の形状で平均から $k\sigma$ 離れた点以上あるいは以下の確率が k によって決まる．特に μ が 0，σ が 1 の正規分布は標準正規分布と呼ばれる．またどんな分布であってもその足し算，平均の分布は正規分布に近づくことから応用範囲は著しく大きい.［18］

製配販(production, wholesale and sales)：メーカー＝「製」，卸等の中間流通＝「配」，小売＝「販」.［11］

【た　行】

ターゲットコスティング(target costing)　→**原価企画**を参照.

タックスサプライチェーン(tax supply chain)：グローバルサプライチェーンの拠点配置や輸送経路を考えるときに，FTA/EPA 締結により毎年状況が変化する関税率の観点からコスト最小を狙う考え方.［3］

ダッシュボード(dash board)：複数の情報源からデータを集め概要をまとめて一覧表示する機能や画面をいう．需給マネジメントでは実需，生産，在庫の情報を時系列上に示した画面のもとで，関連部門が情報共有しながら意思決定することで，ブルウィップ効果を防ぎ，正確な需給計画につながる.［2］［5］

建値制度(invoice pricing system quotation price system)：メーカーが一次卸組織に卸す価格から始まり，一次卸が二次卸(地域や規模)への卸す価格，二次卸が小売業者へ卸す価格，小売が販売する小売価格のすべて取り決め，守らせる仕組み.［11］［12］

ダブルマージナライゼーション(double marginalization)：互いに利益最大化を狙う行動することで，サプライチェーン全体で連携したときに得られる利益から乖離してしまうこと.［2］

ダブルループモデル(double loop model)：ORによる問題解決を有効にするために，その実施過程を2つのループをもった循環的な過程として表現したモデル．[17]

チームビルディング(team building)：複数のメンバーが共通の目標に向かって一体となった活動を推進する組織づくり．[26]

チェイニング(chaining)：どこかの拠点が被災しても，それをどこかで代替できるような体制．[3]

チャネルコンフリクト(chanel conflict)：垂直的関係でのチャネルメンバー間の対立や衝突，水平的関係でのコンペティター間の摩擦や衝突をいう．[11]

調達のマルチ化：製造業等において資材や材料などの調達先を複数保持することを指す．東日本大震災時に調達先が単一であることからサプライチェーンが崩壊したことを契機に国内外で複数のサプライヤーから調達する方式を指す．[20]

デカップリングポイント(de-coupling point)：本来，サプライチェーンの需要は最終需要があるから川上の需要があるというように従属している．在庫をもつことで従属性を断ち切り，管理を容易にするためのポイントあるいは場所．[3]

デューデリジェンス(due diligence)：本来は投資等の際，投資対象の実体やリスクを適正に把握するために事前に行う多面的な調査を意味するが，ISO 26000ではサプライチェーン全体にわたるあらゆるリスクの存在と生じる影響を明確にし，それを回避する努力をいう．[1][8]

店着価格制度(wholesale price system including expenditure until delivery to a store)：建値制度が崩壊した現在も，製品売買価格に相手までの納品が付帯したわが国の特有の商慣行である．[12]

特約店制(exclusive agent system)：メーカーが自社製品の販売経路を全国に拡大し安定させるために卸などの中間流通事業者との相互依存の取引関係・契約システム．[12]

トランスナショナル(trans national)：グローバルな競争力とマルチナショナル的な柔軟性を有し，グローバルレベルでの学習が可能な多国籍企業の組織体制．各拠点は専門化され，分化された能力と資源を有し，部品，製品，人材，情報の流れを連結し，相互に補完関係をもつ．[22]

トレーサビリティ(traceability)：貨物が今どこにあるかを追跡すること，あるいはできる能力．[3][21]

【な　行】

内航海運：日本国内の港と港の間を結んで貨物を船によって運ぶこと．(**↔外航海運**)

ナレッジマネジメント(knowledge management)：社員や部門が保有している知識やノウハウを組織として蓄積し，それを共有することによって企業活動に生かすための取組みやシステム．[1]

【は　行】

バーコード：太さの異なるバーとスペースの組合せにより，数字や文字などを機械が読み取れる形で表現したものを指す．わが国では GS1 標準でもある JAN を採用し，13 桁，短縮 8 桁で構成されている．[21]

バーチャルプーリング(virtual pooling)：バーチャルなリスクプーリング．例えば，在庫の集中配置による効果は，物理的に在庫を 1 箇所に集中せずともどこに何個あるか“見える化”できていれば同等な効果が得られる．[3]

パーフェクトオーダー率(perfect order fulfillment)：サプライチェーンの信頼性(品質)を示す KPI で，顧客からの全オーダーに対して，納期どおりに，正確な品目・数量を，輸送における損傷や各種書類の誤りもなく，納入することができたオーダーの割合(%)．[26]

パイプライン在庫(pipeline stock)：加工中の仕掛品や輸送中の在庫など，ロジスティクスにおける何らかのインプロセス在庫を指す．パイプライン在庫量は加工時間や輸送時間が長いほどより多くなる．[23]

バイヤーズコンソリデーション(buyers consolidation)：特定の輸入者のために輸出地で複数のサプライヤーの貨物を輸入者専用のコンテナに詰め合わせて幹線輸送することで FCL 化して輸送効率を高める．[23]

発注点(re-order point)：在庫水準がこの点よりも下回ると発注(補充)の意思決定がされる点．補充にかかるリードタイム間の平均需要に安全在庫を加えた量で決まる．[2][18]

バランストスコアカード(Balanced Scorecard：BSC)：戦略・ビジョンを 4 つの視点(財務の視点・顧客の視点・業務プロセスの視点・学習と成長の視点)で分類し，業績評価や計画立案・実行を行う手法．[4]

バリューチェーン(value chain)：価値連鎖．購買した原材料などに対して，各プロセスにて価値(バリュー)を付加していくことが企業の主活動であるというコンセプト．[10]

パレットプールシステム(pallet pool system)：パレットを広範囲の業界および各輸送機関で相互に共同運営するシステム．[14]

非居住者在庫(non resident inventory)：非居住者が自社名義で直接，相手国や第三国の在庫を管理できる制度．国際 VMI で活用され，ベンダー在庫の圧縮や，複数ユーザー向け在庫の一括管理が可能となる．[23]

ビッグデータ(big data)：典型的なデータベースソフトウェアが把握し，蓄積し，運用し，分析できる能力を超えたサイズのデータを指すが，その定義は曖昧であり，むしろ事業に役立つ知見を導出するための大規模データともいえる．[10]

ヒューリスティクス解法(heuristics algorithm)：組合せ最適化問題において，実行可能な解のなかからより高速に最適に近い解を見つけ出す手法．焼きなまし法，遺伝的アルゴリズムなど多様な方法がある．[16]

不確実性回避性向(uncertainty avoidance culture)：ホフステードによる国の文化の特徴を表す次元で，あいまいさやリスクを嫌う傾向．日本はこの性向が高く，顧客が品質に厳しくまた企業の改善努力の源泉とされる．[19]

負荷率(utilization)：能力に対する負荷の大きさ．工程に入ってくるワークの平均時間間隔を t_a，工程の平均加工時間を t_e とすると負荷率は $u = t_e / t_a$ とで与えられる．u が1に近づくと待ちが急速に増大する．[19]

物流センターフィー(center fee)：店着価格制度を前提とした，大規模小売業者による個別店舗納品を納品業者に求めない代わりに小売専用の物流センター費用を納入業者に負担を求める費用．[12]

プラットフォームビジネス(platform business)：製品や部品を連結する共通基盤や取引を連結する共通基盤を提供するビジネスのこと．[24]

ブルウィップ効果(bullwhip effect)：牛追い鞭の効果．サプライチェーンにおいて情報共有がされないとき，最終需要の小さな変動が伝言ゲームのように川上に遡るにつれてその補充量が大きく変動する現象．[2]

プロセス参照モデル(process reference model)：ビジネスプロセスに存在する機能を汎化して，各機能の概要，インプット・アウトプット，評価指標，プラクティスなどを階層的に定義した汎用モデル．[26]

分布関数(distribution function)：確率変数 X が与えられてきたとき，その実現値が x 以下の(累積)確率．$F(x)$ で表現される．[2][18]

ベンチマーキング(benchmarking)：自組織の業務方法やパフォーマンスを把握して，他組織や業界標準などと比較することで，強みや弱みを認識し改善の目標を設定する改善活動の手法．[26][28]

返品制度(return goods system)　→**買取品の返品**を参照．

【ま　行】

待ち行列理論(queueing theory)：顧客(もの)がサービス(加工や処理)を受けるために行列に並ぶような確率的に変動するシステムの混雑現象や挙動を数理モデルで解明する理論．[19]

見越在庫(anticipation stock)：あらかじめ予測される変動を見越してそれに対処するために必要な在庫．[18]

ミルクラン(milk run)　→**巡回混載**を参照．

メトリクス(metrics)：定量的な評価を行うための尺度や指標．[26]

モーダルシフト(modal shift)：輸送方法をトラック等ひとつの手段から，環境負荷のより小さい鉄道や船舶などにシフトさせること．[9]

モジュール(module)：モジュールとは，半自律的なサブシステムであって，他の同様なサブシステムと一定のルールにもとづいて互いに連結することにより，より複雑なシステムまたはプロセスを構成するもの．[22]

ものコトづくり(user experience design)：ものづくりにおいて，ものそのものでなく，顧客・消費者がものを使って何を経験するか，したいかというコトこそ価値創造につながるということを強調するために生まれた用語. [10]

モンテカルロシミュレーション(Monte Carlo simulation)：現象をモデル化し変動を伴うものについては乱数を用いることで疑似的に再現し，パラメータを変化させ最適解を求める方法. [17][18]

【や　行】

ユーザーエクスペリエンス(User Experience：UX)：ある製品やサービスを利用したり，消費したときに得られる体験，コトの総体. [10]

輸送問題(transportation problem)：一般には輸配送拠点間の輸送量の配分を，経済性を目的関数として，経路の輸送キャパシティ，輸送機関の能力，拠点の貨物取り扱い能力，許容される輸送リードタイムなどの制約の下に最適化する問題をいう. [16]

ユニークナンバー(unique number)：貨物や商品のコード類の部門や組織，そして国を超えたひとつのナンバーを与えることで，再入力やリハンドリングを防ぐことを目的としたもの. EDIやAIDC技術を組織間で有効活用するための大きな要件でもある. [**付録**]

【ら　行】

ライフサイクルマネジメント(life cycle management)：新商品・サービスの企画から開発，立上げ，生産，サービス提供，リサイクルそして市場から消えるまでのさまざまな設計変更や所在などの一貫したコンピュータシステム. [**付録**]

リーン(lean)：1980年後半，JITに代表される日本の自動車メーカー，特にトヨタのTPSを米国がベンチマーキングすることでつくられ世界に広く知られた名称. 内容はTPSあるいはJITとほぼ同じ. [1][19]

離散型シミュレーション　→**モンテカルロシミュレーション**を参照.

リスクプーリング(risk pooling)：在庫拠点の統合によるリスク(需要の変動)のプーリング効果により安全在庫を減らしたり，最終製品よりも共通部品やモジュールで需要を予測したり在庫をもつことで精度を高め在庫を減らす戦略. [3]

リトルの公式(Little's law)：TH(時間当たり出来高)，WIP(仕掛在庫)，CT(リードタイムまたはサイクルタイム)とすると，長期平均的には $TH = WIP/CT$ が成り立つという待ち行列理論の基礎. [19]

流通BMS(Business Message Standards)：(一財)流通システム開発センターが所管するメッセージ(電子取引文書)と通信プロトコル／セキュリティに関するEDI標準仕様. [12]

レジリエンシー(resiliency)：企業や組織において事業が停止してしまうような事態に直面したとき，受ける影響と範囲を小さく抑え，通常と同じレベルで製品・サービスを提供し続けられる能力のこと．[1]

ロットサイズ在庫(lot-size stock)：一度大量(ロット)で補充したり購入することで発生する在庫．サイクル在庫ともいう．[18]

参考文献

APEC(2012)：“APEC Implementation for Cargo Status Information Network for enhancing Supply Chain Visibility, ”APEC Sub-Committee on Standards and Conformance(SCSC).

APICS(2013)：APICS Dictionary, 13th Edition.

Bartlett, C.A. and S. Ghoshal(1998)：*Managing Across Borders: The Transnational Solution*, Harvard Business School Press.

Boulding, E. K.(1962)：*Conflict and Defense: A General Theory*, Harper and Brothers, pp.230-231.

Cavinato, J.L.(2000)：*The Purchasing Handbook 6th edition*, McGraw-Hill.

Doz., Y. L., J. Santos and P. Williamson(2001)：*From Global to Metanational: How Companies Win in the Knowledge Economy*, Harvard Business School Press.

Granovetter, M. (1973)：“The Strength of Weak Ties,” *American Journal of Sociology*, Vol.78, No.6, pp.1360-1380.（マーク・グラノヴェター(2008)：「弱い紐帯の強さ」, 野沢慎司 編・監訳, 大岡栄美 訳(2006)：『リーディングス　ネットワーク論—家族・コミュニティ・社会関係資本』所収, 勁草書房）

Hopp, W. J. (2008)：*Supply Chain Science*, McGraw-Hill.

Hopp, W. J. and M. L. Spearman(2008)：*Factory Physics third ed.*, McGraw-Hill.

ISO(2010)：『ISO 26000：2010 社会的責任に関する手引』, 日本規格協会.

SCC(2012)：“Supply Chain Operations Reference model Ver.11,” Supply Chain Council(SCC).

SCC(2014)：M4SC(Management for Supply Chain).

Silver, E. A. and R. Peterson(1985)：*Decision Systems for Inventory Management and Production Planning*, John Wiley & Sons.

Simichi-Levi, D., P. Kaminsky and E. Simichi-Levi(2000)：Designing and Managing the Supply Chain Concept, Strategies, and Case Study, McGraw-Hill.

USDOT(2014)：“National Transportation Statistics,” Bureau of Transportation Statistics, United Sates Deparartment of Transportation(USDOT).
http://www.rita.dot.gov/bts/sites/rita.dot.gov.bts/files/publications/national_transportation_statistics/index.html

Yazdanparast, A., I. Manuj and S. M. Swartz(2010)：“Co-creating logistics value: a service-dominantlogic perspective,” *The International Journal of Logistics Management*, Vol.21, No.3, p.394.

淺田克暢(2010)：「需要予測システム導入を成功に導く需給マネジメントシステム」,

『経営の科学』，Vol.55, No.4，pp.221-226.
味の素(2012)：「味の素グループサステナビリティレポート」.
http://www.ajinomoto.co.jp/activity/csr/pdf/2012/ajinomoto_csr12.pdf
安達龍治(2008)：『X チェーン経営』，JIPM ソリューション.
安部忠彦(2006)：『サービス・イノベーションの促進に向けて』，富士通総研.
荒木勉(2000)：『Excel で学ぶ経営科学入門シリーズⅠ　需要予測』，実教出版.
嵐田耕太 他(2004)：「SCM ロジスティクススコアカードの開発と経営成果との関連分析」，『日本経営工学会論文誌』，Vol.55，No.2，pp.95-103.
井沢元彦(2007)：『仏教・神道・儒教集中講座』，徳間書店.
伊東誼(1997)：『生産文化論』，日科技連出版社.
市川隆一(2004)：「流通システムの変容と消費者起点物流」，『MH ジャーナル』，No.237.
市川隆一(2014)：「クロスメディア化した通販ビジネスにおけるプロダクトサイクルとロジスティクス適応」，『物流問題研究』，流通経済大学 物流科学研究所，No.61，pp.10-15.
市川隆一(2015)：「オムニチャネルと SCM」，『月刊ロジスティクス・ビジネス』，2015 年 2 月号，pp.94-95.
上田完次(2008)：「研究開発とイノベーションのシステム論―価値創成のための統合的アプローチ」，『精密工学会誌』，Vol.76，No.7，pp.737-742.
上原修(2007)：『購買・調達の実際』，日本経済新聞社.
上原修(2008)：『グローバル戦略調達経営』，日本規格協会.
上原修(2010)：「わが国における調達の現状と課題」，『クオリティマネジメント』，Vol.61，No.10，pp.10-21.
上原征彦(1999)：『マーケティング戦略　実践パラダイムの再構築』，有斐閣.
ウォマック，J. P.，ダニエル・T. ジョーンズ，ダニエル・ルース(1990)：『リーン生産方式が，世界の自動車産業をこう変える』，沢田博 訳，経済界.
碓井誠(2009)：『セブン-イレブン流　サービス・イノベーションの条件』，日経 BP 社.
碓井誠(2013)：「コンビニは再成長期に入っている」，『月刊ロジスティクス・ビジネス』，Vol.13，No.3，pp.34-37.
内田樹(2009)：『日本辺境論』(新潮新書)，新潮社.
江尻弘(2003)：『百貨店返品制の研究』，中央経済社.
圓川隆夫(1995)：『トータル・ロジスティクス―生販物統合化のキーポイント』，工業調査会.
圓川隆夫(2009a)：『オペレーションズ・マネジメントの基礎』，朝倉書店
圓川隆夫(2009b)：『我が国文化と品質―精緻さにこだわる不確実性回避文化の功罪』，日本規格協会.
圓川隆夫(2010)：「調達のクォリティの総点検と簡易ベンチマーキング手法：調達ス

コアカード(PSC)」,『クオリティマネジメント』, Vol.61, No.10, pp.43-53.
圓川隆夫, 安達俊行(1997):『製品開発論』, 日科技連出版社.
圓川隆夫, フランク・ビョーン(2015):『顧客満足CSの科学と顧客価値創造の戦略』, 日科技連出版社.
鴻常夫, 江村稔 編(2007):『監査役小六法』, 日本監査役協会.
大野耐一(1978):『トヨタ生産方式』, ダイヤモンド社.
小野達朗(2014):『ヒューマン・ロジスティクス』, エル・スリー・ソリューション.
恩蔵直人(2004):『マーケティング』, 日本経済新聞社.
懸田豊(2003):「日本的取引慣行とその変革」, 木綿良行, 三村優美子 編著,『日本的流通の再生』所収, 中央経済社.
加護野忠男, 井上達彦(2004):『事業システム戦略』, 有斐閣.
梶田ひかる(2005):「SCM時代の新しい管理会計—在庫を時価で評価する」,『月刊ロジスティクス・ビジネス』, 2005年11月号, pp.58-61.
鹿志村香, 熊谷健太, 古谷純(2011):「エクスペリエンスデザインの理論と実践」,『日立評論』, Vol.93, No.11, pp.12-20.
キルドウ, ベティー・A.(2011):『「事業継続」のためのサプライチェーン・マネジメント実践マニュアル』, 樋口恵一 訳, プレジデント社.
グリーン, J. H.(1969):『オペレーションの計画と管理』, 高井英造 訳, 東洋経済新報社.
経済産業省(調査受託:財団法人流通システム開発センター)(2003):「SCMの推進のための商慣行改善調査報告書」, 経済産業研究所.
http://www.meti.go.jp/report/downloadfiles/g31110gj.pdf
経済同友会(2011):『世界でビジネスに勝つ「もの・ことづくり」を目指して〜マーケットから見た『もの・ことづくり』の実践〜』
http://www.doyukai.or.jp/policyproposals/articles/2011/pdf/110624a_02.pdf
経済同友会(2012):『「もの・ことづくり」のための「ひとづくり」〜世界でビジネスに勝つために〜』
http://www.doyukai.or.jp/policyproposals/articles/2012/pdf/120619a_02.pdf
ケリー, T., ジョナサン・リットマン(2002):『発想する会社!』, 鈴木主税, 秀岡尚子 訳, 早川書房.
公正取引委員会(2002):「大規模小売業者と納入業者との取引に関する実態調査報告書」.
公正取引委員会(2012):「大規模小売業者との取引に関する納入業者に対する実態調査報告書」.
公正取引委員会(2013):「物流センターを利用して行われる取引に関する実態調査報告書」.
http://www.jftc.go.jp/houdou/pressrelease/h25/aug/130808.html
国際協力銀行(2013):「わが国製造業企業の海外事業展開に関する調査報告」.

http://www.jbic.go.jp/wp-content/uploads/press_ja/2013/11/15775/2013_survey.pdf
国土交通省(2014)：「運輸部門における二酸化炭素排出量」
http://www.mlit.go.jp/sogoseisaku/environment/sosei_environment_tk_000007.html
ゴールドラット，E.(2001)：『ザ・ゴール—企業の究極の目的とは何か』，三本木亮 訳，ダイヤモンド社.
ゴールドラット，E.(2002)：『ザ・ゴール 2—思考プロセス』，三本木亮 訳，ダイヤモンド社.
近藤次郎(1973)：『オペレーションズ・リサーチ』，日科技連出版社.
今野浩，鈴木久敏 編(1993)：『整数計画法と組合せ最適化』，日科技連出版社.
齊藤実 編著(2005)：『3PL ビジネスとロジスティクス戦略』，白桃書房.
佐藤知一(2000)：『革新的生産スケジューリング入門』，日本能率協会マネジメントセンター.
佐藤知一(2005)：『BOM/ 部品表入門』，日本能率協会マネジメントセンター.
ジェトロ(日本貿易振興機構)(2012)：「在アジア・オセアニア日系企業活動実態調査」(2012 年 10〜11 月実施).
http://www.jetro.go.jp/jfile/report/07001149/asia_oceania2012_honbun.pdf
サローナ，G., ジョエル・ボドルニー，アントレア・シェパード(2002)：『戦略経営論』，石倉洋子 訳，東洋経済新報社.
司馬遼太郎(1993)：『この国のかたち　一〜六』(文春文庫)，文藝春秋.
司馬遼太郎(2006)：『アジアの中の日本人』(文春文庫)，文藝春秋.
シュンペーター，J.(1997)：『経済発展の理論(上)』(岩波文庫)，塩野谷祐一，中山伊知郎，東畑精一 訳，岩波書店.
鈴木定省，北村伸介，圓川隆夫(2009)：「市場の不確実性の大きさを考慮した SCM 性能と経営成果との関連性分析」，『日本経営工学会論文誌』，Vol.60，No.2，pp.69-76.
鈴木定省，三島理，圓川隆夫(2005)：「定期発注方式をサプライチェーンにおけるブルウィップ効果の定量化に関する研究」，『日本経営工学会誌』，Vol.56，No.3，pp.148-154.
製配販連携協議会(2014)：「製配販連携協議会総会 / フォーラム報告書」，一般財団法人流通システム開発センター，公益財団法人流通経済研究所.
高井英造(2008)：「ロジスティクス高度化のためのオペレーションズ・リサーチの役割」，『科学技術動向』，No.91.
http://www.nistep.go.jp/achiev/ftx/jpn/stfc/stt091j/0810_03_featurearticles/0810fa01/200810_fa01.html
高井英造，真鍋龍太郎(2000)：『問題解決のためのオペレーションズ・リサーチ入門』，日本評論社.

高井英造，八巻直一(2005)：『問題解決のための AHP 入門』，日本評論社.
高嶋克義(1994)：『マーケティング・チャネル組織論』，千倉書房.
高橋佳生(2001)：「外資系流通業の参入による商慣行への影響」，『流通情報』，2001.12, No.390.
田中孝文(2008)：『R による時系列分析入門』，シーエーピー出版.
田村正紀(1986)：『日本型流通システム』，千倉書房.
東京海上日動リスクコンサルティング株式会社(2007)：『リスクマネジメントがよ～くわかる本』，秀和システム.
ドラッカー，P. F.(1974)：『マネジメント』，野田一夫，村上恒夫 監訳，風間禎三郎 訳，ダイヤモンド社.
ドラッカー，P. F.(1977)：『イノベーションと企業家精神』，上田惇生 訳，ダイヤモンド社.
ドラッカー，P. F.(2006)：『ドラッカーの遺言』，窪田恭子 訳，講談社.
内藤耕 編(2009)：『サービス工学入門』，東京大学出版会.
西岡靖之(2006)：『PSLX 標準仕様 バージョン 2』，ものづくり APS 推進機構，PSLX フォーラム.
日本物流団体連合会(2013)：『数字でみる物流　2013 年度版』，日本物流団体連合会.
根本敏則，橋本雅隆(2010)：『自動車部品システムの中国・ASEAN 展開』，中央経済社.
野村総合研究所(2010)：「平成 21 年度企業間情報連携基盤の構築事業」，経済産業省. http://www.meti.go.jp/meti_lib/report/2010fy01/E003842.pdf
林廣茂(2012)：『AJINOMOTO グローバル戦略』，同文舘出版.
フクシマ，G. S.(1997)：「第 2 章 外から見た日本市場の特殊性と変化」，矢作敏行，法政大学産業情報センター 編，『流通規制緩和で変わる日本』所収，東洋経済新報社.
藤澤克樹，梅谷俊治(2009)：『応用に役立つ 50 の最適化問題』，朝倉書店.
藤野直明，姫野桂一(2001)：「サプライチェーン・マネジメントに関するビジネスモデル：分析と設計理論の考察」，『経営情報学会誌』，Vol.10，No.3，pp.3-20.
藤本隆宏，東京大学 21 世紀 COE ものづくり経営研究センター(2007)：『ものづくり経営学―製造業を超える生産思想』，光文社.
風呂勉(1968)：『マーケティング・チャネル行動論』，千倉書房.
北條英(2014)：「物流分野の環境対策」，『交通工学』，Vol. 49，No. 2，pp.19-24.
ポーター，M. E.(1985)：『競争優位の戦略』，土岐坤 訳，ダイヤモンド社.
ポーター，M. E.(1999)：『競争戦略論 I』，竹内弘高 訳，ダイヤモンド社.
ポーター，M. E.(2011)：「経済的価値と社会的価値を同時実現する共通価値の戦略」，『ハーバード・ビジネス・レビュー』，Vol.36，No.6，pp.8-31.
ホフステード，G.(1995)：『多文化世界』，岩井紀子，岩井八郎 訳，有斐閣.
ボルストフ，P.，ロバート・ローゼンバウム(2005)：『サプライチェーン・エクセレンス』，サプライチェーンカウンシル日本支部 監修，日本ビジネスクリエイト 訳，JIPM ソリューション．
松谷明彦(2004)：『「人口減少経済」の新しい公式』，日本経済新聞社．
光國光七郎(2005)：『グローバル SCM 時代の在庫理論』，コロナ社．
皆川芳輝(2008)：『サプライチェーン管理会計』，晃洋書房．
南知恵子，西岡健一(2014)：『サービス・イノベーション』，有斐閣．
宮川公男(1996)：『OR 入門』(日経文庫 135)，日本経済新聞社．
室田一雄 編(1994)：『離散構造とアルゴリズムⅢ』，近代科学社．
森雅夫 他(1989)：『オペレーションズ・リサーチⅡ―意思決定モデル』，朝倉書店．
森雅夫 他(1991)：『オペレーションズ・リサーチⅠ―数理計画モデル』，朝倉書店．
森雅夫，松井知巳(2004)：『オペレーションズ・リサーチ』，朝倉書店．
柳浦睦憲，茨木俊秀(2001)：『組合せ最適化―メタ戦略を中心として』，朝倉書店．
矢作敏行(1993)：「品揃え位置の投機化について」，『季刊マーケティングジャーナル』，49 号，Vol.13，No.1，pp.12-20.
矢作敏行(1996)：『現代流通』(有斐閣アルマ)，有斐閣．
矢作敏行(1997)：『流通規制緩和で変わる日本』，東洋経済新報社．
渡辺達郎(1997)：『流通チャネル関係の動態分析』，千倉書房．

編著者紹介

圓川　隆夫（えんかわ　たかお）　工学博士

職業能力開発総合大学校　校長，東京工業大学　名誉教授

1949年　山口県生まれ

1975年　東京工業大学　大学院理工学研究科経営工学専攻　修了

同　年　東京工業大学　工学部　助手

1980年　　　同　　　　　　　助教授

1988年　　　同　　　　　　　教授

2015年　　　同　　　　　　　名誉教授

2016年　職業能力開発総合大学校　校長

［専門］品質管理，生産管理，SCM

［著作］『現代オペレーションズ・マネジメント』（朝倉書店），『顧客満足CSの科学と顧客価値創造の戦略』（共著，日科技連出版社），『オペレーションズ・マネジメントの基礎』（朝倉書店），『我が国文化と品質』（日本規格協会）など多数．

［対外活動］財務省関税・外国為替審議会委員関税分科会会長，国土交通省交通政策審議会委員情報部会長，日本品質管理学会会長，経営工学関連学会協議会会長，SSFJ（Strategic SCM Forum Japan）代表などを歴任．

［表彰］デミング賞本賞（2010年），紫綬褒章（2013年秋）など．

戦略的SCM

新しい日本型グローバルサプライチェーンマネジメントに向けて

2015年3月23日　第1刷発行

2025年7月4日　第5刷発行

編著者　圓川　隆夫

発行人　戸羽　節文

検印省略

発行所　株式会社日科技連出版社

〒151-0051　東京都渋谷区千駄ケ谷1-7-4

渡貫ビル

電話　03-6457-7875

Printed in Japan

印刷・製本　㈱シナノパブリッシングプレス

ISBN978-4-8171-9538-8

URL http://www.juse-p.co.jp/